Wolfgang Schiemann

Schienenverkehrstechnik

Grundlagen der Gleistrassierung

Wolfgang Schiemann

Schienenverkehrstechnik

Grundlagen der Gleistrassierung

B. G. Teubner Stuttgart · Leipzig · Wiesbaden

Die Deutsche Bibliothek – CIP-Einheitsaufnahme
Ein Titeldatensatz für diese Publikation ist bei
der Deutschen Bibliothek erhältlich.

Prof. Dipl.-Ing. Wolfgang Schiemann vertrat in den zurückliegenden 15 Jahren die Lehre und Forschung für das Fachgebiet Verkehrswesen mit dem Lehrfach Schienenverkehrswesen an der Fachhochschule Kaiserslautern. Er ist weiterhin als Sachverständiger im Verkehrswesen und in Forschungsgremien tätig.

1. Auflage August 2002

Der Verlag B. G. Teubner ist ein Unternehmen der Fachverlagsgruppe BertelsmannSpringer.
www.teubner.de

Umschlaggestaltung: Ulrike Weigel, www.CorporateDesignGroup.de

Gedruckt auf säurefreiem und chlorfrei gebleichtem Papier.

ISBN-13: 978-3-519-00363-2 e-ISBN-13: 978-3-322-84801-7
DOI: 10.1007/978-3-322-84801-7

Vorwort

Bei meiner langjährigen Tätigkeit als Fachdozent für das Verkehrswesen an der Fachhochschule Kaiserslautern wurde mir schon bei der jährlichen Einführung des Erstsemesters der Studierenden des Bauingenieurwesens in das Lehrgebiet Schienenverkehrswesen immer wieder deutlich, wie wenig fundierte, grundlegende Fachliteratur für die begleitende Vertiefung des Lehrstoffes im Grundstudium zur Verfügung steht.
Während die Menge der populärwissenschaftlichen Publikationen kaum überschaubar ist, hält sich die Zahl der in den letzten Jahren erschienenen Fachbücher über das Schienenverkehrswesen dagegen in Grenzen. Dabei bezieht sich die spezifische Fachliteratur überwiegend auf ausgewählte Spezialgebiete des Eisenbahnwesens in Form von Veröffentlichungen in Fachzeitschriften. Dieses augenfällige Defizit wird natürlich im Rahmen des Studiums durch Vorlesungsumdrucke aus dem eigenen Lehrstuhlbereich weitgehendst kompensiert und ist jetzt auslösender Anlass für mich, meine aktuellen Vorlesungsskripten über die Grundlagen der Fahrweg-Trassierung und die Bemessung der Fahrweg-Elemente in einem Lehrbuch zusammenzufassen.

Den Studierenden des Verkehrswesens an den Hochschulen muss mit entsprechender Fachliteratur ein begleitendes Rüstzeug an die Hand gegeben werden, um sich ein Grundverständnis für die Funktionsmechanismen und Regelkreisstrukturen innerhalb des Bahnsystems anzueignen und dabei besonders die fahrdynamischen Prozesse der Bewegungsabläufe im Detail abschätzen und bewerten zu können und darauf aufbauend jeweilige Spezialstudien im Schienenverkehrswesen gründen zu können.

Die Deutsche Bahn in ihren neuen unternehmens- und rechtlich gewandelten Strukturen und den vielfältigen, technisch weiterentwickelten Tätigkeitsfeldern hat zukünftig überragende Aufgaben bei der Bewältigung des Verkehrs zur Entlastung der Straßen zu leisten. Dazu benötigt sie in den nächsten Jahren besonders hochqualifiziertes Fachpersonal auch als Bauingenieure, die mit ihrem an den Hochschulen erworbenen Fachwissen die Fahrwegtrassen der Zukunft für den Hochgeschwindigkeitsverkehr planen, entwerfen und betreiben können.

Das vorliegende Lehrbuch soll die fachlichen Grundlagen für den Planungs- und Entwurfsprozess der heutigen Netzstruktur der Bahn auf der Grundlage der neuen modularen Regelwerke vermitteln und damit das spezifische Leistungsspektrum der modernen Fahrwegtechnik aufzeigen. Großer Wert wird auf die Darstellung der fahrdynamischen Abläufe im Detail gelegt, um damit einerseits das technische Grundverständnis für das Wechselspiel zwischen den fahrdynamischen Gesetzmäßigkeiten und der Bemessung der Elemente des Fahrweges sowie andererseits die übergreifenden Zusammenhänge der einzelnen Disziplinen im Schienenverkehr zu wecken.

Beschrieben werden die gültigen technischen Regelwerke, aktuellen Erkenntnisse der Fahrdynamik, die Linienführung, die Querschnittsgestaltung sowie die Konzeption und Bemessung der Fahrwegkonstruktion.

Daneben steht die Anwendung der Bemessungsgrundsätze im Vordergrund. Anhand einer Fülle praxisorientierter Beispiele werden auf der einen Seite die wichtigsten Formelansätze der Fahrdynamik umgesetzt und transparent dargestellt und auf der anderen Seite werden Auswertungen von Fahrabläufen verschiedener Zugeinheiten über Zugkraftlinien und Beschleunigungsdiagramme vorgenommen.

Damit soll dieses Fachbuch in besonderem Maße die Lehre an den Fachhochschulen und Technischen Universitäten unterstützen, aber auch den in der Praxis tätigen Entwurfsingenieuren ein fachlich versierter Begleiter und Ratgeber sein und ihnen ein spezifisches Know-how für leistungsfähige, umweltschonende und auch wirtschaftliche Lösungen im eisenbahntechnischen Fahrwegbau angeboten werden.

Abschließend sei für das Zustandekommen dieses Buches in besonderer Weise meinem Sohn, Dr. rer. nat. Stephan Schiemann, gedankt, der mich bei der technischen Erstellung des Manuskriptes als reproreife Druckvorlage und bei der kritischen Durchsicht sehr unterstützt hat.

Bad Saulgau, im Sommer 2002

Wolfgang Schiemann

Hinweise und Anregungen nimmt der Autor per email unter wphschiemann@gmx.de gern entgegen.

Inhaltsverzeichnis

1 Einführung, Begriffsbestimmung 1

1.1 Bewegung - Transport - Verkehr - Kommunikation . . . 1
1.2 Verkehrssysteme, Transportsysteme . . . 2
1.3 Spurgeführte Bahnsysteme, Schienenbahn, Eisenbahn . . . 4
1.4 Die neue Bahn – Gliederung der Deutsche Bahn Aktiengesellschaft (DB AG) . . . 4
1.5 Gesetzliche Grundlagen . . . 14
1.5.1 Gesetze . . . 14
1.5.2 Rechtsverordnungen . . . 27
1.5.3 Weitere Bau- und Betriebsordnungen für Eisenbahnen . . . 31
1.5.4 Internationale Rechtsvorschriften . . . 31
1.6 Internationale Institutionen der Eisenbahn . . . 32
1.6.1 Internationaler Eisenbahnverband UIC . . . 32
1.6.2 Europäisches Institut für Eisenbahnforschung ERRI . . . 32
1.6.3 Internationale Eisenbahn-Kongressvereinigung AICCF . . . 32
1.6.4 Gemeinschaft der Europäischen Bahnen (GEB) . . . 32
1.7 Bautechnische Regelwerke der Deutschen Bahn AG . . . 32

2 Technische Grundlagen, Fahrdynamik, Traktion 34

2.1 Rad-Schiene-System . . . 34
2.2 Tragsystem, Führungssystem . . . 36
2.3 Kinematik des Einzelfahrzeuges; Bewegungsgleichungen . . . 38
2.3.1 Gleichmäßig beschleunigte/verzögerte Bewegung ($b = konst.$) . . . 42
2.3.2 Gleichförmige Bewegung mit konstanter Geschwindigkeit ($b = 0$; $v = konst.$) . . . 44
2.4 Geschwindigkeitsprofil, Geschwindigkeitsganglinie . . . 45
2.5 Massenfaktor bei Berücksichtigung rotierender Fahrzeugmassen . . . 46
2.6 Fahrzeitberechnungen mit konstanten Beschleunigungs- und Verzögerungswerten . 48
2.6.1 Beispiel: Fahrzeit zwischen Bf A und Bf B . . . 48
2.6.2 Beispiel: Fahrzeit zwischen S-Bahn-Haltepunkten (Gefällestrecke) . . . 49
2.6.3 Beispiel: Fahrzeit zwischen Bf A und Bf B (Ausweichstelle, Gradientenvorgabe) . . . 54
2.7 Fahren im beweglichen Raumabstand (Raumblock) . . . 61
2.8 Beispiel: Fahren im relativen Bremswegabstand $V_1 = V_2$ . . . 62
2.9 Beispiel: Fahren im relativen Bremswegabstand $V_1 < V_2$ . . . 64
2.10 Übertragung der Antriebs- und Bremskräfte . . . 68
2.10.1 Traktion, Haftreibung . . . 68
2.10.2 Bewegungszustände . . . 71
2.11 Bewegungswiderstände . . . 75
2.11.1 Laufwiderstand W_L $[N]$ oder w_L $[N/kN]$ . . . 76
2.11.2 Streckenwiderstand W_{Str} $[N]$ oder w_{Str} $[N/kN]$ . . . 80
2.11.3 Beschleunigungswiderstand w_B $[N/kN]$ . . . 83
2.11.4 Gesamtwiderstände $\sum W$ $[N]$ bzw. $\sum w$ $[N/kN]$ . . . 83
2.11.5 Empirische Fahrwiderstandsformeln . . . 84
2.12 Zugkräfte, Z-V Diagramm . . . 85
2.12.1 Zugkraftüberschuss; $Z_{ü} - V$ – Diagramm . . . 88

2.12.2 Beispiel: Ermittlung des Zugkraftüberschusses bei einer Zugfahrt 90
2.12.3 Beispiel: Ermittlung der maßgebenden Steigung 91
2.12.4 Beispiel: Auswertung eines $Z_{ü}^{*}$/s-V – Diagramms (Beschleunigungs-Steigungs-Geschwindigkeits-Diagramm) 93
2.13 Anfahrzeit-Anfahrweg-Berechnungsverfahren 100
2.13.1 ΔV - Verfahren 100
2.13.2 Beispiel: Ermittlung der Anfahrstrecke und Anfahrzeit für einen Güterzug (Schwerlast) nach dem ΔV - Verfahren 102
2.13.3 Δt - Verfahren 104
2.13.4 Beispiel: Ermittlung der Anfahrstrecke und Anfahrzeit für eine Zugfahrt mit einer Lok BR 103 nach dem Δt - Verfahren 105
2.14 Zugbremsung 108
2.14.1 Bremsvorgang, Bremssyteme, Bremsweg 108
2.14.2 Erfassung des Bremsvermögens 113
2.14.3 Bremstafel 113
2.14.4 Ermittlung des Bremsweges 114
2.14.5 Bremswegberechnung nach der Mindener Formel 115
2.14.6 Bremswegberechnung nach der Münchener Formel 118

3 Fahrweg – Linienführung **119**
3.1 Allgemeine Grundsätze 119
3.2 Trassierung mit dem Nulllinienverfahren 121
3.3 Trassierungselemente 123
3.3.1 Gerade 123
3.3.2 Kreisbogen 123
3.3.3 Übergangsbogen 146
3.3.4 Überhöhungsrampen 161
3.3.5 Zulässige Höchstgeschwindigkeiten max V in Gleisbögen 165
3.3.6 Beispiel: Trassierung der Elementenfolge Gegenbogen/Korbbogen/Kreisbogen/Gerade 166
3.3.7 Beispiel: Neubau-Trassierung Gerade - Kreisbogen mit s-förmig geschwungener Krümmungslinie 173
3.3.8 Beispiel: Gleisstrecken-Entwurf aus der Praxis 174
3.3.9 Gleisverziehungen 180
3.4 Gleisplan – Trassengestaltung mittels DV-Programme 185
3.4.1 Achskonstruktion 186
3.4.2 Beispiel: Berechnung zweier Achsen mit Gleisverbindung 187

4 Fahrweg – Linienführung im Aufriss **191**
4.1 Längsneigungen 191
4.2 Ausrundung von Neigungswechseln und Neigungsänderungen 191
4.3 Regelwerte für die Ausrundung von Neigungswechseln 194
4.4 Beispiel: Wannenausrundung 196

5 Elemente der Gleisverbindungen **198**
5.1 Einführung 198
5.2 Weichen 198
5.2.1 Anforderungen 198

5.2.2 Beanspruchungen der Weichen . . . 199
5.2.3 Einfache Weiche (EW) . . . 200
5.2.4 Weichenbezeichnung . . . 202
5.2.5 Weichen-Elemente . . . 202
5.2.6 Doppelweichen (DW) . . . 212
5.2.7 Berechnung von einfachen Weichen . . . 213
5.2.8 Bogenweichen . . . 214
5.2.9 Klothoidenweichen . . . 226
5.2.10 Weichen mit vertauschter Zungenvorrichtung . . . 228
5.3 Kreuzungen (Kr) . . . 229
5.3.1 Kreuzungsweichen . . . 231

6 Fahrweg–Querschnitt **244**
6.1 Allgemeine Zusammenstellung der Elemente des Querschnitts . . . 244
6.2 Regellichtraum . . . 244
6.2.1 Fahrzeugbegrenzungslinie . . . 244
6.2.2 Grenzlinie . . . 246
6.2.3 Kinematischer Regellichtraum . . . 246
6.2.4 Berechnung der Grenzlinie . . . 253
6.3 Gleisabstände . . . 257
6.3.1 Freie Strecken . . . 257
6.3.2 S-Bahn-Strecken . . . 259
6.3.3 Bahnhöfe . . . 260
6.4 Fahrweg-Querprofil . . . 260
6.4.1 Planum . . . 260
6.4.2 Fahrbahn-Querschnitt . . . 262
6.4.3 Rand- und Zwischenwege . . . 270
6.4.4 Kabeltrassen und Rohrzüge . . . 270
6.4.5 Profilierung des Böschungsraumes bei Auftrags- und Einschnittsstrecken . 271

7 Fahrweg – Konstruktion **272**
7.1 Einführung . . . 272
7.2 Querschwellenoberbau . . . 273
7.2.1 Schienen . . . 274
7.2.2 Schwellen . . . 279
7.2.3 Schienenbefestigung . . . 282
7.2.4 Bettung . . . 291
7.3 Tragplattenoberbau; Feste Fahrbahn . . . 293
7.3.1 Monolytische Bauform . . . 294
7.3.2 Aufgelöste Bauform . . . 295

8 Beanspruchungen des Fahrweges **298**
8.1 Einführung . . . 298
8.2 Ermittlung der Spannungen in Schienenfußmitte . . . 298
8.2.1 Wirksame Radkraft Q . . . 300
8.2.2 Bettungsmodul C . . . 300
8.2.3 Oberbauzustand und Fahrgeschwindigkeit . . . 300
8.2.4 Breite des Langschwellenoberbaues . . . 301

8.2.5 Trägheitsmomente und Widerstandsmomente der Schiene 301
8.2.6 Elastische, ideelle Länge L_i (Grundwert) 301
8.2.7 Einfluss der benachbarten Achsen 302
8.2.8 Biegezugspannung in der Mitte des Schienenfußes 302
8.3 Ermittlung der Schwellenkraft S und der Schotterpressung p 303
8.3.1 Beispiel: Ermittlung der Biegezugspannung, Schwellenkraft und Schotterpressung 305
8.4 Beanspruchung des Schienenkopfes 313
8.4.1 Belastungsnachweis für den Schienenkopf 313
8.4.2 Ermittlung der Flächenpressung in der Berührstelle Rad/Schiene 315
8.5 Gleisstabilität; Querverschiebewiderstand 317

9 Literaturverzeichnis **321**

1 Einführung, Begriffsbestimmung

1.1 Bewegung - Transport - Verkehr - Kommunikation

Diese Grundbegriffe kennzeichnen heute im Wesentlichen das sich in seiner Vielfalt darstellende Geschehen des Verkehrswesen. Wenn dabei von „Bewegung" gesprochen wird, meint man damit allgemein die zeitliche Änderung der Ortskoordinaten von Gegenständen; das können Fahrzeuge, Güter oder auch Personen sein. Bei dem Begriff „Transport" wiederum wird die räumliche-zeitliche Veränderung von Personen und Gütern unter Einsatz technischer Mittel, wie etwa Fahrzeuge, die sich auf vorgegebenen Straßen- und Schienenwegen bewegen, beschrieben. Aus diesen Rahmenhandlungen ergibt sich der Begriff „Verkehr", der als Menge aller raum-zeitlicher Veränderungen von Personen und Gütern in einem geometrisch oder/und geographisch bestimmten Raum mittels Verkehrssystemen beschrieben werden kann. Schließlich hat sich in den letzten Jahren in unserer Informationsgesellschaft die Übertragung von Nachrichten und sonstiger Daten unterschiedlicher Art und Intensität entwickelt, seien es Presse-, Rundfunk- oder Fernsehinformationen oder aber auch Telefon-, Telex- oder Internetdaten, alles sind Bewegungen von Informationsdaten in unterschiedlichen Richtungen über Datenträger in einer Vielzahl von Netzstrukturen und dienen der „Kommunikation" in unserer Gesellschaft.

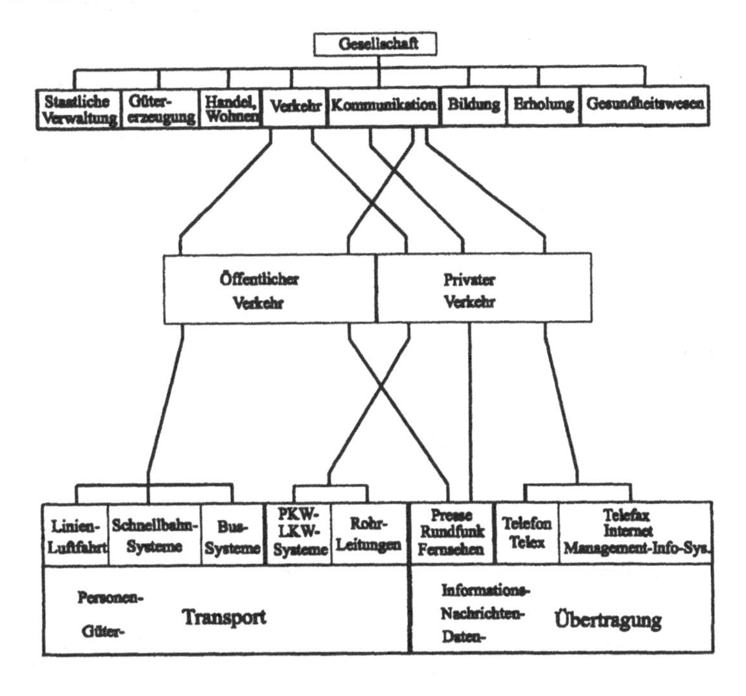

Abbildung 1.1: Transport- und Verkehrssysteme sind Teil des Gesellschaftssystems

Die Gesamtheit des heutigen Verkehrsgeschehens wird ganz allgemein umrissen durch den Begriff „Verkehrswesen" und beinhaltet die Wissenschaft und die Praxis der Verkehrsentstehung und -entwicklung sowie der Verkehrsabwicklung und -wirtschaft.

Das Verkehrswesen gliedert sich in die Bereiche der Verkehrsplanung, des Straßenwesens und des Schienenverkehrswesens. Während die „Verkehrsplanung" im wesentlichen die Arbeitsgebiete der Verkehrsprognosen, der Verkehrsverteilung und -umlegung, der übergeordneten Verkehrsnetzgestaltung in Verbindung mit der Raumordnung sowie die Verkehrssicherheit umfassen, beinhaltet das „Straßenwesen" die Tätigkeitsfelder der Straßenplanung, des Straßenentwurfs, der Straßenbautechnik und der Straßenverkehrstechnik.

Schließlich werden dem „Schienenverkehrswesen" die Arbeitsgebiete der Planung und des Entwurfs der Bahnanlagen (Gleisstrecken, Bahnhöfe, Nebenanlagen), der Bautechnik und des Bahnbetriebs mit seinen vielfältigen Bereichen der Betriebsplanung (Fahrplan), des Betriebsdienstes (Fahrdienst, Zugüberwachung) und der Sicherungstechnik (Signal- und Fernmeldewesen) zugeordnet.

Der Schiffs- und Luftverkehr wird in diesen Zusammmenhang nicht miteinbezogen.

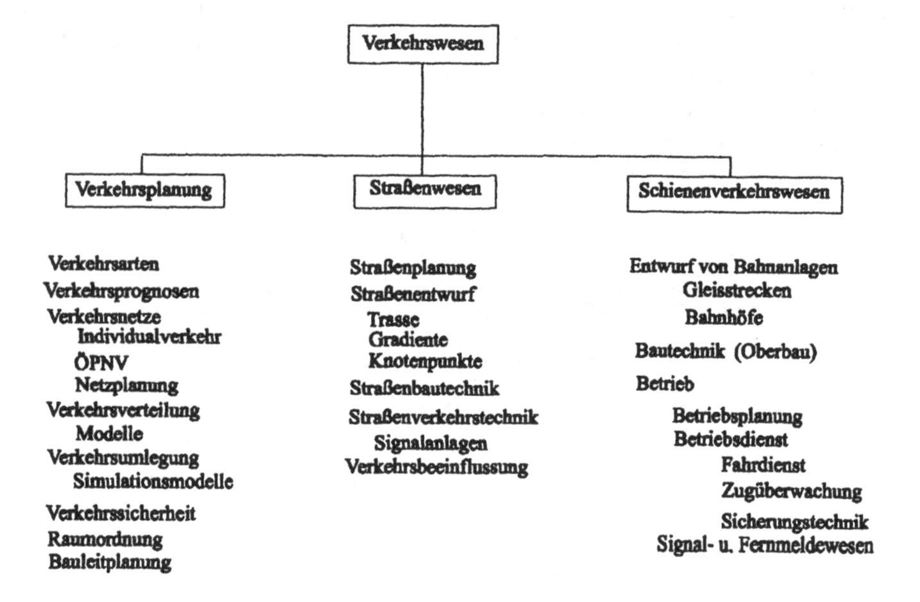

Abbildung 1.2: Funktionsbereiche im Verkehrswesen

1.2 Verkehrssysteme, Transportsysteme

Eine gut ausgebaute und jederzeit funktionierende Verkehrsinfrastruktur ist in allen Industrieländern wesentliche Voraussetzung für wirtschaftliches Wachstum und internationale Wettbewerbsfähigkeit. Darüber hinaus ermöglicht sie heute die notwendige Mobilität aller Bürger im Arbeits- und Wirtschaftsprozess. Das Verlangen nach Ortsveränderungen von Personen und Gütern wird dabei im wesentlichen von gesellschaftlichen Komponenten, wie Arbeitsmarkt und Wirtschaft, Stadt- und Raumentwicklung, Kosten und Preisen geprägt. Das bedeutet auch, dass eine Prognose der Verkehrsentwicklungen immer eine Vorhersage von gesellschaftlicher und politischer Entwicklung

sein muss. In unserer heutigen Zeit dominiert die Verkehrsabwicklung über das Straßennetz. Etwa 90 % des Personenverkehrs und 75 % des Güterverkehrs werden über die Straße transportiert. Obwohl das Schienennetz für den Linienverkehr weitgehend komplettiert zur Verfügung steht, werden nur 10 % des Personenverkehrs und inzwischen weniger als 7 % des Güterverkehrs über das Schienennetz transportiert.
In der Bundesrepublik werden derzeit Güter im Wert von rd. 15 Milliarden Euro pro Jahr transportiert; davon leistet die Deutsche Bahn AG über ihr Cargo-Unternehmen im kombinierten Verkehr einen Beitrag von rd. 1.5 Milliarden Euro, das sind etwa 10 % – ein verschwindend geringes Transportvolumen. Dieser Umfang soll, so eine optimistische Vorgabe, in den nächsten Jahren verdreifacht werden.

Die Ursachen für dieses Missverhältnis sind vielfältig. Auf der einen Seite ist der Transport von Personen und Gütern auf der Straße als Flächenverkehr für Firmen und Privatnutzer attraktiv, auf der anderen Seite gelingt es trotz guter Vorsätze der Verkehrspolitik nicht, die Schwerpunkte des Transports von Personen und Gütern von der Straße auf die Schiene zu verlagern, um somit insbesondere dem Umweltschutz in erforderlicher Weise zu dienen. Um hier langfristig eine Trendwende zu erreichen, ist einerseits ein Umdenken der Privatnutzer über den Einsatz der zur Verfügung stehenden Transportsysteme im Personenverkehr erforderlich, andererseits muss zumindest im Linienverkehr über weite Strecken ein attraktives Umladesystem für Güter von der Straße auf die Schiene entwickelt werden, das den Transport von Gütern für die Wirtschaft kostengünstig ermöglicht.
Der Bund investiert in den nächsten Jahren zusätzliche drei Milliarden Euro in die Modernisierung des Schienennetzes. Doch der kombinierte Ladungsverkehr, also die Schnittstelle zwischen Lkw, Bahn und Schiff, weist zur Zeit kaum Wachstumsraten auf. Das soll sich ändern. Der neue Verkehrsminister kündigt an: „Der kombinierte Verkehr ist die Zukunftsoption". Für die neue Bahn ist es wirtschaftlich, wenn Güterzüge als geschlossene Einheiten über weite Strecken sehr schnell eingesetzt werden können. Die beste Kombination ist deshalb das Verladen von Containern, etwa vom Seeschiff auf die Schiene und abschließend als Verteilfunktion auf den Lkw. Die Vernetzung der Transportwege der einzelnen Transportmittel steht hier im Vordergrund.

Um den künftigen Verkehrszuwachs bewältigen zu können, muss heute das richtige Steuerungsinstrumentarium geschaffen werden. Auf der einen Seite durch den Ausbau der Infrastruktur, auf der anderen Seite durch die Stärkung der einzelnen Verkehrsträger. Bis zum Jahr 2015 wird das Transportaufkommen um 60 % steigen. Nach allen festgelegten Planungsvorgaben ist es ein erreichbares Ziel, den Güterverkehr auf der Schiene bis 2015 zu verdoppeln. Die Schiene wird dann trotzdem erst rd. 25 Prozent des gesamten Güterverkehrs abdecken. Aber ein neuer Anfang wäre mit dem Erreichen dieses Zieles gemacht.

Unter den verschiedenen Transportsystemen, die als Zusammenwirken gleichartiger Transportmittel (Fahrzeuge) und der dazugehörigen Transportanlagen in technischer, kommerzieller und organisatorischer Hinsicht mit dem Ziel, Transportleistungen zu erbringen, definiert werden kann, stellt sich das Bahnsystem als wichtigstes Verkehrssystem für die Beförderung von Personen und Gütern dar. Dabei sind die Transportanlagen als Gesamtheit aller ortsfesten Komponenten wie der Transportweg als Schienenweg, der zwischen Quelle und Ziel zurückgelegt wird und die Betriebsstelle als Einrichtung am Fahrweg, die der Disposition, der Abwicklung, der Überwachung und Sicherung des Transport dient, zu verstehen.

1.3 Spurgeführte Bahnsysteme, Schienenbahn, Eisenbahn

Ein Bahnsystem ist durch spurgebundene Führung des Transportmittels (z.B. Eisenbahn!) auf dem Transportweg (Gleisstrecke) gekennzeichnet. Es gliedert sich in verschiedene Untersysteme: Verwaltung (Administratives Subsystem), Betrieb (Betriebliches Subsystem), Technik (Technisches Subsystem) und Absatz (Kommerzielles Subsystem).
In diesem Rahmen soll das Augenmerk überwiegend auf den technische Bereich eines Bahnsystems gelegt werden.
Zunächst sei bei der Einteilung der Bahnsysteme auf folgende Gruppierung hingewiesen:

Schienenbahnen: dazu zählen: Eisenbahn, S-Bahn, U-Bahn, Straßenbahn, Zahnradbahn;

Hängebahnen: dazu werden Seilbahnen und Kabinenbahnen gezählt; schließlich noch

Schwebebahnen: dazu zählen Magnetbahnen und Luftkissenbahnen.

In diesem Rahmen soll nunmehr der Schwerpunkt der weiteren Betrachtungen auf den Begriff Schienenbahnen mit der spezielle Bezeichnung „Eisenbahn" gelegt werden und dabei das Subsystem Technik besonders herausgestellt werden.

Zuvor sei ein Blick auf die Entstehung des Begriffs „Eisenbahn" geworfen: Aus dem Deutschen Reichsgericht ist hierfür eine Definition von 1879 bekannt,– aus einer Zeit, als nach Gründung des Deutschen Reiches der Übergang von Privatbahnen zu Staatsbahnen der Länder überwiegend abgeschlossen war –, die wohl als Wortbegriff aus folgendem Text abgeleitet werden kann:

„Eine Eisenbahn ist ein Unternehmen, gerichtet auf wiederholte Fortbewegung von Personen oder Sachen über nicht ganz unbedeutende Raumstrecken auf metallener Grundlage, welche durch ihre Konsistenz, Konstruktion und Glätte den Transport großer Gewichtsmassen beziehungsweise die Erzielung einer verhältnismäßig bedeutenden Schnelligkeit der Transportbewegung zu ermöglichen bestimmt ist, und durch diese Eigenart in Verbindung mit den außerdem zur Erzeugung der Transportbewegung benutzten Naturkräften – Dampf, Elektrizität, tierische oder menschliche Muskeltätigkeit, bei geneigter Ebene der Bahn auch schon durch die eigene Schwere der Transportgefäße und deren Ladung usf. – bei dem Betriebe des Unternehmens auf derselben eine verhältnismäßig gewaltige, je nach den Umständen nur bezweckterweise nützliche oder auch Menschenleben vernichtende und menschliche Gesundheit verletzende Wirkung zu erzeugen fähig ist".

Zu dem technischen Subsystem der Bahnen gehören die Einzelbereiche der Spurführungstechnik (Traktion), die Fahrzeugtechnik, die Fahrbahntechnik, die Betriebs- und Energietechnik und die Informationstechnik (Nachrichtentechnik).

Wenn man einige Einzelbereiche differenziert betrachtet, stößt man bei der Fahrzeugtechnik auf die Eisenbahnfahrzeuge (Lok, Wagenzug (Anhängelast)); bei der Fahrbahntechnik auf Begriffe wie Gleistrecke (Fahrbahn, Fahrweg), Linienführung in Grund- und Aufriss und bei der Betriebs- und Energietechnik auf Betriebsstellen (Bahnhöfe unterschiedlicher Art, Stellwerke).

1.4 Die neue Bahn – Gliederung der Deutsche Bahn Aktiengesellschaft (DB AG)

Nach dem 2. Weltkrieg wurde im Jahr 1949 auf der Grundlage des Bundesbahngesetzes die Voraussetzung für die Etablierung der staatlichen Verwaltungsinstitution „Deutschen Bundesbahn" in der Bundesrepublik Deutschland geschaffen. Sie prägte nach der Aufbauphase jahrzehntelang das

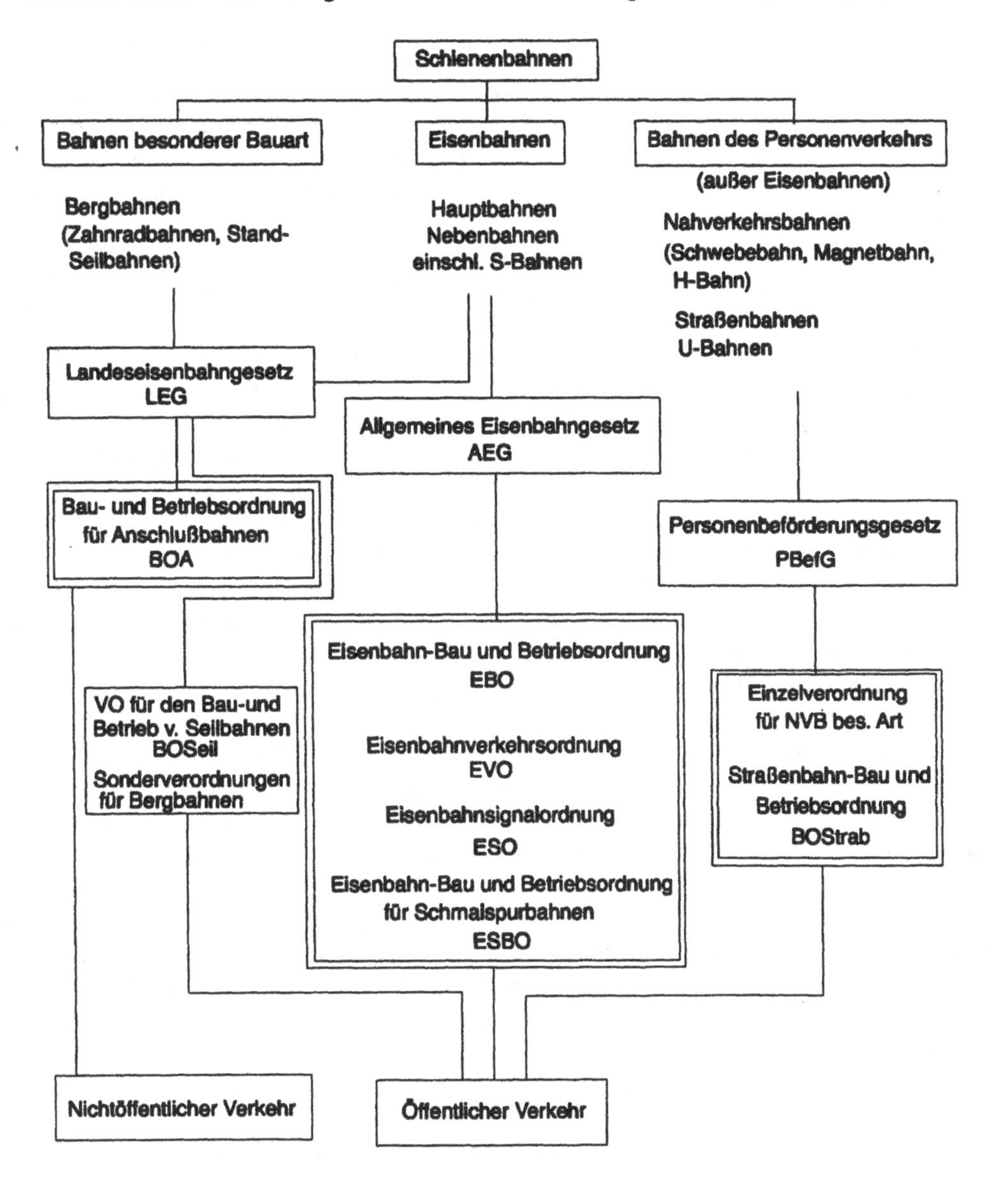

Abbildung 1.3: Einteilung der Schienenbahnen

Verkehrgeschehen auf der Schiene. Auf der Straße bahnte sich daneben mit dem Aufschwung der Autoindustrie in den 70er Jahren eine neue Entwicklung im Transportwesen von Personen und Gütern an und drängte die Eisenbahn zunehmend in die Defensive. Gerade in den 80er und 90er Jahren wurde die Autoindustrie und mit ihr verbundene Branchen bis heute zum bestimmenden Wirtschaftsfaktor in ganzen Regionen.

Nach der politischen Einigung Deutschlands 1990 wurde dann aus dem Bereich der späteren, neuen Bundesländer das rd. 10 000 km lange Streckennetz des bis dahin existierenden alten Staatsbetriebes „Deutsche Reichsbahn" übernommen und weitergeführt.

Obwohl im Verlauf der Jahre immer wieder einhellig sowohl von politischer Seite als auch von verschiedenen gesellschaftlichen Gruppierungen darauf verwiesen wurde, dass aus Umweltschutzgründen vornehmlich der Transport von Gütern von der Straße auf die Schiene verlagert werden müsste, gewann der Transport mit dem Auto immer größere Marktanteile. Die Deutsche Bundesbahn hatte aus vielerlei Gründen kaum Möglichkeiten, dieser rasanten Entwicklung etwas entgegenzusetzen.
So sank der Marktanteil im Güterverkehr, auch bedingt durch die abnehmende Bedeutung der Montanindustrie, zwischen den Jahren 1950 und 1990 von 60 auf 29 %. Im Personenverkehr verringerte sich der Marktanteil sogar von 36 auf nur noch 6 %.
Der Staat förderte mehr oder weniger das wirtschafts- und strukturpolitische Potential der Automobilindustrie und richtet seine Verkehrspolitik danach aus. So wurden zum Beispiel über die Bundesverkehrswegepläne in den Jahren 1960 bis 1992 rd. DM 450 Millarden in den Fernstraßenbau investiert; aber nur rd. DM 56 Milliarden in den Ausbau des Schienennetzes eingeplant.

Als Folge dieser Entwicklung entstand aus der Bahnverwaltung ein zunehmend defizitärer Staatsbetrieb, der auf Zuschüsse des Bundes in Milliardenhöhe angewiesen war.
Im Geschäftsbericht 1991 wurde als Ursache u.a. begründet: „Im heutigen Status arbeiten die Bahnen im Spannungsfeld widersprüchlicher gesetzlicher Bestimmungen. Nach Artikel 87 des Grundgesetzes sind sie wie eine Behörde und nach §28 des Bundesbahngesetz wie ein Wirtschaftsunternehmen zu führen, dessen Einnahmen die Ausgaben decken sollen und das zudem eine angemessene Verzinsung des Eigenkapitals zu erwirtschaften hat. Die Verschuldung der Deutschen Bundesbahn wuchs inzwischen von DM 13,9 Milliarden im Jahr 1970 auf DM 47 Milliarden im Jahr 1990".
Für das Jahr 1996 prognostizierte das Bundesverkehrsministerium ein Defizit von mehr als DM 80 Milliarden. Nun war eine Schmerzgrenze der Finanzentwicklung der DB erreicht, die von den politischen Gremien und auch vom Steuerzahler nicht mehr akzeptiert wurde.

Damit wurde die öffentliche Diskussion für die Durchführung einer Bahnreform auf allen Ebenen immer lauter. Verkehrsprognosen beschrieben für die Zukunft eine erhebliche Zunahme des Verkehrsaufkommens besonders bei der Beförderung von Gütern, die mit den zur Verfügung stehenden Infrastrukturen nicht bewältigt werden konnten. Begriffe wie Staus, drohender Verkehrsinfarkt, Smog, Energieverschwendung und Lärmbelästigung prägten den Diskussionsinhalt. Es wurde schnell klar, dass nunmehr ein mutiger Schritt zur Wende in der Verkehrspolitik hin zu dem umweltfreundlichen Technologiesystem Eisenbahn eingeschlagen werden musste.
Es kam hinzu, dass nach der deutschen Wiedervereinigung das Eisenbahnnetz Ostdeutschlands unter der alten Namensgebung „Deutsche Reichsbahn" integriert wurde und sich zukünftig dem Wettbewerb mit anderen Verkehrsträgern stellen musste. Auch dieses Faktum beeinflusste wesentlich den Ruf nach einer Bahnreform.
Schließlich unterstützten entscheidend auch in dieser Zeit die verschiedenen Initiativen der EU allgemein die europäischen Konsolidierungsvorhaben auf dem Verkehrssektor, speziell die Entwicklung der Eisenbahnunternehmen der Gemeinschaft möglichst von staatlichen Einflüssen unabhängig zu machen, eine finanzielle Gesundung der Unternehmen voranzutreiben, die Eisenbahninfrastruktur vom Transportbereich zu trennen und auch eine Öffnung der Schienennetze für Dritte zu ermöglichen. In den Jahren 1993/1994 war der politische und gesellschaftliche Konsens in allen Mitgliedsländern, also auch in Deutschland erreicht, um eine tiefgreifende Bahnreform durchzusetzen.

Dabei stand im Vordergrund, die Deutsche Bundesbahn alter Prägung in eine private Rechtsform als Aktiengesellschaft umzuwandeln und diese neue Deutsche Bahn AG (DB AG) in ein konkurrenzfähiges Unternehmen zu überführen.

Für die Vorbereitung dieser umfangreichen gesetzlichen Regelung beschloss das Bundeskabinett bereits am 1.2.1989 die Einsetzung einer unabhängigen Regierungskommission Bundesbahn, der Vertreter der Wissenschaft, der Wirtschaft, der Politik und der Arbeitnehmer angehörten.
Am 17.02.1993 verabschiedete das Bundeskabinett den vom Bundesverkehrsminister vorgelegten DB-Gründungsgesetzentwurf und leitete so das Gesetzgebungsverfahren für die Bahnreform ein.
Die zur Bahnreform notwendige Änderung des Grundgesetzes erforderte eine Zweidrittelmehrheit des Deutschen Bundestages und des Bundesrates. Am 2.12.1993 stimmte der Bundestag und am 17.12.1993 der Bundesrat dieser Gesetzesinitiative mehrheitlich zu.

Am 1.1.1994 wurde nach dem Inkrafttreten des Eisenbahnneuordnungsgesetzes (ENeuOG) schließlich mit der Unterzeichnung der Gründungsurkunde durch Vertreter des Bundes und des Bundeseisenbahnvermögens die „Deutsche Bahn AG" in Frankfurt am Main mit dem Status einer juristischen Person des Privatrechts gegründet und damit die Umsetzung der Bahnreform eingeleitet.

Am 5.1.1994 wurde das Unternehmen „Deutsche Bahn Aktiengesellschaft" mit einem Stammkapital von DM 4.2 Milliarden in das Berliner Handelsregister eingetragen. Alleiniger Aktionär war und ist bis auf weiteres die Bundesrepublik Deutschland.

Mit dem ENeuOG wurden gleichzeitig die Organisationseinheit Bundeseisenbahnvermögen (BEV) als Rechtsnachfolger des Sondervermögens des Bundes geschaffen, das die Altschulden und gleichzeitig das Immobilien-Vermögen der alten Bahn verwaltet sowie das Eisenbahn-Bundesamt (EBA) als selbständige Bundesoberbehörde etabliert, das vornehmlich hoheitliche Aufgaben in Form der Aufsichtsbehörde wahrnimmt.

Die Inhalte der Bahnreform, die durch Umwandlung der Staatsunternehmen Bundesbahn und Reichsbahn in ein marktorientiertes Unternehmen charakterisiert werden, können wie folgt umrissen werden:

- Trennung der staatlichen von den unternehmerischen Aufgaben zur Sicherung der unternehmerischen Unabhängigkeit und Stärkung der Wettbewerbsfähigkeit.
- Ausgliederung und Umwandlung des unternehmerischen Teils des „Bundeseisenbahnvermögens" in eine auf dem Verkehrsmarkt selbstverantwortlich handelnde Aktiengesellschaft (DB AG).
- Verschmelzung der früher vorhandenen Sondervermögen des Bundes „Deutsche Bundesbahn" und „Deutsche Reichsbahn" zu einem Sondervermögen „Bundeseisenbahnvermögen".
- Gliederung der Deutschen Bahn AG in mindestens vier auf dem Verkehrsmarkt eigenverantwortlich handelnde Unternehmensbereiche (Fahrweg, Personennahverkehr, Personenfernverkehr und Güterverkehr) mit eigener Bilanz.
- Ausgliederung aus der Deutschen Bahn AG und Umwandlung der neu konzipierten Bereiche in selbständige Aktiengesellschaften nach frühestens drei und spätestens fünf Jahren.
- Als später zu prüfende Option: Auflösung der Holding und Bildung völlig voneinander getrennter Aktiengesellschaften für die Bereiche Fahrweg, Personennahverkehr, Personenfernverkehr und Güterverkehr.
- Öffnung des Schienennetzes für Dritte

- Freistellung der Deutschen Bahn AG von ihren Altschulden und Übernahme der Altschulden durch das Bundeseisenbahnvermögen in Höhe von rd. 67 Mrd. DM.

- Übertragung der Aufgaben- und Ausgabenverantwortung für den öffentlichen Schienenpersonennahverkehr (SPNV) auf die Bundesländer zum 1.1.1996; das bedeutet die Regionalisierung des schienengebundenen Nahverkehrs.

- Übernahme des investiven Nachholbedarfs der ehemaligen Deutschen Reichsbahn durch den Bund.

- Übernahme der Mehrbelastung der Deutschen Bahn AG aufgrund des Produktionsrückstandes der ehemaligen Deutschen Reichsbahn durch den Bund.

Die Durchführung der Bahnreform erfolgt in zwei Stufen:

In der ersten Stufe

wurde in einem Fünfjahreszeitraum von 1994 bis 1999 das für diesen Durchführungsabschnitt vorgesehene Programm umgesetzt und gleichzeitig die für den 2. Abschnitt gesetzlich festgelegte Zielstruktur vorbereitet.

Es erfolgte der Aufbau der im DB AG-Gründungsgesetz vorgesehenen Unternehmensbereiche:

- Fahrweg (Netz) mit den Geschäftsbereichen Umschlagbahnhöfe, Netz und Bahnbau
- Personennahverkehr
- Personenfernverkehr
- Güterverkehr mit den Geschäftsbereiche Fernverkehr, Nahverkehr, Personenbahnhöfe, DB Cargo, Stückgut, Traktion und Werke.

Gleichzeitig wurden die Zentralbereiche und Dienstleistungszentren in Vorbereitung auf die 2. Stufe der Bahnreform etabliert.

Die Ergebnisbilanz der Stufe 1 der Bahnreform war überaus positiv. Die Kooperation mit anderen Verkehrsträgern wurde verstärkt, um am Markt optimale Einsatzmöglichkeiten zu nutzen. Daneben sorgte ein umfangreiches Programm dafür, dass für Zukunftsinvestitionen durchschnittlich rd. 14 Milliarden DM in diesem Zeitraum umgesetzt werden konnten. Im Vergleich zum Jahr 1993, dass als Bezugsjahr für die Bahnreform angesehen werden kann, wurden bis Ende 1998 vornehmlich die Projekte der „Deutschen Einheit" zur Anpassung des Streckennetzes der ehemaligen Deutschen Reichsbahn an den Weststandard weitergeführt. Das Betriebsergebnis des Konzerns war ab 1994 in jedem Jahr positiv.

Ab 1.1.1996 hat der Bund die Aufgaben- und Ausgabenverantwortung für den schienengebundenen Personennahverkehr (SPNV) auf die Bundesländer übertragen.

Die zweite Stufe

der Bahnreform des auf zehn Jahre angesetzten Sanierungsprozesses begann am 1.1.1999 und wird geprägt durch die Ausgliederung der einzelnen Gesellschaften. Das Unternehmen stellt sich gesellschaftsrechtlich als mehrstufiger Konzern unter Führung einer Holding dar. Die Deutsche Bahn AG ist die Konzernobergesellschaft. Sie und die gegründeten und ausgegliederten Aktiengesellschaften sowie weitere Konzernunternehmen haben mittelbar und unmittelbar Beteiligungen an anderen Unternehmen.
Der Konzern gliedert sich in Konzernleitung mit Vorsitzendem und vier Geschäftsbereichen (Finanzen/Controlling, Personal, Technik, Marketing) und in vier operative Unternehmensbereiche für die Teilgebiete: Personenverkehr – Güterverkehr – Personenbahnhöfe – Fahrweg.
Diese Unternehmensbereiche (UB) sind Führungsgesellschaften für die jeweils zugeordneten Konzernunternehmen.
Am 1. Juni 1999 wurden folgende

Führungsgesellschaften

als operative Unternehmensbereiche in Form von Aktiengesellschaften in das Handelsregister eingetragen:

- DB Reise & Touristik AG (bisher DB Fernverkehr)
- DB Regio AG (bisher DB Nahverkehr)
- DB Cargo AG (bisher DB Güterverkehr)
- DB Netz AG (bisher Fahrweg)
- DB Station & Service AG (bisher Personenbahnhöfe)

Zu den Aufgaben der Führungsgesellschaften der zugeordneten Unternehmensbereiche gehören im wesentlichen:

- Sicherung vorhandener und der Ausbau erfolgversprechender Marktpositionen,
- Sicherung von Qualität und Wirtschaftlichkeit bei der Erbringung von Leistungen und
- Planung und Kontrolle der Durchführung von notwendigen Investitionen.

Damit liegt bei ihnen die volle Verantwortung für das wirtschaftliche Ergebnis der Unternehmensbereiche und der optimale Einsatz der zur Verfügung stehenden Finanzmittel.

Die DB Holding (Konzernleitung bzw. Vorstand der DB AG)

fungiert in dem DB-Konzern als übergreifendes Führungsinstrument, wobei die Entscheidungsbefugnis und Verantwortung weitgehend auf die Konzernunternehmen übertragen worden sind. Die Konzernleitung in der Management-Holding konzentriert sich auf steuernde, koordinierende und kontrollierende Aufgaben. Daraus ergeben sich für den Konzern wesentliche Vorteile aus einer dezentralen Führung und gleichzeitig verbundenen straffen Konzernleitung. Die Vorstandsvorsitzenden der Aktiengesellschaften sind gleichzeitig Vorstandsmitglieder der Konzernleitung der DB AG. Der Vorstandsvorsitzende der DB AG ist grundsätzlich Aufsichtsratsvorsitzender der fünf Führungsgesellschaften für die DB AG. Dadurch wird gewährleistet, dass die Beschlüsse stets den

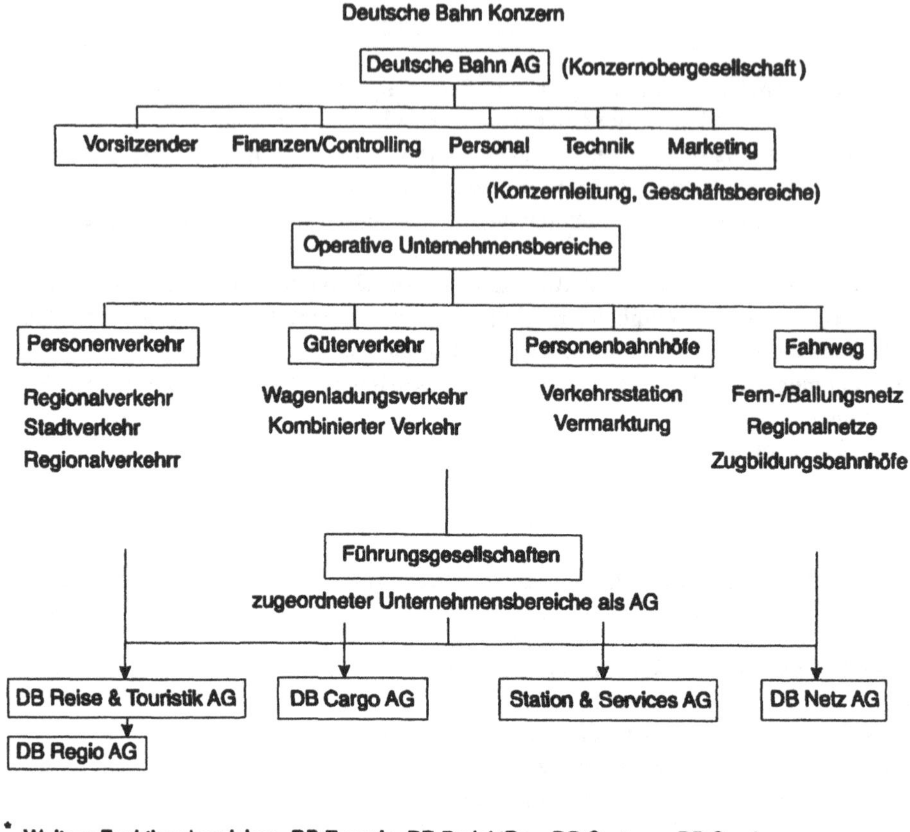

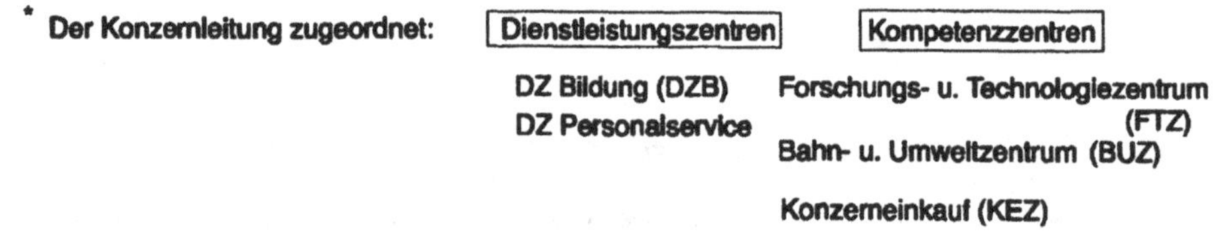

Abbildung 1.4: Organisationsstruktur der Deutschen Bahn AG

Konzern als Ganzes betreffen. Die in der Holding angesiedelten Zentralbereiche haben Richtlinienkompetenz für ihr Aufgabengebiet; sie verfügen über keinen Unterbau in den Konzernunternehmen, können aber eigene regionale Außenorganisationen haben.

Der Konzernleitung werden Dienstleistungs- und Kompetenzzentren zugeordnet, die organisatorisch Teile der DB AG sind.

Dienstleistungszentren (DZ) der DB AG

sind eigenständige Organisationseinheiten, die über Beauftragungen Leistungen für die Konzernunternehmen bzw. die DB AG erbringen und abrechnen. Es handelt sich dabei ab 1999 um das

- DZ Bildung (DZB) und das
- DZ Personalservice (DZP).

Rechtlich selbständig in Form einer GmbH sind ab Juni 1999:

- DB Anlagen und Hausservice
- DB Arbeit
- DB Gastronomie
- DB Informatik-Dienste
- DB Tank Service

Kompetenzzentren der DB AG sind das

- Forschungs- und Technologiezentrum (FTZ)
- Bahn-Umwelt-Zentrum (BUZ) und der
- Konzerneinkauf (KEZ)

Sie werden konzernübergreifend, aber auch auf Anforderung einzelner Konzernunternehmen tätig.

Neben den eigenständigen Führungsgesellschaften bestehen eine Fülle von Konzern-Beteiligungen. Mitte 1999 bestanden insgesamt rd. 200 Konzernunternehmen. Dabei gehören 375 Beteiligungen in unterschiedlicher Größe zum Konzern. Auf die DB AG entfallen 80 Beteiligungen und 295 auf die fünf Führungsgesellschaften. Die Zuordnung der Beteiligungen zu den einzelnen Unternehmensteilen richtet sich nach dem geschäftlichen Bezug.

In der 2. Stufe der Bahnreform wurden mit der so geschaffene Konzernstruktur der DB AG die Rahmenbedingungen für ein wettbewerbs- und marktorientiertes Wirken sowie für einen unternehmerischen Erfolg geschaffen.

Gegenwärtig (2002) wird das Programm der 2. Stufe der Bahnreform weitergeführt. Es hängt von der künftig positiven Entwicklung des Gesamtunternehmens ab und wie das Aktienkapital nach außen geöffnet wird, ob zukünftig auch eine Börsennotierung für den Gesamtkonzern oder einer seiner Führungsgesellschaften möglich wird.
Für die Führungsgesellschaft DB Netz AG gibt es eine im Grundgesetz verankerte gesetzliche Einschränkung: Die Bundesrepublik Deutschland muss hier Mehrheitsaktionär mit mindestens 50,1 % bleiben; wollte sie diesen Anteil bei einem Börsengang verkaufen, würde eine Gesetzesänderung notwendig, bei der auch der Bundesrat zustimmen müßte. Hiermit wurde die besondere Verantwortung des Bundes für die Netzinfrastruktur der Bahn Rechnung getragen.

Gerade in letzter Zeit hat die Diskussion wieder Auftrieb bekommen, aus Wettbewerbsgründen das Schienennetz neben der DB AG auch für verschiedene andere Eisenbahnverkehrsunternehmen gegen Wegeentgelt zur Verfügung zu stellen. Eisenbahnrechtliche und betriebsrechtliche Probleme in

Deutschland standen bisher diesen Vorschlägen entgegen. Sie werden zunehmend über neue europäische Rechtsgestaltungen und Schaffung von geeigneten Rahmenbedingungen für Kooperation und Wettbewerb zwischen den Eisenbahnen untereinander und mit anderen Verkehrsträgern wirksam realisiert.

Der Unternehmensbereich Fahrweg

ist für das Schienennetz des DB Konzerns zuständig und damit Dienstleister für Eisenbahnunternehmen. Zu den Kernaufgaben gehört es, einen zuverlässigen und sicheren Betrieb auf dem Streckennetz von rd. 37 500 Kilometern und in den 39 Terminals des kombinierten Ladungsverkehrs zu gewährleisten.

Die Führungsgesellschaft DB Netz AG stellt in eigener Verantwortung auf der Grundlage der EU-Richtlinie 91/440 den diskriminierungsfreien Zugang zur Netzinfrastruktur sicher. Inzwischen fahren mehr als 150 konzernfremde Eisenbahnverkehrsunternehmen auf dem Schienennetz der Bahn. Die DB Netz AG erstellt und koordiniert u.a. mit den verschiedenen Kunden die Fahrpläne.
Tochtergesellschaften sind im Bahnbau (Bau und Instandhaltung) tätig; größere Bauvorhaben werden von speziellen Projektgesellschaften betreut.

Nach dem Geschäftsbericht 1999 stieg die Leistungsnachfrage um gut 3 % auf 977 Trassenkilometer; der Bereichsumsatz erreichte 3.862 Mio.Euro und lag leicht unter dem Niveau des Vorjahres. Vom Gesamtumsatz entfielen 79 % auf Trassenerlöse, 7 % auf Entgelte für Vermietung und Verpachtung von Rangier- und Abstellanlagen und 14 % auf Bau-, Umschlags- und sonstige Leistungen. Der Außenumsatz stieg aufgrund der intensiven Nutzung der Trassen durch private Eisenbahnverkehrsunternehmen.
Die Ergebnisentwicklung des Unternehmensbereichs Fahrweg war im Berichtsjahr insgesamt doch unbefriedigend; wegen Mehrbelastungen gab es nur ein ausgeglichenes Ergebnis.

Zur Stabilisierung der Position Schiene im Wettbewerb wurde 1999 das

Konzept Netz 21

verabschiedet. Es hat zum Ziel, die Kapazitäten und Leistungen zu steigern, die Verfügbarkeit zu erhöhen und die Kosten weiter zu senken. Die Leistungssteigerung soll durch gezielte Investitionen in das Streckennetz, durch Verbesserung der Kostenposition und Reduzierung der Fahrzeiten erreicht werden. Netz 21 führt mittelfristig zur Entmischung schneller und langsamer Verkehre und verbessert so den Verkehrsfluss.

Das Vorrangnetz
verbindet Ballungszentren und wird zukünftig rd. 10 000 Kilometer umfassen, davon etwa 3 500 Kilometer für den schnell fahrenden Verkehr sowie 2 000 Kilometer für den S-Bahn-Verkehr.

Das Leistungsnetz
steht mit rd. 10 000 Kilometern für den gemischten Verkehr zur Verfügung. Auf diesem Netz verkehren Fern-, Nah- und Güterzüge.

Das Regionalnetz
ergänzt das Vorrang- und Leistungsnetz mit rd. 17 500 Kilometern und wird ebenfalls mit Personen- und Güterzügen befahren.

Der Aufbau von Netz 21 erhöht auf dem Vorrang- und Leistungsnetz die Kapazitäten voraussichtlich um 30 %. Daneben wird eine Senkung der Betriebsführungskosten bewirkt.
Im Rahmen einer Mittelstandsinitiative wird derzeit geprüft, wie durch alternative Strukturen eine kostengünstigere, intensivere Nutzung bestimmter Teile der Regionalnetze erreicht werden kann.

Ein weiterer Eckpfeiler der Fahrwegstrategie ist das

Digitale Mobilfunknetz GSM-R (Global System for Mobile Communication-Rail)
Es ersetzt die heutigen analogen Funksysteme für Betriebs-, Instandhaltungs-, Zug-, Rangier- und Kraftfahrzeugfunk durch ein alle Dienste integrierendes System. In den nächsten drei Jahren sollen rd. 27 000 Streckenkilometer mit GMS-R versorgt sein. GSM-R ermöglicht neben Kostensenkungen eine deutliche Leistungssteigerung durch höhere Netzkapazitäten sowie ein flexibles Management des Zugverkehrs. Es lassen sich sicherheitsrelevante Anwendungen zur Zugsteuerung und Zugsicherung integrieren. Daneben schafft es die Voraussetzungen für das Zusammenwirken der unterschiedlichen Bahnsysteme im internationalen Verkehr.

Eine weitere wirksame Verbesserung wird geschaffen durch die

Automatisierung im Stellwerksbereich.
Entscheidende Bedeutung für die Verbesserung der Leit- und Sicherungstechnik hat der Einsatz elektronischer Stellwerke und Betriebszentralen. Sie bündeln die Überwachungsaufgaben des Bahnbetriebes in wenigen Großanlagen und ermöglichen eine Automatisierung der Betriebssteuerung und Überwachung. Im Berichtsjahr 1999 sind bereits 21 elektronische Stellwerke neu in Betrieb genommen worden. In Zukunft soll der Zugbetrieb zum größten Teil durch elektronische Stellwerke von sieben Betriebszentralen aus gesteuert werden. Störungen im Zuglauf werden vom System nicht nur automatisch angezeigt, sondern der Rechner liefert auch gleichzeitig einen Abhilfevorschlag. Es wird angestrebt, alle wichtigen Strecken in die Steuerung der Betriebszentrale einzubeziehen.

Mit den gezielten Investitionen über das Konzept Netz 21 in das Schienennetz sowie in die Leit- und Sicherungstechnik wird die Leistungsfähigkeit der Eisenbahninfrastruktur wesentlich verbessert. Es sind Fahrzeitoptimierungen und Kapazitätserweiterungen, aber auch Kostenersparnisse möglich. Zukünftig wird deshalb für den Unternehmensbereich Fahrweg insgesamt eine stabile Umsatz- und damit günstige Ergebnisentwicklung erwartet.

Wesentliche Beteiligungen (zu 100 %) des Unternehmensbereich Fahrweg sind im Berichtszeitraum:

- DB Netz AG, Berlin
- Deutsche Bahn Gleisbau GmbH, Duisburg
- Deutsche Gleis- und Tiefbau GmbH, Berlin
- Ibb Ingenieur-, Brücken- und Tiefbau GmbH, Dresden

1.5 Gesetzliche Grundlagen

In der Bundesrepublik Deutschland sind für den Bau und Betrieb von Eisenbahnen mehrere Gesetze und Verordnungen erlassen, die – inzwischen geändert und/oder ergänzt – in dem neuen Verkehrsunternehmen DB AG angewendet werden.

1.5.1 Gesetze

1.5.1.1 Grundgesetz (GG)

Grundlage für den öffentlichen Schienenverkehr bildet das Grundgesetz der Bundesrepublik Deutschland.

Art. 73.6 GG: „Der Bund hat die ausschließliche Gesetzgebung über die Bundeseisenbahnen".
Bundesbahn und Deutsche Reichsbahn wurden inzwischen zur Deutschen Bahn AG zusammengeführt; der Bund behält danach die Mehrheit am Eigentum der Unternehmensbereiche, die für den Bau, die Unterhaltung und den Betrieb der Fahrwege zuständig sind.

Art. 74 GG: Der Bund hat die konkurrierende Gesetzgebung über die Schienenbahnen, die nicht Bundeseisenbahnen sind, mit Ausnahme der Bergbahnen. Das bedeutet, dass die Länder zur Gesetzgebung für die nichtbundeseigenen Eisenbahnen (NE-Bahnen) befugt sind, solange und soweit der Bund von seinem Gesetzgebungsrecht keinen Gebrauch macht.
Deshalb bestehen für die Bahnen des nicht öffentlichen Verkehrs jeweils Landeseisenbahngesetze der Bundesländer. Die Bestimmungen über die Eisenbahnen des öffentlichen Verkehrs sind hierin allerdings seit der Bahnreform ab 1. Januar 1994 durch die Neufassung des Allgemeinen Eisenbahngesetzes weitgehend entbehrlich geworden.

Art. 80 GG: Durch Gesetz können die Bundesregierung, ein Bundesminister oder die Landesregierungen Rechtsverordnungen erlassen. Sie bedürfen bei Eisenbahnen des öffentlichen Verkehrs der Zustimmung des Bundesrates (z.B. EVO, EBO, ESO).

Art. 87e GG: Änderung des Grundgesetzes: Es wird festgelegt, dass der Bund, obwohl die Eisenbahnen des Bundes zukünftig als Wirtschaftsunternehmen in privatwirtschaftlicher Form geführt werden, die Mehrheit am Eigentum der Unternehmensteile Bau, Unterhaltung und Betrieb der Fahrwege (Schienenwege) behält. Weiter, dass die Eisenbahnverkehrsverwaltung für Eisenbahnen des Bundes in Form des Eisenbahn-Bundesamtes in bundeseigener Verwaltung geführt wird. Als selbständige Bundesbehörde nimmt sie die hoheitlichen Aufgaben in Form der Aufsicht wahr.
Der Bund garantiert, dass den Verkehrsbedürfnissen der Allgemeinheit durch entsprechende Verkehrsangebote auf dem Schienennetz Rechnung getragen wird. Die Gesetze hierfür bedürfen der Zustimmung des Bundesrates.

Art. 106a GG: Für den öffentlichen Personennahverkehr, für den die Länder zuständig sind, steht ein Anteil aus dem Steueraufkommen des Bundes zur Verfügung.

1.5.1.2 Allgemeines Eisenbahngesetz (AEG)

Das Allgemeine Eisenbahngesetz enthält auch in der Neufassung vom 27.12.1993 als Rahmengesetz allgemeine Grundsätze für die Eisenbahnen des Bundes und für die nichtbundeseigenen Eisenbahnen. Es gilt nicht für andere Schienenbahnen wie Straßenbahnen, U-Bahnen und die nach ihrer Bau- und Betriebsweise ähnlichen Bahnen, Bergbahnen und sonstige Bahnen besonderer Bauart. Weiter sind Eisenbahnen nach dem AEG öffentliche Einrichtungen oder privatrechtlich organisierte Unternehmen, die Eisenbahnverkehrsleistungen erbringen oder eine Verkehrsinfrastruktur betreiben.

Nachfolgend ein Auszug aus dem Gesetzestext:

§1 Anwendungsbereich, Wettbewerbsbedingungen

(1) Dieses Gesetz gilt für Eisenbahnen. Es gilt nicht für andere Schienenbahnen wie Magnetschwebebahnen, Straßenbahnen und die nach ihrer Bau- oder Betriebsweise ähnlichen Bahnen, Bergbahnen und sonstige Bahnen besonderer Bauart.

(2) Mit dem Ziel bester Verkehrsbedienung haben Bundesregierung und Landesregierungen darauf hinzuwirken, dass die Wettbewerbsbedingungen der Verkehrsträger angeglichen werden, und dass durch einen lauteren Wettbewerb der Verkehrsträger eine volkswirtschaftlich sinnvolle Aufgabenteilung ermöglicht wird.

§2 Begriffsbestimmungen

(1) Eisenbahnen sind öffentliche Einrichtungen oder privatrechtlich organisierte Unternehmen, die Eisenbahnverkehrsleistungen erbringen (Eisenbahnverkehrsunternehmen) oder eine Eisenbahninfrastruktur betreiben (Eisenbahninfrastrukturunternehmen).

(2) Eisenbahnverkehrsleistungen sind die Beförderung von Personen oder Gütern auf einer Eisenbahninfrastruktur. Eisenbahnverkehrsunternehmen müssen in der Lage sein, die Zugförderung sicherzustellen.

(3) Das Betreiben einer Eisenbahninfrastruktur umfasst den Bau und die Unterhaltung von Schienenwegen sowie die Führung von Betriebsleit- und Sicherheitssystemen.

§3 Öffentlicher Eisenbahnverkehr

(1) Eisenbahnen dienen dem öffentlichen Verkehr (öffentliche Eisenbahnen), wenn sie als

   1. Eisenbahnverkehrsunternehmen gewerbs- oder geschäftsmäßig betrieben werden und jedermann sie nach ihrer Zweckbestimmung zur Personen- oder Güterbeförderung benutzen kann (öffentliche Eisenbahnverkehrsunternehmen),
   2. Eisenbahninfrastrukturunternehmen gewerbs- oder geschäftsmäßig betrieben werden und ihre Schienenwege nach ihrer Zweckbestimmung von jedem Eisenbahnverkehrsunternehmen benutzt werden können (öffentliche Eisenbahninfrastrukturunternehmen).

(2) Die Entscheidungen darüber, ob eine nicht zu den Eisenbahnen des Bundes gehörende Eisenbahn dem öffentlichen Verkehr dient,treffen die obersten Landesverkehrsbehörden im Benehmen mit dem Bundesministerium für Verkehr.

§4 Sicherheitsvorschriften

(1) Die Eisenbahnen sind verpflichtet, ihren Betrieb sicher zu führen und die Eisenbahninfrastruktur, Fahrzeuge und Zubehör sicher zu bauen und in betriebssicherem Zustand zu halten.

(2) Baufreigaben, Abnahmen, Prüfungen und Zulassungen nach Maßgabe anderer Gesetze und Verordnungen obliegen für Betriebsanlagen der Eisenbahnen des Bundes und Schienenfahrzeuge der Eisenbahnen des Bundes dem Eisenbahn-Bundesamt.

§5 Eisenbahnaufsicht

(1) Nichtbundeseigene Eisenbahnen mit Sitz in der Bundesrepublik Deutschland werden von dem Land, in dem sie ihren Sitz haben, beaufsichtigt. Die Landesregierung kann die Eisenbahnaufsicht ganz oder teilweise dem Eisenbahn-Bundesamt übertragen, welches sie nach den Weisungen und für Rechnung dieses Landes übernimmt. Sie kann anderen öffentlichen oder privaten Einrichtungen Aufgaben der Eisenbahnaufsicht ganz oder teilweise durch Rechtsverordnung übertragen.

(2) Berührt eine nichtbundeseigene Eisenbahn mit Sitz in der Bundesrepublik Deutschland das Gebiet mehrerer Länder, so wird die Aufsicht von dem Lande geführt, in dem die Eisenbahn ihren Sitz hat, soweit nicht die Länder etwas anderes vereinbaren.

(3) Für die Aufsicht und Genehmigung nichtbundeseigener Eisenbahnen mit Sitz in der Bundesrepublik Deutschland ist die von der Landesregierung bestimmte Behörde zuständig. Die Landesregierung bestimmt auch die Behörde, die zuständig ist für die Aufsicht über Eisenbahnen des Bundes sowie über nichtbundeseigene Eisenbahnen mit Sitz im Ausland, soweit es sich handelt um

1. die Genehmigung und Einhaltung von Tarifen im Schienenpersonennahverkehr dieser Eisenbahnen auf dem Gebiet der Bundesrepublik Deutschland,
2. die Einhaltung von Auflagen auf der Grundlage von Artikel 1 Abs. 5 und 6 der Verordnung (EWG) Nr. 1191/69 des Rates vom 26. Juni 1969 über das Vorgehen der Mitgliedstaaten bei mit dem Begriff des öffentlichen Dienstes verbundenen Verpflichtungen auf dem Gebiet des Eisenbahn-, Straßen- und Binnenschiffsverkehrs (ABl. EG Nr. L 156 S. 1) in der Fassung der Verordnung (EWG) Nr. 1893/91 des Rates vom 20. Juni 1991 (ABl. EG Nr. L 169 S. 1) betreffend den Schienenpersonennahverkehr dieser Eisenbahnen auf dem Gebiet der Bundesrepublik Deutschland.

(4) Zuständige Behörde für die Genehmigung von Tarifen der in Absatz 3 Satz 2 genannten Eisenbahnen, die im Schienenpersonennahverkehr über das Gebiet eines Landes hinaus angewendet werden, ist die Behörde des Landes, in dem die Eisenbahn ihren Sitz oder eine Niederlassung im Sinne des Handelsrechtes hat, bei Eisenbahnen mit Sitz im Ausland die Behörde des an das Netz dieser Eisenbahn angrenzenden Landes. Die zuständige Genehmigungsbehörde trifft ihre Entscheidung im Einvernehmen mit den Genehmigungsbehörden der vom Anwendungsbereich eines Tarifs berührten Länder. Kommt ein Einvernehmen nicht zustande, entscheidet auf Antrag der Länder das Bundesministerium für Verkehr.

(5) Die Einhaltung von Arbeitsschutzvorschriften wird von den nach diesen Vorschriften zuständigen Behörden überwacht. Für Schienenfahrzeuge und Anlagen, die unmittelbar der Sicherstellung des Betriebsablaufs dienen, kann das Bundesministerium für Verkehr im Einvernehmen mit dem Bundesministerium für Arbeit und Sozialordnung durch Rechtsverordnung mit Zustimmung des Bundesrates die Zuständigkeit auf das Eisenbahn-Bundesamt übertragen.

(6) Aufsichts- und Genehmigungsbehörde im Sinne dieses Gesetzes ist auch die Stelle, der die Landesregierung oder das Bundesministerium für Verkehr Aufgaben der Eisenbahnaufsicht

gemäß Absatz 1 Satz 3 oder gemäß §4 des Gesetzes über die Eisenbahnverkehrsverwaltung des Bundes übertragen hat.

(7) Im übrigen ist Aufsichts- und Genehmigungsbehörde für Eisenbahnen des Bundes sowie für nichtbundeseigene Eisenbahnen mit Sitz im Ausland betreffend den Verkehr dieser Eisenbahnen auf dem Gebiet der Bundesrepublik Deutschland das Eisenbahn-Bundesamt.

§6 Erteilung und Versagung der Genehmigung

(1) Ohne eine Genehmigung dürfen weder Eisenbahnverkehrsleistungen nach §3 Abs. 1 Nr. 1 erbracht noch eine Eisenbahninfrastruktur nach §3 Abs. 1 Nr. 2 betrieben werden. Die Genehmigungspflicht für Eisenbahnen, die nicht dem öffentlichen Verkehr dienen, richtet sich nach Landesrecht.

(2) Die Genehmigung wird auf Antrag erteilt, wenn

1. der Antragsteller als Unternehmer und die für die Führung der Geschäfte bestellten Personen zuverlässig sind,
2. der Antragsteller als Unternehmer finanziell leistungsfähig ist,
3. der Antragsteller als Unternehmer oder die für die Führung der Geschäfte bestellten Personen die erforderliche Fachkunde haben

und damit die Gewähr für eine sichere Betriebsführung bieten.

(3) Die Genehmigung wird erteilt für

1. das Erbringen einer nach der Verkehrsart bestimmten Eisenbahnverkehrsleistung,
2. das Betreiben einer bestimmten Eisenbahninfrastruktur.

(4) Gültige Genehmigungen öffentlicher Eisenbahnen, die bei Inkrafttreten dieses Gesetzes bereits Eisenbahnverkehrsleistungen erbringen oder eine Eisenbahninfrastruktur betreiben, gelten fort, soweit sie inhaltlich den Anforderungen dieses Gesetzes genügen. Im übrigen ist diesen Eisenbahnen auf Antrag die Genehmigung zu erteilen, ohne dass die Voraussetzungen des Absatzes 2 geprüft werden. Satz 2 gilt nur, sofern die Genehmigung innerhalb eines Jahres nach Inkrafttreten dieses Gesetzes beantragt wird.

(5) Antragsteller kann jede natürliche Person sein, die Angehörige eines Mitgliedstaates der Europäischen Gemeinschaften ist. Das gleiche gilt für Gesellschaften, die nach den Rechtsvorschriften eines Mitgliedstaates der Europäischen Gemeinschaften gegründet wurden und ihren satzungsmäßigen Sitz, ihre Hauptverwaltung oder ihre Hauptniederlassung innerhalb der Europäischen Gemeinschaften haben.

(6) Die Geltungsdauer der Genehmigung soll in der Regel bei

1. Eisenbahnverkehrsunternehmen höchstens 15 Jahre,
2. Eisenbahninfrastrukturunternehmen höchstens 50 Jahre betragen.

(7) Die zuständige Genehmigungsbehörde entscheidet über die Erteilung oder Versagung einer Genehmigung im Benehmen mit dem Eisenbahn-Bundesamt, wenn das antragstellende Unternehmen beabsichtigt, Eisenbahnverkehrsleistungen auch auf Schienenwegen von Eisenbahnen des Bundes zu erbringen.

§10 Beförderungspflicht

(1) Öffentliche Eisenbahnverkehrsunternehmen, die dem Personenverkehr dienen, sind zur Beförderung von Personen und Reisegepäck verpflichtet, wenn

1. die Beförderungsbedingungen eingehalten werden,
2. die Beförderung mit den regelmäßig verwendeten Beförderungsmitteln möglich ist und
3. die Beförderung nicht durch Umstände verhindert wird, welche das Eisenbahnverkehrsunternehmen nicht abwenden und denen es auch nicht abhelfen konnte.

§11 Stilllegung von Eisenbahninfrastruktureinrichtungen

(1) Beabsichtigt ein Eisenbahninfrastrukturunternehmen die dauernde Einstellung des Betriebes einer Strecke, eines für die Betriebsabwicklung wichtigen Bahnhofs oder die deutliche Verringerung der Kapazität einer Strecke, so hat es dies bei der zuständigen Aufsichtsbehörde zu beantragen. Dabei hat es darzulegen, dass ihm der Betrieb der Infrastruktureinrichtung nicht mehr zugemutet werden kann und Verhandlungen mit Dritten, denen ein Angebot für die Übernahme der Infrastruktureinrichtung zu in diesem Bereich üblichen Bedingungen gemacht wurde, erfolglos geblieben sind. Bei den Übernahmeangeboten an Dritte sind Vorleistungen angemessen zu berücksichtigen.

(2) Die zuständige Aufsichtsbehörde hat über den Antrag unter Berücksichtigung verkehrlicher und wirtschaftlicher Kriterien innerhalb von drei Monaten zu entscheiden. Im Bereich der Eisenbahnen des Bundes entscheidet das Eisenbahn-Bundesamt im Benehmen mit der zuständigen Landesbehörde. Bis zur Entscheidung hat das Unternehmen den Betrieb der Schieneninfrastruktur aufrecht zu halten.

(3) Die Genehmigung gilt als erteilt, wenn die zuständige Aufsichtsbehörde innerhalb der in Absatz 2 bestimmten Frist nicht entschieden hat. Versagt sie die Genehmigung nach Maßgabe des Absatzes 2, so hat sie dem Eisenbahninfrastrukturunternehmen die aus der Versagung entstehenden Kosten, einschließlich der kalkulatorischen Kosten zu ersetzen; die Zahlungsverpflichtung trifft das Land, wenn die von der Landesbehörde im Rahmen des Benehmens vorgetragenen Gründe für die Ablehnung maßgebend waren.

(4) Liegen die Voraussetzungen des Absatzes 1 Satz 2 nicht vor, ist die Genehmigung zu versagen.

(5) Eine Versagung nach Maßgabe des Absatzes 2 ist nur für einen Zeitraum von einem Jahr möglich; danach gilt die Genehmigung als erteilt.

§12 Tarife

(1) Tarife sind die Beförderungsentgelte und Beförderungsbedingungen der Eisenbahnverkehrsunternehmen. Diese sind verpflichtet, daran mitzuwirken, dass

1. für die Beförderung von Personen und Gütern, die sich auf mehrere aneinander anschließende Eisenbahnen des öffentlichen Verkehrs erstreckt, direkte Abfertigung eingerichtet wird,
2. im Personenverkehr durchgehende Tarife aufgestellt werden.

(2) Öffentliche Eisenbahnverkehrsunternehmen sind dazu verpflichtet, im Schienenpersonenverkehr Tarife aufzustellen, die alle Angaben, die zur Berechnung des Entgeltes für die Beförderung von Personen und für Nebenleistungen im Personenverkehr notwendig sind, sowie alle anderen für die Beförderung maßgebenden Bestimmungen enthalten. Tarife nach Satz 1 müssen gegenüber jedermann in gleicher Weise angewendet werden.

(3) Ohne eine vorherige Genehmigung

1. der Beförderungsbedingungen im Schienenpersonenverkehr,
2. der Beförderungsentgelte im Schienenpersonennahverkehr

dürfen Eisenbahnverkehrsleistungen nach §3 Abs. 1 Nr. 1 nicht erbracht werden. Die Tarifhoheit liegt beim Bund, soweit es sich um Beförderungsbedingungen einer Eisenbahn des Bundes für ihren Schienenpersonenfernverkehr handelt, im übrigen bei den Ländern. Die Genehmigungsbehörde kann auf die Befugnis zur Genehmigung verzichten.

(4) Die nach Absatz 3 zu erteilende Genehmigung kann auch als Rahmengenehmigung erteilt werden. Die erforderliche Genehmigung gilt als erteilt,

1. wenn dem Eisenbahnverkehrsunternehmen nicht innerhalb von zwei Wochen nach Eingang seines Antrages eine Äußerung der Genehmigungsbehörde zugeht,
2. wenn dem Eisenbahnverkehrsunternehmen nicht innerhalb von sechs Wochen nach Eingang seines

Antrages eine vom Antrag abweichende Entscheidung der Genehmigungsbehörde zugeht.

(5) Die Genehmigungsbehörde kann in den Fällen des Artikels 1 Abs. 5 und 6 der Verordnung (EWG) Nr. 1191/69 des Rates unter den dort genannten Voraussetzungen die Genehmigung versagen oder die Änderung von Tarifen verlangen. Die Genehmigung von Beförderungsbedingungen kann darüber hinaus versagt werden, wenn sie mit dem geltenden Recht, insbesondere mit den Grundsätzen des Handelsrechts und des Gesetzes über Allgemeine Geschäftsbedingungen, nicht in Einklang stehen.

(6) Tarife nach Absatz 2 sowie Tarife nach Absatz 3 Satz 1 müssen bekanntgemacht werden. Erhöhungen der Beförderungsentgelte oder andere für den Kunden nachteilige Änderungen der Beförderungsbedingungen werden frühestens einen Monat nach der Bekanntmachung wirksam, wenn nicht die Genehmigungsbehörde eine Abkürzung der Bekanntmachungsfrist genehmigt hat. Die Genehmigung muss aus der Bekanntmachung ersichtlich sein.

(7) Für Vereinbarungen von Eisenbahnverkehrsunternehmen und für Vereinbarungen von Eisenbahnverkehrsunternehmen mit anderen Unternehmen, die sich mit der Beförderung von Personen befassen, sowie für Beschlüsse und Empfehlungen von Vereinigungen dieser Unternehmen gelten die §§1 und 22 Abs. 1 des Gesetzes gegen Wettbewerbsbeschränkungen nicht, soweit sie im Interesse einer ausreichenden Bedienung der Bevölkerung mit Verkehrsleistungen im öffentlichen Personennahverkehr und einer wirtschaftlichen Verkehrsgestaltung erfolgen und einer Integration der Nahverkehrsbedienung, insbesondere durch Verkehrskooperationen, durch die Abstimmung und den Verbund von Beförderungsentgelten und durch die Abstimmung der Fahrpläne dienen. Sie bedürfen zu ihrer Wirksamkeit der Anmeldung bei der Genehmigungsbehörde, die diese Anmeldung an die Kartellbehörde weiterleitet. §12 Abs. 1 und §22 Abs. 6 des Gesetzes gegen Wettbewerbsbeschränkungen gelten entsprechend.

Verfügungen der Kartellbehörde, die solche Vereinbarungen, Beschlüsse oder Empfehlungen betreffen, ergehen im Benehmen mit der zuständigen Genehmigungsbehörde.

§13 Anschluß an andere Eisenbahnen

(1) Jede öffentliche Eisenbahn hat angrenzenden öffentlichen Eisenbahnen mit Sitz in der Bundesrepublik Deutschland den Anschluß an ihre Eisenbahninfrastruktur unter billiger Regelung der Bedingungen und der Kosten zu gestatten. Im übrigen gilt §14.

(2) Im Falle der Nichteinigung über die Bedingungen des Anschlusses sowie über die Angemessenheit der Kosten entscheidet, wenn eine Eisenbahn des Bundes beteiligt ist, das Eisenbahn-Bundesamt, in den übrigen Fällen die zuständige Landesbehörde.

§14 Zugang zur Eisenbahninfrastruktur

(1) Eisenbahnverkehrsunternehmen mit Sitz in der Bundesrepublik Deutschland haben das Recht auf diskriminierungsfreie Benutzung der Eisenbahninfrastruktur von Eisenbahninfrastrukturunternehmen, die dem öffentlichen Verkehr dienen. Dieser Grundsatz gilt sinngemäß auch für die Bereiche Schienenpersonenfernverkehr, Schienenpersonennahverkehr und Schienengüterverkehr. Bei der Vergabe der Eisenbahninfrastrukturkapazitäten haben die Eisenbahninfrastrukturunternehmen vertakteten oder ins Netz eingebundenen Verkehr angemessen zu berücksichtigen.

(2) Nutzen Eisenbahnen, die nicht dem öffentlichen Verkehr dienen und die sowohl Eisenbahnverkehrsleistungen erbringen als auch eine Eisenbahninfrastruktur betreiben, die Eisenbahninfrastruktur von öffentlichen Eisenbahninfrastrukturunternehmen, so steht ihnen das Recht nach Absatz 1 nur insoweit zu, als sie die Benutzung ihrer Eisenbahninfrastruktur anderen öffentlichen Eisenbahnverkehrsunternehmen zu vergleichbaren Bedingungen gewähren.

Nach §26 AEG kann die Bundesregierung (Bundesministerium für Verkehr) zur Gewährleistung der Sicherheit und Ordnung im Eisenbahnverkehr, des Umweltschutzes oder zum Schutz von Leben und Gesundheit der Arbeitnehmer mit Zustimmung des Bundesrates für öffentliche Eisenbahnen Rechtsverordnungen erlassen über den Bau, den Betrieb und den Verkehr.

Im AEG heißt es an dieser Stelle unter:

§26 Rechtsverordnungen

(1) Zur Gewährleistung der Sicherheit und Ordnung im Eisenbahnverkehr, des Umweltschutzes oder zum Schutz von Leben und Gesundheit der Arbeitnehmer wird das Bundesministerium für Verkehr ermächtigt, mit Zustimmung des Bundesrates für öffentliche Eisenbahnen Rechtsverordnungen zu erlassen

1. über den Bau, den Betrieb und den Verkehr, welche
   (a) die Anforderungen an Bau, Ausrüstung und Betriebsweise der Eisenbahnen nach den Erfordernissen der Sicherheit, nach den neuesten Erkenntnissen der Technik und nach den internationalen Abmachungen einheitlich regeln,
   (b) allgemeine Bedingungen für die Beförderung von Personen durch Eisenbahnverkehrsunternehmen in Übereinstimmung mit den Vorschriften des Handelsrechts festlegen,

(c) die notwendigen Vorschriften zum Schutz der Anlagen und des Betriebes der Eisenbahnen gegen Störungen und Schäden enthalten;

2. über die Voraussetzungen, unter denen von den Verpflichtungen nach §12 Abs. 2 abgewichen werden kann;
3. über die Voraussetzungen, unter denen einer Eisenbahn eine Genehmigung erteilt oder diese widerrufen wird, überden Nachweis der Voraussetzungen des §6 Abs. 2 einschließlich der Verfahren der Zulassung und der Feststellung der persönlichen Eignung und Befähigung des Antragstellers als Unternehmer oder der für die Führung der Geschäfte bestellten Personen; in der Rechtsverordnung können Regelungen über eine Prüfung der Fachkunde des Antragstellersals Unternehmer oder der für die Führung der Geschäfte bestellten Personen einschließlich der Regelungen über Ablaufund Inhalt der Prüfung, die Leistungsbewertung und die Zusammensetzung des Prüfungsausschusses getroffen werden;
4. über Erteilung, Einschränkung und Entziehung der Erlaubnis zum Führen von Schienenfahrzeugen;
5. über die Ausbildung und die Anforderungen an die Befähigung und Eignung des Eisenbahnbetriebspersonals und überdie Bestellung, Bestätigung und Prüfung von Betriebsleitern sowie deren Aufgaben und Befugnisse, einschließlich desVerfahrens zur Erlangung von Erlaubnissen und Berechtigungen und deren Entziehung oder Beschränkung;
6. über den diskriminierungsfreien Zugang zur Eisenbahninfrastruktur einer anderen Eisenbahn;
7. über die Grundsätze zur Erhebung des Entgeltes für die Benutzung einer Eisenbahninfrastruktur; darin können Vorschriften enthalten sein über die Bemessungsgrundlagen und das Verfahren für die Entrichtung des Entgeltes;
8. über deren Verpflichtung, sich zur Deckung der durch den Betrieb einer Eisenbahn verursachten Personenschäden, Sachschäden und sonstigen Vermögensschäden zu versichern.
9. über die Kosten (Gebühren und Auslagen) für Amtshandlungen der Behörden des Bundes nach diesem Gesetz oder nach dem Gesetz über die Eisenbahnverkehrsverwaltung des Bundes.

(2) Zur Gewährleistung des Schutzes von Leben und Gesundheit des Fahrpersonals sowie des Personals, das unmittelbar in der betrieblichen Abwicklung der Beförderungen eingesetzt ist, wird das Bundesministerium für Verkehr ermächtigt, mit Zustimmung des Bundesrates für öffentliche Eisenbahnen Rechtsverordnungen zu erlassen über

1. Arbeitszeiten, Fahrzeiten und deren Unterbrechungen sowie Schichtzeiten,
2. Ruhezeiten und Ruhepausen,
3. Tätigkeitsnachweise,
4. die Organisation, das Verfahren und die Mittel der Überwachung der Durchführung dieser Rechtsverordnungen,
5. die Zulässigkeit abweichender tarifvertraglicher Regelungen über Arbeitszeiten, Fahrzeiten, Schicht- und Ruhezeiten sowie Ruhepausen und Unterbrechungen der Fahrzeiten.

(3) Rechtsverordnungen nach Absatz 1 Nr. 1 Buchstabe a werden, soweit sie den Umweltschutz betreffen, vom Bundesministerium für Verkehr und vom Bundesministerium für Umwelt, Naturschutz und Reaktorsicherheit erlassen. Rechtsverordnungen nach Absatz 1 Nr. 5 werden im Einvernehmen mit dem Bundesministerium für Bildung, Wissenschaft, Forschung und Technologie erlassen. Die Regelungen des Berufsbildungsgesetzes bleiben unberührt. Rechtsverordnungen nach den Absätzen 1 und 2 zum Schutz von Leben und Gesundheit der Arbeitnehmer und des Personals werden im Einvernehmen mit dem Bundesministerium für Arbeit und Sozialordnung erlassen.

(4) Das Bundesministerium für Verkehr wird ermächtigt, mit Zustimmung des Bundesrates verschiedene Rechtsverordnungen zu erlassen

1. zur Übernahme des Rechts der Europäischen Gemeinschaften, soweit es Gegenstände der Artikel 1 bis 5 des Eisenbahnneuordnungsgesetzes oder des Bundesschienenwegeausbaugesetzes betrifft, in deutsches Recht sowie zur Durchführung solchen Rechtes der Europäischen Gemeinschaften;
2. zur Festlegung des Anwendungsbereichs der Verordnung (EWG) Nr. 1191/69 des Rates, soweit diese Verordnung es zuläßt; in der Rechtsverordnung kann vorgesehen werden, dass die Landesregierungen durch Rechtsverordnung die Verordnung (EWG) Nr. 1191/69 des Rates für die Unternehmen, deren Tätigkeit ausschließlich auf den Betrieb von Stadt-, Vorort- und Regionalverkehrsdiensten beschränkt ist, abweichend von der Rechtsverordnung des Bundesministeriums für Verkehr für anwendbar erklären können.

(5) Für Eisenbahnen, die nicht dem öffentlichen Verkehr dienen, gelten die Ermächtigungen nach Absatz 1 Nr. 1 bis 8 insoweit, als die Einheit des Eisenbahnbetriebes es erfordert. Die Ermächtigungen nach Absatz 2 und §24 Abs. 3 gelten für diese Eisenbahnen insoweit, als sie die Eisenbahninfrastruktur von öffentlichen Eisenbahninfrastrukturunternehmen benutzen. Im übrigen werden die Landesregierungen ermächtigt, Rechtsverordnungen für diese Unternehmen zu erlassen; die Landesregierungen können die Ermächtigung durch Rechtsverordnung übertragen.

... etc.

Auf dieser Grundlage gelten im einzelnen folgende Rechtsverordnungen:

- EBO – Eisenbahn-Bau- und Betriebsordnung
- ESO – Eisenbahn-Signalordnung
- EVO – Eisenbahn-Verkehrsordnung
- ESBO – Eisenbahn-Bau und Betriebsordnung für Schmalspurbahnen

1.5.1.3 Landeseisenbahngesetze (LEG)

Es handelt sich hierbei um Gesetze der einzelnen Bundesländer für die Nichtbundeseigenen Eisenbahnen (NE-Bahnen) und diese gelten insbesondere für die Bahnen des nichtöffentlichen Verkehrs (Anschlussbahnen).
Durch das Eisenbahnneuordnungsgesetz (ENeuOG) wurden mit der Überführung der Bundesbahn in eine Aktiengesellschaft verschiedene Regelungen der Landeseisenbahngesetze außer Kraft gesetzt. Durch die Neufassung des Allgemeinen Eisenbahngesetzes (AEG) sind ebenfalls die Bestimmungen über die Eisenbahnen des öffentlichen Verkehrs in den Landeseisenbahngesetzen weitgehend entbehrlich geworden.

Die Rechtsverhältnisse der Nichtbundeseigenen Eisenbahnen sind von den Bundesländern in den Landeseisenbahngesetzen (LEG) verankert. Zum Beispiel werden die NE nach §5 AEG von den Ländern beaufsichtigt.Die Landesregierungen können diese Eisenbahnaufsicht ganz oder teilweise dem Eisenbahn-Bundesamt übertragen. Die nach §26 AEG erlassenen Rechtsverordnungen gelten auch für die Nichtbundeseigenen Bahnen.

1.5.1.4 Personenbeförderungsgesetz (PBefG)

Den Vorschriften dieses Gesetzes unterliegen die entgeltliche und geschäftsmäßige Beförderung von Personen mit Straßenbahnen, Omnibussen und Kraftfahrzeugen.
In der Neufassung vom 01.10.1996 enthält es Bestimmungen für den öffentlichen Personennahverkehr (ÖPNV) einschl. des Schienenpersonennahverkehrs (SPNV) als Aufgabe der öffentlichen Daseinsvorsorge und den sich aus bundesrechtlicher Regelung ergebender Auftrag, die Aufgaben und die Finanzverantwortlichkeit über Nahverkehrs- bzw. ÖPNV-Gesetze von den Ländern zu bestimmen.

1.5.1.5 Gesetz über Kreuzungen von Eisenbahnen und Straßen (Eisenbahnkreuzungsgesetz – EKrG)

Dieses Gesetz gilt für Kreuzungen von Eisenbahnen, die dem öffentlichen Verkehr dienen (und gilt auch für deren Anschlussbahnen) mit den öffentlichen Straßen,Wegen und Plätzen.
Straßenbahnen auf besonderem Gleiskörper werden bei Kreuzungen mit Eisenbahnen wie Straßen, bei der Kreuzung mit Straßen wie Eisenbahnen behandelt. In diesem Gesetz sind das Kreuzungsrechtsverfahren, die zuständigen Behörden und ihre Aufgaben sowie die Kostenteilung bei der Änderung und Beseitigung von Bahnübergängen festgelegt.
Neue Kreuzungen werden heute in der Regel als Überführungen angelegt.

Nachfolgend wird ein Auszug aus dem Gesetzestext dargestellt:

Gesetz über Kreuzungen von Eisenbahnen und Straßen
(Eisenbahnkreuzungsgesetz – EKrG)

Vom 14. August 1963 [BGBl. I S. 681] in der Fassung der Bekanntmachung vom 21. März 1971 [BGBl. I S. 337] Geändert durch Gesetz vom 9.9.1998 [BGBl. I S. 2858]

Inhaltsübersicht

§1 - Geltungsbereich, Begriffsbestimmungen §2 - Neue Kreuzungen §3 - Maßnahmen an bestehenden Kreuzungen §4 - Duldungspflicht §5 - Vereinbarungsprinzip §6 - Antragsbefugnis auf kreuzungsrechtliche Anordnung §7 - Kreuzungsrechtliche Anordnung von Amts wegen §8 - Anordnungsbehörde §9 - [aufgehoben] §10 - Anordnungsentscheidung §11 - Kostentragung bei neuen Kreuzungen §12 - Kostentragung bei Maßnahmen an bestehenden Überführungen §13 - Kostentragung bei Maßnahmen an bestehenden Bahnübergängen §14 - Erhaltungspflicht §14a - Untergang eines kreuzenden Verkehrswegs §15 - Folgekosten von Maßnahmen §16 - Verordnungsermächtigung §17 - Zuschüsse §18 - Durchsetzung von Anordnungsentscheidungen §19 - Übergangsbestimmungen §20 - Aufhebung von Rechtsvorschriften §21 - Inkrafttreten

§1 Geltungsbereich, Begriffsbestimmungen

(1) Dieses Gesetz gilt für Kreuzungen von Eisenbahnen und Straßen.

(2) Kreuzungen sind entweder höhengleich (Bahnübergänge) oder nicht höhengleich (Überführungen).

(3) Eisenbahnen im Sinne dieses Gesetzes sind die Eisenbahnen, die dem öffentlichen Verkehr dienen, sowie die Eisenbahnen, die nicht dem öffentlichen Verkehr dienen, wenn die Betriebsmittel auf Eisenbahnen des öffentlichen Verkehrs übergehen können (Anschlussbahnen), und ferner die den Anschlussbahnen gleichgestellten Eisenbahnen.

(4) Straßen im Sinne dieses Gesetzes sind die öffentlichen Straßen, Wege und Plätze.

(5) Straßenbahnen, die nicht im Verkehrsraum einer öffentlichen Straße liegen, werden, wenn sie Eisenbahnen kreuzen, wie Straßen, wenn sie Straßen kreuzen, wie Eisenbahnen behandelt.

(6) Beteiligte an einer Kreuzung sind das Unternehmen, das die Baulast des Schienenweges der kreuzenden Eisenbahn trägt, und der Träger der Baulast der kreuzenden Straße.

§2 Neue Kreuzungen

(1) Neue Kreuzungen von Eisenbahnen und Straßen, die nach der Beschaffenheit ihrer Fahrbahn geeignet und dazu bestimmt sind, einen allgemeinen Kraftfahrzeugverkehr aufzunehmen, sind als Überführungen herzustellen.

(2) In Einzelfällen, insbesondere bei schwachem Verkehr, kann die Anordnungsbehörde Ausnahmen zulassen. Dabei kann angeordnet werden, welche Sicherungsmaßnahmen an der Kreuzung mindestens zu treffen sind.

(3) Eine Kreuzung im Sinne des Absatzes 1 ist neu, wenn einer der beiden Verkehrswege oder beide Verkehrswege neu angelegt werden.

§3 Maßnahmen an bestehenden Kreuzungen

(1) Wenn und soweit es die Sicherheit oder die Abwicklung des Verkehrs unter Berücksichtigung der übersehbaren Verkehrsentwicklung erfordert, sind nach Maßgabe der Vereinbarung der Beteiligten (§5) oder der Anordnung im Kreuzungsrechtsverfahren (§§6 und 7) Kreuzungen

1. zu beseitigen oder
2. durch Baumaßnahmen, die den Verkehr an der Kreuzung vermindern, zu entlasten oder
3. durch den Bau von Überführungen, durch die Einrichtung technischer Sicherungen, insbesondere von Schranken oder Lichtsignalen, durch die Herstellung von Sichtflächen an Bahnübergängen, die nicht technisch gesichert sind, oder in sonstiger Weise zu ändern.

§4 Duldungspflicht

(1) Erfordert die Linienführung einer neu zu bauenden Straße oder Eisenbahn eine Kreuzung, so hat der andere Beteiligte die neue Kreuzungsanlage zu dulden. Seine verkehrlichen und betrieblichen Belange sind angemessen zu berücksichtigen.

(2) Ist eine Kreuzungsanlage durch eine Maßnahme nach §3 zu ändern, so haben die Beteiligten die Änderung zu dulden. Ihre verkehrlichen und betrieblichen Belange sind angemessen zu berücksichtigen.

§5 Vereinbarungsprinzip

(1) Über Art, Umfang und Durchführung einer nach §2 oder §3 durchzuführenden Maßnahme sowie über die Verteilung der Kosten sollen die Beteiligten eine Vereinbarung treffen. Sehen die Beteiligten vor, dass Bund oder Land nach Maßgabe des §13 Abs. 1 Satz 2 zu den Kosten beitragen, ohne an der Kreuzung als Straßenbaulastträger beteiligt zu sein, so bedarf die Vereinbarung insoweit der Genehmigung. Die Genehmigung erteilt für den Bund der Bundesminister für Verkehr, für das Land die von der Landesregierung bestimmte Behörde. In Fällen geringer finanzieller Bedeutung kann auf die Genehmigung verzichtet werden.

(2) Einer Vereinbarung nach Absatz 1 bedarf es nicht, wenn sich ein Beteiligter oder ein Dritter bereit erklärt, die Kosten für die Änderung oder Beseitigung eines Bahnübergangs nach §3 abweichend von den Vorschriften dieses Gesetzes allein zu tragen, und für die Maßnahme ein Planfeststellungsverfahren durchgeführt wird.

§6 Antragsbefugnis auf kreuzungsrechtliche Anordnung

(1) Kommt eine Vereinbarung nicht zustande, so kann jeder Beteiligte eine Anordnung im Kreuzungsrechtsverfahren beantragen.

§7 Kreuzungsrechtliche Anordnung von Amts wegen

(1) Die Anordnungsbehörde kann das Kreuzungsrechtsverfahren auch ohne Antrag einleiten, wenn die Sicherheit oder die Abwicklung des Verkehrs eine Maßnahme erfordert. Sie kann verlangen, dass die Beteiligten Pläne für Maßnahmen nach §3 vorlegen.

§8 Anordnungsbehörde

(1) Wenn an der Kreuzung ein Schienenweg einer Eisenbahn des Bundes beteiligt ist, entscheidet als Anordnungsbehörde der Bundesminister für Verkehr im Benehmen mit der von der Landesregierung bestimmten Behörde.

(2) In sonstigen Fällen entscheidet als Anordnungsbehörde die von der Landesregierung bestimmte Behörde.

... etc.

1.5.1.6 Bundesschienenwegeausbaugesetz (BSchwAG)

Das Gesetz regelt den Ausbau der Schienenwege des Bundes durch die Aufstellung eines Bedarfsplanes mit Investitionsumfang. Es legt u. a. fest, dass Finanzmittel in Höhe von 20 % für Investitionen in Schienenwege der Eisenbahnen des Bundes, die dem Schienenpersonennahverkehr dienen, zu verwenden sind. Die Deutsche Bahn AG legt die notwendigen Maßnahmen mit den jeweiligen Bundesländern fest.

Nachfolgend ein Auszug aus dem Gesetzestext:

Inhaltsverzeichnis

§1 Ausbau des Schienenwegenetzes des Bundes §2 Bedarfsplan, Einzelmaßnahmen §3 Gegenstand des Bedarfsplans §4 Überprüfung des Bedarfs §5 Planungszeitraum §6 Unvorhergesehener Bedarf §7 Berichtspflicht §8 Inkrafttreten

Gesetz über den Ausbau der Schienenwege des Bundes (Bundesschienenwegeausbaugesetz) vom 15. November 1993

§1 Ausbau des Schienenwegenetzes des Bundes

(1) Das Schienenwegenetz des Bundes wird nach dem Bedarfsplan für die Bundesschienenwege ausgebaut, der diesem Gesetz als Anlage beigefügt ist.

(2) Die Feststellung des Bedarfs im Bedarfsplan ist für die Planfeststellung nach §36 des Bundesbahngesetzes verbindlich.

§2 Bedarfsplan, Einzelmaßnahmen

(1) Der Ausbau erfolgt nach Stufen, die im Bedarfsplan vorgesehen sind, und nach Maßgabe der zur Verfügung stehenden Mittel.

(2) Einzelne Baumaßnahmen, die nicht in den Bedarfsplan aufgenommen worden sind, bleiben unberührt; sie sind auf die Baumaßnahmen abzustimmen, die auf der Grundlage des Bedarfsplans ausgeführt werden sollen.

§3 Gegenstand des Bedarfsplans

(1) In den Bedarfsplan sollen insbesondere aufgenommen werden Schienenverkehrsstrecken, Schienenverkehrsknoten und Schienenverkehrsanlagen, die dem kombinierten Verkehr Schiene/Straße/Wasserstraße dienen.

(2) Der Bedarfsplan für die Bundesschienenwege und die entsprechenden Pläne für andere Verkehrsträger sind im Rahmen der Bundesverkehrswegeplanung aufeinander abzustimmen. Hierbei sind auch Ausbaupläne für den europäischen Eisenbahnverkehr und kombinierten Verkehr angemessen zu berücksichtigen.

§4 Überprüfung des Bedarfs

(1) Nach Ablauf von jeweils fünf Jahren prüft der Bundesminister für Verkehr, ob der Bedarfsplan der zwischenzeitlich eingetretenen Wirtschafts- und Verkehrsentwicklung anzupassen ist. Die Anpassung erfolgt durch Gesetz.

(2) Das Gesetz zur Förderung der Stabilität und des Wachstums der Wirtschaft vom 8. Juni 1967 (BGBl. I S. 582) bleibt unberührt.

... etc.

1.5.2 Rechtsverordnungen

Nach §26 Allgemeines Eisenbahngesetz (AEG) wird der Bundesverkehrsminister ermächtigt, für öffentliche Eisenbahnen Rechtsverordnungen zu erlassen und damit Einzelheiten des sicheren Betriebsablaufes zu gewährleisten. Sie haben in der Praxis Gesetzescharakter.

1.5.2.1 Eisenbahn-Bau- und Betriebsordnung (EBO)

Für alle Eisenbahnen des öffentlichen Verkehrs ist die EBO die wichtigste Rechtsverordnung. Sie enthält Rahmenvorschriften über die Ausgestaltung der Bahnanlagen und Schienenfahrzeuge sowie über die grundsätzlichen Bestimmungen für die Durchführung des Eisenbahnbetriebes. Die EBO gilt für Haupt- und Nebenbahnen.
Nachfolgend ein Auszug aus dem Verordnungstext:

Eisenbahn-Bau- und Betriebsordnung (EBO)
Vom 8. Mai 1967 (BGBl. S. 1563)

Zuletzt geändert durch Artikel 6 Abs. 131 des Gesetzes zur Neuordnung des Eisenbahnwesens vom 27. Dezember 1993 (BGBl. I S. 2378)

Inhaltsübersicht

Erster Abschnitt. Allgemeines

§1 Geltungsbereich §2 Allgemeine Anforderungen §3 Ausnahmen, Genehmigungen

Zweiter Abschnitt. Bahnanlagen

§4 Begriffserklärungen §5 Spurweite §6 Gleisbogen §7 Gleisneigung §8 Belastbarkeit des Oberbaus und der Bauwerke §9 Regellichtraum §10 Gleisabstand §11 Bahnübergänge §12 Höhengleiche Kreuzungen von Schienenbahnen §13 Bahnsteige, Rampen §14 Signale und Weichen §15 Streckenblock, Zugbeeinflussung §16 Fernmeldeanlagen §17 Untersuchen und Überwachen der Bahnanlagen

Dritter Abschnitt. Fahrzeuge

§18 Einteilung, Begriffserklärungen §19 Radsatzlasten und Fahrzeuggewichte je Längeneinheit §120 (aufgehoben) §21 Räder und Radsätze §22 Begrenzung der Fahrzeuge §23 Bremsen §24 Zug- und Stoßeinrichtungen §25 Freie Räume und Bauteile an den Fahrzeugenden §26 (aufgehoben) §§27 und 28 Ausrüstung und Anschriften §29 (aufgehoben) §§30 bis 32 Abnahme und Untersuchung der Fahrzeuge §33 Überwachungsbedürftige Anlagen der Fahrzeuge

Vierter Abschnitt. Bahnbetrieb

§34 Begriff, Art und Länge der Züge §35 Bremsen der Züge §36 Zusammenstellen der Züge §37 Ausrüstungen mit Mitteln zur ersten Hilfeleistung §38 Fahrordnung §39 Zugfolge §30 Fahrgeschwindigkeit §41 (aufgehoben) §42 Rangieren, Hemmschuhe §43 Sichern stillstehender Fahrzeuge §44 (aufgehoben) §45 Besetzen der Triebfahrzeuge und Züge §46 (aufgehoben)

Fünfter Abschnitt. Personal

§47 Betriebsbeamte §48 Anforderungen an Betriebsbeamte §§49 bis 53 (aufgehoben) §54 Ausbildung und Prüfung

Sechster Abschnitt. Sicherheit und Ordnung auf dem Gebiet der Bahnanlagen

§§55 bis 61 (aufgehoben) §62 Betreten und Benutzen der Bahnanlagen und Fahrzeuge §63 Verhalten auf dem Gebiet der Bahnanlagen §64 Beschädigen der Bahn und betriebsstörende Handlungen §64a Eisenbahnbedienstete §64b Ordnungswidrigkeiten

Siebter Abschnitt. Schlussbestimmungen

Erster Abschnitt. Allgemeines

§1 Geltungsbereich

(1) Diese Verordnung gilt für die regelspurigen Eisenbahnen des öffentlichen Verkehrs in der Bundesrepublik Deutschland.

(2) Die Eisenbahnen werden entsprechend ihrer Bedeutung nach Hauptbahnen und Nebenbahnen unterschieden. Die Entscheidung darüber, welche Strecken Hauptbahnen und welche Nebenbahnen sind, treffen

1. für die Eisenbahnen des Bundes das jeweilige Unternehmen,
2. für Eisenbahnen, die nicht zum Netz der Eisenbahnen des Bundes gehören (nichtbundeseigene Eisenbahnen), die zuständige Landesbehörde.

(3) Die in voller Breite einer Seite gedruckten Vorschriften dieser Verordnung gelten für Haupt- und Nebenbahnen, die auf der linken Seite nur für Hauptbahnen, die auf der rechten Seite nur für Nebenbahnen.

(4) Die Vorschriften für Neubauten gelten auch für umfassende Umbauten bestehender Bahnanlagen und Fahrzeuge; sie sollen auch bei der Unterhaltung und Erneuerung berücksichtigt werden.

§2 Allgemeine Anforderungen

(1) Bahnanlagen und Fahrzeuge müssen so beschaffen sein, dass sie den Anforderungen der Sicherheit und Ordnung genügen. Diese Anforderungen gelten als erfüllt, wenn die Bahnanlagen und Fahrzeuge den Vorschriften dieser Verordnung und, soweit diese keine ausdrücklichen Vorschriften enthält, anerkannten Regeln der Technik entsprechen.

(2) Von den anerkannten Regeln der Technik darf abgewichen werden, wenn mindestens die gleiche Sicherheit wie bei Beachtung dieser Regeln nachgewiesen ist.

(3) Die Vorschriften dieser Verordnung sind so anzuwenden, dass die Benutzung der Bahnanlagen und Fahrzeuge durch Behinderte und alte Menschen sowie Kinder und sonstige Personen mit Nutzungsschwierigkeiten erleichtert wird.

(4) Anweisungen zur ordnungsgemäßen Erstellung und Unterhaltung der Bahnanlagen und Fahrzeuge sowie zur Durchführung des sicheren Betriebs können erlassen

1. für die Eisenbahnen des Bundes und für Eisenbahnverkehrsunternehmen mit Sitz im Ausland das Eisenbahn-Bundesamt,
2. für die nichtbundeseigenen Eisenbahnen die zuständige Landesbehörde.

§3 Ausnahmen, Genehmigungen

(1) Ausnahmen können zulassen

1. von allen Vorschriften dieser Verordnung zur Berücksichtigung besonderer Verhältnisse
   (a) für Eisenbahnen des Bundes sowie für Eisenbahnverkehrsunternehmen mit Sitz im Ausland der Bundesminister für Verkehr; die zuständigen Landesbehörden sind zu unterrichten, wenn die Einheit des Eisenbahnwesens berührt wird;
   (b) für die nichtbundeseigenen Eisenbahnen die zuständige Landesbehörde im Benehmen mit dem Bundesminister für Verkehr;
2. im übrigen, soweit Ausnahmen in den Vorschriften dieser Verordnung unter Hinweis auf diesen Absatz ausdrücklich vorgesehen sind,
   (a) für Eisenbahnen des Bundes sowie für Eisenbahnverkehrsunternehmen mit Sitz im Ausland das Eisenbahn-Bundesamt,
   (b) für die nichtbundeseigenen Eisenbahnen die zuständige Landesbehörde

(2) Genehmigungen, die in den Vorschriften dieser Verordnung unter Hinweis auf diesen Absatz vorgesehen sind, erteilen

1. für Eisenbahnen des Bundes sowie für Eisenbahnverkehrsunternehmen mit Sitz im Ausland das Eisenbahn-Bundesamt,
2. für die nichtbundeseigenen Eisenbahnen die zuständige Landesbehörde.

Zweiter Abschnitt. Bahnanlagen

§4 Begriffserklärungen

(1) Bahnanlagen sind alle Grundstücke, Bauwerke und sonstigen Einrichtungen einer Eisenbahn, die unter Berücksichtigung der örtlichen Verhältnisse zur Abwicklung oder Sicherung des Reise- oder Güterverkehrs auf der Schiene erforderlich sind. Dazu gehören auch Nebenbetriebsanlagen sowie sonstige Anlagen einer Eisenbahn, die das Be- und Entladen sowie den Zu- und Abgang ermöglichen oder fördern. Es gibt Bahnanlagen der Bahnhöfe, der freien Strecke und sonstige Bahnanlagen. Fahrzeuge gehören nicht zu den Bahnanlagen.

(2) Bahnhöfe sind Bahnanlagen mit mindestens einer Weiche, wo Züge beginnen, enden, ausweichen oder wenden dürfen. Als Grenze zwischen den Bahnhöfen und der freien Strecke gelten im allgemeinen die Einfahrsignale oder Trapeztafeln, sonst die Einfahrweichen.

(3) Blockstrecken sind Gleisabschnitte, in die ein Zug nur einfahren darf, wenn sie frei von Fahrzeugen sind.

(4) Blockstellen sind Bahnanlagen, die eine Blockstrecke begrenzen. Eine Blockstelle kann zugleich als Bahnhof, Abzweigstelle, Überleitstelle, Anschlussstelle, Haltepunkt, Haltestelle oder Deckungsstelle eingerichtet sein.

(5) Abzweigstellen sind Blockstellen der freien Strecke, wo Züge von einer Strecke auf eine andere Strecke übergehen können.

(6) Überleitstellen sind Blockstellen der freien Strecke, wo Züge auf ein anderes Gleis derselben Strecke übergehen können.

(7) Anschlussstellen sind Bahnanlagen der freien Strecke, wo Züge ein angeschlossenes Gleis als Rangierfahrt befahren können, ohne dass die Blockstrecke für einen anderen Zug freigegeben wird. Ausweichanschlussstellen sind Anschlussstellen, bei denen die Blockstrecke für einen anderen Zug freigegeben werden kann.

(8) Haltepunkte sind Bahnanlagen ohne Weichen, wo Züge planmäßig halten, beginnen oder enden dürfen.

(9) Haltestelle sind Abzeigstellen oder Anschlussstellen, die mit einem Haltepunkt örtlich verbunden sind.

(10) Deckungsstellen sind Bahnanlagen der freien Strecke, die den Bahnbetrieb insbesondere an beweglichen Brücken, Kreuzungen von Bahnen, Gleisverschlingungen und Baustellen sichern.

(11) Hauptgleise sind die von Zügen planmäßig befahrenen Gleise. Durchgehende Hauptgleise sind die Hauptgleise der freien Strecke und ihre Fortsetzung in den Bahnhöfen. Alle übrigen Gleise sind Nebengleise.

... etc.

1.5.2.2 Eisenbahn-Signalordnung (ESO)

Die ESO wurde auf der Grundlage des Allgemeinen Eisenbahngesetzes (AEG) novelliert und gilt für Eisenbahnen des öffentlichen Verkehrs. Art und Bedeutung der Signale sind für die Bundesrepublik Deutschland durch die Eisenbahn-Signalordnung (ESO) festgelegt und im Signalbuch der Deutschen Bahn AG (DB AG) zusammen mit den Ausführungsbestimmungen (AB) aufgeführt.

1.5.2.3 Eisenbahn-Verkehrsordnung (EVO)

In der EVO sind sämtliche verkehrsrechtlichen Bestimmungen über die gegenseitigen Rechte und Pflichten der Eisenbahnen und ihrer Kunden bei der Beförderung von Personen und Gütern festgelegt. Auf der Grundlage des AEG erfolgt über sie die Festsetzung der Beförderungstarife im Personenverkehr. Eine Tarifpflicht im Güterverkehr besteht nicht mehr.

1.5.2.4 Verordnung über den Bau und Betrieb der Straßenbahnen (Straßenbahn-Bau-und Betriebsordnung) (BO Strab)

Die BOStrab wurde auf der Rechtsgrundlage des Personenbeförderungsgesetzes (§57 PBefG) erarbeitet und gilt für Straßenbahnen, sowie für U- und Stadtschnellbahnen; aber nicht für S-Bahnen. Nach dieser Verordnung müssen Betriebsanlagen und Fahrzeuge nach den Anordnungen der Genehmigungsbehörde (das Regierungspräsidium) hergestellt und von der Technischen Aufsichtbehörde (bei der Landesregierung etabliert) abgenommen worden sein.

1.5.2.5 Verordnung über die diskriminierungsfreie Benutzung der Eisenbahninfrastruktur und über die Grundsätze zur Erhebung von Entgelt für die Benutzung der Eisenbahninfrastruktur (Eisenbahninfrastruktur-Benutzungsverordnung – EIBV) vom 17. Dezember 1997

Inhalt:
§1 Geltungsbereich §2 Begriffsbestimmungen §3 Diskriminierungsfreie Benutzung §4 Verfahren §5 Berechnungsgrundlagen §6 Bemessungskriterien §7 Entgeltnachlässe §8 Gleichmäßige Anwendung §9 Internationaler Verkehr §10 Übergangsbestimmung §11 Inkrafttreten
Die EIBV wurde auf der Grundlage der §§14 und 26 des AEG vom 27.12.1993 konzipiert und gilt für die Benutzung der Eisenbahninfrastruktur durch öffentliche Eisenbahninfrastrukturunternehmen. Sie gilt auch für öffentliche Eisenbahnen, die sowohl Eisenbahnverkehrsleistungen als auch eine Eisenbahninfrastruktur betreiben. Sie regelt die Benutzung von Zugstraßen sowie der sonstigen Anlagen und Einrichtungen als Teil einer Infrastruktur und Festlegung der Entgelte. Die Verordnung dient der Umsetzung der Richtlinie 95/19/EG des Rates vom 19. Juni 1995 über die Zuweisung von Fahrwegkapazität der Eisenbahn und die Berechnung von Wegeentgelten.

1.5.3 Weitere Bau- und Betriebsordnungen für Eisenbahnen

1.5.3.1 Eisenbahn-Bau- und Betriebsordnung für Schmalspurbahnen (ESBO)

Sie gilt analog zur EBO für Schmalspurbahnen des öffentlichen Verkehrs; auch sie wurde auf der Grundlage des Allgemeinen Eisenbahngesetzes (AEG) konzipiert.

1.5.3.2 Bau- und Betriebsordnung für Anschlussbahnen (BOA)

Sie gilt analog zur EBO für Anschlussbahnen des nichtöffentlichen Verkehrs (z.B. Werkbahnen) und ist jeweils in den einzelnen Bundesländern auf der Grundlage der Landeseisenbahngesetze konzipiert. (Landesgesetz in Baden-Württemberg vom 17.03.1971)

1.5.4 Internationale Rechtsvorschriften

Neben den nationalen Gesetzen und Rechtsverordnungen für das Eisenbahnwesen wurden in den zurückliegenden Jahren eine Reihe von internationalen Rechtsvorschriften und EU-Richtlinien u. a. auch für das Verkehrswesen über Staatsverträge in nationales Recht übernommen, so dass diese Vorgaben auch für die Eisenbahnen verbindlich sind; z.B.:

EU-Richtlinie 96/49 des Rates vom 23.7.1996 zur Angleichung der Rechtsvorschriften der Mitgliedstaaten für den Gefahrenguttransport auf der Schiene

EU-Richtlinie 91/444; auf dieser Grundlage wird der Eisenbahn-Fahrweg für Dritte geöffnet und damit ein erhöhter Wettbewerb auf der Schiene zugelassen.

1.6 Internationale Institutionen der Eisenbahn

1.6.1 Internationaler Eisenbahnverband UIC

Die Verkehrsmittel haben verbindende Funktion im grenzüberschreitenden Verkehr. Deshalb entstand 1922 aus dem Verein mitteleuropäischer Eisenbahnverwaltungen die „UNION INTERNATIONALE DES CHEMINS DE FER“ (UIC) mit Sitz in Paris. Diese Organisation bildet die Dachorganisation zur größtmöglichen Vereinheitlichung und Verbesserung des internationalen Eisenbahnpersonen- und Güterverkehrs und vertritt mit diesen Zielen sämtliche europäischen öffentlichen Bahnen. Die UIC verfügt über zahlreiche, ständige Fachausschüsse, in der die jeweiligen Themen erörtert und laufend abgestimmt werden.

1.6.2 Europäisches Institut für Eisenbahnforschung ERRI

Dieses Institut ist aus dem früheren Internationalen Forschungs- und Versuchsamt (Office de Recherches et dEssais (ORE)) bei der UIC hervorgegangen und seit 1992 als „EUROPEAN RAILWAY RESEARCH INSTITUT“ mit Sitz in Utrecht etabliert.
Über dieses Institut werden die Ergebnisse von Forschungen und speziell von Versuchsdurchführungen verschiedener Eisenbahnverwaltungen untereinander ausgetauscht. Dabei werden auch gemeinsam finanzierte Forschungsvorhaben durchgeführt.

1.6.3 Internationale Eisenbahn-Kongressvereinigung AICCF

Diese Vereinigung besteht seit 1885 mit Sitz in Brüssel und fördert den internationalen Eisenbahnverkehr durch die Veranstaltung von Kongressen und Fachtagungen und fungiert als Herausgeber von Veröffentlichungen aus dem Eisenbahnwesen.

1.6.4 Gemeinschaft der Europäischen Bahnen (GEB)

Diese im Jahre 1988 gegründete Gemeinschaft besteht aus den 15 Mitgliedstaaten der Europäischen Gemeinschaft sowie der Schweizerischen Bundesbahn (SBB) mit Sitz in Brüssel und koordiniert die Ziele der gemeinsamen europäischen Verkehrspolitik im Eisenbahnwesen. Durch die enge Zusammenarbeit bei der Unterrichtung der Gemeinschaftsorgane wird die notwendige Abstimmung untereinander besonders effizient betrieben.

1.7 Bautechnische Regelwerke der Deutschen Bahn AG

Für die Planung und den Bau von Bahnanlagen, beispielsweise für die Konzeption des Fahrweges, sind neben der „Eisenbahn-Bau- und Betriebsordnung“ (EBO) eine Reihe von RICHTLINIEN als Druckschriften (DS) bei der Deutschen Bahn AG eingeführt. Diese Druckschriften sind Bestandteil der bautechnischen Regelwerke der DB AG. Die bautechnischen Regelwerke wurden inzwischen auf die Belange der DB AG hin erweitert oder eingeengt, je nach technischer Notwendigkeit oder sicherheitstechnischer Zielsetzung des Unternehmens.

Im Text der bautechnischen Regeln wird unterschieden nach „Geboten und Verboten", nach „Regeln (Grundsätze)", nach „Empfehlungen" und ggfs. „Erläuterungen". Die Interpretation dieser Bedeutungen ist jeweils in den Vorbemerkungen der Richtlinien vorgenommen worden; desgleichen die Ausnahmeregelungen.

Die wichtigsten Richtlinien für die Planung, den Entwurf und den Bau des Fahrweges sind:

DS 800 Bahnanlagen entwerfen, mit folgenden Druckschriften:

DS 800 01 Allgemeine Entwurfsgrundlagen

DS 800 0110 Netzinfrastruktur Technik entwerfen; Linienführung
DS 800 0120 Netzinfrastruktur Technik entwerfen; Weichen und Kreuzungen
DS 800 0130 Netzinfrastruktur Technik entwerfen; Streckenquerschnitte auf Erdkörpern

DS 800 02 Neubaustrecken
DS 800 03 S-Bahnen
DS 820 01 Bauarten des Oberbaues für Gleise und Weichen
DS 820 03 Richtlinien für Oberbauarbeiten

Im Zuge der Fortschreibung der DS 820 in modularer Form werden die Regelungen folgenden Richtlinien zugeordnet:

DS 820 Grundlagen des Oberbaues
DS 821 Oberbau inspizieren
DS 822 Oberbau warten
DS 824 Oberbauarbeiten durchführen

2 Technische Grundlagen, Fahrdynamik, Traktion

2.1 Rad-Schiene-System

Bahnanlagen sind alle zum Betrieb von Eisenbahnen erforderliche Anlagen (Fahrzeuge ausgenommen). Es gibt Bahnanlagen der Bahnhöfe und Bahnanlagen der freien Strecke sowie sonstige Bahnanlagen. Als Grenze zwischen den Bahnhöfen und der freien Strecke gelten i.a. die Einfahrsignale. Im weiteren wird der Fahrweg als Bahnanlage im Bahnhof und auf der freien Strecke betrachtet.

Die Linienführung des Eisenbahn-Fahrweges (Gleisstrecke) in Lage und Höhe ist abhängig von technischen Parametern aus der Fahrdynamik sich horizontal und vertikal bewegender Eisenbahnfahrzeuge.
Die Fahrdynamik beschreibt die physikalischen Gesetzmäßigkeiten der Fahrzeugbewegungen in Abhängigkeit von der Fahrzeugkonfiguration, vom Fahrwegzustand und den klimatischen Bedingungen. Sie bildet die Grundlage für die Beurteilung baulicher, betrieblicher und wirtschaftlicher Aspekte der Zugfahrt und wird zur Ermittlung des Zeit- und Energieaufwandes herangezogen.

Bei der Entwicklung spurgebundener Verkehrssysteme wurde von der Grundidee des Rad-Schiene-Systems ausgegangen, Stahlräder auf Stahlschienen rollen zu lassen, um dadurch den Rollwiderstand zu minimieren. Dabei kam der Profilgebung des Radreifenquerschnitts eine besondere Rolle zu, um die Spurführung des rollenden Rades zu gewährleisten.
Das Zusammenwirken von Rad und Schiene (Fahrzeug und Gleis) bei der Eisenbahn wird bewirkt durch den Lauf der Radsätze auf den Schienen, die als Gleis zusammen mit den Oberbauelementen die Fahrweg-Konstruktion bilden.

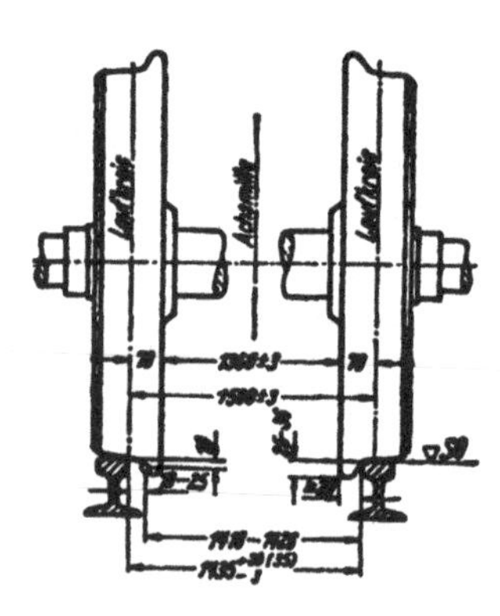

Abbildung 2.1: Räumliche Zuordnung zwischen Rad und Schiene

Dabei gewährleistet der Radsatz mit den Einzelrädern auf einer Achse, die jeweils mit charakteristischem Lauf- und Spurkranz ausgestattet und auf der Achswelle aufgeschrumpft sind, die erforder-

liche Sicherheit gegen Entgleisen. Versuchsweise werden derzeit auch Laufwerke mit von einander getrennten Einzelrädern erprobt.
Daneben führt die Radreifenprofilierung zusammen mit der Schienenkopfprofilierung zu einem geringen Verschleiß von Laufkranz- und Schienenoberfläche und trägt ganz wesentlich zu einem ruhigen Lauf des Einzelfahrzeuges bei.
Die Grundmaße des Radsatzes und der Einzelräder werden in der Eisenbahn-Bau- und Betriebsordnung (EBO) und im UIC-Merkblatt 510-2 definiert; ebenso das Grundmaß der Spurweite des Gleises mit 1435 mm, gemessen 14 mm unterhalb der Ebene, die durch den höchsten Punkt der linken und rechten Schiene (Schienenoberkante) gegeben ist.

So lautet auszugsweise der

§21 EBO Rad und Radsätze

(1) Die Räder eines Radsatzes dürfen auf der Radsatzwelle seitlich nicht verschiebbar sein; Ausnahmen für Spurwechselradsätze sind zulässig.

(2) Für Radsätze und Räder gelten die Maße der Anlagen 5 und 6.

(3) Die Räder müssen Spurkränze haben. Sind aber drei oder mehrere Radsätze in demselben Rahmen gelagert, so dürfen die Spurkränze unverschiebbarer Zwischenradsätze fehlen, wenn die Radsätze eine genügende Auflage auf den Schienen haben.

... etc.

Die vertikalen Lasten, die Anfahr- und Bremskräfte sowie ein Teil der Führungskräfte werden über die Kontaktfläche zwischen Radreifen und Schienenkopf übertragen, die so klein ist, dass die Flächenpressung über der Fließgrenze von Stahl liegt. Plastische Verformungen von Rad und Schiene werden allerdings durch allseitigen Druck verhindert.

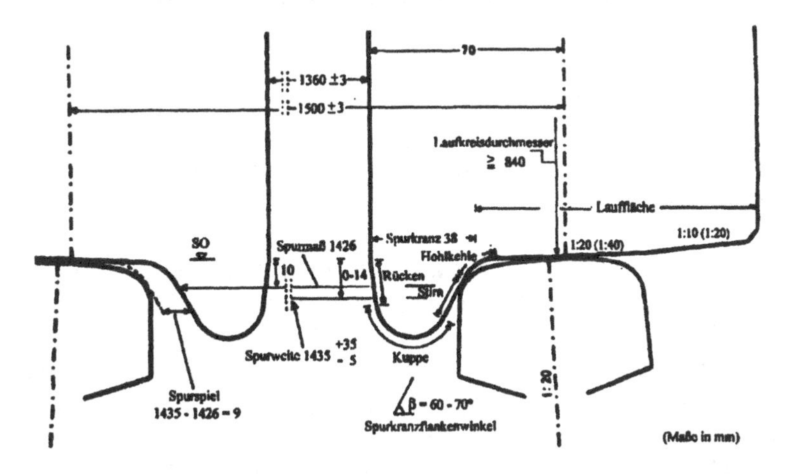

Abbildung 2.2: Umriss von Radreifen und Schienenkopf

Danach läuft der konische Eisenbahn-Radreifen auf geneigtem Schienenkopf. Die Lauffläche des Laufkranzes ist bei Einzelrädern der Regelbauart mit einer Neigung von 1:40/1:20 und die Schienenachse von 1:40 ausgestattet. Im Weichenbereich werden die Schienen senkrecht gestellt. Der

Spurkranzflankenwinkel beträgt 60-70° . Er wird im Betriebszustand steiler; ein neuer Radreifen hat einen Winkel von 60° ; ein abgenutzter Radreifen kann 70° annehmen.

Das charakteristische Merkmal von Schienenbahnen ist die Spurführung der Fahrzeuge. Diese sichere Spurführung beruht auf dem zwangsweisen Zusammenwirken der Spurführungselemente des Fahrzeuges und der Fahrbahn (Rad und Schiene); beide Formen sind aufeinander abgestimmt. Die zwangsweise Spurführung bedeutet, dass allen am Fahrzeug angreifenden Aktionskräften, die das Fahrzeug beschleunigen, durch geeignete Einrichtungen gleichgroße Reaktionskräfte entgegen wirken müssen.

Zur Vermeidung von Zwängungen zwischen den Spurkränzen und den Schienenkopfflanken bedarf es eines gewissen Spurspiels. Es beträgt in geraden Streckenabschnitten mind. 10 mm (max. 25 mm); bei Schnellfahrstrecken 7 mm. Die Reduzierung des Spurspiels lässt sich durch verringerte Spurweite erreichen; das bewirkt einen ruhigen Lauf der Wagen, geringere Beanspruchung des Oberbaus und geringere Abnutzung der Schienen und Radreifen.

Die Räder eines Radsatzes bei Zweiachswagen oder bei Anordnung zweier Achsen in einem Drehgestell können, da sie starr mit der Achse verbunden sind, keine Bogenfahrt ausführen, sondern sie durchlaufen den Gleisbogen polygonal. Deshalb bestimmt der minimale Radius des Gleisbogens und damit das Längenmaß bis der Spurkranz des vorderen Außenrades an der äußeren Schiene anläuft die Laufruhe des Fahrzeuges und die Größe des Bogenwiderstandes.

2.2 Tragsystem, Führungssystem

Von den Spurführungseinrichtungen, das sind Drehgestelle mit Radsätzen, werden zwei Funktionen wahrgenommen: Die Funktion des Tragens (Abstützung) und die Funktion des Führens (Spurführung). Diese Trag- und Führungssysteme sind berührungsbehaftet.
Die Aufgabe des Tragsystems ist es, die Vertikalkräfte zwischen Fahrzeug und Fahrbahn aufzunehmen und schadlos in den Untergrund abzuleiten. Das gleiche gilt für das Führungssystem, das die Horizontalkräfte aufzunehmen und schadlos abzuleiten hat.

Für die horizontale Führung des Fahrzeuges im Gleis wird bei der Eisenbahn ein mechanisches Grundprinzip verwendet:

Ein Doppelkegel auf zwei parallelen Rollkanten zentriert sich von selbst. Jede nicht zentrale Lage (Abrollen auf unterschiedlichen, momentanen Laufkreisdurchmessern; es entsteht bei gleicher Winkelgeschwindigkeit eine Wegdifferenz zwischen den beiden Kegellaufflächen) führt zu einer Wendebewegung beim echten Rollen bis beide Kegel auf gleichen Laufkreisdurchmessern rollen.
Dann beginnt eine entgegengesetzte Wendebewegung, so dass der Doppelkegel einen permanenten Sinus-Lauf ausführt. Die Wellenlänge des Sinus-Verlaufes ist abhängig von den geometrischen Abmessungen des Doppelkegels (Kegelneigung) und dem Rollkantenabstand.
Mit anderen Worten: Die Laufflächen der Eisenbahnräder sind nicht zylindrisch, sondern sie stellen einen Kegel mit einer geraden bzw. mit einer leicht gekrümmten Mantellinie dar.
Ein Radsatz mit zylindrischen Laufflächen der Räder würde, wenn er einmal auf einer Seite an der Schiene angelaufen ist (z.B. im Bogen), den Anlauf – auch in einer Geraden – beibehalten, wenn keine äußere Einwirkung (z.B. Störstelle im Gleis) den Anlauf unterbricht.

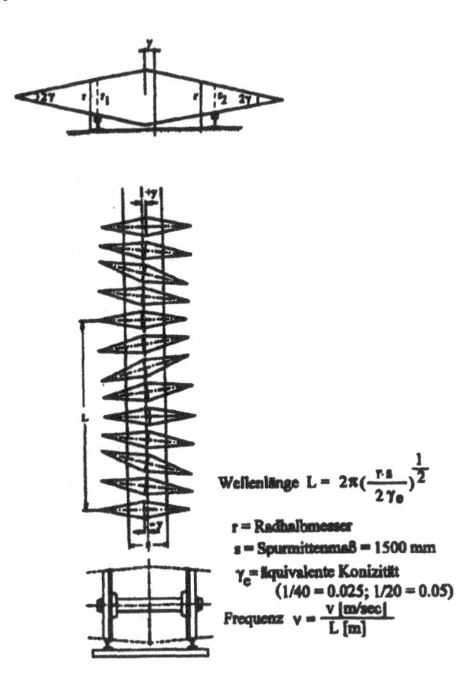

Abbildung 2.3: Sinuslauf

Es käme also zu einem längeren Anlauf an einer Seite. Bei kegligen Radlaufflächen läuft das anlaufende Rad auf einem größeren und das andere auf einem kleineren Rollhalbmesser als bei mittiger Stellung im Gleis.

Bei dem starren Radsatz legt das eine Rad einen größeren Weg zurück, d.h. es zieht vor und der Radsatz beendet den Anlauf an der Schienenseite und läuft auf die Gleismitte zu. Dann beginnt die entgegengesetzte Wendebewegung. Der Radsatz eines Eisenbahnfahrzeuges ist durch die Achswelle drehfest mit den Rädern (Abschnitte der Doppelkegel) verbunden, die auf den Schienenkanten abrollen. Der Bewegungsablauf als Sinus-Lauf tritt also nur für den freien, in seiner Bewegung ungehinderten Radsatz zu. In Geraden und Radien über 1000 m steuert sich der Radsatz selbst, indem er nicht exakt in Gleismitte läuft, sondern mit einer Exzentrizität sinusförmig um die Gleismitte pendelt. Damit sich der Sinuslauf des Radsatzes ausbilden kann, muss die Spurweite s_w (Lichter Abstand zwischen den beiden Schienen) um das Spurspiel s_{sp} größer sein als das Spurmaß s_m (Abstand der beiden Spurkranzflanken) $s_w = s_m + s_{sp}$.

Nach Klingel beträgt die Wellenlänge L des Sinuslaufes $L = 2\pi \cdot \sqrt{(r \cdot s)/(2 \cdot \gamma)}$ Darin sind: r Radius des Rades (i.d.R. $r = 0.50$ $[m]$); $s = 1.50$ $[m]$ Schienenmittenabstand; γ = Kegelneigung (i.d.R. $\gamma = 1:40/1:20$). Mit dem Wert $\gamma = 1:40$ ergibt sich eine Wellenlänge von $L = 24.3$ $[m]$

Bei steilen Kegelneigungen (z.B. 1:20) ist die Wellenlänge kurz; bei flachen Kegelneigungen (z.B. 1:40) ist sie lang.

Die Frequenz ν berechnet man aus dem Ansatz $\nu = V/(3.6 \cdot L)$; sie ergibt sich mit $V = 160$ $[km/h]$ und $\gamma = 1:40$ zu $\nu = 1.83\ sec^{-1} = 1.83$ $[Hz]$.

Im Eisenbahnfahrzeug ist der Radsatz nicht mehr frei, sondern elastisch eingelenkt, d.h. über Federn und Dämpfer mit dem Fahrzeugkasten über das Drehgestell verbunden.
Die aus der Kopplung resultierenden Kräfte bewirken ein Mikrogleiten zwischen Rad und Schiene. Hierdurch wird der Sinus-Lauf unterdrückt bzw. gedämpft. Diese Dämpfung ist erwünscht, der Radsatz läuft nun ohne periodische Wellenbewegung ruhig in Gleismitte.
Mit wachsender Geschwindigkeit des Eisenbahnfahrzeuges nimmt die aus der Gleitung zwischen Rad und Schiene resultierende Dämpfung ab; die zur Führung notwendigen Kräfte nehmen zu. Das Mikrogleiten zwischen Rad und Schiene wächst und führt zu Makrogleiten. Der Lauf des Fahrzeuges wird instabil. Es entstehen Zickzack-Bewegungen mit hohen Anlaufkräften zwischen Rad und Schiene, die sowohl die Betriebssicherheit beeinträchtigen können als auch zu hohen Beanspruchungen und Verschleißwerten von Rad und Schiene führen. Die Geschwindigkeit, bei der die Stabilitätsgrenze erreicht ist, wird durch die Wahl der Systemparameter beeinflusst:
Flache Kegelneigungen der Radreifen (z.B. 1:40) führen zu einer hohen realisierbaren Geschwindigkeit. Dieses flache Profil hat aber den betrieblichen Nachteil, dass es sich bereits nach kurzen Laufwegen zu steileren Profilen hin verschleißt und somit in kurzen Abständen korrigiert werden muss. Außerdem wird durch ein flaches Profil die Führung der Fahrzeuges im Gleisbogen verschlechtert.
Bei neueren Entwicklungen wird zur Erzielung hoher Fahrgeschwindigkeiten eine steilere Kegelneigung (z.B. 1:15.5) und die Verbesserung der Laufwerke (Drehgestelle) bevorzugt.

2.3 Kinematik des Einzelfahrzeuges; Bewegungsgleichungen

Jeder Transportvorgang setzt die Bewegung eines Fahrzeuges voraus. Bei der Eisenbahn ist das in der Regel ein Fahrzeugverband in Form eines Antriebsfahrzeuges (Lok) und eines angehängten Wagenzuges (WZ). Bei der Bewegung von Eisenbahnfahrzeugen in Längsrichtung des Gleises sind die Kräfte quer zur Fahrtrichtung klein gegenüber den Kräften in Fahrtrichtung. Deshalb können in der Fahrdynamik die Grundgleichungen der Mechanik geradliniger Bewegungen angenommen werden. Ein Zug als Fahrzeugverband wird bei diesen Betrachtungen vereinfacht als Einzelfahrzeug und dieses wiederum mit seinem Massenschwerpunkt betrachtet.

Die Bewegung eines Fahrzeuges wird möglich, da die Antriebskräfte des Fahrzeuges die Widerstände des Fahrzeuges (Zugeinheit) und des Fahrweges (Fahrbahn) überwinden. In der Kinematik wird dieses Kräftespiel vorausgesetzt und das Ergebnis als resultierender Bewegungsvorgang betrachtet und beschrieben.

Fahrzeugbewegungen sind in der Regel ungleichförmige Bewegungen mit veränderlichen Geschwindigkeiten. Es ist üblich, die Bewegung eines Fahrzeuges primär als Funktion der Zeit aufzufassen und darzustellen. Die Ortsveränderung, der zurückgelegte Weg also, wird dann eine abhängige Variable.

Die einfachste Form der Darstellung eines Bewegungsablaufes erfolgt in einem Weg-Zeit-Diagramm (s-t-Diagramm):

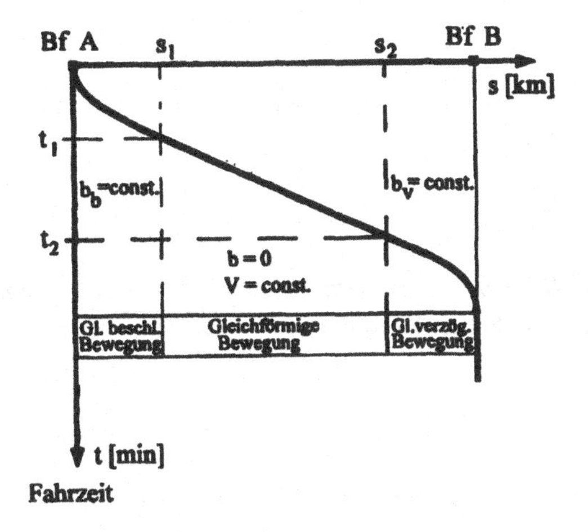

Abbildung 2.4: Fahrtablauf im Weg-Zeit-Diagramm (s-t-Diagramm)

und
Geschwindigkeit-Weg-/Geschwindigkeit-Zeit-Diagramm (v-s/v-t-Diagramm):

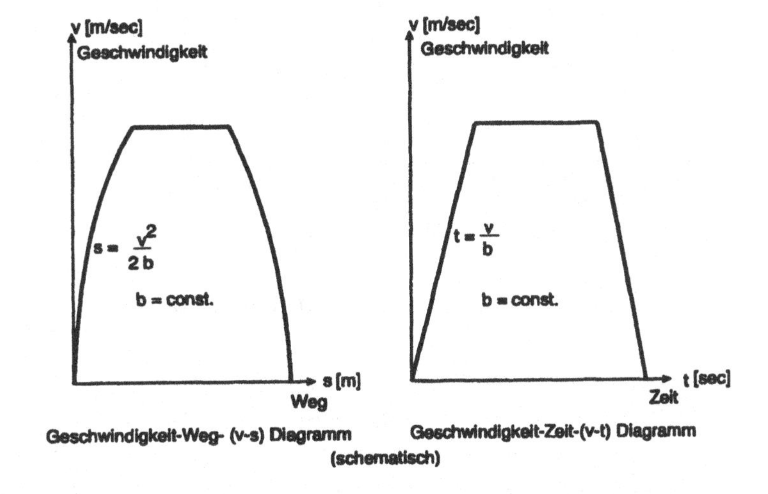

Abbildung 2.5: Fahrtablauf im v-s/v-t-Diagramm

Es sind folgende Grundgrößen relevant:

Zeitdauer eines Transportvorgangs (Fahrzeit, Reisezeit, Bremszeit):

$t = Zeit[sec, min, h]$

Wegstrecke, die von einer Zugeinheit zurückgelegt wird:

$s(t) = Weg[m, km]$

Folgende abgeleitete Parameter sind bestimmend:

Geschwindigkeit (v [m/sec], V in [km/h]):

$v(t) = ds/dt \approx \Delta s/\Delta t$ Änderung des Weges pro Zeiteinheit

$(V[km/h] = 3.6 \cdot v[m/sec])$

Beschleunigung (b [m/sec^2]):

$b(t) = dv/dt = d^2s/dt^2 \approx \Delta v/\Delta t$ Änderung der Geschwindigkeit pro Zeiteinheit

Ruck (f [m/sec^3]):

$f(t) = db_q/dt = d^3s/dt^3 \approx \Delta b/\Delta t$ Änderung der Querbeschleunigung pro Zeiteinheit

Dabei ergeben die differenziell kleine Einheiten summiert den Gesamt-Betrag:

s, t, v, b, f

Die Fahrt einer Zugeinheit nach Fahrplan verläuft in der Regel zwischen Abgangsort und Zielort in verschiedenen Bewegungsphasen, die in einem Fahrspiel dokumentiert werden.

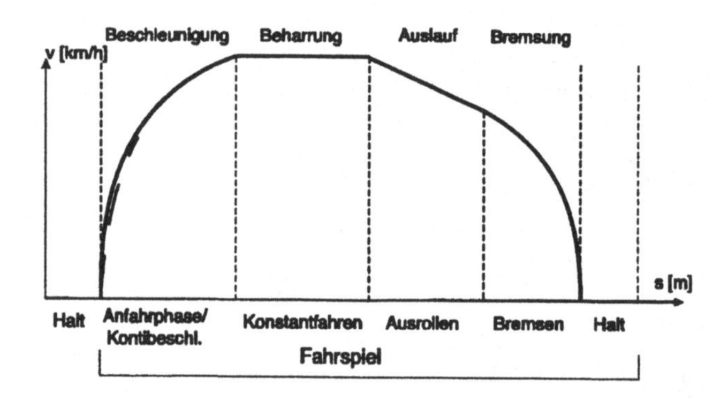

Abbildung 2.6: Fahrschaubild (Schematische Fahrschaulinie)

Danach beginnt eine Zugfahrt mit einer **Anfahr- und Beschleunigungsphase**, in der eine Zugeinheit vom Stillstand (Halt) bis zu einer vorgegebenen Fahrgeschwindigkeit V (Istgeschwindigkeit) beschleunigt wird. (Bewegung mit zunehmender Fahrgeschwindigkeit). Es folgt die **Beharrungsphase**, in der eine Zugeinheit mit konstanter Fahrgeschwindigkeit fährt. Danach kann sich nach dem Streckenprofil eine **Auslaufphase**, in der eine Zugeinheit mit abnehmender Fahrgeschwindigkeit ausrollt, anschließen.

Es folgt schließlich die **Bremsphase**, in der eine Zugeinheit auf die Geschwindigkeit $V = 0$ abbremst (Bewegung mit abnehmender Fahrgeschwindigkeit) und in der **Haltphase** im Zielbahnhof hält.

Mit dem Fahrspiel kann man als Summe der Einzelphasen die aufgewendete Reisezeit t_R oder die zurückgelegte Wegstrecke s_R einer Zugeinheit zwischen dem Abgangsbahnhof und dem Zielbahnhof darstellen. Das Fahrspiel ist die Grundlage für die Erstellung der Bild- und Buchfahrpläne.

Dieser Bewegungsablauf ist mit Hilfe von Bewegungsgleichungen quantifizierbar.

Bei der hier betrachteten geradlinigen Bewegung ist folgendes Grundsätzliche aus der Mechanik zu berücksichtigen:
Wenn eine Kraft K $[N]$ auf eine Masse m $[kg]$ in der Zeit dt $[sec]$ einwirkt, so erfährt diese Masse eine Geschwindigkeitsänderung dv $[m/sec]$ in Richtung der Kraft K. Es gilt hierfür die Newton-Gleichung $K \cdot dt = m \cdot dv$ als Impulssatz. Er definiert, dass der Impuls $K \cdot dt$ gleich dem Bewegungsparameter $m \cdot dv$ ist. Wirkt die Kraft K, die eine veränderliche Größe annehmen kann, in der Zeit $t = \int dt$, so ergibt sich

$$\int K dt = m \cdot \int dv = m \cdot v \tag{2.1}$$

Die Fahrzeugmasse $m[N \cdot sec^2/m]$ ist gleich der Fahrzeuggewichtskraft G dividiert durch die Erdbeschleunigung $g = 9.81$ $[m/sec^2]$. In der Zeit t erreicht die Masse m unter der Einwirkung der Kraft K die Geschwindigkeit v. Der Impulssatz gibt also die Veränderung des Impulses und damit der Bewegungsgröße unter der Einwirkung der Kraft K an.

Der Impuls mv einer Masse m wird um so größer, je länger die Kraft K auf die Masse einwirkt. Wenn keine Kraft mehr auf die Masse m einwirkt ($K = 0$), bleibt $m \cdot v$ konstant und die Masse m bewegt sich geradlinig mit gleichförmiger Geschwindigkeit weiter. Gleichmäßig heißt: Die Masse m legt in den Zeitintervallen dt gleiche Wegstreckenintervalle ds zurück. Die Geschwindigkeit v ist dann konstant. Diese Bewegung findet in der Beharrungsphase statt.

Bei der geradlinig, gleichmäßig beschleunigten oder verzögerten Bewegung, also der ungleichförmigen Bewegung, wird in gleichen, beliebig kleinen Zeitabschnitten Δt stets ungleiche Wegabschnitte Δs zurückgelegt. Ihr Kennzeichen ist weiterhin die Zu- oder Abnahme der Geschwindigkeit v, also einer Geschwindigkeitsänderung Δv. Diese Geschwindigkeitsänderung ist gleichbleibend, also $\Delta v = konstant$. Daher muss die Geschwindigkeitslinie im v-t-Diagramm eine ansteigende oder abfallende Gerade sein.

Wird beispielsweise ein Zug aus dem Stillstand heraus gleichmäßig beschleunigt, so dass er nach $\Delta t = 6$ sec eine Momentangeschwindigkeit $v = 9$ m/sec besitzt, dann beträgt seine Geschwindigkeitszunahme in jeder Sekunde $\Delta v = 1.5$ m/sec.

Über die Größen v und dt kann man schließlich auf den zurückgelegten Weg ds $[m]$ über den Ausdruck $v = ds/dt$ und die Geschwindigkeitsänderung über den Ausdruck $dv = b \cdot dt$ schließen; wobei b $[m/sec^2]$ die Beschleunigung darstellt.

Die Beschleunigung b (m/sec^2) einer gleichmäßig beschleunigten (verzögerten) Bewegung ist der Quotient aus der Geschwindigkeitsänderung Δv und dem zugehörigen Zeitabschnitt Δt. Gleichmäßig beschleunigt oder gleichmäßig verzögert heißt, dass die Beschleunigung oder Verzögerung konstant ist ($b = konstant$). Diese Annahme wird bei der Fahrzeitberechnung vereinfacht getroffen, obwohl die Beschleunigung in der Regel wegen der abnehmenden Motorzugkraft z.B. im gesamten Anfahrbereich nicht konstant ist.

Nach dem Fahrschaubild besteht die Beschleunigungsphase (Anfahrbereich) vereinfacht aus einer gleichmäßig beschleunigten Bewegung mit einer konstanten Beschleunigung. Desgleichen ist die

Bremsphase eine gleichmäßig verzögert Bewegung mit einer konstanten Verzögerung.

Es ergeben sich hierfür folgende Rechenparameter:

2.3.1 Gleichmäßig beschleunigte/verzögerte Bewegung ($b = konst.$)

Es ergeben sich für die einzelnen Parameter:

Beschleunigung: $b(t) = dv/dt = konst.$; $dv = b \cdot dt \Rightarrow v = b \cdot t$
Geschwindigkeit: $v(t) = ds/dt = b \cdot t$

Es sind 2 Fälle zu unterscheiden:

2.3.1.1 Fall 1:

Ohne Anfangsgeschwindigkeit ($V_1 = 0$)

$$\text{Wegstrecke}: \quad s(t) = b/2 \cdot t^2; \; v = ds/dt \tag{2.2}$$

$$\int s \, dt = \int v \, dt = \int b \cdot t \, dt \tag{2.3}$$

$$s = b/2 \cdot t^2 \tag{2.4}$$

Zusammenstellung der Beziehungen für die gleichmäßig beschleunigte oder verzögerte Bewegung für den Fall 1:

Anfangsgeschwindigkeit $v_1 = 0$ bzw. Endgeschwindigkeit $v_2 = 0$
Anfahrbeschleunigung oder Bremsverzögerung b $[m/sec^2]$:

$b = \frac{v^2}{2s} = \frac{v}{t} = \frac{2s}{t^2} = \frac{V^2}{26 \cdot s} = \frac{V}{3.6 \cdot t}$

Geschwindigkeit am Anfahrende oder Bremsbeginn v $[m/s]$, V $[km/h]$:

$v = b \cdot t = \frac{2 \cdot s}{t} = \sqrt{2 \cdot b \cdot s}$;
$V = 3.6 \cdot b \cdot t = \frac{7.2 \cdot s}{t} = 3.6 \cdot \sqrt{2 \cdot b \cdot s}$

Anfahr- oder Bremszeit t $[sec]$:

$t = \frac{v}{b} = \frac{2 \cdot s}{v} = \sqrt{\frac{2 \cdot s}{b}} = \frac{V}{3.6 \cdot b} = \frac{7.2 \cdot s}{V}$

Anfahr- oder Bremsstrecke s $[m]$:

$s = \frac{v^2}{2b} = \frac{v \cdot t}{2} = \frac{b \cdot t^2}{2} = \frac{V^2}{26 \cdot b} = \frac{V \cdot t}{7.2}$

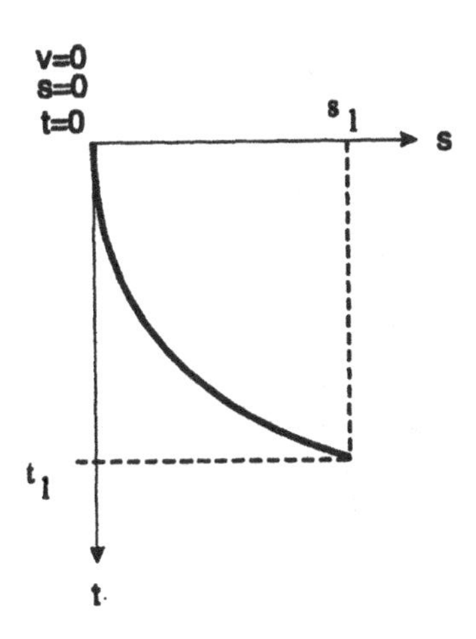

s-t-Diagramm

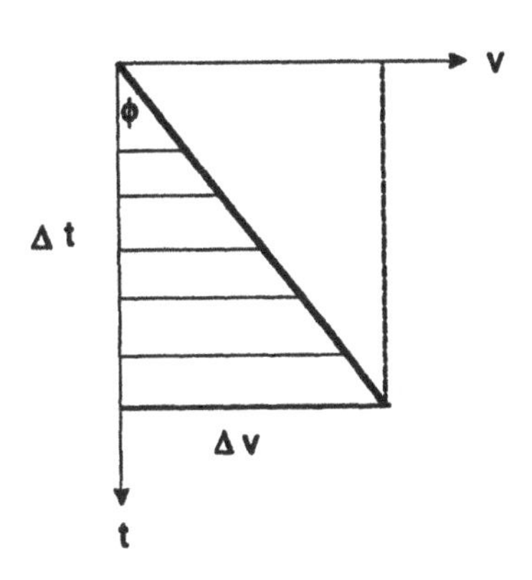

v-t-Diagramm

$\tan\phi = \Delta v/\Delta t = b = \text{const.}$

$v = b \cdot t$

$\int ds = \int v dt = \int b \cdot t dt$

$s = \frac{b}{2} \cdot t^2$

Inhalt des Dreiecks: $s = \frac{v \cdot t}{2} = \frac{b \cdot t \cdot t}{2}$

$v = b \cdot t; \quad t = v/b$

$s = \frac{v}{2} \cdot \frac{v}{b} = \frac{v^2}{2b} \qquad s = \frac{b \cdot t^2}{2}$

Gleichmäßig beschleunigte / verzögerte Bewegung

Fall 1: Ohne Anfangsgeschwindigkeit

Weg: $s = \frac{b \cdot t^2}{2}$ [m] Geschwindigkeit: $v = b \cdot t$ [m/sec]

Zeit: $t = \frac{v}{b}$ [sec] Beschleunigung: $b = \frac{v}{t}$ [m/sec²] ($v = \frac{V}{3.6}$ [m/sec]) V [km/h]

Abbildung 2.7: Bewegungsgleichungen für Fall 1

2.3.1.2 Fall 2:

Mit Anfangsgeschwindigkeit V_1

$$s = v_1 \cdot t + b/2 \cdot t^2 \tag{2.5}$$

Zusammenstellung der Beziehungen für die gleichmäßig beschleunigte oder verzögerte Bewegung für den Fall 2:

Anfangsgeschwindigkeit v_1; Endgeschwindigkeit v_2
(Oberes Vorzeichen: Beschleunigung; unteres Vorzeichen: Verzögerung)

Anfahrbeschleunigung oder Bremsverzögerung b $[m/sec^2]$:
$b = \frac{\pm v2 \mp v1}{t} = \frac{\pm v2^2 \mp v1^2}{2s}$

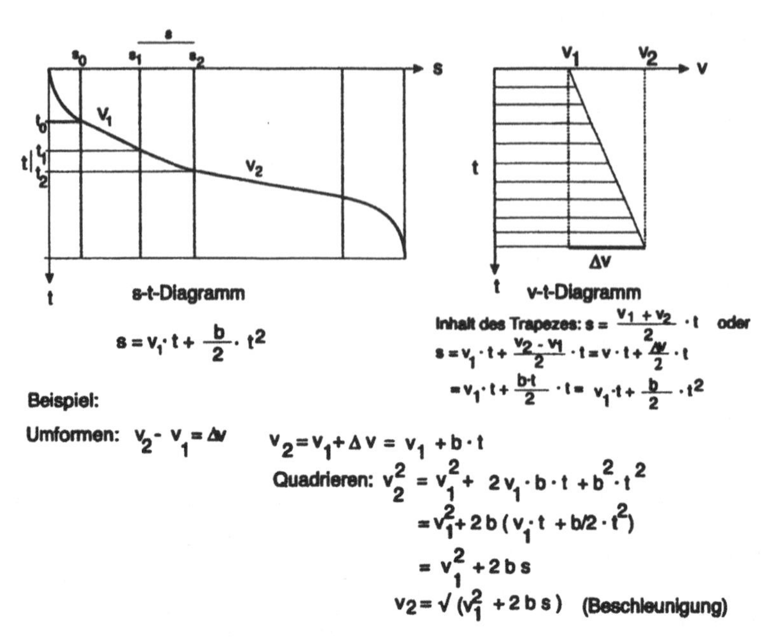

Gleichmäßig beschleunigte / verzögert Bewegung

Fall 2: Mit Anfangsgeschwindigkeit

Weg: $s = v_1 \cdot t +- \frac{1}{2} b t^2$ [m] Geschwindigkeit: $v_2 = v_1 +- b \cdot t$ [m/sec]

Zeit: $t = \frac{2 s}{v_1 + v_2}$ [sec] Beschleunigung: $b = \frac{+- v_2 -+ v_1}{t}$ [m/sec^2]

(+ = Beschleunigung - = Verzögerung) $(v = \frac{V}{3.6}$ [m/sec] $)$ V [km/h]

Abbildung 2.8: Bewegungsgleichung für Fall 2

Geschwindigkeit am Anfahrende oder Bremsbeginn v $[m/s]$, V $[km/h]$:

$v_2 = v_1 \pm b \cdot t = \sqrt{v_1^2 \pm 2 \cdot b \cdot s} = \frac{2s}{t} - v_1$

Anfahr- oder Bremszeit t $[sec]$:

$t = \frac{2s}{v1+v2} = \frac{\pm v2 \mp v1}{b}$

Anfahr- oder Bremsstrecke s $[m]$:

$s = v1 \cdot t \pm 1/2 \cdot b \cdot t^2 = \frac{v1+v2}{2} \cdot t = \frac{\pm v2^2 \mp v1^2}{2 \cdot b}$

2.3.2 Gleichförmige Bewegung mit konstanter Geschwindigkeit ($b = 0$; $v = konst.$)

$$v = s/t \Rightarrow s = v \cdot t \ (v = konst.) \qquad (2.6)$$

In diesen Bewegungsgleichungen sind Reaktions- und Ansprechzeiten enthalten.

Gleichförmige Bewegung

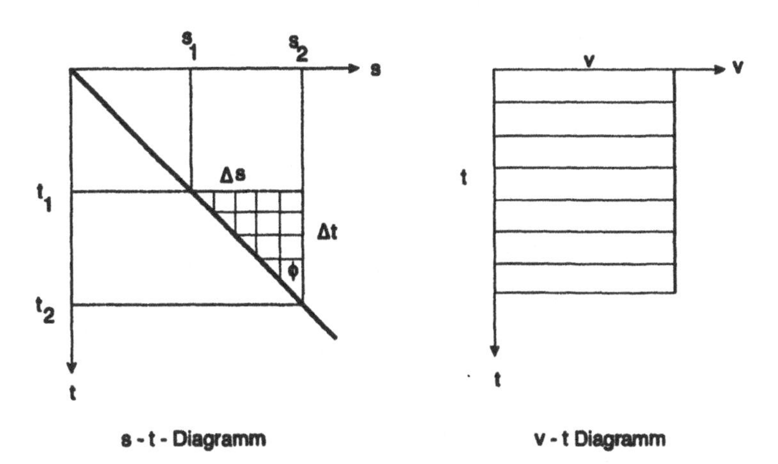

$$\tan \phi = \frac{\Delta s}{\Delta t} = v(t_i)$$

Inhalt des Rechtecks: $s = v \cdot t$

$v = const.$; $b = 0$

Bewegung mit konstanter Geschwindigkeit

Weg: $s = v \cdot t$ [m] Geschwindigkeit: $v =$ const.

Zeit: $t = \frac{s}{v}$ [sec] Beschleunigung: $b = 0$

$(v = \frac{V}{3.6}$ [m/sec])

V [km/h]

Abbildung 2.9: Gleichförmige Bewegung

Es können allgemein konstante, mittlere Anfahrbeschleunigungen b_a $[m/sec^2]$

für Güterzüge $b_a = 0.3 - 0.5\ [m/sec^2]$;
für Nahverkehrszüge $b_a = 0.3 - 0.85\ [m/sec^2]$;
für IC $b_a = 1.0\ [m/sec^2]$;
für ICE $b_a = 1.5\ [m/sec^2]$;

und konstante, mittlere Bremsverzögerungen $b_b [m/sec^2]$

für Güterzüge $b_b = 0.3 - 0.6\ [m/sec^2]$ Bremsart II
für Nahverkehrszüge $b_b = 0.8 - 1.0\ [m/sec^2]$ Bremsart I ohne u. mit Magnetbremse
für IC $b_b = 1.0\ [m/sec^2]$; komb. Bremsarten
für ICE $b_b = 1.2\ [m/sec^2]$; komb. Bremsarten (bei Notbr. bis 2.0 m/sec^2)

angenommen werden.

2.4 Geschwindigkeitsprofil, Geschwindigkeitsganglinie

Die bei der Berechnung von Zugfahrten ermittelten Kennwerte für die Beschreibung des Bewegungsablaufs werden im einzelnen aufbereitet und in Diagrammen für eine Auswertung und Beurteilung kenntlich gemacht:

Ausgangsdiagramm ist die Darstellung der Fahrzeit über die zurückgelegte Wegstrecke in einem

- Weg-Zeit-Diagramm (s-t-Diagramm)

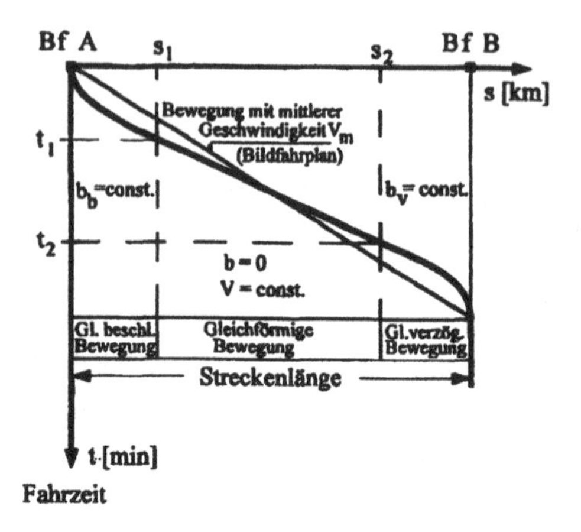

Abbildung 2.10: Fahrtablauf in einem Weg-/Zeit-Diagramm (Bildfahrplan)

In einem Achsenkreuz mit der Fahrgeschwindigkeit v bzw. V und der zurückgelegten Wegstrecke s erfolgt dann die Darstellung in einem

- Geschwindigkeit-Weg-Diagramm ⇒ v-s-Diagramm als Geschwindigkeitsprofil $v_F = v(s)$.

Schließlich wird in einem Achsenkreuz die Fahrgeschwindigkeit v und Fahrzeit t dargestellt in einem

- Geschwindigkeit-Zeit-Diagramm ⇒ v-t-Diagramm als Geschwindigkeitsganglinie $v_F = v(t)$

Aus dem Geschwindigkeitsprofil lässt sich die mittlere Fahrgeschwindigkeit $v_{mF} = v_m(s)$ entnehmen. Diese mittlere oder durchschnittliche Fahrgeschwindigkeit bezieht sich nur auf Zeiten, in denen das Fahrzeug in Bewegung ist, da nur diese Zeiten eine Wegstrecke im Geschwindigkeitsprofil erzeugen. Aus der Geschwindigkeitsganglinie resultiert die mittlere Reisegeschwindigkeit $v_{mR} = v_m(t)$. Sie wird gebildet über alle Zeiten zwischen der Abfahrt und der Ankunft am Ziel oder Zwischenziel unter Einschluss der Haltezeiten t_H ($v_F = 0$). Die mittlere Reisegeschwindigkeit $v_m(t)$ ist immer kleiner als die mittlere Fahrgeschwindigkeit $v_m(s)$.

2.5 Massenfaktor bei Berücksichtigung rotierender Fahrzeugmassen

Die kinetische Energie eines mit der Geschwindigkeit v $[m/sec]$ bewegten Fahrzeuges setzt sich zusammen aus der translatorischen Energie der Gesamtmasse des Fahrzeuges m und der Rotationsenergie rotierender Massenteile m_i (Räder, Achsen, Motoranker, etc.). Die Bewegungsenergie ergibt sich somit zu

$$E = E_{trans} + E_{rot} = \frac{m \cdot v^2}{2} + \frac{I_p \cdot \omega^2}{2} \tag{2.7}$$

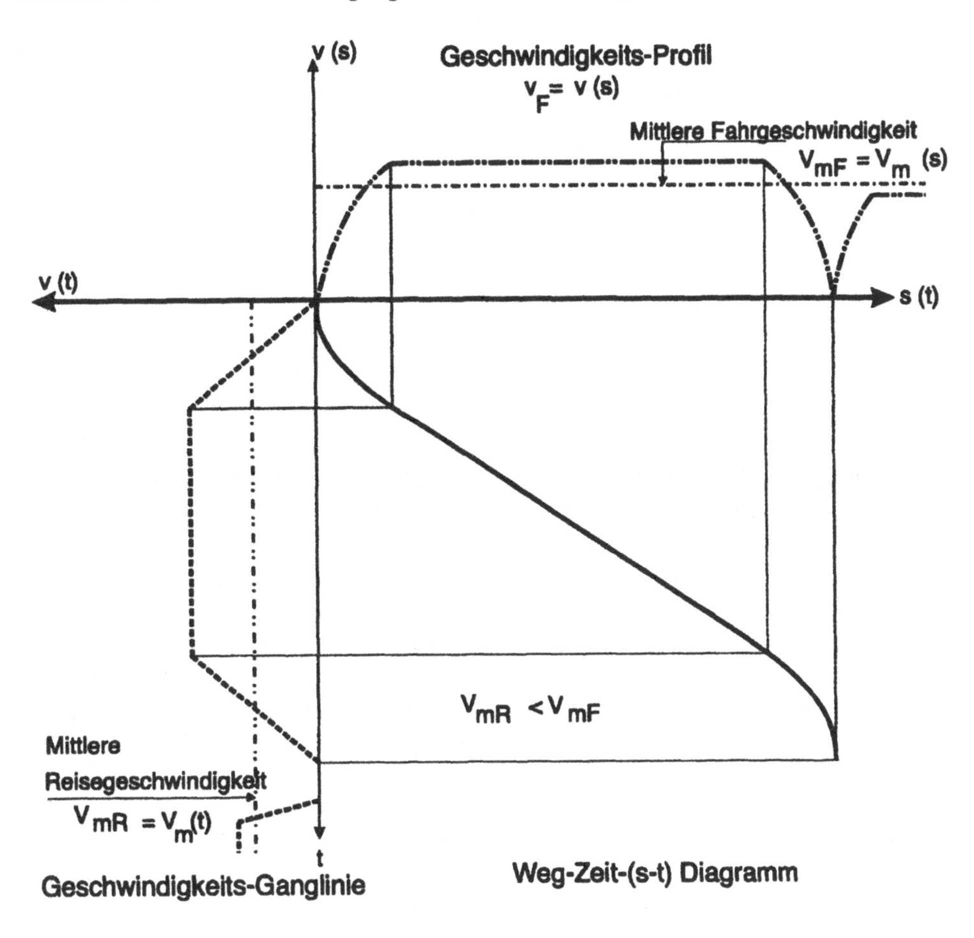

Abbildung 2.11: Geschw.-Profil/ Geschw.- Ganglinie für ein Schienenfahrzeug

I_p = Polares Trägheitsmoment, ω = Winkelgeschwindigkeit der rotierenden Teile, r = Laufkreisdurchmesser, über den die jeweiligen rotierenden Massen beschleunigt werden.
Wenn man die rotierenden Massenteile der Lauf-und Antriebsachsen als dominierend ansieht, so kann man genügend genau die Drehmasse m_i im Laufkreis konzentriert annehmen. Dann wird $\sum I_P = m_i \cdot r^2$. Da $v = r \cdot \omega$ ist, ergibt sich für $E_{rot} = m_i \cdot v^2/2$ und für die Gesamtenergie $E = m \cdot v^2/2 + m_i \cdot v^2$.
Wird die rotierende Masse auf die Gesamtmasse des Fahrzeuges bezogen und setzt man $\alpha = m_i/m$, dann ergibt sich

$$E = \frac{m \cdot v^2}{2} \cdot (1 + \alpha) \tag{2.8}$$

Diesen Ausdruck $1 + \alpha = \rho$ bezeichnet man als Massenfaktor . Für fahrdynamische Berechnungen werden die Einflüsse der verschiedenen rotierenden Massen durch den Massenfaktor ρ berücksichtigt. Anders dargestellt ergibt sich:

$$K = m \cdot b + \sum I_p \cdot \omega_i / r = m \cdot b \cdot \rho \tag{2.9}$$

Der Massenfaktor ρ beträgt beispielsweise für die Lok BR 103 = 1.118 und für die Lok BR 151 = 1.277. Reise-und Güterzugwagen haben ein $\rho = 1.06$. Allgemein ist der Massenfaktor für Züge mit dem Ausdruck

$$\rho = \frac{\rho_{WZ} \cdot G_{WZ} + \rho_L \cdot G_L}{G_{WZ} + G_L} \tag{2.10}$$

annähernd genau zu ermitteln.
Darin sind
ρ_{WZ} = Massenfaktor des Wagenzuges; ρ_L = Massenfaktor der Lok; G_{WZ} = Gesamtgewicht der Wagen; G_L = Gesamtgewicht der Lok.

2.6 Fahrzeitberechnungen mit konstanten Beschleunigungs- und Verzögerungswerten

Die wichtigsten Parameter für die Zuordung von Zugfahrten in den Bild- und Buchfahrplänen sind die Fahrzeiten und Reisezeiten . In den Reisezeiten sind jeweils die fahrplanmäßigen Aufenthaltszeiten der Züge in den Bahnhöfen und Haltepunkten einbezogen. Die reine oder planmäßige Fahrzeit ist der bei einer Zugfahrt entstehende technisch notwendige Zeitbedarf. Dabei erfolgt bei der Fahrzeitfestlegung ein Fahrzeitzuschlag in der Größenordnung von 3 bis 8 % zur reinen Fahrzeit zum Aufholen von Verspätungen. Die planmäßige Fahrzeit ist dann die Summe aus reiner Fahrzeit und Fahrzeitzuschlägen. Die Berechnung von reinen Fahrzeiten für die einzelnen Zugfahrten erfolgt unter Zugrundelegung modellhafter Annahmen für die Zugkräfte und Bewegungswiderstände nach den Grundsätzen der technischen Mechanik. Heute werden die Fahrzeiten über Rechnerprogramme ermittelt.
Zur Vereinfachung der Fahrzeitermittlung wird oft auch zunächst der Fahrzeitbedarf bei vorgegebenen Fahrgeschwindigkeiten über die Strecke berechnet und die zusätzlichen Fahrzeiten beim Beschleunigen (Anfahren) und Verzögern (Bremsen) durch Zuschläge berücksichtigt.
In den folgenden Beispielen soll das Prinzip des Fahrablaufes nach einem Fahrspiel dargestellt werden. Dabei erfolgt die überschlägliche Berechnung der reinen Fahrzeiten nach den Bewegungsgleichungen der Mechanik mit angenommenen, konstanten Beschleunigungs- und Verzögerungswerten.

2.6.1 Beispiel: Fahrzeit zwischen Bf A und Bf B

Ermittlung der Fahrzeit t_F für eine Zugfahrt zwischen Bf A und Bf B mit einer Streckenlänge von 1000 m und einer Fahrgeschwindigkeit v_F von 80 $[km/h]$(22.2 m/sec). Die Anfahrbeschleunigung des Zuges beträgt $b_a = 0.5\ [m/sec^2]$, die Bremsverzögerung $b_b = 1.0\ [m/sec^2]$.

Lösung:

Anfahrvorgang:
- Anfahrzeit $t_a = v_F/b_a = 22.2/0.5 = 44\ [sec]$
- Anfahrweg $s_a = b_a/2 \cdot t^2 = 0.5/2 \cdot 44.4^2 = 492\ [m]$

Bremsvorgang:

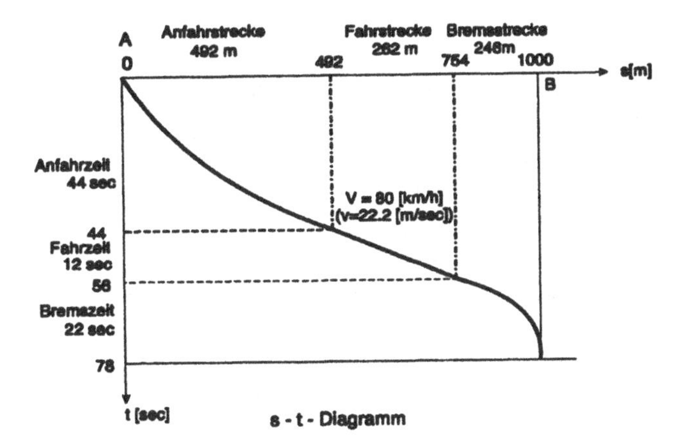

Abbildung 2.12: s-t-Diagramm

- Bremszeit $t_b = v_F / b_b = 22.2/1.0 = 22\ [sec]$
- Bremsweg $s_b = b_b/2 \cdot t^2 = 1.0/2 \cdot 22.2^2 = 246\ [m]$

Beharrungsvorgang:
auf der Wegstrecke $1000\ [m] - 492\ [m] - 246\ [m] = 262\ [m]$
- Fahrzeit $t_F = s/v_F = 262/22.2 = 12\ [sec]$

Gesamtfahrzeit: $t_F = t_a + t_F + t_b = 44\ [sec] + 12\ [sec] + 22\ [sec] = 78\ [sec] = 1.3\ [min]$

2.6.2 Beispiel: Fahrzeit zwischen S-Bahn-Haltepunkten (Gefällestrecke)

Eine S-Bahnstrecke verläuft zwischen den Haltepunkten A und B gemäß dargestellter Gradiente von der oberirdischen Lage in die Tunnellage.

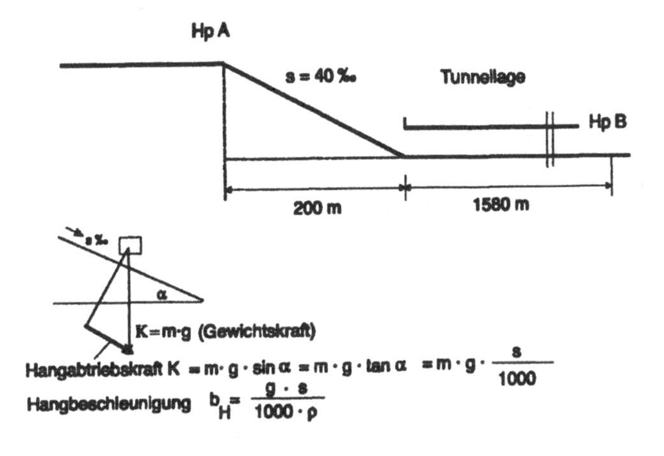

Abbildung 2.13: Gradiente

Folgende Lage- und Betriebskennwerte sind gegeben:

Abstand der Haltepunkte:	$L = 1780\ m$ (Waagerechtes Maß)
Länge der Hangstrecke:	$s_H = 200.16\ m$
Gesamtstrecke:	$L_{gesamt} = 1780.16\ m$
Anfahrbeschleunigung:	$b_a = 0.85\ m/sec^2$
Ausrollverzögerung:	$b_r = 0.10\ m/sec^2$
Bremsverzögerung:	$b_b = 1.00\ m/sec^2$
Höchstgeschwindigkeit:	$V_{max} = 120\ km/h;\ v_{max} = 33.33\ m/sec$
Massenfaktor:	$\rho = 1.075$
Hangstreckengefälle:	$s = 40\%$
Hangstreckenlänge:	$s_H = \sqrt{200^2[m] + 8^2[m]} = 200.16\ [m]$

Aufgabenstellung a)

Es ist die Fahrzeit von A nach B zu berechnen unter der Maßgabe, dass der Zug auf seine maximale Geschwindigkeit beschleunigt wird und dann mit der Zielbremsung beginnt, um bei B rechtzeitig zum Halten zu kommen.

Ausgangsparameter:
Rechenausdruck für die Beschleunigung/Verzögerung bei einer gleichmäßig beschleunigten/verzögerten Bewegung im Bereich geneigter Gradienten:

$K = m \cdot b \cdot \rho$ (Bewegungskraft)
$K = m \cdot g$ (Gewichtskraft)

Hangabtriebskraft : $K_H = m \cdot g \cdot \sin\alpha = m \cdot g \cdot s/1000$
Gleichgewicht: $m \cdot b \cdot \rho = m \cdot g\ ; m \cdot b \cdot \rho = m \cdot g \cdot \frac{s}{1000}$
Hangbeschleunigung: $b_H = g \cdot \frac{s}{1000 \cdot \rho}$

Lösung:

Hangbeschleunigung:

$$b_H = b_b + \frac{s \cdot g}{1000 \cdot \rho} = 0.85 + \frac{40 \cdot 9.81}{1000 \cdot 1.075} = 1.215\ [m/sec^2] \quad (2.11)$$

Teil a1: Geschwindigkeit am Hangendpunkt

$$v_H = b_H \cdot t_H \quad (2.12)$$

$$s_H = \frac{b_H \cdot t_H^2}{2} \Rightarrow t_H = \sqrt{2 s_H / b_H} \quad (2.13)$$

$$\Rightarrow v_H = \sqrt{2 \cdot b_H \cdot s_H} = \sqrt{2 \cdot 1.215 \cdot 200.16} = 22.05\ m/sec = 79.40\ km/h \quad (2.14)$$

$$t_H = \sqrt{2 s_H / b_H} = \sqrt{2 \cdot 200.16/1.215} = 18.15[sec] \quad (2.15)$$

Teil a2: Beschleunigung von v_H auf V_{max}

$$t_E = \frac{v_{max} - v_H}{b_b} = \frac{33.33 - 22.05}{0.85} = 13.27\ sec \tag{2.16}$$

$$s_E = \frac{v_H + v_{max}}{2} \cdot t_E = \frac{22.05 + 33.33}{2} \cdot 13.27 \tag{2.17}$$

$$s_E = 367.59\ m \tag{2.18}$$

$\Rightarrow t_{Anfg.}$ bis zum Erreichen von V_{max}:

$$t_{Anfg.} = t_H + t_E = 18.15 + 13.27 = 31.42\ sec \tag{2.19}$$

$\Rightarrow s_{Anfg.}$ bis zum Erreichen von V_{max}:

$$s_{Anfg.} = s_H + s_E = 200.16 + 367.59 = 567.75\ m \tag{2.20}$$

Teil a3: Zielbremsung

$$\text{Bremsweg}: s_b = \frac{v_{max}^2}{2 \cdot b_b} = \frac{33.33^2}{2 \cdot 1.0} = 555.56\ m \tag{2.21}$$

$$\text{Bremszeit}: t_b = \frac{v_{max}}{b_b} = \frac{33.33}{1.0} = 33.33\ sec \tag{2.22}$$

Teil a4: Berechnung des Weges s_m bei konstantem $V_{max} = 120\ km/h$

$$L = 200.16\ m + 1580\ m = 1780.16\ m\ \text{(Gesamtstrecke)} \tag{2.23}$$

$$L = s_{anf.} + s_m + s_b \tag{2.24}$$

$$\Rightarrow s_m = L - s_{anf.} - s_b \tag{2.25}$$

$$= 1780.16\ m - 567.75\ m - 555.56\ m = 656.85\ m \tag{2.26}$$

$$\Rightarrow \text{Fahrzeit für } s_m : t_m = s_m / v_{max} = 656.85/33.33 = 19.71\ sec \tag{2.27}$$

Fahrzeit von A nach B:

$$t_{ges.} = t_{anf.} + t_m + t_b = 31.42\ sec + 19.71\ sec + 33.33\ sec \tag{2.28}$$

$$t_{ges.} = 84.46\ sec \tag{2.29}$$

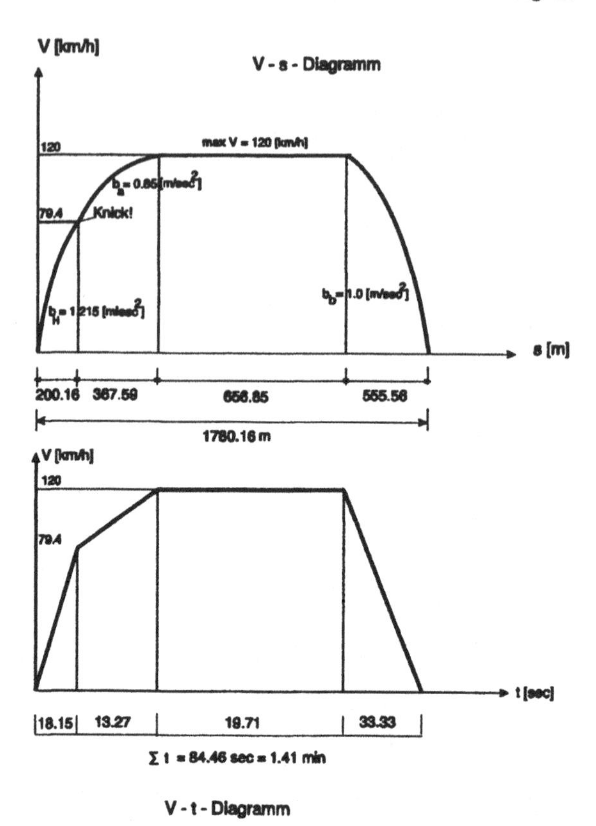

Abbildung 2.14: v-s und v-t Diagramm

Aufgabenstellung b)

Wie lange dauert die Fahrt, wenn der Zug nur auf eine Geschwindigkeit von 90 km/h beschleunigt und dann solange rollt, bis mit der Zielbremsung begonnen werden muss, um bei B zu halten?
Ausgangsparameter:

$V_{max} = 90\ [km/h]; v_{max} = 25.0\ [m/sec]$

Alle übrigen Werte wie Aufgabenstellung a)

Lösung:

Teil b1: Beschleunigung von V_H auf V_{max}

$$t_E = \frac{v_{max} - v_H}{b_a} = \frac{25 - 22.05}{0.85} = 3.47\ sec \tag{2.30}$$

$$s_E = \frac{v_{max} + v_H}{2} \cdot t_E = \frac{25.0 + 22.05}{2} \cdot 3.47\ sec = 81.65\ m \tag{2.31}$$

$$\Rightarrow s_{anf.} \text{ bis } V_{max} : s_{anf.} = s_H + s_E = 200.16 + 81.65 = 281.81\ m \tag{2.32}$$

$$\Rightarrow t_{anf.} \text{ bis } V_{max} : t_{anf.} = t_H + t_E = 18.15 + 3.47 = 21.62\ sec \tag{2.33}$$

$$\Rightarrow L = s_{anf.} + s_r + s_b = 1780.16\ m \tag{2.34}$$

$$\Rightarrow s_r + s_b = 1780.16 - 281.81 = 1498.35\ m \tag{2.35}$$

Teil b2: Ausrollweg

$$s_r = \frac{v_2^2 - v_1^2}{2 \cdot b} = \frac{v_{max}^2 - v_x^2}{2 \cdot b_b} \tag{2.36}$$

Teil b3: Bremsweg

$$s_b = \frac{v^2}{2 \cdot b} = \frac{v_x^2}{2 \cdot b_b} \tag{2.37}$$

$$\Rightarrow v_x = \text{Fahrgeschwindigkeit bei Bremsbeginn} \tag{2.38}$$

$$\Rightarrow \frac{v_{max}^2 - v_x^2}{2 \cdot b_r} + \frac{v_x^2}{2 \cdot b_b} = 1498.35\ m \tag{2.39}$$

$$v_x^2 = \frac{1}{2 \cdot b_b} - \frac{1}{b_r} + \frac{v_{max}^2}{2 \cdot b_r} = 1498.35\ m \tag{2.40}$$

$$v_x^2 = (1498.35 - \frac{v_{max}^2}{2 \cdot b_r}) \div (\frac{1}{2 \cdot b_b} - \frac{1}{2 \cdot b_r}) \tag{2.41}$$

$$v_x = \sqrt{(1498.35 - \frac{25}{2 \cdot 0.1}) \div (\frac{1}{2 \cdot 1.0} - \frac{1}{2 \cdot 0.1})} = \sqrt{361.48} \tag{2.42}$$

$$= 19.01\ m/sec = 68.45\ km/h \tag{2.43}$$

$\Rightarrow$ Ausrollweg:

$$s_r = \frac{v_2^2 - v_1^2}{2 \cdot b_r} = \frac{25^2 - 19.01^2}{2 \cdot 0.1} = 1318.10\ m \tag{2.44}$$

$\Rightarrow$ Bremsweg:

$$s_b = \frac{v^2}{2 \cdot b} = \frac{19.01^2}{2 \cdot 1.0} = 180.69\ m \tag{2.45}$$

$\Rightarrow$ Ausrollzeit:

$$t_r = \frac{v_{max} - v_x}{b_r} = \frac{25 - 19.01}{0.1} = 59.9\ sec \tag{2.46}$$

$\Rightarrow$ Bremszeit:

$$t_b = \frac{v_x}{b_b} = \frac{19.01}{1.0} = 19.01\ sec \tag{2.47}$$

Fahrzeit von A nach B:

$$t_{ges} = t_{anf.} + t_r + t_b = 21.62 + 59.90 + 19.01 \tag{2.48}$$

$$t_{ges} = 100.53\ sec \tag{2.49}$$

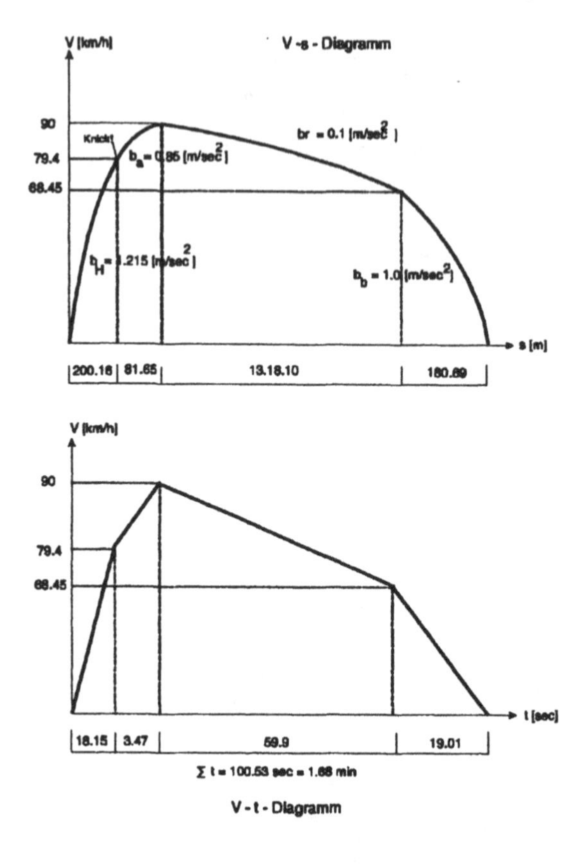

Abbildung 2.15: v-s und v-t Diagramm

2.6.3 Beispiel: Fahrzeit zwischen Bf A und Bf B (Ausweichstelle, Gradientenvorgabe)

Auf einer geplanten eingleisigen Nebenstrecke zwischen Bahnhof A und Bahnhof B gemäß dargestellter Skizze soll eine Ausweichstelle als stehende Kreuzung im zukünftigen Haltepunkte C angeordnet werden. Für die Zugfolge von A nach B ist jeweils ein Zwischenaufenthalt von 4 min im Ausweichpunkt vorgesehen; in dieser Zeit passiert dann ein Gegenzug der Richtung von B nach A mit 90 km/h diesen Haltepunkt.
Lage-, Gradienten- und Betriebsdaten:

Abstand der Bahnhöfe A und B:	$L = 5790\ m$
Anfahrbeschleunigung:	$b_a = 0.85\ m/sec^2$
Bremsverzögerung:	$b_b = 1.20\ m/sec^2$
Ausrollverzögerung:	$b_r = 0.15\ m/sec^2$
Strecken-Höchstgeschwindigkeit:	$V_{max} = 120\ km/h$

Einfahrgeschwindigkeiten für Zugfahrt von A nach B in die Ausweichstelle und Bahnhöfe: $V_E = 50\ km/h$. Gradienten-Neigungen: 20 ‰ auf 300 m vor Bf A; 25 ‰ auf 1275 m vor Bf B
Zug 1 von A nach B beginnt vor der Ausweichstelle und vor dem Bf B bei einer Einfahrgeschwindigkeit von $V_E = 50\ km/h$ mit der Zielbremsung. Zug 2 von B nach A durchfährt die Ausweich-

stelle ohne Halt.
Signalisierung und konstruktive Merkmale des künftigen Haltepunktes C als Ausweichstelle bleiben unberücksichtigt.

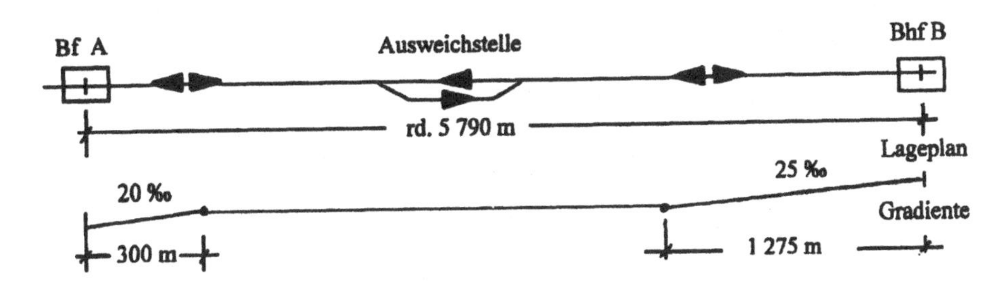

Abbildung 2.16: Lageplanskizze und Gradientenverlauf

Aufgabenstellung a):

Für eine Zugfahrt auf einer eingleisigen Nebenstrecke (max $s = 40$ ‰) von A nach B und gleichzeitig einer Zugfahrt von B nach A ist zu ermitteln, an welcher Stelle der Strecke diese Ausweichstelle zwischen Bf A und Bf B zweckmäßigerweise angeordnet werden sollte. Ausrollstrecken sind aus wirtschaftlichen Gründen mit zu berücksichtigen. Die Zugfahrt 1 von A nach B beginnt in Bf A um 10.32 Uhr. Wann ist der Zug im Bf B und wann kann der Gegenzug in Bf B abfahren, wann passiert dieser Zug 2 die Ausweichstelle und wann ist er im Bf B?

Lösung:

Teil a) Fahrt von Zug 1 von Bf A nach Bf B

Teil a1: Fahrt von Zug 1 von Bf A zur Ausweichstelle:

Anfahrbeschleunigung bzw. Bremsverzögerung : (allgemein für das vorliegende Beispiel)

Anfahrbeschleunigung:

$$b_a^{Steigung} = 0.85\ [m/sec^2] - \frac{s \cdot 9.81}{1000 \cdot \rho}\ [m/sec^2] \tag{2.50}$$

$$b_a^{Gefälle} = 0.85\ [m/sec^2] + \frac{s \cdot 9.81}{1000 \cdot \rho}\ [m/sec^2] \tag{2.51}$$

Bremsverzögerung:

$$b_b^{Steigung} = 1.20\ [m/sec^2] + \frac{s \cdot 9.81}{1000 \cdot \rho}\ [m/sec^2] \tag{2.52}$$

$$b_b^{Gefälle} = 1.20\ [m/sec^2] - \frac{s \cdot 9.81}{1000 \cdot \rho}\ [m/sec^2] \tag{2.53}$$

- Anfahrbeschleunigung in der Steigungstrecke nach Bf A:

$$b_a^{Steigung} = 0.85 - \frac{20 \cdot 9.81}{1000 \cdot 1.06} = 0.85 - 0.19 = 0.66\ [m/sec^2] \tag{2.54}$$

• Geschwindigkeit am Steigungsstrecken-Endpunkt:

$$v_{Steig.} = \sqrt{2 \cdot b_{Steig.} \cdot s_{Steig.}} = \sqrt{2 \cdot 0.66 \cdot 300} = 19.90\ [m/s] \tag{2.55}$$

$$t_{Steig.} = \sqrt{\frac{2 \cdot s_{Steig.}}{b_{Steig.}}} = \sqrt{\frac{2 \cdot 300}{0.66}} = 30.15\ [sec] \tag{2.56}$$

• Beschleunigung von $V_{Steig.}$ auf $V_{max} = 120\ km/h$:

$$t_{V_{max}} = \frac{v_{max} - v_{Steig.}}{b_a} = \frac{33.33 - 19.90}{0.85} = 15.8\ [sec] \tag{2.57}$$

$$s_{V_{max}} = \frac{v_{Steig.} + v_{max}}{2} \cdot t_{V_{max}} = \frac{19.90 + 33.33}{2} \cdot 15.8 = 420.52\ [m] \tag{2.58}$$

• Zug 1 rollt aus bis $V = 50\ km/h$ und beginnt dann mit der Zielbremsung:
Ausrollweg:

$$s_r = \frac{v_{max}^2 - v_{50}^2}{2 \cdot b_r} = \frac{33.33^2 - 13.89^2}{2 \cdot 0.15} = 3059.87[m] \tag{2.59}$$

Ausrollzeit:

$$t_r = \frac{v_{max} - v_{50}}{b_r} = \frac{33.33 - 13.89}{0.15} = 129.6\ [sec] \tag{2.60}$$

Bremsweg:

$$s_b = \frac{v_{50}^2}{2 \cdot b_b} = \frac{13.89^2}{2 \cdot 1.2} = 80.39\ [m] \tag{2.61}$$

Bremszeit:

$$t_b = \frac{v_{50}}{b_b} = \frac{13.89}{1.2} = 11.6\ [sec] \tag{2.62}$$

• Der Streckenabschnitt zwischen Bf A und der Ausweichstelle beträgt für die vorgegebene Zugfahrt von Zug 1

$$L_1 = 300 + 420.52 + 3059.87 + 80.39 = 3860.78\ [m] \tag{2.63}$$

• Die Fahrzeit von Bahnhof A bis zur Ausweichstelle beträgt:

$$T_1 = \frac{\sum t}{60} = \frac{30.2 + 15.8 + 129.6 + 11.6}{60} = 3.12\ [min] \tag{2.64}$$

Teil a2: Fahrt von Zug 1 von der Ausweichstelle bis zum Bf B:

Der Streckenabschnitt von der Ausweichstelle bis Bf B beträgt:

$$L_2 = L - L_1 = 5789.81 - 3860.78 = 1929.03\ [m] \tag{2.65}$$

• Anfahrweg bis $V_{max} = 120\ km/h$ (Beschleunigungsphase)

$$s_a = \frac{v_{max}^2}{2 \cdot b_a} = \frac{33.33^2}{2 \cdot 0.85} = 653.74\ [m] \tag{2.66}$$

• Anfahrzeit bis $V_{max} = 120\ km/h$:

$$t_a = v_{max}/b_a = 33.33/0.85 = 39.2\ [sec] \tag{2.67}$$

• Nach der Anfahrstrecke s_a beginnt die Steigungsstrecke mit 25 ‰ auf einer Länge von 1275 m; innerhalb dieser Strecke rollt der Zug 1 bis $V = 50\ km/h$ aus und beginnt dann mit der Zielbremsung.
Ausrollverzögerung innerhalb der Steigungsstrecke:

$$b_r = 0.15 + \frac{25 \cdot 9.81}{1000 \cdot 1.06} = 0.15 + 0.23 = 0.38\ [m/sec^2] \tag{2.68}$$

Bremsverzögerung innerhalb der Steigungsstrecke:

$$b_b^{Steig.} = 1.2 + 0.23 = 1.43\ [m/sec^2] \tag{2.69}$$

• Ausrollzeit:

$$t_r = \frac{v_{max} - v_{50}}{b_r} = \frac{33.33 - 13.89}{0.38} = 51.2\ [sec] \tag{2.70}$$

• Ausrollweg:

$$s_r = \frac{v_{max}^2 - v_{50}^2}{2 \cdot b_r} = \frac{33.33^2 - 13.89^2}{2 \cdot 0.38} = 1207.84\ [m] \tag{2.71}$$

• Bremsweg:

$$s_b = \frac{v_{50}^2}{2 \cdot b_b} = \frac{13.89^2}{2 \cdot 1.43} = 67.45\ [m] \tag{2.72}$$

• Bremszeit:

$$t_b = v_{50}/b_b = 13.89/1.43 = 9.7\ [sec] \tag{2.73}$$

• Der Streckenabschnitt zwischen Ausweichstelle und Bf B beträgt:

$$L_2 = 653.74 + 1207.84 + 67.45 = 1929.03m \tag{2.74}$$

Kontrolle: $L = L_1 + L_2 = 3860.78 + 1929.03 = 5789.81\ [m]$

• Die Fahrzeit von der Ausweichstelle bis zum Bf B beträgt:

$$T_2 = \frac{\sum t}{60} = \frac{39.2 + 51.2 + 9.7}{60} = \frac{101}{60} = 1.68\ [min] \tag{2.75}$$

Reisezeit für Zug 1 zwischen Bf A und Bf B: (Fahrzeiten + Haltezeit)

$$T_{ges} = T_1 + T_H + T_2 = 3.12 + 4 + 1.68 = 8.80\ [min] \tag{2.76}$$

Abfahr- und Ankunftszeiten für Zug 1 lt. Buchfahrplan:

Abfahrt im Bf A:	10.32 Uhr
Ankunft in der Ausweichstelle:	10.35 Uhr
Halt in der Ausweichstelle:	4 min (vorgegeben)
Abfahrt aus der Ausweichstelle:	10.39 Uhr
Ankunft im Bf B:	10.41 Uhr

Teil b) Fahrt von Zug 2 von Bf B nach Bf A

Teil b1: Fahrt von Bf B bis zur Ausweichstelle:

Die Anfahrstrecke liegt im Gefälle von 25 ‰; daraus ergibt sich für die Anfahrbeschleunigung:

$$b_{Gefälle} = 0.85 + \frac{25 \cdot 9.81}{1000 \cdot 1.06} = 1.08\ [m/sec^2] \tag{2.77}$$

• Anfahrstrecke bis $V_{max} = 120\ km/h$ (Beschleunigungsphase):

$$s_a = \frac{v_{max}^2}{2 \cdot b_{Gef.}} = \frac{33.33^2}{2 \cdot 1.08} = 514.30\ [m] \tag{2.78}$$

• Anfahrzeit bis $V_{max} = 120\ km/h$:

$$t_a = \frac{v_{max}}{b_{Gef.}} = \frac{33.33}{1.08} = 30.86\ [sec] \tag{2.79}$$

• Verminderung der Fahrgeschwindigkeit von V_{max} auf die Durchfahrgeschwindigkeit $V = 90\ km/h$ in der Ausweichstrecke:
• Wegstrecke:

$$s_D = \frac{v_{max}^2 - v_{90}^2}{2 \cdot b_b} = \frac{33.33^2 - 25.00^2}{2 \cdot 1.2} = 202.45\ [m] \tag{2.80}$$

• Fahrzeit:

$$t_D = \frac{v_{max} - v_{90}}{b_b} = \frac{33.33 - 25.0}{1.2} = 6.9\ [sec] \tag{2.81}$$

• Wegstrecke, auf der V_{max} konstant ist:

$$L_{V max;konst.} = L_2 - 514.30 - 202.45 = 1929.03 - 514.30 - 202.45 = 1212.28\ [m] \tag{2.82}$$

• Zeit, in der mit konstanter V_{max} gefahren wird:

$$t = \frac{s}{v_{max}} = \frac{1212.28}{33.33} = 36.4\ [sec] \tag{2.83}$$

• Fahrzeit von Zug 2 zwischen Bf B und Ausweichstelle:

$$T_1 = \frac{\sum t}{60} = \frac{30.9 + 6.9 + 36.4}{60} = 1.24\ [min] \tag{2.84}$$

Teil b2: Fahrt von Ausweichstelle bis Bf A

• Beschleunigung von $V_D = 90\ km/h$ auf V_{max}:

Fahrzeit:

$$t = \frac{v_{max} - v_D}{b_a} = \frac{33.33 - 25.0}{0.85} = 9.8\ [sec] \tag{2.85}$$

Weg:

$$s = \frac{v_D + v_{max}}{2} \cdot t = \frac{25.0 + 33.33}{2} \cdot 9.8 = 285.82\ [m] \tag{2.86}$$

• Erforderliche Geschwindigkeit am Beginn der Gefällestrecke mit der Neigung von $n = 20$ ‰; $l = 300\ m$, um innerhalb dieser Gefällestrecke die Zielbremsung zu ermöglichen:
Bremsverzögerungswert in der Gefällestrecke:

$$b_b = 1.2 - \frac{20 \cdot 9.81}{1000 \cdot 1.06} = 1.01\ [m/sec^2] \tag{2.87}$$

Geschwindigkeit:

$$v_{Beginn;Gef.} = \sqrt{2 \cdot b_b \cdot l_{Gef.}} = \sqrt{2 \cdot 1.01 \cdot 300} = 24.62\ [m/sec] = 88.62\ [km/h] \tag{2.88}$$

Zeit:

$$t = \sqrt{\frac{2 \cdot l_{Gef.}}{b_b}} = \sqrt{\frac{2 \cdot 300}{1.01}} = 24.4\ [sec] \tag{2.89}$$

• Verminderung der Geschwindigkeit $V_{max} = 120\ km/h$ auf $V_{Beg.Gef.} = 88.62\ km/h$ durch Ausrollen außerhalb der Gefällestrecke:

$$s_r = \frac{v_{max}^2 - v_{88.62}^2}{2 \cdot b_r} = \frac{33.33^2 - 24.62^2}{2 \cdot 0.15} = 1682.50\ [m] \tag{2.90}$$

$$t_r = \frac{v_{max} - v_{88.62}}{b_r} = \frac{33.33 - 24.62}{0.15} = 58.1\ [sec] \tag{2.91}$$

• Wegstrecke, auf der mit konstanter Geschwindigkeit V_{max} gefahren wird:

$$l = 3860.78 - 300 - 1682.50 - 285.82 = 1592.46\ [m] \tag{2.92}$$

- Fahrzeit mit konstanter V_{max}:

$$t = \frac{l}{v_{max}} = \frac{1592.46}{33.33} = 47.8\ [sec] \tag{2.93}$$

- Fahrzeit von der Ausweichstelle bis Bf A:

$$T_2 = \frac{\sum t}{60} = \frac{9.8 + 47.8 + 58.1 + 24.4}{60} = \frac{140.1}{60} = 2.34\ [min] \tag{2.94}$$

- Gesamtfahrzeit von Zug 2 zwischen Bf B und Bf A:

$$T_{gesamt} = T_1 + T_2 = 1.24\ [min] + 2.34\ [min] = 3.58\ [min] \tag{2.95}$$

Abfahr- und Ankunftszeiten für Zug 2 lt. Buchfahrplan:

Abfahrt im Bf B : 10.35 Uhr

Durchfahrt durch die Ausweichstelle: 10.37 Uhr

Ankunft im Bf A: 10.40 Uhr

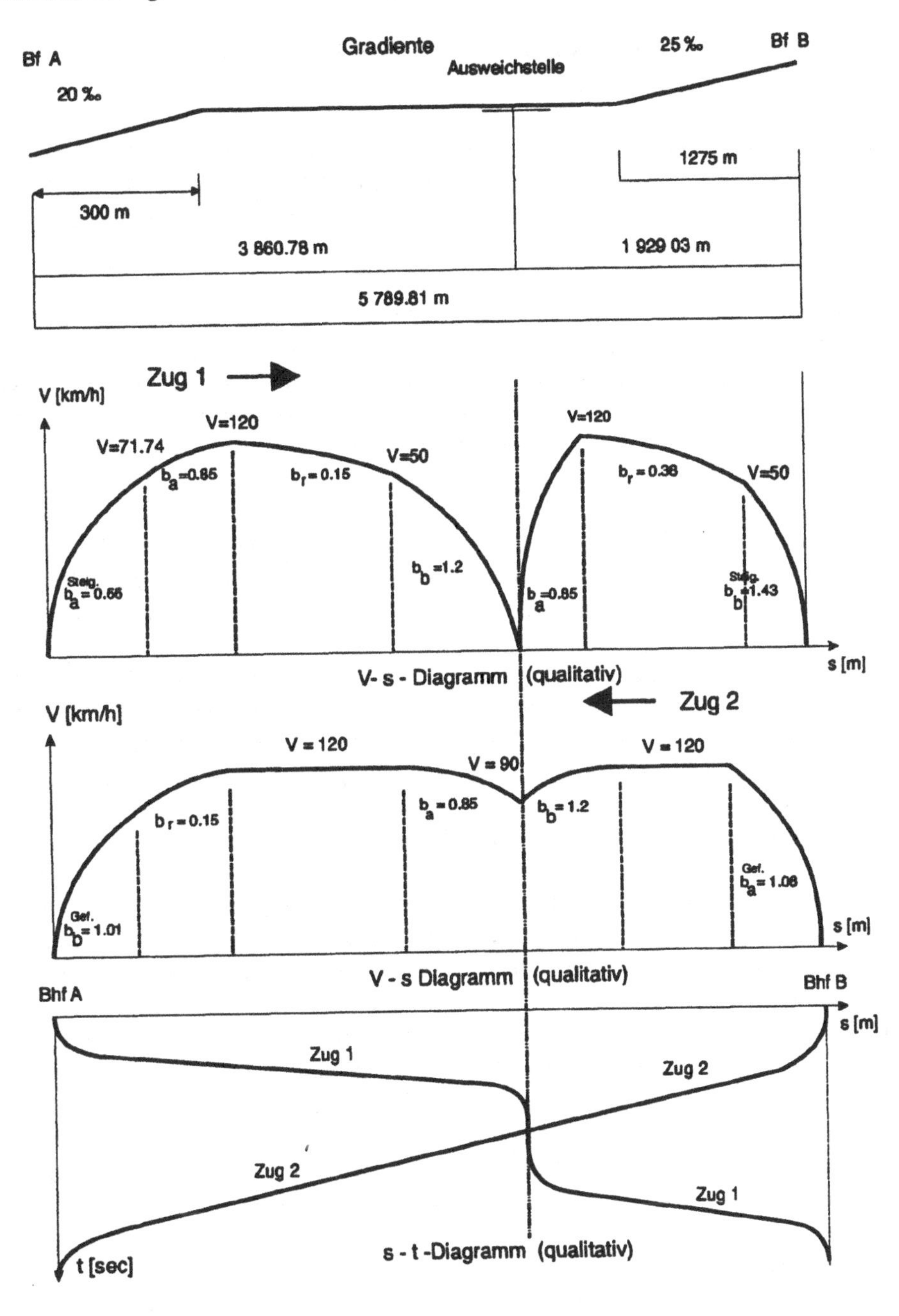

Abbildung 2.17: s-t und v-s Diagramm

2.7 Fahren im beweglichen Raumabstand (Raumblock)

Das heute eingeführte System der sicheren Abstandshaltung bei Zugfahrten mit maximalen Geschwindigkeiten bis 160 km/h ist die Zugfolge im Blockabstand. Dabei ist die Gleisstrecke durch ortsfeste Hauptsignale mit Vorsignalen, jeweils im Bremswegabstand von 1000 m Länge bei Hauptbahnen, in Zugfolgeabschnitten (Blockabstände), also in feste Raumabstände unterschiedlicher Länge (z.B. 1.0; 2.5; 6,5 km), unterteilt.

In jedem Zugfolgeabschnitt darf sich nur ein Zug befinden; zwischen zwei Zügen muss mindestens ein Halt zeigendes Hauptsignal angeordnet sein. Zusätzlich wird hinter jedem Hauptsignal ein Schutzabstand als Durchrutschweg für Züge, die nicht rechtzeitig zum Halten kommen, von in der Regel 200 m Länge vorgesehen.

Ein Hauptsignal darf nur auf Fahrt gestellt werden, wenn der Weg bis zum nächsten Halt zeigenden Hauptsignal und der daran anschließende Durchrutschweg frei von Fahrzeugen ist. Beim Haupt-Vorsignalsystem (HV-Signalsystem) erfolgt die Signalstellung des Hauptsignals im Bremswegabstand durch das Vorsignal. Jedes Vorsignal am Mast des Hauptsignals gilt für das nächste Hauptsignal. Deshalb kann der Abstand der Blocksignale als Hauptsignale nicht kürzer sein als der für die Gleisstrecke festgelegte Bremsweg.

Dieser Fahrablauf ist ein Fahren auf „Signal". Der Fahrablauf der Zukunft wird auch ein Fahren auf elektrische Sicht in einem beweglichen Raumblock sein. Das bedeutet, dass im europäischen Raum auch an Zugsicherungssystemen gearbeitet wird, die die Einführung beweglicher Raumabstände möglich machen wird.
Voraussetzungen hierfür ist ein geeignetes Zugsicherungssystem , das die Strecken- und Zugdaten der auf der Strecke befindlichen Züge verarbeiten kann und einen Fahrablauf im relativen Bremswegabstand ermöglicht. Schon heute sind bei Zugfahrten mit Fahrgeschwindigkeiten über 160 km/h bei der DB AG verschiedene punktförmige Zugbeeinflussungssysteme und das Linienzugbeeinflussungssystem (LZB) eingeführt. Die LZB ist eine Weiterentwicklung der bisherigen punktförmigen Zugbeeinflussung und gewährleistet eine kontinuierliche Überwachung der Zugfahrten mit Hilfe von Linienleiterkomponenten. Eine Erweiterung dieses Systems wird zur Funkzugbeeinflussung (FTB) führen, die im europäischen Rahmen die unterschiedlichen nationalen Zugsicherungssysteme kompensieren wird. Es wird verwiesen auf das sich in der Entwicklung befindliche „European Train Control System" (ETCS), das aus einer Kombination verschiedener Zugsicherungskomponenten bestehen wird.
Ausgangspunkt dieser Betrachtungen ist die Möglichkeit, die Leistungsfähigkeit der Gleisstrecken (insbesondere auf den Hauptabfuhrstrecken, wie z. B. Hamburg - Basel) auf ausgeprägtem Sicherheitsniveau zu erhöhen und gleichzeitig durch Standardisierung des Zugsicherungssystems in einem modulares Konzept im europäischen Raum den Wettbewerb auf der Schiene zu verbessern. Die folgenden Beispiele sind darauf abgestellt, unter der Annahme eines oben beschriebenen Zugsicherungssystems beim Fahren im Relativen Bremswegabstand (RBA) und im Falle eines notwendigen Bremsvorganges des vorausfahrenden Zuges, den erforderlichen relevanten Sicherheitsabstand des nachfolgenden Zuges zu ermitteln.

Diese Mindestabstände als relative Bremswege müssen als Ortungsgrößen und Grundparameter im Zugsicherungssystem rechnerseitig ermittelt und dem Reaktionssystem des Bremsaggregates zur Verfügung stehen.

2.8 Beispiel: Fahren im relativen Bremswegabstand $V_1 = V_2$

Zug 1 und der nachfolgende Zug 2 fahren auf der Gleisstrecke mit maximaler Geschwindigkeit $V_{max} = 100\ km/h$. Die Bremsverzögerungen beider Züge sind vorgegeben.

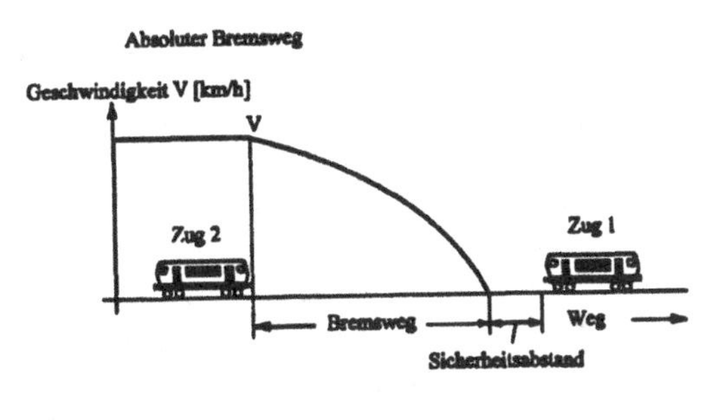

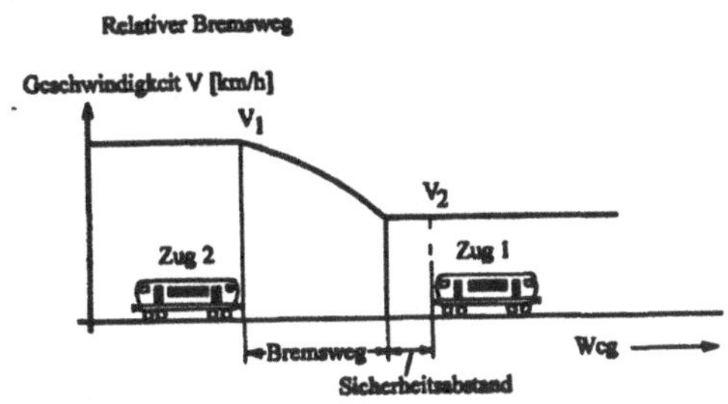

Abbildung 2.18: Absoluter Bremsweg/Relativer Bremsweg

Der relative Bremswegabstand beträgt $RBA = \frac{v_2^2}{2 \cdot b_2} - \frac{v_2^2}{2 \cdot b_1} + s = s_{b_2} - s_{b_1} + s$
mit der Schutzstrecke $s = 50\ m$

Es sind 2 Fälle zu betrachten:

Fall a1: $b_2 < b_1$

$b_1 = 1.0\ m/sec^2$ $RBA = 740.6 - 555.45 + 50 = 235.15\ m$
$b_2 = 0.75\ m/sec^2$
$s = 50\ m$

Der 2. Zug muss zum 1. Zug bei $V_{max} = 100\ km/h$ einen Mindestabstand von $RBA = 235.15\ m$ halten und den Bremsvorgang gleichzeitig mit dem 1. Zug einleiten, um nach erfolgtem Signal-Halt vor dem 1. Zug den Schutzabstand von $s = 50\ m$ einhalten zu können.
Fall a2: $b_2 > b_1$

$b_1 = 0.75\ m/sec^2$ RBA = Schutzabstand $s = 50\ m$
$b_2 = 1.0\ m/sec^2$
$s = 50\ m$

Der 2. Zug kann dem 1. Zug bei V_{max} im Abstand der Schutzstrecke s folgen, da der Bremsweg des 2. Zuges kürzer ist. (Günstiger Fall!)

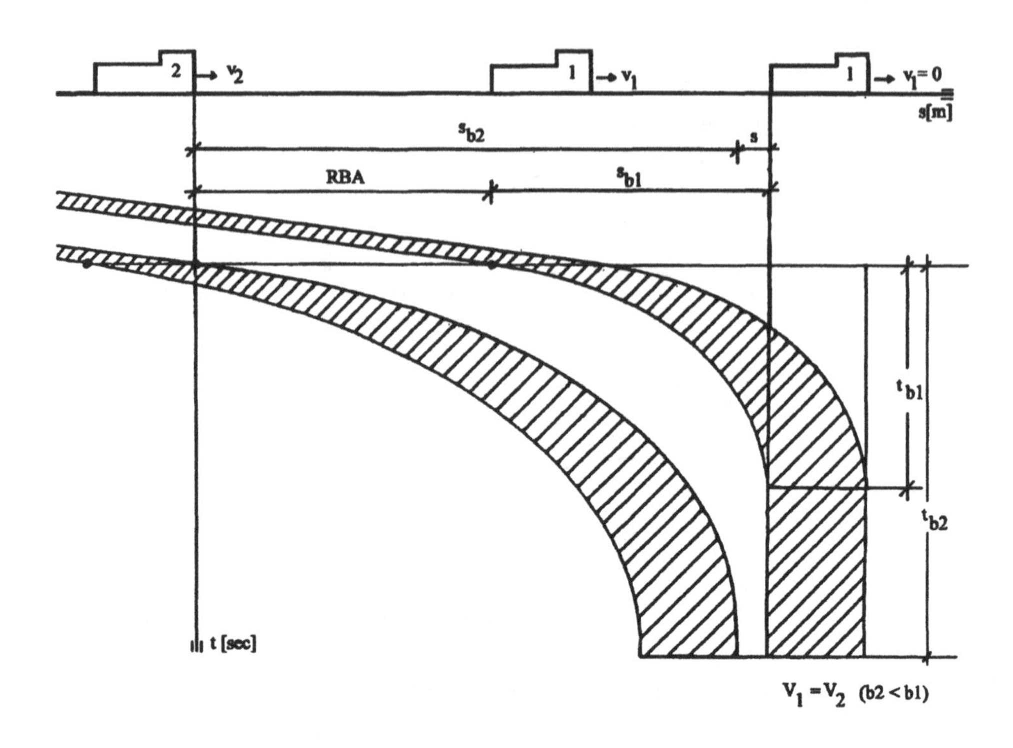

Abbildung 2.19: Relativer Bremswegabstand (RBA); Fall 1

2.9 Beispiel: Fahren im relativen Bremswegabstand $V_1 < V_2$

Bremsverzögerungswerte wie bei Aufgabenstellung a)
Fall b1: $b_2 < b_1$

$V_1 = 180\ km/h = 50\ m/sec \quad ; b_1 = 1.00\ m/sec^2$
$V_2 = 200\ km/h = 55.56\ m/sec\ ; b_2 = 0.75\ m/sec^2$

$$RBA = \frac{v_2^2}{2 \cdot b_2} - \frac{v_1^2}{2 \cdot b_1} + s = \frac{55.56^2}{2 \cdot 0.75} - \frac{50^2}{2 \cdot 1.0} + 50 = 857.94\ m \tag{2.96}$$

Der 2. Zug nähert sich dem 1. Zug zunehmend; er muss aber den Schutzabstand s einhalten. (Wie Fall a_1: $V_1 = V_2; b_2 < b_1$).

Fall b2: $b_2 > b_1$

Für diesen Fall müssen 2 Varianten untersucht werden:

Variante 1:

Der Abstand des 2. Zuges zum 1. Zug hat zu Beginn des Bremsvorganges den Abstand RBA; nach Beendigung des Bremsvorganges beträgt dieser Abstand s = 50 m (Schutzabstand). Der 2. Zug soll gleichzeitig mit dem 1. Zug zum Halten kommen. Die Folge ist, dass der 2. Zug solange wie möglich mit konstanter Geschwindigkeit V_2 fährt und dann nach einer Zeit Δt mit der maximalen Bremsverzögerung b_2 den Bremsvorgang einleitet.

BEISPIEL:

Zug 1: $V_1 = 180\ km/h = 50\ m/sec$ Zug 2: $V_2 = 200\ km/h = 55.56\ m/sec$
$b_1 = 0.75\ m/sec^2$ $b_2 = 1.0\ m/sec^2$
$l_{z1} = 162\ m$ (Zuglänge) $l_{z2} = 162\ m$

$$\Delta t = t_{b1} - t_{b2} = \frac{v_1}{b_1} - \frac{v_2}{b_2} = \tag{2.97}$$

$$= \frac{50}{0.75} - \frac{55.56}{1.0} = 11.11\ sec \tag{2.98}$$

Ansatz:

$$s_a + s_{b1} = v_2 \cdot (t_{b1} - t_{b2}) + s_{b2} + s \tag{2.99}$$

$$RBA = v_2 \cdot (t_{b1} - t_{b2}) + s_{b2} - s_{b1} + s \tag{2.100}$$

$$RBA = v_2 \cdot \Delta t + \frac{v_2^2}{2 \cdot b_2} - \frac{v_1^2}{2 \cdot b_1} + s \tag{2.101}$$

$$= 55.56 \cdot 11.11 + \frac{55.56^2}{2 \cdot 1.0} - \frac{50.0^2}{2 \cdot 0.75} + 50 = 544.00m \tag{2.102}$$

Bei laufender Einhaltung eines Sicherheitsabstandes RBA = 544.00 m kommen beide Züge sicher zum Stehen.

Variante 2:

Zug 2 läuft auf den mit konstanter Geschwindigkeit V_1 voraus fahrenden Zug 1 auf. Der Zug 2 muss dabei eine Teilbremsung einleiten, wenn er den Sicherheitsabstand RBA zum vorausfahrenden Zug erreicht hat. Anschließend fährt Zug 2 mit reduzierten Geschwindigkeit V_1 hinter dem Zug 1 her. Da Zug 2 diesen Sicherheitsabstand nicht mehr verringern darf, muss er eine etwaigen Bremsung gleichzeitig mit dem Zug 1 einleiten. Er kommt dann früher als Zug 1 zum Halten, da $b_2 > b_1$ ist.

BEISPIEL:

Betriebsdaten der Züge wie bei der Variante 1

- Bremsstrecke beim Abbremsen von V_2 auf V_1:

$$s'_{b2} = s_{b_{v2>v1}} = \frac{v_2^2 - v_1^2}{2 \cdot b_2} = \frac{55.56^2 - 50^2}{2 \cdot 1.0} = 293.46\ m \tag{2.103}$$

- Bremszeit beim Abbremsen von V_2 auf V_1

$$t'_{b2} = t_{b_{v2>v1}} = \frac{v_2 - v_1}{b_2} = \frac{55.56 - 50}{1.0} = 5.6\ sec \tag{2.104}$$

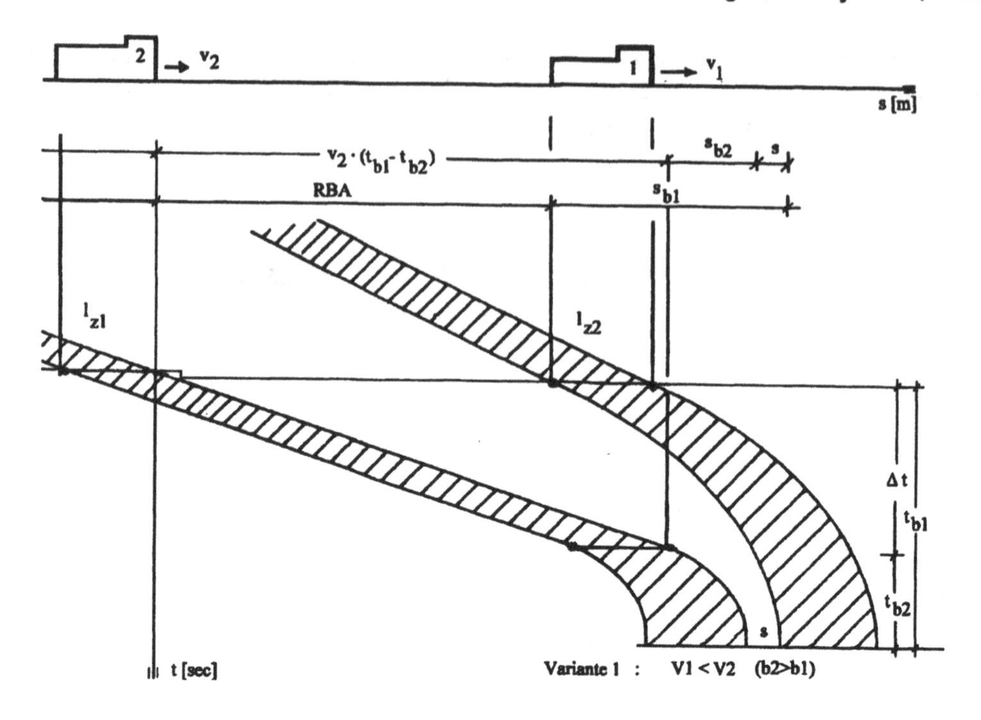

Abbildung 2.20: Relativer Bremswegabstand (RBA); Fall b_2, Variante 1

Der Weg, den Zug 1 während der Bremszeit $t_{b_{v2>v1}}$ von Zug 2 zurücklegt, ist $s = v_1 \cdot t'_{b2}$.
Ansatz:

$$RBA + v_1 \cdot t'_{b2} = s'_{b2} + s \tag{2.105}$$

$$\Rightarrow RBA = s'_{b2} - v_1 \cdot t'_{b2} + s = \frac{v_2^2 - v_1^2}{2 \cdot b_2} - v_1 \cdot (\frac{v_2 - v_1}{b_2}) + s \tag{2.106}$$

$$= \frac{(v_2 + v_1)((v_2 - v_1)}{2 \cdot b_2} - \frac{2 \cdot v_1 \cdot v_2}{2 \cdot b_2} + \frac{2 \cdot v_1^2}{2 \cdot b_2} + s \tag{2.107}$$

$$= \frac{v_2^2 - v_2 \cdot v_1 + v_1 \cdot v_2 - v_1^2 - 2 \cdot v_1 \cdot v_2 + 2 \cdot v_1^2}{2 \cdot b_2} + s \tag{2.108}$$

$$= \frac{v_2^2 - 2 \cdot v_2 \cdot v_1 + v_1^2}{2 \cdot b_2} + s \tag{2.109}$$

$$= \frac{(v_2 - v_1)^2}{2 \cdot b_2} + s \tag{2.110}$$

$$= \frac{(55.56 - 50)^2}{2 \cdot 1.0} + 50 \tag{2.111}$$

$$RBA = 65.46\ m \tag{2.112}$$

Der erforderliche Mindest-Sicherheitsabstand zwischen den beiden Zügen muss im Bremsfall RBA = 65.46 m eingehalten werden.

Der Bremsweg des Zuges 2 bis zum Halt ergibt sich aus

$$s"_{b2} = \frac{v_1^2}{2 \cdot b_2} = \frac{50^2}{2 \cdot 1.0} = 1250\ m \tag{2.113}$$

Die Bremszeit des Zuges 2 bis zum Halt ergibt sich aus

$$t"_{b2} = \frac{v_1}{b_2} = \frac{50}{1.0} = 50\ sec \tag{2.114}$$

Der Bremsweg des Zuges 1 bis zum Halt ergibt sich aus

$$s_{b1} = \frac{v_1^2}{2 \cdot b_1} = \frac{50^2}{2 \cdot 0.75} = 1666.67\ m \tag{2.115}$$

Die Bremszeit des Zuges 1 bis zum Halt ergibt sich aus

$$t_{b1} = \frac{v_1}{b_1} = \frac{50}{0.75} = 66.7\ sec \tag{2.116}$$

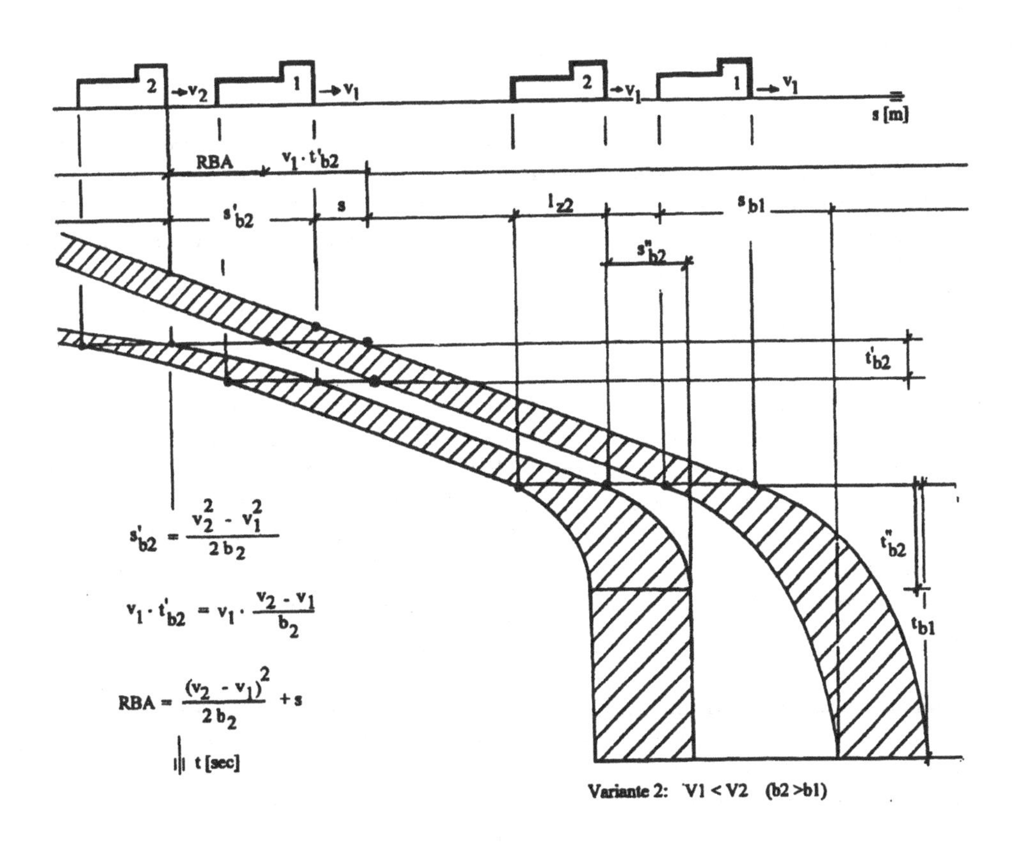

Abbildung 2.21: Relativer Bremswegabstand (RBA); Fall b_2, Variante 2

2.10 Übertragung der Antriebs- und Bremskräfte

2.10.1 Traktion, Haftreibung

Für die Bewegung von Eisenbahnfahrzeugen sind physikalische Gesetzmäßigkeiten bestimmend, die einerseits von der Art der Antriebsfahrzeuge (Antriebsart, Fahrzeugwiderstände, Bremseinrichtungen) und andererseits von der Beschaffenheit des Fahrweges (Schienenzustand, Streckenwiderstände, etc.) abhängig sind. Antriebs- und Bremskräfte müssen auf die Schiene übertragen werden.

Damit Bewegung stattfinden kann, muss am Berührpunkt zwischen Rad und Schiene ein Widerstand in entgegengesetzter Richtung hervorgerufen werden. Die vom Motor des Antriebsfahrzeuges geleistete Arbeit wird an der Berührstelle aufgezehrt, sobald Bewegung entsteht. Die Übertragung dieser Antriebsmotorleistung von Schienenfahrzeugen über die Triebräder auf die Schiene unter gleichzeitiger Transformation in Zugkräfte für die Bewegung von Zugeinheiten wird als Traktion definiert.

Für die Zugförderung wurden folgende Traktionsarten entwickelt:

Die elektrische Traktion,
die Dieseltraktion und
die Dampftraktion

Der wesentliche Vorteil der Traktion bei elektrischen Triebfahrzeugen besteht darin, dass die Motoren kurzzeitig überlastbar sind; dabei wird allerdings die Motorleistung so durch Regler begrenzt, dass die Motorerwärmung nicht zur Beschädigung von Isolation oder Metallkomponenten führt. Bei Elektrolokomotiven ist ein höherer Haftreibungsbeiwert erreichbar als bei den anderen Traktionsarten, da bei ihnen der Lauf ruhiger ist und nicht durch Motorvibration oder Treibstangenbewegungen beeinträchtigt wird. Die elektrischen Triebfahrzeuge sind deshalb heute auf den elektrifizierten Hauptabfuhrstrecken für größte Zuglasten konzipiert.

Als Verbrennungskraftmaschine hat sich zum Antrieb von Eisenbahnfahrzeugen nur der Dieselmotor in Dieseltriebfahrzeugen durchgesetzt. Dieselmotoren geben ihre volle Leistung nur bei Nenndrehzahlen ab, deshalb müssen Getriebe nachgeschaltet werden; es sind bei ihnen die mechanische, elektrische und hydraulische Kraftübertragung üblich. Insbesondere die hydraulische, aber auch die elektrische Kraftübertragung, die für mittlere und schwere Antriebe geeignet sind, haben einen zum Teil niedrigen Wirkungsgrad. Die Diesellokomotiven der DB AG besitzen, bezogen auf ihre Masse, eine relativ geringe Motorleistung. Bei den Dampflokomotiven handelt es sich um Antriebsfahrzeuge früherer Zeiten; sie werden heute nur noch für Nostalgiefahrten im Personenverkehr reaktiviert.

Die Kraftübertragung zwischen Rad und Schiene wird maßgeblich bestimmt durch das Reibungsgewicht als Gewichtskraft und die Haftreibungskraft. Beide Antriebsparametern bestimmen, welcher Anteil der erzeugten Motorleistung als nutzbare Zugkraft jeweils zur Verfügung steht. Das Reibungsgewicht ist das auf die angetriebenen Radsätze entfallende Dienstgewicht der Lokomotive bzw. das auf die angetriebenen Radsätze entfallende Gewicht des besetzten Triebwagens. Dieses Dienstgewicht ist für jedes Antriebsfahrzeug in spezifischen Fahrkraftdiagrammen festgelegt.

Die Haftreibungskraft wird beschrieben durch den Ansatz:

$$R_H = G_R \cdot \mu_H \tag{2.117}$$

R_H = Reibungskraft bzw. ausnutzbare Reibungszugkraft [kN]; G_R = auf die Triebachsen entfallende Gewichtskraft [kN]; μ_H = Haftreibungsbeiwert [dimensionslos]
Der Haftreibungsbeiwert (auch als Kraftschlussbeiwert f in tangentialer Richtung bezeichnet) wird durch folgenden Ansatz definiert:

$$\mu_H = \frac{R_H}{G_R} \tag{2.118}$$

Der Haftreibungsbeiwert μ_H ändert sich mit der Geschwindigkeit und ist außerdem abhängig vom Zustand der Schienenoberfläche (nass durch Regen, Nebel, Tau bzw. Oberflächenverunreinigung oder trocken). Im allgemeinen ist bei elektrischen Triebfahrzeugen ein höherer Haftreibungswert als bei anderen Traktionsarten erreichbar, da hier Vibrationen, Gleitvorgänge zwischen Rad und Schiene und sonstige Erschütterungen wesentlich geringer sind. Haftreibungsbeiwerte sind zurückliegend anhand von Fahrversuchen u.a. von der DB, der NTL (Japan) und der SNCF ermittelt worden.

Hinreichend genau für fahrdynamische Berechnungen sind die Ergebnisse aus Fahrversuchen mit Abhängigkeiten zwischen Haftreibungsbeiwerten und Fahrgeschwindigkeiten von Curtius-Kniffler aus den 40er Jahren, bei denen folgende empirische Formelansätze verwendet wurden:

$\mu = 0.161 + \frac{7.5}{v+44}$ für trockenen, gesandeten Schienenzustand

$\mu = 0.130 + \frac{7.5}{v+44}$ für nassen, gesandeten Schienenzustand,

dabei ist $v[m/sec]$ die Fahrgeschwindigkeit.

Der Gültigkeitsbereich ist festgelegt für eine max. Geschwindigkeit von 160 km/h und für elektrische Triebfahrzeuge.

Die Reibungsbeiwerte beim Rad-Schiene-Berührungspunkt liegen also in der Größenordnung: $\mu_H = 0.05$ bis 0.35.

Minimalwerte bei Schnee, Eis liegen bei 0.05 bis 0.1; bei nassen Schienen liegen die Regelwerte bei 0.166 bis 0.283; für Diesel- und Elt-Lokomotiven liegen sie bei 0.25 bis 0.28; bei Diesel- und Elt-Loks auf besandeten Schienen liegen die Maximalwerte bei 0.30 bis 0.35.

Dieser Haftreibungsbeiwert ist nicht zu verwechseln mit dem Beiwert der gleitenden Reibung.

Aus den niedrigen Haftreibungskoeffizienten erklärt sich u.a. das schlechte Steigungsvermögen von Schienenbahnen im Vergleich zu den Straßenfahrzeugen. Die maximale Steigung bei Gleisstrecken als Hauptbahnen der DB AG beträgt max $s = 12.5$ ‰ (1.25 %); bei Nebenbahnen max $s = 40$ ‰.

(Auf der Straße erreicht man tangentiale Kraftschlussbeiwerte von $f_1 = 0.3$ bis 0.6)

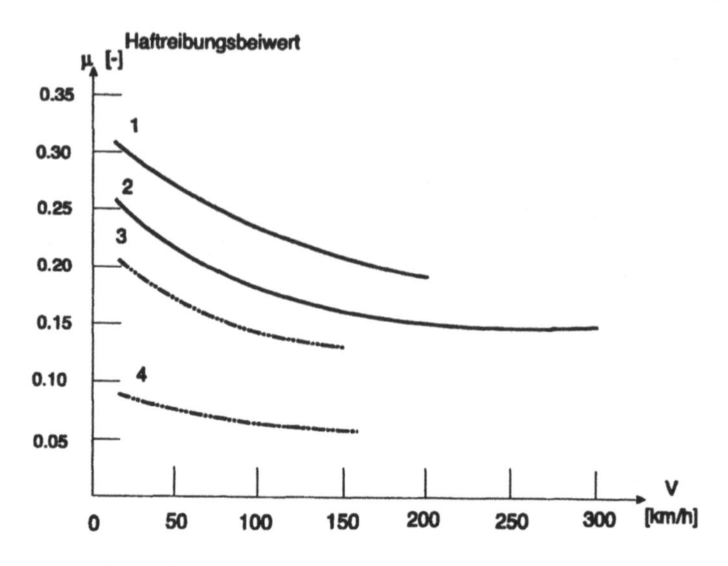

Meßwerte der Haftreibungskoeffizienten:

1) Curtius-Kniffler: $\mu = 0.161 + \frac{7.5}{V+44}$; für trocken, gesandet

2) Curtius-Kniffler: $\mu = 0.13 + \frac{7.5}{V+44}$; für naß, gesandet

3) DB ; Zustand naß, sauber

4) DB; Zustand schmierig und Laubfall, niedrigst gemessene Werte

Abbildung 2.22: Messwerte für Haftreibungskoeffizienten

Für die Berechnung der Reibungszugkraft wird nicht der an einer Achse wirklich ausgenutzter Haftreibungsbeiwert μ, sondern der mittlere Haftwert μ_{mittel} an allen Treibachsen angesetzt.

BEISPIEL:

Berechnung von Haftreibungsbeiwerten nach den Formeln von Curtius-Kniffler:

Schienenzustand: trocken und nass

	trocken	nass
$V = 40\ km/h$	$\mu = 0.297$	$\mu = 0.266$
$V = 60$ "	$\mu = 0.285$	$\mu = 0.254$
$V = 80$ "	$\mu = 0.274$	$\mu = 0.243$
$V = 120$ "	$\mu = 0.258$	$\mu = 0.227$
$V = 160$ "	$\mu = 0.246$	$\mu = 0.215$

Bei den heutigen, elektrischen Triebfahrzeugen, die mit Drehstrom betrieben werden, ergeben sich Rad-Schiene-Haftreibungskoeffizienten, die über der Curtius-Kniffler-Kurve liegen. Das bedeutet, dass hier die nutzbare Zugkraft im allgemeinen höher angesetzt werden kann.

Die Kenntnis der Haftreibungwerte ist besonders von Bedeutung für Schienenfahrzeuge in der Anfahrphase, um hier die größtmögliche Beschleunigung zu erreichen. Möglichkeiten, die Haftreibungswerte zu erhöhen, bestehen einerseits darin, die Schienen im Anfahrbereich nach altem, bewährtem Verfahren zu sanden. Andererseits besteht heute bei modernen Antriebsfahrzeugen die Möglichkeit, durch Anwendung der Leistungselektronik eine gleichmäßige und optimale Zugkraftübertragung (ohne Zugkraftsprünge) auch in der Anfahrphase zu erreichen.
Die Vielzahl von Einflussparameter auf das Zugkraftverhalten gilt es deshalb zu optimieren. Es ist jeweils unterschiedlich, ob ein Fahrzeug für kleine oder große Geschwindigkeiten ausgelegt und ob das Federsystem aus steifen Federn ohne Dämpfer, wie bei Rangierlokomotiven, aufgebaut ist. Auch die Veränderung der Getriebeübersetzung hat einen Einfluss auf die Kraftschlussausnutzung.

2.10.2 Bewegungszustände

Bei der Übertragung von Antriebs-, Lauf- und Bremskräften sind folgende Bewegungszustände zu berücksichtigen:

2.10.2.1 Rollen

Der Zustand „Rollen" tritt nur dann ein, wenn keine äußeren Kräfte auf das Rad einwirken bzw. wenn sich Aktions- und Reaktionskräfte im Gleichgewicht befinden. Die Antriebs- und Bremskräfte übersteigen nicht die Haftreibungskraft zwischen Rad und Schiene. Dieser Bewegungszustand „Das Rad rollt auf der Schiene" ist bei der Bewegung von Schienenfahrzeugen der angestrebte Normalfall.
Zwischen der Fahrgeschwindigkeit v des Triebfahrzeuges und der Winkelgeschwindigkeit ω des rollenden Rades besteht der nachfolgend dargestellte Zusammenhang;

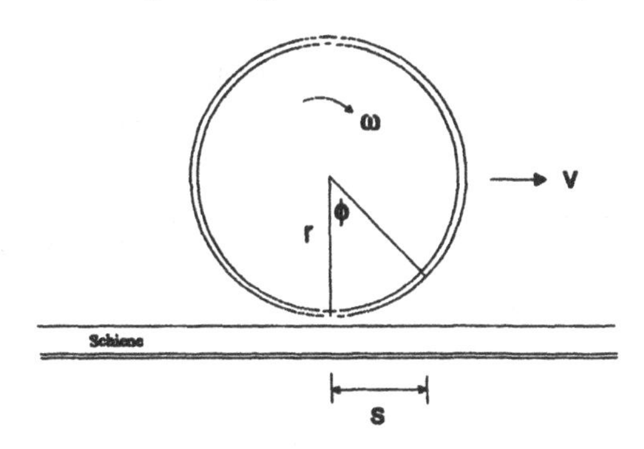

Abbildung 2.23: Rollendes Rad auf der Schiene

dabei sind v Fahrgeschwindigkeit des Triebfahrzeuges; ω Winkelgeschwindigkeit des Triebrades; r Radius des Triebrades.
Beim Rollen bleiben die Berührungspunkte zwischen Radumfang und Fahrbahn zu einander in Ruhe; sie erfahren keine gegenseitige Verschiebung.

Es ergibt sich folgender Ansatz:

1) für die Winkelgschwindigkeit

$$\omega = \frac{d\phi}{dt} \tag{2.119}$$

(hier entspricht die Winkelgeschwindigkeit dem in der Zeit zurückgelegte Winkel ϕ)

Bei konstanter Winkelgeschwindigkeit erhält man

$$\phi = \omega \cdot t \tag{2.120}$$

2) für den zurückgelegten Weg eines Radumfangspunktes mit $ds = r \cdot d\phi$ bei konstanter Winkelgeschwindigkeit

$$s = r \cdot \phi \tag{2.121}$$

Daraus folgt
$s = r \cdot \phi = r \cdot \omega \cdot t$ und weiter mit $s/t = v$ die Fahrgeschwindigkeit des Triebfahrzeuges

$$v = r \cdot \omega \tag{2.122}$$

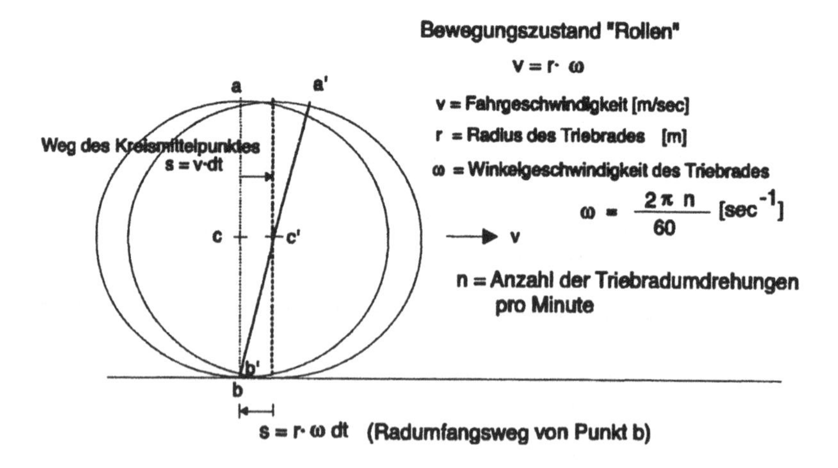

Abbildung 2.24: Bewegungszustand „Rollen"

Ein geringfügiges Abweichen beider Geschwindigkeiten voneinander führt zum Kraftschluss, der beim Beschleunigen oder Bremsen vorliegt. Im Stillstand besteht der Zustand „Haften"; das bedeutet, dass in diesem Fall die Lage beider Berührungspunkte ortsunveränderbar ist. Wird der sogenannte „Schlupf" überschritten, liegt entweder Gleiten oder Schlüpfen vor.

2.10.2.2 Gleiten

Dieser Bewegungszustand „Gleiten“ kann beim Bremsvorgang (Verzögerungsphase) auftreten, wenn der zurückgelegte Radumfangsweg kleiner als der Fahrgeschwindigkeitsweg ist. Das Triebrad dreht sich langsamer als es der Fahrgeschwindigkeit entspricht.

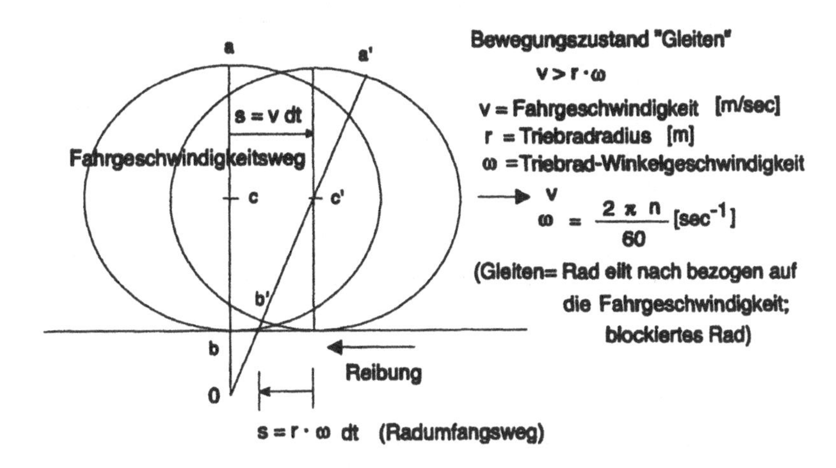

Abbildung 2.25: Bewegungszustand „Gleiten“

Das Rad eilt nach, wenn die Bremskraft größer als die Haftreibungskraft ist. Dieser Zustand tritt beim blockierten Rad auf; er wird ausgedrückt durch den Formelansatz: $v > r \cdot \omega$
Das Maß des Nacheilens, auch Gleitschlupf genannt, ist dann $\beta[\%] = \frac{v - \omega \cdot r}{v} \cdot 100$. Im Grenzfall, der beim Bremsen auftritt, ist für $r \cdot \omega = 0$ der Wert $\beta = 100\%$, das Rad ist blockiert. Der Beiwert des jetzt auftretenden Gleitwiderstandes ist μ_G.
Beim Gleiten durch Bremsen wird die Zahl der Umdrehungen abgemindert auf $u_{Gl} = \frac{l \cdot (1 - \beta/100)}{2r\pi}$; in diesem Ausdruck ist l die Fahrstrecke.

Dieser Bewegungszustand wird bei den heutigen Antriebsfahrzeugen durch entsprechende Steuerungselektronik weitgehendst verhindert.

2.10.2.3 Schlüpfen

Der Bewegungszustand „Schlüpfen“ kann beim Anfahrvorgang (Beschleunigungsphase) auftreten, wenn der Umfang des Triebrades einen größeren Weg zurücklegt als das Triebfahrzeug selbst.
Hier eilt das angetriebene Rad voraus bzw. das Rad dreht sich schneller als es der Fahrgeschwindigkeit entspricht. Die Triebkraft ist größer als die Haftreibungskraft; dieser Zustand wird ausgedrückt durch den Formelansatz: $v < r \cdot \omega$
Das Maß des Voreilens (Durchdrehschlupf) wird ausgedrückt durch die Beziehung: $\alpha[\%] = \frac{\omega \cdot r - v}{\omega \cdot r} \cdot 100$. Wenn $v = 0$ ist, liegt der Grenzfall vor: Das Rad dreht sich auf der Stelle oder mahlt, wobei $\alpha = 100\%$ ist.
Beim Schlüpfen durch den Motorantrieb wird die Zahl der Radumdrehungen vergrößert auf $u_{Schl} = \frac{l}{2r\pi(1 - \alpha/100)}$; in diesem Ausdruck ist l die Fahrstrecke.
Auch dieser Bewegungszustand wird bei den heutigen Antriebsfahrzeugen durch entsprechende Leistungs- und Steuerungselektronik weitgehendst ausgeschlossen.

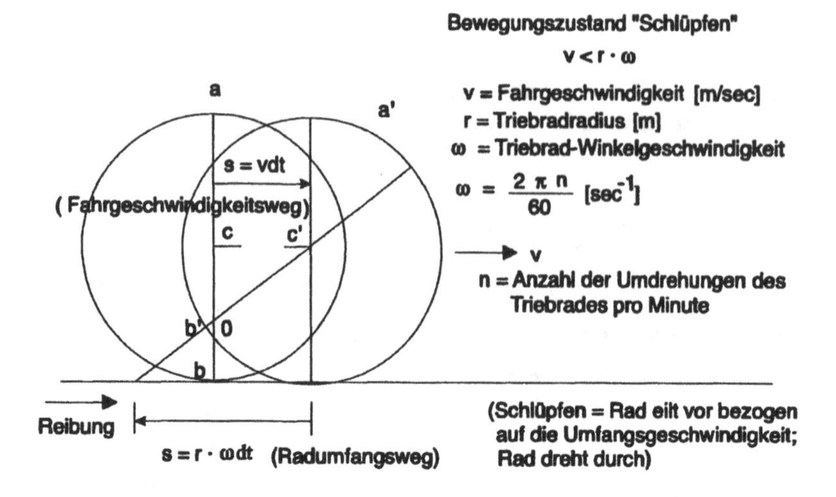

Abbildung 2.26: Bewegungszustand „Schlüpfen“

2.10.2.4 Beeinträchtigung des Kraftschlusses durch den Schlupf

Um hohe Zugkraftwerte aus der Motorleistung eines Antriebsfahrzeuges zu erzeugen, ist eine hohe Kraftschlussausnutzung erforderlich. Dieses bedeutet auch ein möglichst hohes Niveau bei der Beschleunigung zu erhalten oder aber eine möglichst hohe und konstante Geschwindigkeit beizubehalten. Die Größe der Zugkraft beim Beschleunigen oder die Bremskraft beim Verzögern ist abhängig von der Qualität der Berührung, des Schlupfes am Berührungspunkt und der Aufstandskraft. Die Qualität der Berührung ändert sich über die Strecke. Der Kraftschluss beim Rad-Schiene-System ist immer an einen Schlupf beider Berührungspunkte zueinander gebunden und erreicht bei optimaler Schlupfgröße ein Maximum.

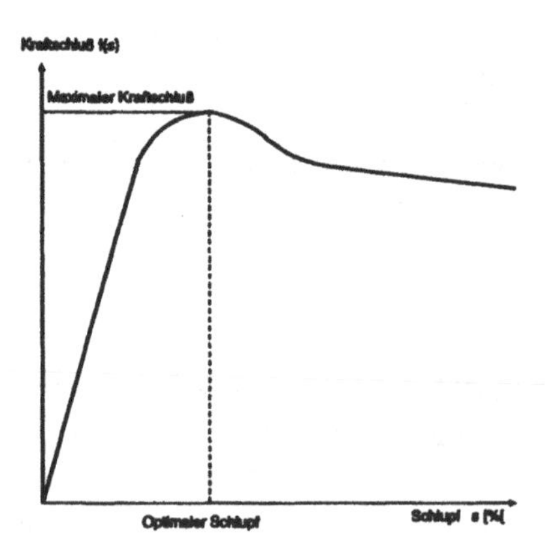

Abbildung 2.27: Kraftschluss in Abhängigkeit des Schlupfes

Bei größerem Schlupf fällt der Kraftschluss-Wert wieder ab. Aus zahlreichen Versuchen hat sich ergeben, dass das Maximum beim optimalen Schlupf von der Geschwindigkeit eines Fahrzeuges nahezu unabhängig ist. Der absolute Wert ändert sich mit der Qualität der Berührungsfläche. Der Schlupf spielt also eine maßgebende Rolle bei der Kraftübertragung. Dieser wird beeinflusst durch den Fahrzeuglauf, durch den Sinuslauf und den Anlaufwinkel des Rades, denn neben dem Längs-

schlupf ist auch ein Querschlupf zu berücksichtigen.
Die Stellung des Triebfahrzeuges und der antreibenden Achsen im Gleis ist aber auch davon abhängig, ob das Triebfahrzeug Zugkraft ausübt oder Bremskräfte aufnehmen muss. Besonders beeinflusst wird der Schlupf durch die Kurvenfahrt, denn hier tritt auch Schlupf durch Querbewegung auf. Wird in eine Kurve mit der maximal möglichen Zugkraft bei optimalen Schlupf eingefahren, verringert sich der Kraftschlussbeiwert infolge des größer werdenden Gesamtschlupfes. Um Gleiten, das heißt Abriss des Kraftschlusses, zu vermeiden, muss die Zugkraft abgesenkt werden. Das gleiche gilt beim Bremsvorgang in der Kurve. Der Schlupf wird außerdem durch die Geometrie des Fahrzeuges am Radaufstandspunkt beeinflusst, nämlich durch die Anlenkung der Achsen am Drehgestell, durch das Nicken des Drehgestells sowie durch Schwingungen des Zuges bei Ausübung von Zug- und Bremskräften. Neben der Beeinträchtigung des Schlupfs tritt auch die Radsatzlast als Störgröße auf.
Durch die Gleislage, durch das Nicken des Drehgestells, durch die Regelung der Zugkraft, durch Schwingungen der Radsätze, des Drehgestells und des Lokomotivkastens werden Radsatzlaständerungen erzeugt.

Insgesamt ist jedoch zu bemerken, dass bei der heutigen modernen Technik der elektrischen Zugförderung durch stufenlose Einzelachssteuerung bei den Antriebsfahrzeugen der durch das Reibungsgewicht vorgegebene Kraftschluss weitgehendst erhalten bleibt und damit die jeweils optimale Ausnutzung der zur Verfügung stehenden Zugkraft möglich wird.

2.11 Bewegungswiderstände

Die Bewegung von Eisenbahnfahrzeugen wird möglich, indem die nutzbaren Zugkräfte der Triebfahrzeuge so aus gelegt werden, dass die entgegenwirkenden Bewegungswiderstände im Rad/Schiene - System kompensiert werden und dabei noch ein Zugkraftüberschuss für die Beschleunigung zur Verfügung steht. Der Gesamtwiderstand bei der Fahrt einer Zugeinheit auf der Strecke besteht aus Fahrzeug- und Streckenwiderständen.

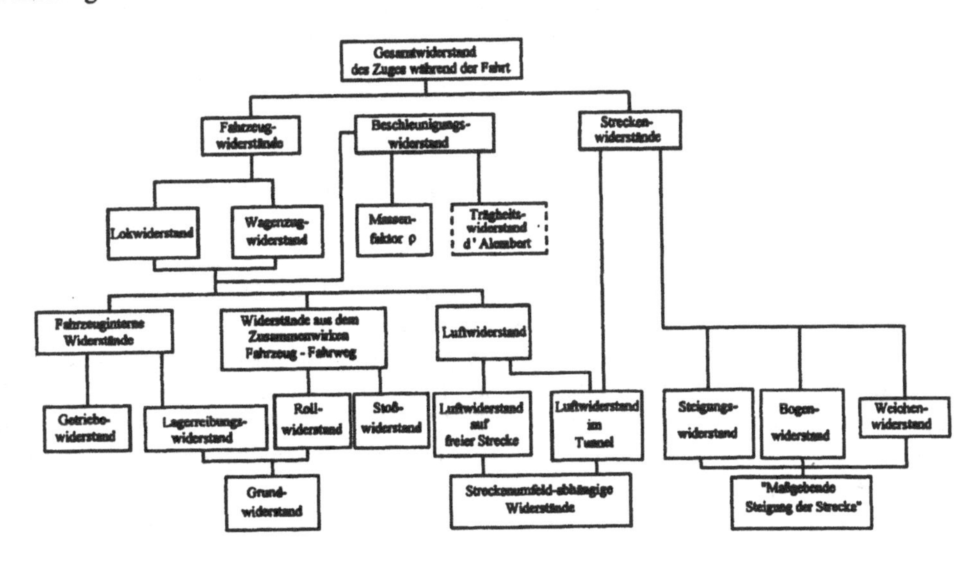

Abbildung 2.28: Widerstände beim Rad-Schiene-System

Diese Widerstände werden einerseits absolut als Kräfte W in der Dimension $[N]$ (Newton) angegeben; andererseits ist es zweckmäßig, diese Kraftgrößen als spezifische Widerstandsbeiwerte w, die auf die Gewichtskraft der Fahrzeuge bzw. Zugeinheiten bezogen und in der Dimension $[N/kN]$ oder $[‰]$ angegeben werden, auszuweisen, um damit für jede Änderung des Zuggewichtes die absoluten Widerstandsbeträge und damit die erforderlichen Zugkräfte berechnen zu können.

Der spezifische Widerstand lautet: $w = \frac{W}{G_{Zug}}[N/kN]$

Die Fahrzeugwiderstände sind definiert als Lokwiderstände und Wagenzugwiderstände ; sie wiederum setzen sich zusammen aus den fahrzeuginternen Widerständen, den Widerständen aus dem Zusammenwirken von Fahrzeug und Fahrweg und dem Luftwiderstand.

Im einzelnen sind folgende Widerstände von Bedeutung:

2.11.1 Laufwiderstand W_L $[N]$ oder w_L $[N/kN]$

Der Laufwiderstand von Eisenbahnfahrzeugen setzt sich aus unterschiedlichen Widerstandsanteilen zusammen: So muss beim Anfahren einer Zugeinheit aus dem Stand der sog. Losbrechwiderstand als Anfahrwiderstand überwunden werden. Weiterhin entstehen Widerstände aus Rollreibung, Unebenheiten der Fahrbahn und Schlingerbewegungen der Fahrzeuge. Sie sind abhängig von der Fahrgeschwindigkeit, vom Zuggewicht und von der geometrischen Gestalt der Fahrzeuge.

2.11.1.1 Lagerreibungswiderstand

Der Lagerreibungswiderstand entsteht durch Reibungswiderstände innerhalb der Achslager und Getriebeaggregate.

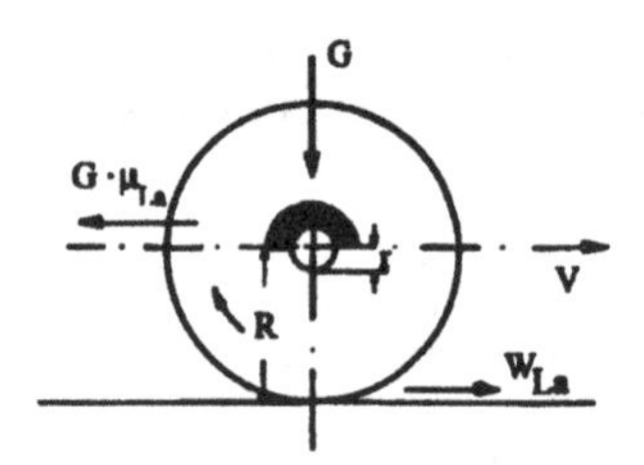

Abbildung 2.29: Widerstand aus Lagerreibung

Im einzelnen sind:
G $[N]$ Radlast; μ_{La} $[-]$ Reibungsziffer zwischen Achsschenkel und Lagerschale (bei Wälzlagern = 0.0010 bis 0.0017); die Reibungsziffer hängt ab von der Bauart des Lagers, dem Einlaufwiderstand, der Art der Schmierung und des Öls sowie der Fahrgeschwindigkeit, der Achslast und der Außentemperatur; r $[cm]$ Achsschenkelhalbmesser; R $[cm]$ Laufkreishalbmesser; W_{La} $[N]$ Widerstandskraft am Radumfang; w_{La} $[N/kN]$ spezifischer Lagerreibungswiderstand (bei Wälzlagern 0.12 bis 0.20) Der Widerstand aus Lagerreibung ergibt sich als Ansatz aus obigem Kräftegleichgewicht $W_{La} \cdot R = G \cdot r \cdot \mu_{La}$;

$$W_{La} = \frac{G \cdot r \cdot \mu_{La}}{R}[N] \tag{2.123}$$

bzw.

$$w_{La} = W_{La} \cdot 1000/G[N/kN] = \frac{r \cdot \mu_{La} \cdot 1000}{R}[N/kN] \quad (2.124)$$

Diese Widerstandsgrößen aktivieren in erster Linie den Anfahrwiderstand, auch als „Losbrechwiderstand" bezeichnet, beim Anfahren eines Schienenfahrzeuges aus dem Stand.
Hierbei ist der Haftreibungsbeiwert der Reibung in Lagern und Getriebeaggregaten höher als der Gleitreibungsbeiwert zwischen Rad und Schiene. Es ist also beim Anfahren aus dem Stand eine größere Kraft erforderlich, um diese Reibungskräfte zu überwinden als sie in Bewegung zu halten.

Der Anfahrwiderstand w_a $[N/kN]$ wird durch verschiedene Parameter, wie Reibungsvorgänge in den Lagern des Motors, des Getriebes, Zähigkeit der Lageröle und -fette, Temperatur der Achs- und Getriebelager, Lösefähigkeit der Bremsen, Stillstanddauer der Fahrzeuge, etc. beeinflusst und ist nach einer Radumdrehung überwunden. Für Wagenzüge kann er mit einem Wert $w_{AnfW} \leq 5‰$ näherungsweise angesetzt werden.
Bei Triebfahrzeugen mit Allachsantrieb ist der Anfahrwiderstand nahezu Null, da er ohne Inanspruchnahme der Rad-Schiene-Haftung überwunden wird.

2.11.1.2 Rollwiderstand

Der Rollwiderstand entsteht dadurch, dass Rad und Schiene unter der Radlast zusammengepresst werden. Beim Vorwärtsrollen des Rades wird dabei Walkarbeit geleistet.

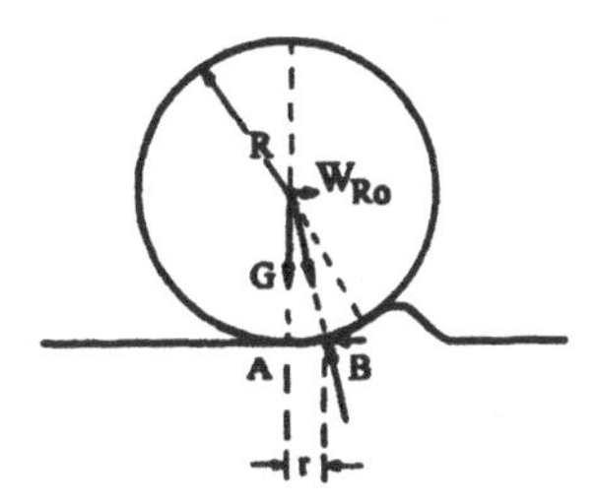

Abbildung 2.30: Rollwiderstand

Der augenblickliche Drehpunkt des Rades wird von A nach B um den sog. Arm der rollenden Reibung r (nach Coulomb) verlagert. Dadurch entsteht ein der Bewegungsrichtung entgegengesetztes Moment.

Das ergibt den Ansatz: $R \cdot W_{Ro} = G \cdot r$; $W_{Ro} = G \cdot w_{Ro}$; Der spezifische Rollwiderstand ist dann $w_{Ro} = r/R\,[N/kN]$ und abhängig von der Geschwindigkeit.

So ergibt sich zum Beispiel für $V = 60\ km/h$ und $r = 0.33\ mm$ ein w_{Ro}-Wert von $0.66\ [N/kN]$ oder für $V = 90\ km/h$ und $r = 0.48\ mm$ ein w_{Ro}-Wert von $0.96\ [N/kN]$.

2.11.1.3 Stoßwiderstand

Stosswiderstände sind Widerstandskräfte, die sich aus den Unebenheiten der Fahrbahn sowie den Eigenbewegungen der Wagen ergeben. Sie sind gegenüber den übrigen Laufwiderständen vernachlässigbar gering.

2.11.1.4 Luftwiderstand

Der Luftwiderstand ist abhängig von der Fahrzeugform, der Fahrzeugoberfläche, der Geschwindigkeit der die Fahrzeuge umströmenden Luft und dem Anblaswinkel. Er setzt sich zusammen aus dem Staudruck (vordere Stirnfläche), der Reibung zwischen Luft und Seitenflächen der Fahrzeuge, dem Staudruck an den Wagenübergängen sowie dem Sog (hintere Stirnfläche).

Allgemein gilt:

$W_{LU} = q \cdot c_w \cdot F$ [N] mit $q = \rho/2 \cdot v_{rel}$ (Staudruck);

dabei ist c_w der Formbeiwert, F $[m^2]$ die Querschnittsfläche, ρ die Dichte der Luft (1.215 kg/m^3) bei 1.013 bar, 15° C und v_{rel} die Relativgeschwindigkeit zwischen Fahrzeug und umströmender Luft [m/sec].

In langen Tunneln tritt bei hohen Geschwindigkeiten ein erhöhter Luftwiderstand auf, der von der Geschwindigkeit, der Tunnellänge, der Zuglänge, der Oberflächentextur der Tunnelwände und dem Versperrungsmaß Q_{VM} = [(Q_Z (Querschnittsfläche des Zuges)/Q_T (Querschnittsfläche)] des Tunnels abhängig ist.
Die Vergrößerung des Luftwiderstandes im Tunnel w_{LT} gegenüber dem der freien Strecke w_L läßt sich in Abhängigkeit von der Tunnellänge darstellen.

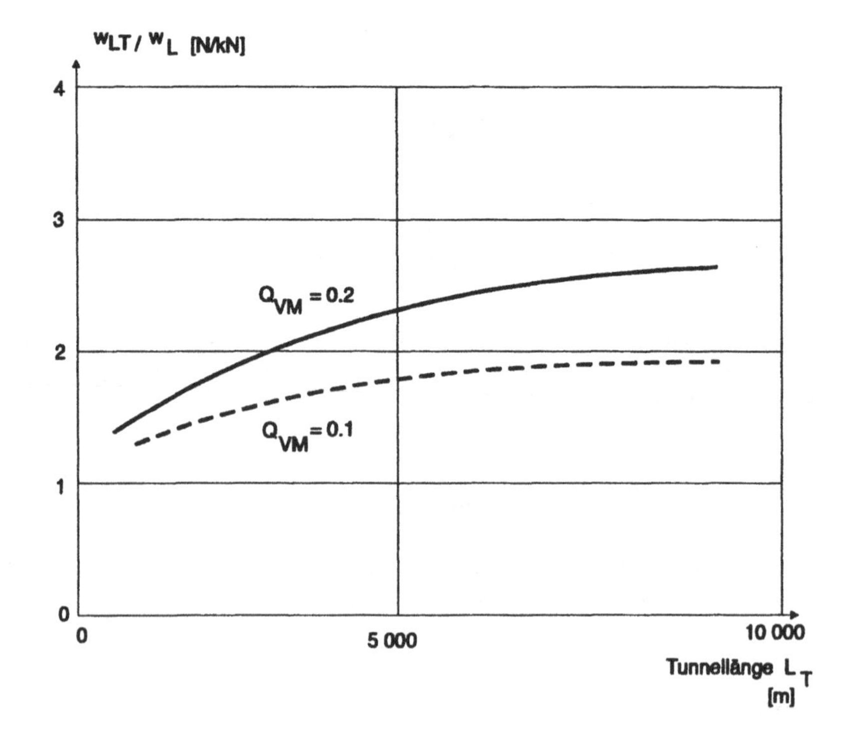

Abbildung 2.31: Vergößerung des Luftwiderstandes im Tunnel

Man kann erkennen, daß in langen Tunneln eine Erhöhung des Luftwiderstandes auf das doppelte bzw. dreifache eintreten kann. Entsprechend ist bei fahrdynamischen Berechnungen der Laufwiderstand zu erhöhen. Bei Fahrgeschwindigkeiten unter 160 km/h werden die aerodynamischen Einflüsse in Eisenbahntunneln in der Regel vernachlässigt.

BEISPIEL:
ICE in zweigleisigem NBS-Tunnel (Kreisprofil); $Q_Z = 12\ m^2$; $Q_T = 95\ m^2$; $Q_{VM} = 0.13$; Tunnellänge: 5 km. Es ergibt sich aus dem Diagramm:

$$w_{LUT} = 2.0 \cdot w_{LU} \tag{2.125}$$

Der Laufwiderstand im Tunnel ist rd. doppelt so groß wie auf der freien Strecke.

2.11.1.5 Spezifischer Laufwiderstand nach Sauthoff/Strahl

Anstelle mit den einzelnen Widerstandsanteilen des Laufwiderstandes zu rechnen, ist es zweckmäßiger, die von Strahl und Sauthoff aufgestellten, empirischen Formeln für die Ermittlung des spezifischen Laufwiderstandes w_L zu verwenden:

In dem allgemeinen Polynom 2. Grades $w_L = a_0 + a_1 \cdot v + a_2 \cdot v^2\ [N/kN]$ wurden die Koeffizienten a_0, a_1 und a_2 durch Fahrversuche bestimmt und in den folgenden Widerstandsformeln für den spezifischen Laufwiderstand verarbeitet.

- Spezifischer Laufwiderstand w_L als Wagenzugwiderstand für Personenzüge (Sauthoff):

$$w_{LWZP} = 1.9 + b \cdot V + 0.048 \cdot \frac{k \cdot (n + 2.7)}{G_{wz}} \cdot (V_r)^2 \tag{2.126}$$

Darin sind: w_{LWZP} Laufwiderstand des Wagenzuges [N/kN]; G_{wz}- Gewicht des Wagenzuges [kN]; V Fahrgeschwindigkeit [km/h]; V_r Relativgeschwindigkeit zwischen Fahrzeug und umströmender Luft [km/h]; n Anzahl der Wagen; $b = 0.0025$ und $k = 1.45$ für vierachsige Wagen neuerer Bauart; nach Strahl $V_r = (V + \Delta V)$; $\Delta V = 15 km/h$ (Gegenwind); 2.7 – Sogeinfluss des Schlusswagens; 1.45 – Äquivalentfläche [m²]; $\rho/2 \cdot 1/3.6^2 = 0.048$; ρ Dichte der Luft (1.244 kg/m³ bei 1.013 bar und 15° C

BEISPIEL:
$G_{wz} = 2943\ kN$; $V = 70\ km$ (Beharrungsgeschwindigkeit); $n = 8$ Wagen

$$w_{LWZP} = 1.9 + 0.0025 \cdot 70 + 0.048 \cdot \frac{1.45 \cdot (8 + 2.7)}{2943} \cdot (70 + 15)^2 = 3.9\ [N/kN] \tag{2.127}$$

- Spezifischer Laufwiderstand w_L als Wagenzugwiderstand für Güterzüge (Strahl):

$$w_{LWZG} = c_0 + (0.007 + m)(V/10)^2 \tag{2.128}$$

Darin sind: w_{Lwz} Laufwiderstand der Wagen [N/kN]; c_0 1.4 für Wälzlager; m 0.05 für gemischte (offene/gedeckte) Güterwagen; V Fahrgeschwindigkeit [km/h]

BEIPIEL:
$c_0 = 1.4$ für Wälzlager; $m = 0.05$ für gemischte Güterwagen; $V = 70$ $[km/h]$ Beharrungsgeschwindigkeit

$$w_{LWZG} = 1.4 + (0.007 + 0.05)(7^2) = 4.19 \; [N/kN] \tag{2.129}$$

- Spezifischer Laufwiderstand w_{LLok} für Triebfahrzeug (Lok):

$$w_{LTr} = a_0 + a_1 \cdot V + \frac{a_2}{G_{Tr}} \cdot (V/10)^2 \tag{2.130}$$

Darin sind: w_{LTr} Spezifischer Laufwiderstand des Triebfahrzeuges [N/kN]; G_{Tr} Triebfahrzeuggewicht [kN]; V Fahrgeschwindigkeit [km/h]; Für Lok-BR 103: $a_0 = 3.418$, $a_1 = 0$, $a_2 = 3.5$.
BEISPIEL:

$$w_{L(Lok103)} = 3.418 + 0 \cdot 70 + \frac{3.5}{1140}(70/10)^2 \tag{2.131}$$

$$= 3.57 \; [N/kN] \tag{2.132}$$

(2.133)

2.11.2 Streckenwiderstand W_{Str} $[N]$ oder w_{Str} $[N/kN]$

Der Streckenwiderstand kann sich aus dem Bogenwiderstand w_r, dem Neigungswiderstand w_s und dem Weichenwiderstand w_{Wei} zusammensetzen.

$$w_{Str} = w_r + w_s + w_{Wei} \; [N/kN] \tag{2.134}$$

2.11.2.1 Bogenwiderstand w_r

Die Räder von Eisenbahnfahrzeugen sitzen fest auf den Achswellen (Festräder) und die Radsätze (Rad und Achswelle) sind starr im Rahmen gelagert. Sie können sich also nicht radial einstellen. Befährt ein Eisenbahnfahrzeug einen Bogen, dann tritt zwischen Rad und Schiene gleitende Reibung auf, weil

1) die Räder verschieden lange Wege zurückzulegen haben.
Diese verhalten sich wie die entsprechenden Radien der Innen- und Außenschiene:

$$(r - e/2) : (r + e/2) \tag{2.135}$$

Hieraus entsteht ein Längsgleiten.

2) das Fahrzeug mit den starr gelagerten Radsätzen geradeaus laufen möchten, durch den Spurkranz des führenden Rades aber quer zur Fahrtrichtung (radial) abgedrängt werden. Dabei dreht sich das Fahrzeug um den sog. Reibungsmittelpunkt.
Hieraus entsteht das Quergleiten als größter Bogenwiderstandsanteil. Die Größe des Bogenwiderstandes ist abhängig von dem Bogenradius, dem Achsstand, dem Spurspiel, dem Raddurchmesser, der Lenkfähigkeit der Achsen (Konizität der Räder) und der Außentemperatur.
Ob das Eisenbahnfahrzeug bei der Fahrt durch den Bogen im Freilauf oder im Spießgang fährt, wird durch den Bogenhalbmesser, dem Achsstand und dem Spurspiel bestimmt.

Für die hinreichend genaue Berechnung des spezifischen Bogenwiderstandes werden nach wie vor empirische Formeln von Röckl in folgenden Ansätzen verwendet:

$w_r = \frac{650}{r-55}$ $[N/kN]$ für $r \geq 300m$
$w_r = \frac{500}{r-30}$ $[N/kN]$ für $r < 300m$ (r = Bogenradius [m]).

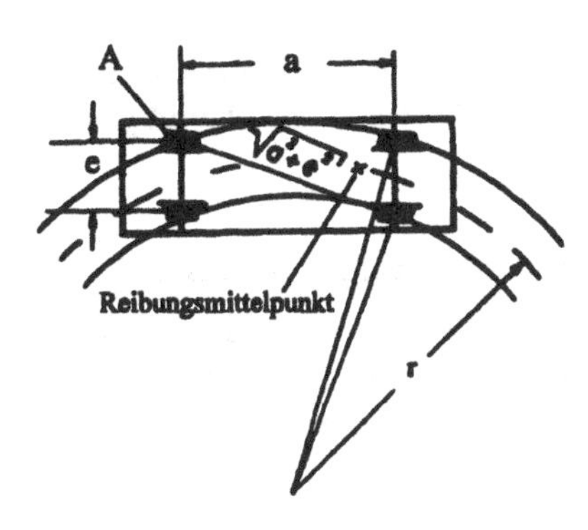

Abbildung 2.32: Längs- und Quergleitung bei der Bogenfahrt

BEISPIEL:

$r = 800\ m$

$$w_r = \frac{650}{745} = 0.87\ [N/kN] \tag{2.136}$$

Erwähnt sei hier noch der Ansatz von Protopapadakis:

$$w_r = \frac{\mu \cdot (0.72 \cdot e + 0.47 \cdot a)}{r} [N/kN] \tag{2.137}$$

Darin ist μ der Reibungskoeffizient zwischen Rad und Schiene (Gleitreibung); im Sommer $\mu = 220\ [N/kN]$, im Winter $\mu = 165\ [N/kN]$; e ist die Gleisbreite zwischen den Schienenkopfmitten, bei der Regelspurbreite von 1435 mm beträgt $e = 1.50\ m$; a ist der feste Achsabstand der Fahrzeuge bzw. Drehgestelle z.B. $a = 4.50\ m$.

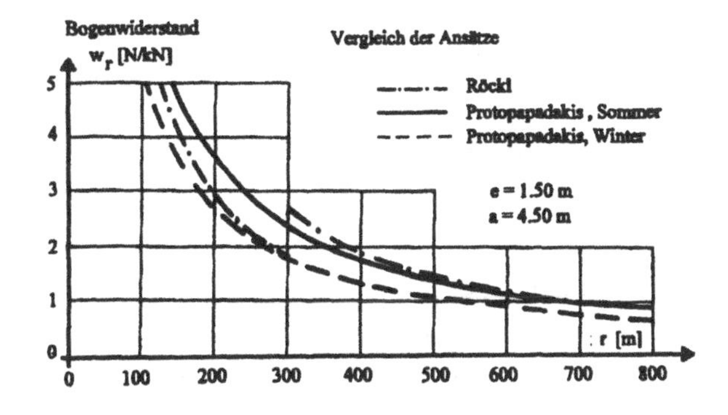

Abbildung 2.33: Vergleich der Ansätze von Röckl und Protopapadakis

BEISPIEL:

$\mu = 220\ [N/kN]$ (Sommer), $e = 1.50m$, $a = 4.50m$, $r = 800m$

$$w_r = 220 \cdot \frac{(0.72 \cdot 1.50 + 0.47 \cdot 4.50}{800} = 0.88\ [N/kN] \qquad (2.138)$$

Aus den Beispielrechnungen ist erkennbar, daß beide Rechenansätze bei der überschläglichen Ermittlung des spezifischen Bogenwiderstandes w_r annähernd gleiche Ergebnisse liefern.

2.11.2.2 Neigungswiderstand w_s (Steigungswiderstand)

In Steigungen ist die Hangabtriebskraft W_s, die sich aus der Gesamtgewichtskraft des Zuges G_Z $[kN]$ und der Steigung [‰] ergibt, zu überwinden. Im Gefälle wirkt die Schwerkraftkomponente beschleunigend; deshalb wird die Gefälleneigung mit negativem Vorzeichen versehen. Bergfahrt: $+s$; Talfahrt: $-s$

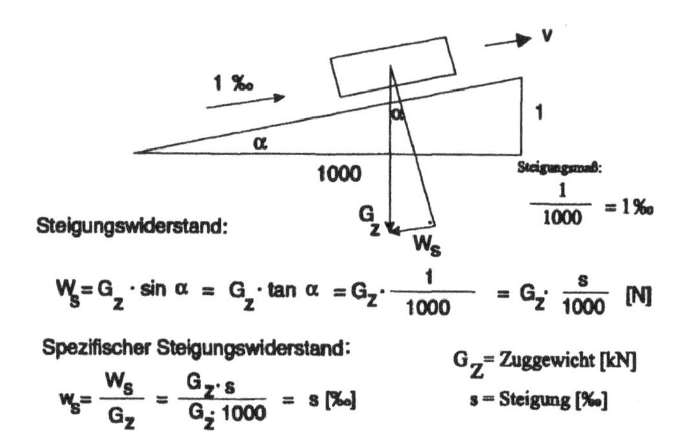

Abbildung 2.34: Steigungswiderstand

Der Steigungswiderstand ergibt sich aus $W_s = G_z \cdot \sin\alpha = Gz \cdot \tan\alpha$ (für kleine Winkel) $= G_z \cdot 1/1000 = G_z \cdot s/1000\ [N]$

Den spezifischen Steigungswiderstand erhält man aus $w_s = \frac{W_s}{G_s} = \frac{G_s \cdot s}{G_s \cdot 1000} = s[‰]$

Der spezifische Steigungswiderstand w_s $[N/kN]$ ist die Steigung s [‰] selbst.

BEISPIEL:

Zuggewicht $G_z = 3727kN$; $s = +12.5$ [‰]
Hangabtriebskraft $W_s = G_z \cdot s/1000 = 3727000 \cdot 12.5/1000 = 46587.5\ [N]$
Spezifischer Steigungswiderstand $w_s = (3727000 \cdot 12.5)/(3724 \cdot 1000) = 12.5\ [N/kN]$ oder [‰]

2.11.2.3 Weichenwiderstand w_{Wei} $[N/kN]$

Der Weichenwiderstand als spezifischer Weichenwiderstand kann mit $w_{Wei} = 0.5$ [‰] (überschläglich) angenommen werden; er ist abhängig von der Weichenbauart.

2.11.3 Beschleunigungswiderstand w_B $[N/kN]$

Neben dem Lauf- und Streckenwiderstand als wichtige Widerstandsparameter ist weiterhin bei einer Zugfahrt der Beschleunigungswiderstand , oder auch als Trägheitswiderstand bezeichnet, zu berücksichtigen.

Dieser Trägheitswiderstand entsteht aus der D'Alembert'schen Massenkraft $w_B = -m \cdot b$.

Bei einem Eisenbahnfahrzeug tritt während der Beschleunigungsphasen sowohl eine translatorische Beschleunigung des gesamten Fahrzeuges als auch eine Drehbeschleunigung der rotierenden Massen (Lager, Motorläufer, Getriebe, Radsätze) auf. Hieraus entsteht ein Beschleunigungswiderstand, der durch die nutzbare Zugkraft kompensiert werden muss.
Dieser Trägheitswiderstand tritt dann nur auf, wenn bei einer gewissen Geschwindigkeit zwischen der zur Verfügung stehenden, nutzbaren Zugkraft Z_t am Triebrad und der Summe aller Widerstände ein bestimmter Zugkraftüberschuss vorhanden ist, der durch die Veränderung der Zugkraft oder durch die Veränderung der Widerstände variiert.
Der Formelansatz für den Trägheitswiderstand (translatorische und rotierende Beschleunigung) lautet:

$$W_B = m_{Zug} \cdot b \cdot \rho = 1000 \cdot \frac{G_{Zug}}{g} \cdot b \cdot \rho \, [N] \tag{2.139}$$

Für den spezifischen Trägheitswiderstand ergibt sich dann

$$w_B[N/kN] = 1000 \cdot \frac{b}{g} \cdot \rho \, [N/kN] \tag{2.140}$$

Darin sind: $b[m/sec^2]$ Beschleunigung des Zuges (+ bei Beschleunigung, – bei Verzögerung); $\rho = 1.06$ durchschnittlicher Massenfaktor für Triebfahrzeug und Wagenzug zur Berücksichtigung umlaufender Massen [-]; g $[m/sec^2]$ Erdbeschleunigung ; G_{Zug} $[kN]$ Gewicht des Zuges.
Bei differenzierter Betrachtung des Gesamtmassenfaktors muss der Massenfaktor des Triebfahrzeuges und des Wagenzuges einzeln angesetzt werden. Der Gesamtmassenfaktor ergibt sich dann zu $\rho_{ges} = \frac{\rho_{TR} \cdot G_{TR} + \rho_{WZ} \cdot G_{WZ}}{G_{TR} + G_{WZ}}$ Darin sind: ρ_{TR} bzw. ρ_{WZ} die Massenfaktoren des Triebwagens bzw. des Wagenzuges; G_{TR} bzw. G_{WZ} die Lok- bzw. Wagenzuggewichte [kN].
Der Beschleunigungs- bzw. Trägheitswiderstand wirkt der Zugkraftüberschuss-Größe entgegen und ist deshalb stets der Beschleunigung bzw. Verzögerung entgegengerichtet.

2.11.4 Gesamtwiderstände $\sum W$ $[N]$ bzw. $\sum w$ $[N/kN]$

Bei der Zugfahrt steht also der nutzbaren Zugkraft Z_{nutz} die Summe der sich der Bewegung entgegenstellenden Widerstandskräfte gegenüber:

$$Z_{nutz} \geq \sum W \, [N] = W_L + W_r \pm W_N + W_B \tag{2.141}$$

Darin sind: Z_{nutz} $[N]$ Nutzbare Zugkraft; W_L $[N]$ Laufwiderstand ; W_r $[N]$ Bogenwiderstand; W_s $[N]$ Neigungswiderstand; W_B $[N]$ Beschleunigungswiderstand.
Der Gesamtwiderstand $\sum W[kN]$ aus dem Laufwiderstand, Streckenwiderstand und Beschleunigungswiderstand bestimmt die Dimensionierung des Leistungsdiagramms für die nutzbaren Zugkraft bei einem Eisenbahntriebfahrzeug.
Zwischen der Zugkraft des Triebfahrzeuges (Lok) am Treibradumfang Z_t und der Summe aller Bewegungswiderstände besteht folgendes Kräftegleichgewicht:

$$Z_t = G_{TR} \cdot (w_{LTR} + w_{Str} + w_{BTR}) + G_{WZ} \cdot (w_{LWZ} + w_{Str} + w_{BWZ}) \qquad (2.142)$$

Darin sind: Z_t Zugkraft am Treibradumfang [kN]; G_{TR} Gewicht des Triebfahrzeuges [kN]; w_{LTR} Spezifischer Laufwiderstand des Triebfahrzeuges [N/kN]; w_{STR}Spezifischer Streckenwiderstand [N/kN]; w_{BTR} Spezifischer Beschleunigungswiderstand des Triebfahrzeuges [N/kN]; G_{WZ} Gewicht des Wagenzuges [kN]; w_{LWZ} Spezifischer Laufwiderstand des Wagenzuges [N/kN]; w_{BWZ} Spezifischer Beschleunigungswiderstand des Wagenzuges [N/kN];

2.11.5 Empirische Fahrwiderstandsformeln

Zur überschläglichen Berechnung des Gesamtwiderstandes eines fahrenden Zuges werden vielfach auch anstelle der Benutzung einzelner spezifischer Widerstandsgrößen empirische Fahrwiderstandsformeln verwendet.

- Lokwiderstand

Ausgehend von dem allgemeine Ansatz: $W = C_1 + C_2 \cdot V + C_3 \cdot V_{rel}^2$
wurde aufgrund von Versuchsfahrten der folgende Ansatz für den Lokwiderstand festgelegt:

$$W_{Lok} = C_{Lok1} \cdot G_{Lok} + C_{Lok2} \cdot (V/10)^2 [N] \qquad (2.143)$$

Darin sind: W_{Lok} Lokwiderstand [N]; G_{Lok} Lokgewicht in [kN]; C_{Lok1} Beiwert für den Grundwiderstand (Lagerreibungswiderstand + Rollwiderstand) in $[‰]$; C_{Lok2} Luftwiderstandsbeiwert bezogen auf F, ρ und V $[km/h]$.

Beispiel:

Lok BR 103: $G_{Lok} = 1140\ kN$; $C_{Lok1} = 2.3$; $C_{Lok2} = 12.5$ für Personenzug; Beharrungsgeschwindigkeit $V = 70\ km/h$;

Als Lokwiderstand ergibt sich:

$$W_{LokBR103} = 2.3 \cdot 1140 + 12.5 \cdot (70/10)^2 = 3234.5\ [N]$$

- Wagenzugwiderstand

Für den Wagenzugwiderstand ergibt der Formelansatz nach Sauthoff:

$$W_{WZ} = G_{WZ} \cdot [1.9 + 0.0025 \cdot V + 0.048 \cdot \frac{n + 2.7}{G_{WZ}} \cdot 1.45 (V + \Delta V)^2] \qquad (2.144)$$

Darin sind: W_{WZ} Wagenzugwiderstand [N]; G_{WZ} Wagenzuggewicht [kN]; n Anzahl der Wagen; V Beharrungsgeschwindigkeit [km/h]; $\Delta V = 15\ km/h$ Gegenwind.

Beispiel:

$G_{WZ} = 2943\ kN$; $n = 8$ Wagen; $V = 70\ km/h$.

Als Wagenzugwiderstand ergibt sich:

$$W_{WZ} = 2943 \cdot [1.9 + 0.0025 \cdot 70 + 0.048 \tfrac{8+2.7}{2943} \cdot 1.45 \cdot 85^2] = 11478\ [N]$$

2.12 Zugkräfte, Z-V Diagramm

Zur Überwindung der Fahrzeug- und Streckenwiderstände ist die Zugkraft des Triebfahrzeuges erforderlich. Die mögliche Zugkraft ist begrenzt durch die mit Rücksicht auf das Reibungsgewicht des Triebfahrzeuges und den Haftreibungskoeffizienten zwischen Rad und Schiene übertragbare Zugkraft und durch die installierte Leistung des Triebfahrzeuges.
Deshalb bestimmen die auf die Triebachsen entfallenen Gewichtskräfte G des Triebfahrzeuges und der Haftreibungsbeiwert μ, welcher Anteil der erzeugten Motorkraft als nutzbare Zugkraft Z_{nutz} zur Verfügung steht. Diese nutzbare Zugkraft ist erforderlich, um bei der Zugfahrt die Summe der Bewegungswiderstände zu überwinden und um noch weitere Beschleunigungskraft zu erzeugen.

$$Z_{nutz} > \sum W \tag{2.145}$$

Man unterscheidet die nutzbare Zugkraft am Treibradumfang Z_t ($Z_{tangential}$) und die nutzbare Zugkaft am Haken Z_e ($Z_{effektiv}$).

$$Z_e = Z_t - W_{Lok}\ [kN] \tag{2.146}$$

oder

$$Z_t = Z_e + W_{Lok} \tag{2.147}$$

Die bei der Bewegung einer Zugeinheit erforderliche Zugkraft am Treibrad der Lok Z_t besteht aus einem Zugkraftanteil Z_{L+Str} zur Überwindung der Lauf- und Streckenwiderstände und einem Zugkraftanteil Z_B zur Beschleunigung des Zuges. Der allgemeine Ansatz für die aufzubringende Zugkraft $Z_t\ [kN]$ am Treibradumfang des Triebfahrzeuges, die für die Anfahrt oder Beschleunigung erforderlich ist und in Kraftgrößen ausgedrückt wird, lautet bei der Beharrungsgeschwindigkeit:

$$Z_t\ [N] = Z_{L+S} + Z_B = W_L\ [N] + W_{STR}\ [N] + W_B\ [N] \tag{2.148}$$

Darin sind:
$W_{L(Zug)}\ [N] = w_L\ [N/kN] \cdot G_{Zug}\ [kN]$ Laufwiderstand des Zuges (Triebfahrzeug + Wagenzug);
$W_{STR}\ [N] = w_{STR}\ [N/kN] \cdot G_{Zug}\ [kN]$ Streckenwiderstand (Bogenwiderstand, Weichenwiderstand, Neigungswiderstand: + Steigung, - Gefälle);
$W_B\ [N] = w_B\ [N/kN] \cdot G_{Zug}\ [kN]$ Beschleunigungswiderstand (Trägheitswiderstand) des Zuges.

Analog zur Zugkraft ist für die Bremskraft folgende Beziehung anzusetzen:

$$B_t\ [N] = B_V - B_{L+S} = m \cdot b_V - (W_L + W_{STR})\ [N] \tag{2.149}$$

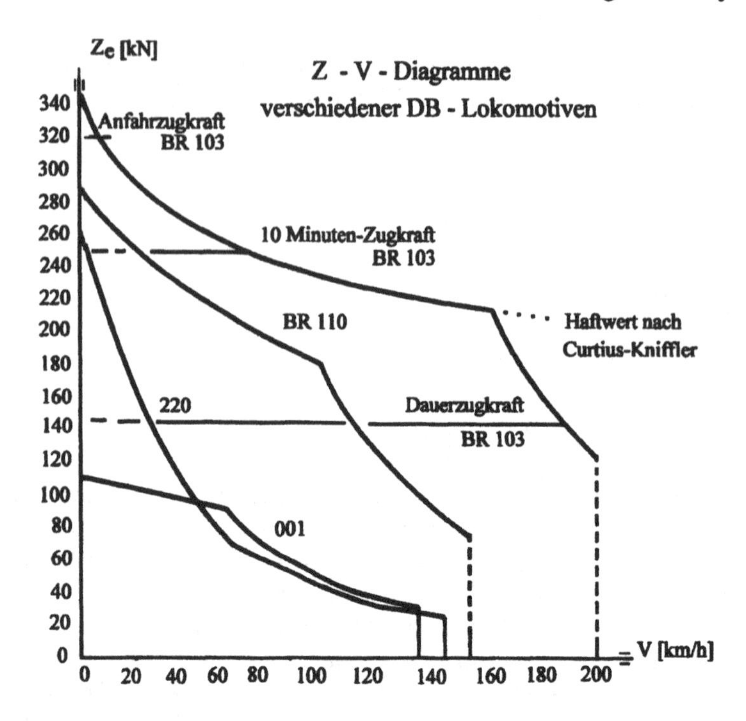

Abbildung 2.35: $Z_e - V$ – Diagramme verschiedener DB AG Lokomotiven

Darin sind: B_t $[N]$ Bremskraft des Zuges am Treibrad; B_V $[N]$ Bremskraftanteil zur Verzögerung des Zuges; B_{L+S} $[N]$ Verzögerungsanteil aus Lauf- und Streckenenwiderständen.
BEISPIEL:

Ermittlung der erforderlichen Zugkraft am Treibradumfang des Triebfahrzeuges

Eingangsdaten:
Lok BR 103; Wagenzug: 8 Wagen; $Z_e = 250$ $[kN]$ bei $V = 70$ $[km/h]$; $G_{Lok} = 1140$ $[kN]$; $G_{WZ} = 2943$ $[kN]$; spezifischer Streckenwiderstand bei einer Steigungsstrecke von 2 [‰] $w_{STR} = 2$ $[N/kN]$ oder [‰]; Fahrbeschleunigung $b = 0.5$ $[m/sec^2]$; Massenfaktor $\rho = 1.06$; spezifischer Lokwiderstand $w_{LTR} = 3.57$ $[N/kN]$

Allgemeiner Ansatz bei der Beharrungsgeschwindigkeit :

$$Z_t = W_{LTR} + W_{LWZ} + W_{STR} + W_B \; [N] \tag{2.150}$$

Zuggewicht:

$$G_{Zug} \, [kN] = G_{TR} \, [kN] + G_{WZ} \, [kN] = 1140 + 2943 = 4083 \, [kN] \tag{2.151}$$

Lokwiderstand:

$$W_{LTR} = w_{LTR} \, [N/kN] \cdot G_{TR} \, [N] = 3.57 \cdot 1140 = 4070 \, [N] \tag{2.152}$$

Wagenzugwiderstand:

$$W_{LWZ} = w_{LWZ}\,[N/kN] \cdot G_{WZ}\,[N] \tag{2.153}$$

$$= [(1.9 + 0.0025 \cdot 70 + 0.048 \frac{1.45 \cdot (8 + 2.7)}{2943} \cdot (70 + 15)^2] \cdot 2943 \tag{2.154}$$

$$= 3.9 \cdot 2943 = 11478\,[N] \tag{2.155}$$

Streckenwiderstand:

$$W_{STR} = \frac{w_{STR}}{1000}\,[N/kN] \cdot G_{Zug}\,[kN] = \frac{2}{1000} \cdot 4083 = 8166\,[N] \tag{2.156}$$

Beschleunigungswiderstand (Trägheitswiderstand):

$$w_B = 108 \cdot b = 108 \cdot 0.5 = 54\,[N/kN] \tag{2.157}$$

$$W_B = w_B \cdot G_{Zug} = 54\,[N/kN] \cdot 4083\,[kN] = 220482\,[N] \tag{2.158}$$

Erforderliche Zugkraft am Treibradumfang:

$$Z_t \geq W_{LZug} + W_{STR} + W_B \tag{2.159}$$

$$= 15548\,[N] + 8166\,[N] + 220482\,[N] = 244196\,[N] = 244.2\,[kN] \tag{2.160}$$

Mit den spezifischen Widerständen dargestellt, ergibt sich folgender Formelansatz

a) für die erforderliche Zugkraft am Treibradumfang:

$$Z_t = G_{TR} \cdot (w_{LTR} + w_{BTR}) + G_{WZ} \cdot (w_{LWZ} + w_{BWZ}) + (G_{Zug} \cdot w_{STR})\,[N] \tag{2.161}$$

b) für die erforderliche Zugkraft am Haken:

$$Z_e = G_{TR} \cdot (w_{BTR}) + G_{WZ} \cdot (w_{LWZ} + w_{BWZ}) + (G_{Zug} \cdot w_{STR}) \tag{2.162}$$

Darin sind:
Z_t $[N]$ Zugkraft am Treibradumfang; Z_e $[N]$ Effektive Zugkraft am Haken; G_{TR} $[kN]$ Gewicht des Triebfahrzeuges; w_{BTR} $[N/kN]$ Spezifischer Beschleunigungswiderstand des Triebfahrzeuges; w_{STR} $[N/kN]$ oder $[‰]$ Spezifischer Streckenwiderstand; G_{WZ} $[kN]$ Gewicht des Wagenzuges; w_{LWZ} $[N/kN]$ Spezifischer Laufwiderstand des Wagenzuges; w_{BWZ} $[N/kN]$ Spezifischer Beschleunigungswiderstand des Wagenzuges.

Ist die Zugkraft bei der Fahrt größer als die Summe der Bewegungswiderstände besteht ein Überschuss an Zugkraft und es tritt eine Beschleunigung ein; der Zug erhöht seine Fahrgeschwindigkeit. Die erzeugte Zugkraft wird nicht durch die Widerstände aufgezehrt.

Ist die Zugkraft bei der Fahrt kleiner als die Summe der Bewegungswiderstände vermindert der Zug seine Fahrgeschwindigkeit. Die verbleibende Zugkraft ist unterschüssig. Eine unterschüssige Zugkraft kann auftreten, wenn ein Zug in einen Steigungsbereich einfährt.

Den Zusammenhang zwischen Zugkraft Z_t bzw. Z_e $[kN]$ und Geschwindigkeit V $[km/h]$ stellt das Z/W-V Diagramm dar.
Ist die Zugkraft bei einer bestimmten Geschwindigkeit gleich der Summe der Widerstände, so erreicht der Zug die Beharrungsgeschwindigkeit. Diese Geschwindigkeit ist dann konstant; die Beschleunigung ist Null.

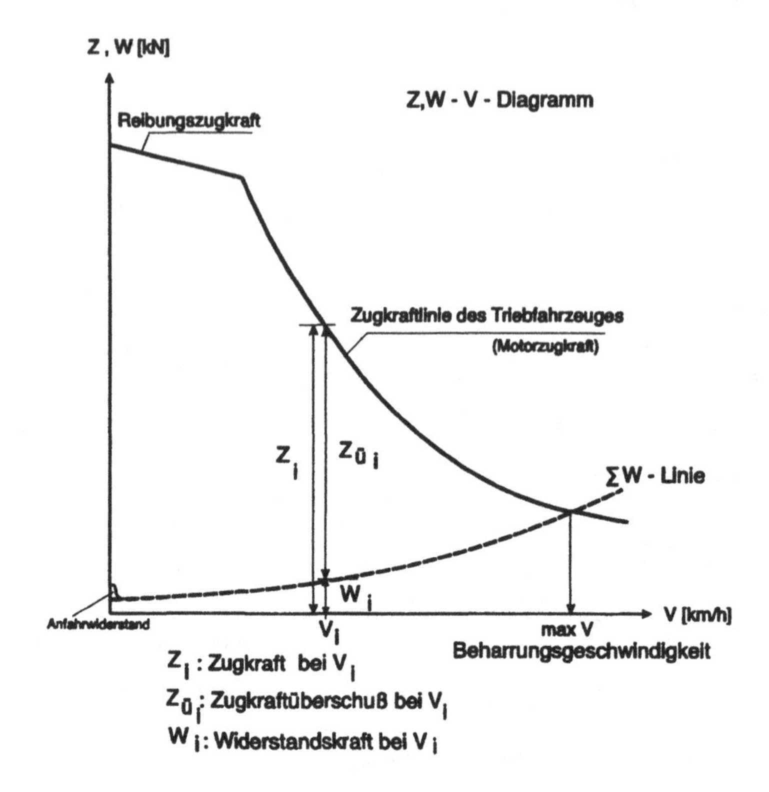

Abbildung 2.36: Z/W-V – Diagramm

Die Z-V – Diagramme werden heute hauptsächlich für die rechnergestützte Programme der Fahrzeitermittlung verwendet.

2.12.1 Zugkraftüberschuss; $Z_ü - V$ – Diagramm

Für die Beschleunigung eines Zuges muss in jeder Bewegungsphase ein Zugkraftüberschuss zur Verfügung stehen. Dieser Zugkraftüberschuss $Z_ü$ $[N]$ bei einer bestimmten Geschwindigkeit V ergibt sich, wenn beispielsweise von der Zugkraft am Haken $Z_e[N]$ die Summe der Widerstände $\sum W$ $[N]$ abgezogen wird. Außerdem ist die der Bewegung entgegen wirkende Trägheitskraft (Beschleunigungswiderstand) stets gleich oder kleiner als der Zugkraftüberschuss.

Allgemein gilt also:
$Z_ü = Z_e - \sum W$ bei einer Geschwindigkeit V

Darin sind:
Bei einer bestimmten Geschwindigkeit $Z_ü$ Zugkraftüberschuss; Z_e vorhandene Zugkraft am Haken; $\sum W$ Summe aller Widerstände.

Speziell ergibt sich aus einem $Z_t - V$ – Diagramm bei bestimmter Geschwindigkeit folgender Ansatz:

$$Z_ü = Z_t - W_{LTR} - W_{LWZ} - W_{STR} \geq W_{BZug} \tag{2.163}$$

Darin sind: $Z_ü$ Zugkraftüberschuss $[kN]$; Z_t Zugkraft am Treibradumfang $[kN]$; W_{LTR} Laufwiderstand des Triebfahrzeuges $[kN]$; W_{LWZ} Laufwiderstand des Wagenzuges $[kN]$; W_{STR} Streckenwiderstand $[kN]$; W_{BZug} Beschleunigungswiderstand $[kN]$.

Der Zusammenhang zwischen dem Zugkraftüberschuss $Z_ü$ $[kN]$ und der Geschwindigkeit V $[km/h]$ wird in einem $Z_ü - V$ - Diagramm dargestellt.

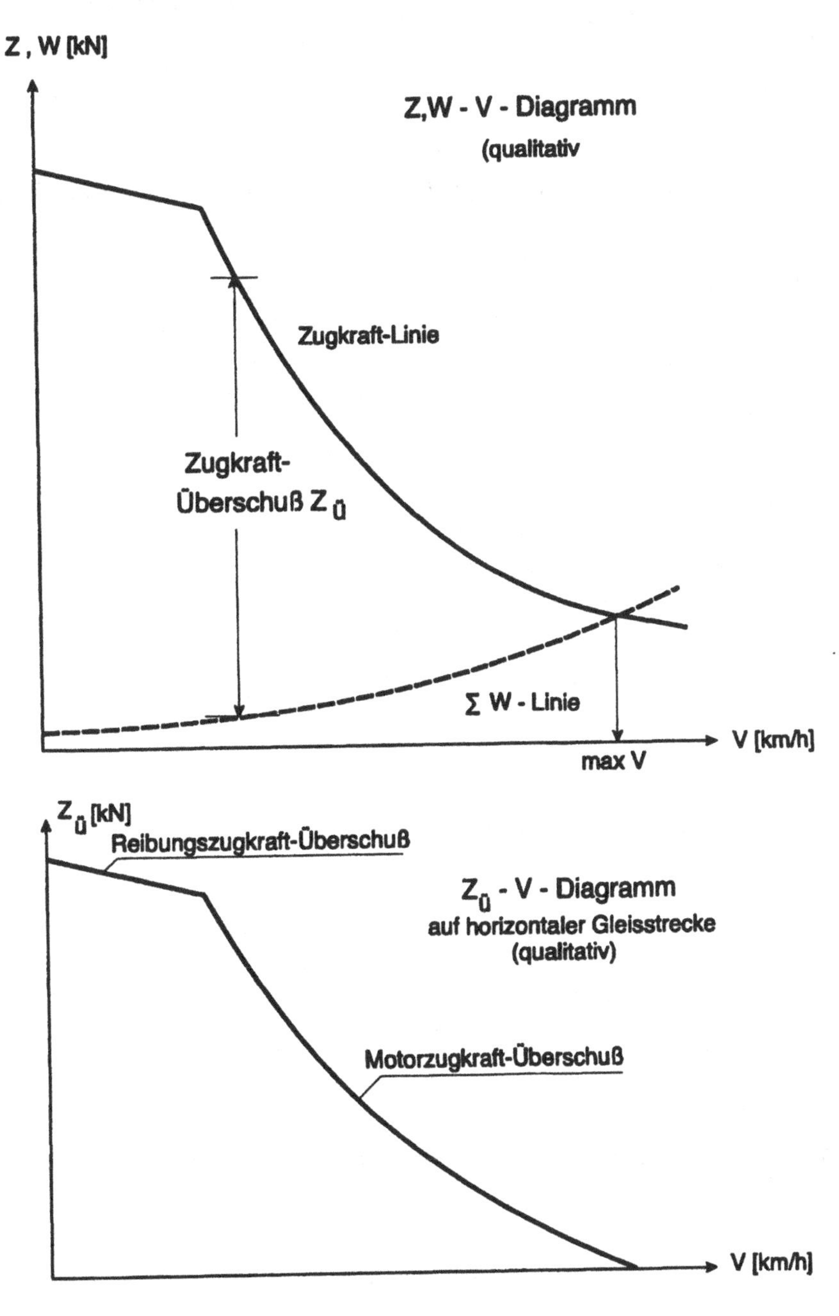

Abbildung 2.37: $Z_ü - V$ – Diagramm

Hierin findet man für einen bestimmten Zug im Beharrungszustand die Grenzkurve des Reibungskraftüberschusses sowie die Grenzkurve des Motorkraftüberschusses (Grenzlinie der erzeugten Zugkraft).

Daneben kann man für einen bestimmten Zug in diesem Diagramm den spezifischen Zugkraftüberschuss als $Z_{ü}/G_{Zug}$ $[N/kN]$ auftragen, dann zusätzlich die vorgenannten, verschiedenen Grenzkurven für unterschiedliche Anhängelasten eintragen und daraus entnehmen, welche Geschwindigkeit bei einer gegebenen maßgebenden (überwindbaren) Steigung s_{ma} $[‰]$ für unterschiedliche Lastfällen erreicht wird.

2.12.2 Beispiel: Ermittlung des Zugkraftüberschusses bei einer Zugfahrt

Eingangsdaten:
Lok BR 103; Wagenzug: 8 Wagen; $Z_e = 250$ $[kN]$ bei Beharrungsgeschwindigkeit $V = 70$ $[km/h]$; $G_{Lok} = 1140$ $[kN]$; $G_{WZ} = 2943$ $[kN]$; spezifischer Streckenwiderstand bei einer Steigungsstrecke von 2 $[‰]$: $w_{STR} = 2.0$ $[N/kN]$ oder $[‰]$; Fahrbeschleunigung $b = 0.5$ $[m/sec^2]$; Massenfaktor $\rho = 1.06$; $g/\rho = g' = 9.25$ $[m/sec^2]$ Zuggewicht G_{Zug} $[kN] = G_{TR}$ $[kN] +$ G_{WZ} $[kN] = 1140 + 2943 = 4083$ $[kN]$

$Z_t = Z_e + W_{Lok}$
$Z_e = 250000[N]$ aus $Z_e - V$ – Diagramm entnommen.
$W_{Lok} = 2.3 \cdot 1140 + 12.5 \cdot (V/10)^2\ [N] = 3234.5\ [N]$
$Z_t = 250000 + 3234.5 = 253234.5\ [N] = 253.2\ [kN]$
$W_{LTR} = w_{LTR}\ [N/kN] \cdot G_{TR}\ [N] = 3.57 \cdot 1140 = 4070\ [N]$
$W_{LWZ} = w_{LWZ}\ [N/kN] \cdot G_{WZ}\ [N] = [(1.9 + 0.0025 \cdot 70 + 0.048 \frac{1.45 \cdot (8+2.7)}{2943} \cdot (70+15)^2] \cdot 2943 =$ $3.9 \cdot 2943 = 11478\ [N]$
$W_{STR} = w_{STR}\ [N/kN] \cdot G_{Zug}\ [kN] = 2.0 \cdot 4083 = 8166\ [N]$
$w_B = \frac{b \cdot 1000}{g} = \frac{0.5 \cdot 1000}{9.25} = 54\ [N/kN]$
Beschleunigungswiderstand $W_B = w_b\ [N/kN] \cdot G_{Zug}\ [kN] = 54 \cdot 4083 = 220482\ [N] =$ $220.5\ [kN]$

Vorhandener Zugkraftüberschuss bei der Beharrungsgeschwindigkeit $V = 70\ km/h$:

$Z_{ü} = Z_t - W_{LTR} - W_{LWZ} - W_{STR} = 253234 - 4070 - 11478 - 8166 = 253234 - 23714 =$ $229520\ [N] = 229.5\ [kN] > W_B = 220.5\ [kN]$
Bei voller Ausnutzung der überschüssigen Zugkraft erfährt der Zug eine Fahrbeschleunigung b von

$$b = \frac{Z_{ü}\ [N]}{G_{Zug}}\ [kN] \cdot \frac{g}{1000 \cdot \rho} = \frac{229500}{4083} \cdot \frac{9.81}{1000 \cdot 1.06} = 0.52\ [m/sec^2] \qquad (2.164)$$

Darin sind:
$Z_{ü}$ Zugkraftüberschuss $[N]$; G_{Zug} Zuggewicht $[kN]$; $\rho = 1.06$ $[-]$ Massenfaktor des Zuges; g Erdbschleunigung $[m/sec^2]$

Es gilt folgende Gleichgewichtsbedingung zwischen Zugkraft und Summe der Widerstände im Beharrungszustand:

$$Z_t = \sum W \; ; \; Z_t - W_L - W_{STR} = 0 \; ; \; Z_t - W_L = W_{STR} \tag{2.165}$$

Der Zugkraftüberschuss $Z_{ü}$ ergibt sich dann für den Zug aus:

$$Z_{ü} = Z_t - W_L = W_{STR} = G_{Zug} \cdot w_{STR} = G_{Zug} \cdot s_{ma} \tag{2.166}$$

Der spezifische Zugkraftüberschuss läßt sich darstellen als:

$$\frac{Z_{ü}}{G_{Zug}} \, [N/kN] = s_{ma} \, [‰] \tag{2.167}$$

2.12.3 Beispiel: Ermittlung der maßgebenden Steigung

Lok BR 103; Wagenzug: 8 Wagen; $Z_e = 250 \; kN$ bei $V = 70 \; km/h$; $G_{Lok} = 1140 \; [kN]$; $G_{WZ} = 2943 \; [kN]$; ; Fahrbeschleunigung $b = 0.5 \; [m/sec^2]$; Massenfaktor $\rho = 1.06$; $g = 9.81/1.06 = 9.25 \; [m/sec^2]$; Zuggewicht $G_{Zug} \; [kN] = G_{TR} \; [kN] + G_{WZ} \; [kN] = 1140 + 2943 = 4083 \; [kN]$.

$$s_{ma} = \frac{Z_t - W_{Zug} - W_B}{G_{Zug}} = \frac{244196 - 15548 - 220482}{4083} \, [N/kN] = 2.0 \, [‰] \tag{2.168}$$

Die maßgebende Steigung einer Gleisstrecke ist die Durchschnittssteigung zwischen den beiden Bezugspunkten mit dem größten Höhenunterschied. Es wird mit dem Beharrungszustand gerechnet. Dabei ist der Bogenwiderstand mitberücksichtigt.
Bei der Planung von Gleisstrecken wird darauf geachtet, dass die Neigung der Gleistrasse so angelegt wird, damit keine „schädlichen“ Neigungen entstehen.

Eine Längsneigung wird als schädlich angesehen, wenn die Züge bei der Talfahrt bremsen müssen. Sie gilt als unschädlich, wenn die Züge im Gefälle Zugkraft aufwenden oder nur rollen. Dabei spielen die Bogenwiderstände als regulierendes Korrektiv eine wichtige Rolle.

2.12.3.1 Spezifischer Zugkraftüberschuss $Z^*_{ü}$

Wird der Zugkraftüberschuss $Z_{ü}$ eines Triebfahrzeuges bei den verschiedenen Geschwindigkeiten auf das Zuggewicht G_z bezogen, so erhält man jeweils die Werte des spezifischen Zugkraftüberschusses $Z^*_{ü}$. Diese Werte können gleichzeitig als spezifische Beschleunigungs-Größen bei der Zugfahrt gedeutet werden.
Den Zusammenhang zwischen den spezifischen Beschleunigungskräften $[N/kN]$ bzw. den spezifischen Steigungswiderständen $[‰]$ einerseits und der Geschwindigkeit $V \; [km/h]$ andererseits stellt das $Z^*_{ü}$-V – Diagramm dar. Es bezieht sich auf einen Zug mit einem bestimmtem Triebfahrzeug und einem bestimmten Wagenzuggewicht und ist eine wichtige Grundlage für die Fahrzeitermittlung.
Ausgangspunkt für die Aufstellung des $Z^*_{ü}$-V – Diagramm sind das Z-V – Diagramm und das w-V – Diagramm.
Der Ausdruck für den spezifische Zugkraftüberschuss $Z^*_{ü} \; [N/kN]$ lautet:

$$Z^*_{ü} = \frac{Z_t - \sum W}{G_{Zug}} \, [N/kN] = \frac{Z_{ü}}{G_{Zug}} \, [N/kN] \text{ oder } [‰] \tag{2.169}$$

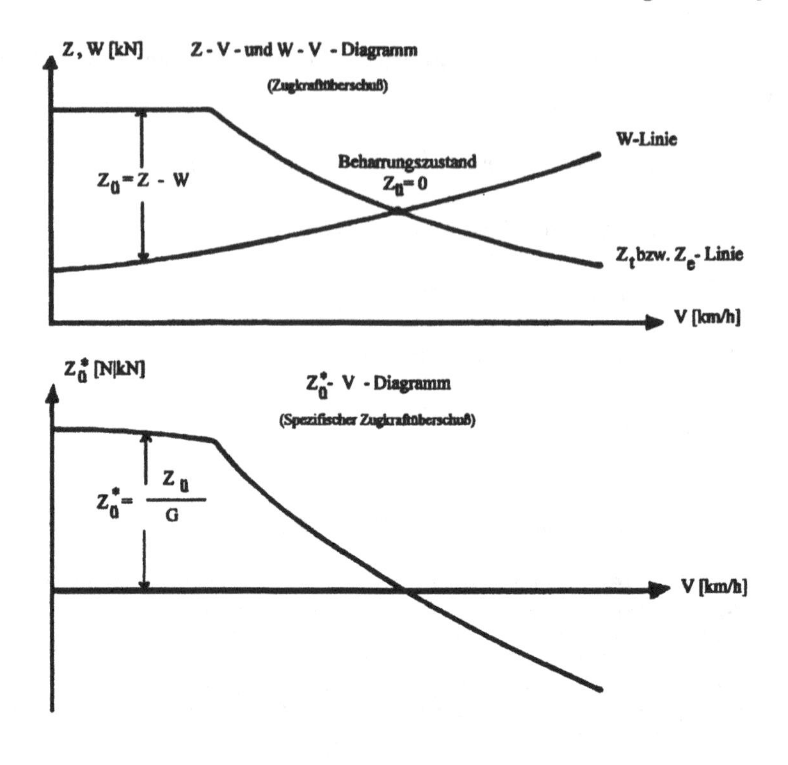

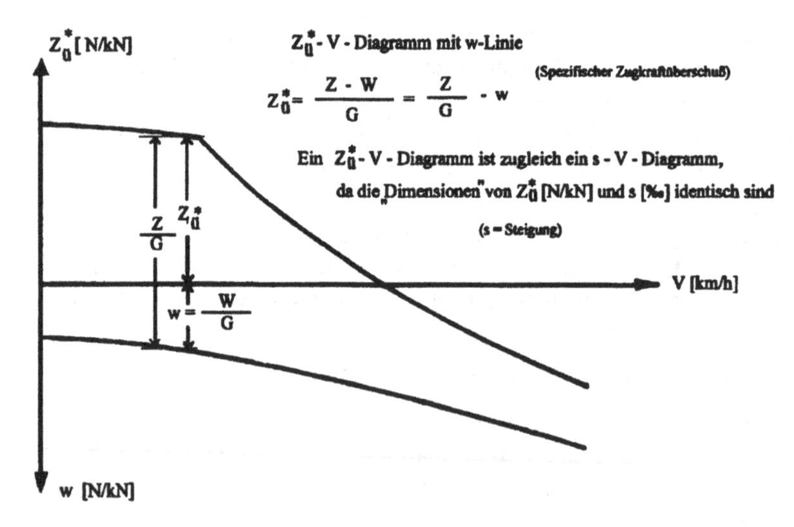

Abbildung 2.38: Z/W-V Diagramm und $Z^*_ü$-V – Diagramm

Darin sind: $Z^*_ü$ Spezifischer Zugkraftüberschuss $[N/kN]$; $Z_ü$ Zugkraftüberschuss $[N]$; $\sum W$ Summe der Bewegungswiderstandskräfte $[N]$; G_{Zug} Zuggewicht $[kN]$

Allgemeine Definition:

Trägheitskraft (Bewegungskraft) $Z_ü = K = m\,[kg] \cdot b[m/sec^2] \cdot \rho\,[N]$

Gewichtskraft (Schwerkraft) $K = m\ [kg] \cdot g\ [m/sec^2]\ [N]$

Darin sind: $Z_{ü}$ Zugkraftüberschuss $[N]$; $m\ [kg]$ Zugmasse; $b\ [m/sec^2]$ Beschleunigung des Zuges; $\rho = 1.06\ [-]$ Massenfaktor; $g\ [m/sec^2]$ Erdbeschleunigung.

Spezifischer Zugkraftüberschuss $Z^*_{ü}$, auf das Zuggewicht bezogener Überschuss in $[N/kN]$ oder $[‰]$:

$$Z^*_{ü} = \frac{Z_{ü}\ [N]}{G_{Zug}\ [kN]} = \frac{Z_{ü}\ [N]}{m\ [t] \cdot g\ [m/sec^2]}\ [‰] \tag{2.170}$$

Daraus folgt: $Z_{ü} = Z^*_{ü}\ [‰] \cdot m\ [t] \cdot g\ [m/sec^2] = m\ [kg] \cdot b\ [m/sec^2] \cdot \rho\ [-]$

Aufgelöst nach b ergibt:

$$b = Z^*_{ü}\ [‰] \cdot (\frac{m\ [t] \cdot g\ [m/sec^2]}{m\ [kg] \cdot \rho}) = Z^*_{ü}\ [‰] \cdot (\frac{m\ [kg] \cdot 1/1000 \cdot g[m/sec^2]}{m\ [kg]}) \cdot \rho \tag{2.171}$$

$$= Z^*_{ü} \cdot (\frac{10}{1000 \cdot \rho}) = Z^*_{ü} \cdot \frac{1}{100 \cdot \rho} \tag{2.172}$$

(2.173)

$$b \approx 0.01 \cdot Z^*_{ü}\ [m/sec^2] \tag{2.174}$$

Bei der Auswertung der Formelansätze muss in der Gleichung für die Gewichtskraft die Masse $m\ [kg]$ in Masse $m\ [t]$ eingesetzt werden, damit $Z^*_{ü}$ in $[N/kN]$ oder in $[‰]$ dimensionsrein bleibt.

Der spezifische Zugkraftüberschuss $Z^*_{ü}\ [N/kN]$ oder $[‰]$ kann somit als Beschleunigung oder als Steigungsfähigkeit des Zuges während der Zugfahrt interpretiert und in einem Beschleunigungs - Steigungs - Geschwindigkeits - Diagramm ausgewertet werden.

Da die Dimensionen von $Z^*_{ü}\ [N/kN]$ und $s\ [‰]$ identisch sind, ist das $Z^*_{ü}$ - Diagramm zugleich ein Steigungs - Geschwindigkeits - Diagramm.

Um die Auswertung dieser Beschleunigungs- und Steigungsparameter in dem Diagramm vollziehen zu können, müssen die zugehörigen Größen der Bewegungswiderstände als w-Linie in das Diagramm eingetragen werden.

Die Ordinaten der w-Linie werden mit Hilfe des Ansatzes $w[N/kN] = \sum w_{Zug} \pm s\ [‰] + w_{Bogen}$ ermittelt. Sie werden zweckmäßigerweise unter der V-Achse aufgetragen, so dass sich die Ordinaten für den spezifischen Zugkraftüberschuss $Z^*_{ü}$ aus dem Ausdruck $Z_{ü}*\ [N/kN] = Z_t\ [N]/G_{Zug}\ [N/kN] - w[N/kN]$ ablesen lassen.

2.12.4 Beispiel: Auswertung eines $Z^*_{ü}$/s-V – Diagramms (Beschleunigungs-Steigungs-Geschwindigkeits-Diagramm)

Zugfahrten mit einer E-Lok BR 110 und Wagenzug mit 8 Wagen auf einer Gleisstrecke mit unterschiedlichen Neigungen.

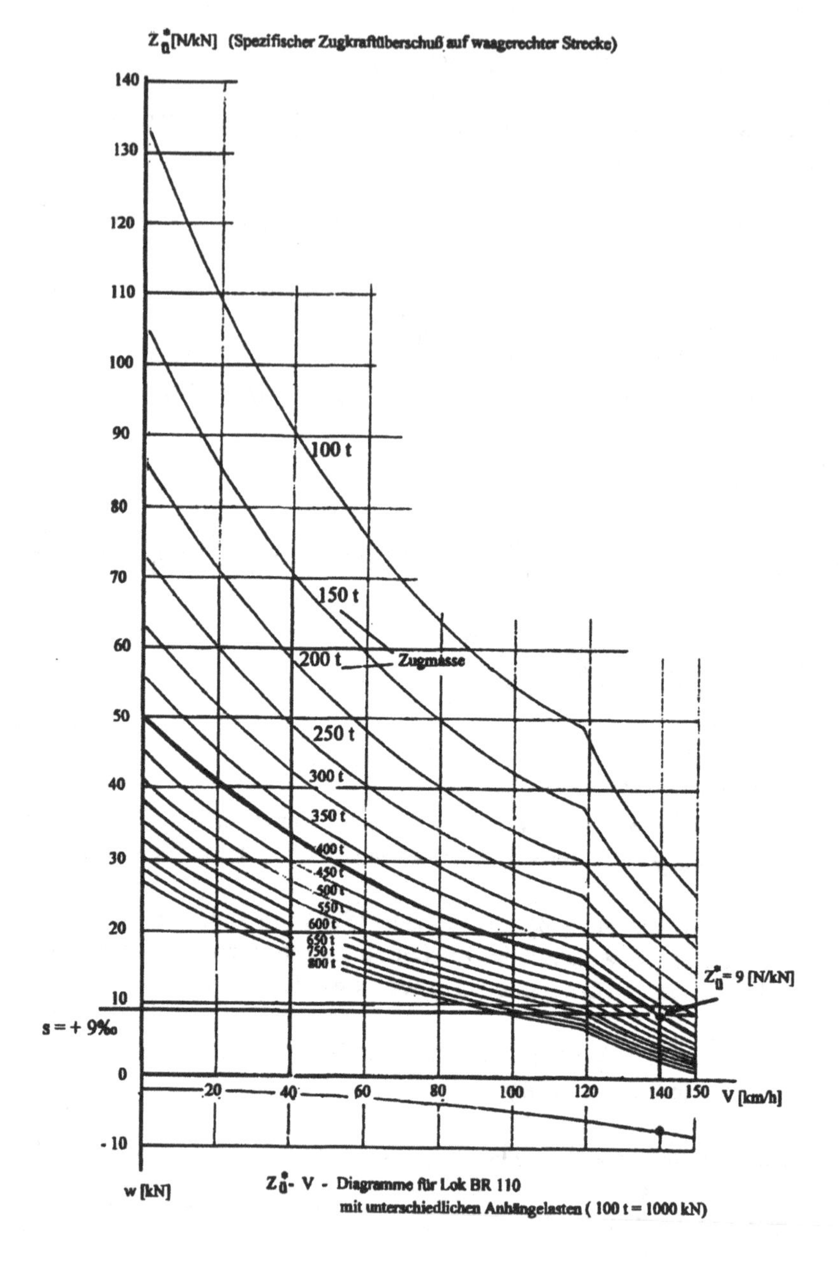

Abbildung 2.39: $Z_{ü}^{*}$/w-s-V – Diagramm für die Lok BR 110 mit verschiedenen Anhängelasten

1. Fahrt auf waagerechter, gerader Strecke (Neigung $s_1 = 0$)

Im $Z_{ü1}^{*}$ - Diagramm sind allgemein: $z_1 = Z_t/G_{Zug}$ $[N/kN]$ Zugkraftüberschuss; w_1 $[N/kN]$ Summen der spezifischen Widerstände

$$Z_{ü1}^{*}\,[N/kN] = z_1 - w_1\,[N/kN] \tag{2.175}$$

V_{1B} = Grenzgeschwindigkeit

$$Z^*_{\ddot{u}1}\ [N/kN] = 0; z_1 = w_1 \tag{2.176}$$

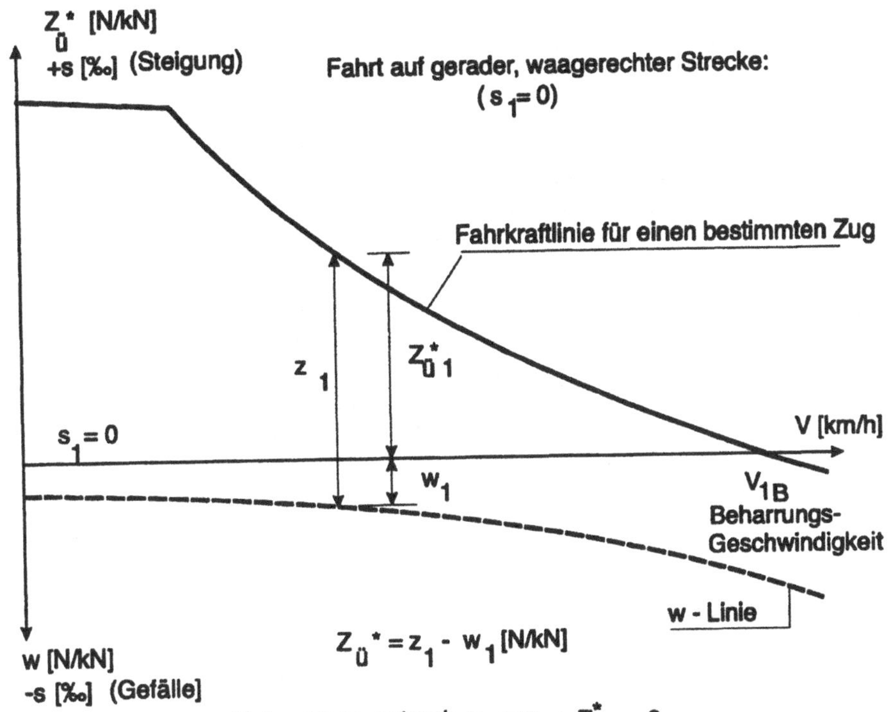

Abbildung 2.40: $Z^*_{\ddot{u}}/w - s - V$ – Diagramm

Interpretations-BEISPIEL:

Zugfahrten mit einer E-Lok BR 110 und Wagenzug mit 8 Wagen auf einer waagerechten, geraden Gleisstrecke mit unterschiedlichen Neigungen. $G_{Lok} = 860\ [kN]$; Wagenzuggewicht $G_{WZ} = 4000\ [kN]$;(Vgl. Abb. 2.39)

Mit dem Wagenzug von 4000 kN kann die Lok BR 110 bei $V = 140\ [km/h]$ auf gerader, ebener Strecke eine Beschleunigungskraft $Z^*_{\ddot{u}} = 9\ [N/kN]$ entwickeln.

2. Fahrt auf einer Strecke mit $+s_2[‰]$ Steigung.

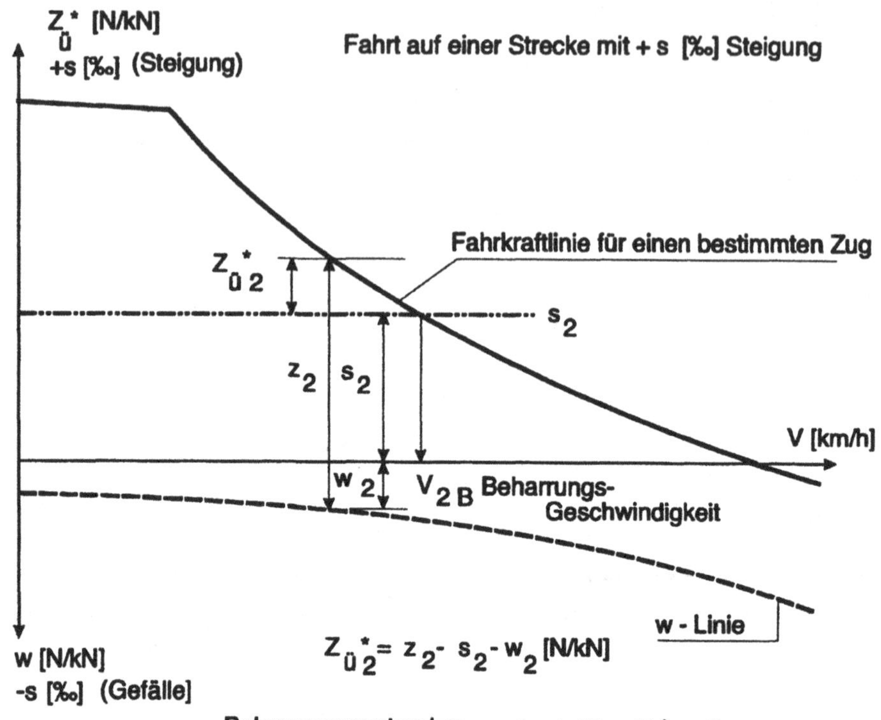

Beharrungszustand: $z_2 = s_2 + w_2$; $Z^*_{ü2} = 0$

$Z^*_ü$ = Spezifischer Zugkraft-Überschuß (Beschleunigungskräfte)
s = Steigungswiderstände bzw. Gefällekräfte
w = Widerstände des Zuges (einschl. Lok)
z = Zugkäfte

Abbildung 2.41: $Z^*_ü - w - V$ – Diagramm

Im $Z^*_{ü2}$ - Diagramm sind allgemein: $z_1 = Z_t/G_{Zug}$ $[N/kN]$ Zugkraftüberschuss; w_1 $[N/kN]$ Summen der spezifischen Widerstände; s_2 $[‰]$ Steigung

$$Z^*_{ü2}\,[N/kN] = z_2 - s_2 - w_2 \tag{2.177}$$

V_{2B} = Grenzgeschwindigkeit

Interpretations-BEISPIEL:

Zugfahrten mit E-Lok BR 110 und Wagenzug mit 8 Wagen auf einer Gleisstrecke mit 9 ‰ Steigung. (Vgl. Abb. 2.39)
$G_{Lok} = 860$ $[kN]$; Wagenzuggewicht $G_{WZ} = 4000$ $[kN]$;

Mit einem Wagenzug von 4000 kN kann die Lok BR 110 auf einer Steigungsstrecke von 9 ‰ die Geschwindigkeit von 140 km/h halten.

$$z_2 = 18 \tag{2.178}$$
$$Z^*_{ü2} = z_2 - s_2 - w_2 = 0 \tag{2.179}$$
$$z_2 = s_2 - w_2 \tag{2.180}$$
$$(z_2 = 18[N/kN]; s_2 = z_2 - w_2 = 18 - 9 = 9[N/kN]) \tag{2.181}$$
$$s_2 = 9\,[‰] \tag{2.182}$$

3. Fahrt auf einer Strecke mit s_3 [‰] Gefälle ($-s$).

Fall 3.1:
Bei abgestellter Antriebskraft wird der Zug weiter beschleunigt:

$$s_{31} > w_{31} \tag{2.183}$$

$Z^*_{ü3} = z_{31} - w_{31} - (-s_{31}) = 0 + s_{31} - w_{31}$; bei abgestellter Antriebskraft ist $z_{31} = 0$!
$Z^*_{ü3} = s_{31} - w_{31}$; Bei abgestellter Antriebskraft wird der Zug weiter beschleunigt!

V_{31} = Grenzgeschwindigkeit; hierbei ist $s_{31} = w_{31}$. Von hierab wird der Zug nicht mehr beschleunigt, die Antriebskraft mu wieder wirksam werden.

Interpretations-BEISPIEL:

$G_{Lok} = 860\ [kN]$ Lok-Gewicht der Lok BR 110; $G_{WZ} = 3000\ [kN]$ Wagenzuggewicht ($n = 8 Wagen$); $G_{Zug} = 3860\ [kN]$; -5.0[‰] Gefällestrecke; $V_B\ [km/h]$ Beharrungsgeschwindigkeit; $W_L = 3.1 \cdot G_{Lok} + 18.7 \cdot (V + \delta V)^2 \cdot 10^{-2}\ [N]$; Messwert-Faktor 3.1 nach Kalinowski; Faktor 18.7 Modellversuchswert nach Voß / Gackenholz; $W_{WZ} = G_{WZ} \cdot\ [(1.9 + 0.0025 \cdot V_B + 0.048 \cdot \frac{n+2.7}{G_{WZ} \cdot 1.45 \cdot (V + \Delta V)^2)}]\ [N]$ nach Sauthoff .

Wie groß ist die Grenzgeschwindigkeit V_{31}, bei der $s_3 = w_3$?

Iterative Lösung:

$V = 80\ [km/h]$ $\quad Z^*_{ü} = 0 + 5.0 - 4.5 = 0.5\ [N/kN]$
$V = 85\ [km/h]$ $\quad Z^*_{ü} = 0 + 5.0 - 4.7 = 0.3\ [N/kN]$
$V = 90\ [km/h]$ $\quad Z^*_{ü} = 0 + 5.0 - 5.0 = 0\ [N/kN]$
$V = 95\ [km/h]$ $\quad Z^*_{ü} = 0 + 5.0 - 5.3 = -0.3\ [N/kN]$

Die Grenzgeschwindigkeit beträgt $V_{31} = 90[km/h]$

Fall 3.2:
Bei abgestellter Antriebskraft wird der Zug verzögert.

$$s_{32} < w_{32} \tag{2.184}$$

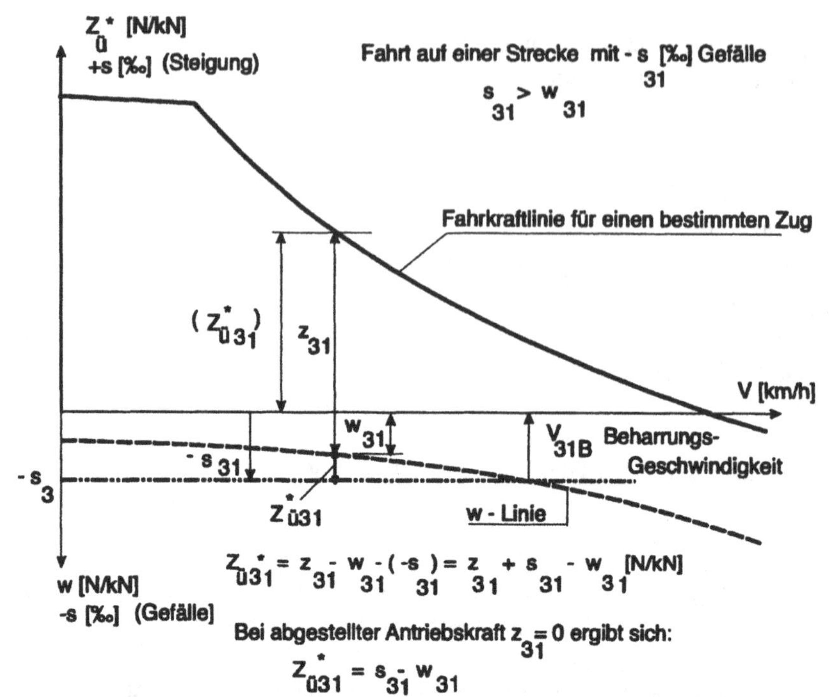

Abbildung 2.42: $Z_{\ddot{u}}^{*}$-w-V – Diagramm (Fall 3.1)

$Z_{\ddot{u}32}^{*} = z_{32} - w_{32} - (-s_{32}) = 0 - w_{32} + s_{32}$; bei abgestellter Antriebskraft ist $z_{32} = 0$!
$Z_{\ddot{u}32}^{*} = s_{32} - w_{32}\ [N/kN]$; diese Gleichung ergibt einen Minuswert. Bei abgestellter Antriebskraft wird der Zug verzögert.

V_{32} Grenzgeschwindigkeit geht mit abnehmender Geschwindigkeit gegen Null!

Interpretations-BEISPIEL:

$G_{Lok} = 860\ [kN]$ Lok-Gewicht der Lok BR 110; $G_{WZ} = 3000\ [kN]$ Wagenzuggewicht ($n = 8 Wagen$); $G_{Zug} = 3860\ [kN]$; $-3.0\ [‰]$ Gefällestrecke; $V_B\ [km/h]$ Beharrungsgeschwindigkeit; $W_L = 3.1 \cdot G_{Lok} + 18.7 \cdot (V + \Delta V)^2 \cdot 10^{-2}\ [N]$; Messwert-Faktor 3.1 nach Kalinowski; Faktor 18.7 Modellversuchswert nach Voß / Gackenholz; $W_{WZ} = G_{WZ} \cdot\ [(1.9 + 0.0025 \cdot V + 0.048 \cdot \frac{n+2.7}{G_{WZ} \cdot 1.45 \cdot (V+\Delta V)^2}]\ [N]$ nach Sauthoff.

Wie groß ist die Grenzgeschwindigkeit V_{32}?

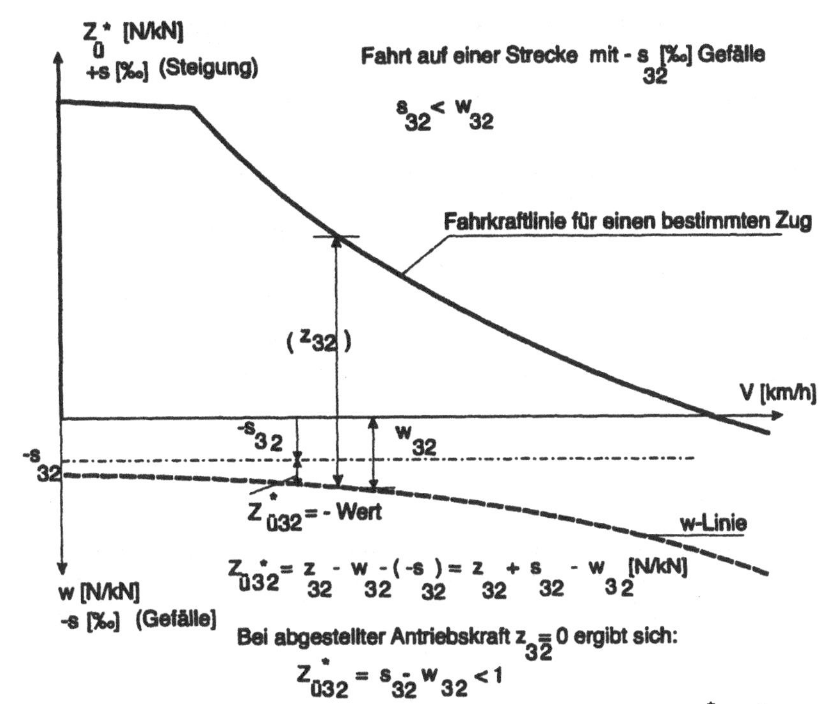

Bei abgestellter Antriebskraft wird der Zug verzögert; es entsteht für $Z^*_{ü32}$ ein negativer Wert. Die Beharrungsgeschwindigkeit V_{32B} geht mit weiterer Verzögerung gegen Null.

$Z^*_ü$ = Spezifischer Zugkraft-Überschuß (Beschleunigungskräfte)
s = Steigungswiderstände bzw. Gefällekräfte
w = Widerstände des Zuges (einschl. Lok)
z = Zugkäfte

Abbildung 2.43: $Z^*_ü - w - V$ – Diagramm (Fall 3.2)

Iterative Lösung:

$V = 85\ [km/h] \quad Z^*_ü = 0 + 3.0 - 4.7 = -1.7\ [N/kN]$
$V = 80\ [km/h] \quad Z^*_ü = 0 + 3.0 - 4.5 = -1.5\ [N/kN]$
$V = 70\ [km/h] \quad Z^*_ü = 0 + 3.0 - 4.0 = -1.0\ [N/kN]$
$V = 60\ [km/h] \quad Z^*_ü = 0 + 3.0 - 3.6 = -0.6\ [N/kN]$
$V = 50\ [km|h] \quad Z^*_ü = 0 + 3.0 - 3.3 = -0.3\ [N/kN]$
$V = 40\ [km/h] \quad Z^*_ü = 0 + 3.0 - 3.0 = 0\ [N/kN]$!

Die Grenzgeschwindigkeit V_{32} geht mit abnehmender Verzögerung gegen Null.

2.13 Anfahrzeit-Anfahrweg-Berechnungsverfahren

Die Fahrzeit erhält man aus der Integration der Bewegungsgleichungen: $b = \frac{dv}{dt} = \frac{d^2s}{dt^2}$ und $v = \frac{ds}{dt}$.

Da b eine Funktion von v mit verschiedenen Formen der Abhängigkeit ist, erweist sich eine geschlossene Integration der Gleichungen als aufwendig. Für praktische Fälle rechnet man mit konstanter Beschleunigung ($b = const.$) in geschlossener Form z.B. bei überschläglichen Leistungsfähigkeitsuntersuchungen oder mit $b = f(v)$ und schrittweiser Intergration.
Bei den Verfahren mit schrittweiser Integration sind das $\Delta - V$ Verfahren mit konstanten Geschwindigkeitsschritten $\Delta - V$ und das $\Delta - t$ Verfahren mit konstanten Zeitschritten Δt gebräuchlich, wobei heute entsprechende Rechnerprogramme zur Verfügung stehen.

2.13.1 ΔV - Verfahren

Das $Z^*_ü$-V Diagramm wird in eine Treppenkurve mit konstanten Geschwindigkeitsintervallen aufgelöst und die Anfahr-Kennwerte durch schrittweise numerische Intergration über ein Rechnerprogramm ermittelt. Maßgebend ist jeweils der mittlere Beschleunigungswert $Z^*_{üm}$ in der Mitte des $\Delta V-$ Intervalls.

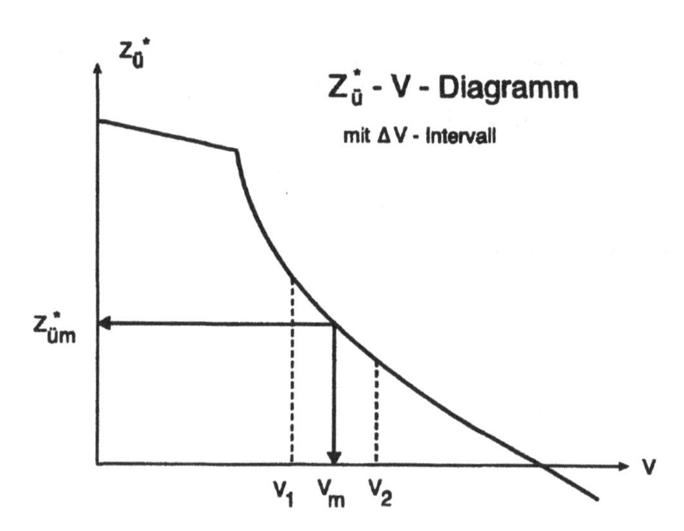

Abbildung 2.44: $Z^*_ü$-V – Diagramm mit ΔV-Intervall

Grundlage für die Berechnung sind folgende Formelansätze:

Beschleunigung $b = \frac{dv}{dt}$; mit $dt = \frac{ds}{v}$ wird $b = v \cdot \frac{dv}{ds}$

Anfahrstrecke s:
Wegstrecke $s = \int \frac{v}{b} \cdot dv$, $s_{12} = \int_{v_1}^{v_2} \frac{v}{b} \cdot dv = \frac{v_2^2 - v_1^2}{2 \cdot b}$

Mit $v = \frac{V}{3.6}$ und $b = \frac{Z^*_ü \cdot g}{1000 \cdot \rho}$ ergibt sich $s_{12} = \frac{3.94 \cdot \rho (V_2^2 - V_1^2)}{Z^*_{üm}}$.

Mit $\rho = 1.06$ als Mittelwert der Züge wird

$$s_{12} = \frac{4.17 \cdot (V_2^2 - V_1^2)}{Z^*_{\text{üm}}} \tag{2.185}$$

Darin sind V_1, V_2 $[km/h]$ Geschwindigkeiten ; $Z^*_{\text{üm}}$ $[N/kN]$ mittlerer Zugkraftüberschuss bzw. mittlere Beschleunigung $b_m/0.01$ $[m/sec^2]$; $\rho = 1.06$ Massenfaktor. Die gesamte Strecke ergibt sich aus $s = \sum_{s_i}^{s_{i+1}}$

Anfahrzeit t:

$b = \frac{dv}{dt}; dt = 1/b \cdot dv; t = \int 1/b\, dv; t_{12} = \int_{v_1}^{v_2} 1/b\, dv = \frac{v_2 - v_1}{b}.$

Mit $v = \frac{V}{3.6}$ und $b = \frac{Z^*_{\text{ü}} \cdot g}{1000 \cdot \rho}$ ergibt sich

$$t_{12} = \frac{28.3 \cdot \rho \cdot (V_2 - V_1)}{Z^*_{\text{üm}}} \tag{2.186}$$

Mit $T = t/60$ ergibt sich

$$T_{12} = \frac{0.472 \cdot \rho \cdot (V_2 - V_1)}{Z^*_{\text{üm}}} \tag{2.187}$$

Mit $\rho = 1.06$ ergibt sich schließlich

$$T_{12} = \frac{0.50 \cdot (V_2 - V_1)}{Z^*_{\text{üm}}} \; [min] \tag{2.188}$$

Die gesamte Fahrzeit ergibt sich aus $\sum_{T_i}^{i+1}$ $[min]$. Die erreichte Fahrgeschwindigkeit errechnet sich aus $V = \sum(V_{i+1} - V_i)$ $[km/h] = \sum \Delta V$.

BEISPIEL:

Auf welcher Anfahrstrecke und in welcher Zeit erreicht ein Interregio mit einer Lok BR 110 und 2000 kN Anhängelast auf einer 5 Promille steigenden, geraden Strecke die Geschwindigkeit von $V = 140$ $[km/h]$?

Die $Z^*_{\text{üm}}$ - Werte wurden aus dem $Z^*_{\text{ü}}$-V Diagramm für die Lok BR 110 mit einer Zuglast von 2000 kN entnommen. Der Massenfaktor ρ beträgt 1.06 [-])

ΔV-Intervall $[km/h]$	V_m $[km/h]$	$Z^*_{\text{üm}}$ $[N/kN]$	Δs $[m]$	$\sum s$ $[m]$	ΔT $[min]$
0 - 20	10	78.3 - 5 = 73.3	22.7	22.7	0.14
20 - 40	30	64.3 - 5 = 59.3	84.4	107.1	0.17
40 - 60	50	52.7 - 5 = 47.7	174.8	281.9	0.21
60 - 80	70	43.8 - 5 = 38.8	300.9	582.8	0.26
80 - 100	90	37.6 - 5 = 32.6	460.5	1043.3	0.31
100 - 120	110	32.1 - 5 = 27.1	677.0	1720.3	0.37
120 - 140	130	23.5 - 5 = 18.5	1172.1	2892.4	0.54
0 - 140				$\sum s = 2892.4$	$\sum T = 2.00$

Die Anfahrstrecke beträgt $s = 2.89$ $[km]$ und wurde in einer Anfahrzeit von $T = 2$ $[min]$ überwunden.

2.13.2 Beispiel: Ermittlung der Anfahrstrecke und Anfahrzeit für einen Güterzug (Schwerlast) nach dem ΔV - Verfahren

Ein Güterzug mit einem Wagenzuggewicht $GWZ = 12000$ $[kN]$ (Schwerlast) soll eine Strecke, die durch nachfolgende Streckenwiderstände charakterisiert ist, befahren.

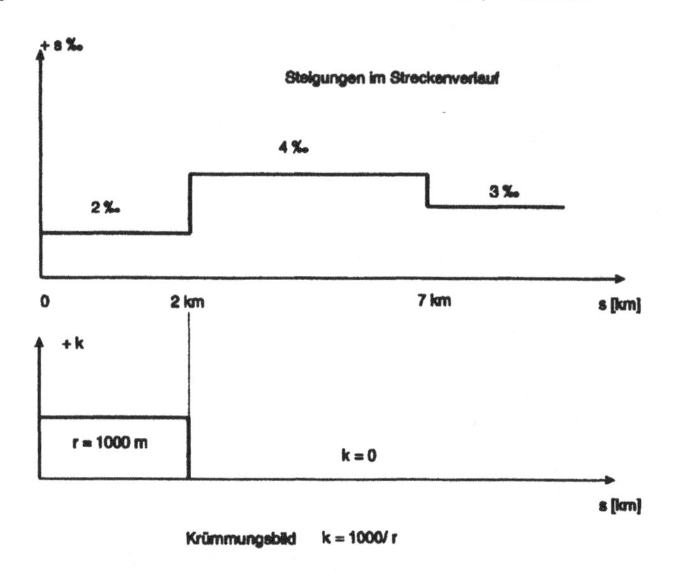

Abbildung 2.45: Streckenwiderstände

Es stehen Lokomotiven der Baureihe 151 (Schwere Güterzuglok) mit einem Lokgewicht $G_{Lok} = 1180$ $[kN]$ (Wirkungsgrad der E-Lok $\eta = 0.825$) zur Verfügung.

Es ist der Lokwiderstand nach dem Ansatz $W_L = 2.3 \cdot G_L + 20.4 \cdot (V + \Delta V)^2 \cdot 10^{-2}$ $[N]$ nach Glück/Boden

und der Wagenzugwiderstand nach dem Ansatz $W_{WZ} = G_{WZ}[2.2 - \frac{80}{V+38} + (0.007 + m) \cdot (V + \delta V)^2 \cdot 10^{-2}]$ $[N]$ für Güterzüge nach Strahl zu ermitteln.

Darin sind: $G_L = 1180$ $[kN]$ Lokgewicht; $G_{WZ} = 12000$ $[kN]$ Wagenzuggewicht; $G_{Zug} = 13180$ $[kN]$; $m = 0.1$ Güterzüge bestehend aus offenen Wagen; V $[km/h]$ Fahrgeschwindigkeit; $\Delta V 15$ $[km/h]$ Gegenwind; $w_R = \frac{650}{r-55}$ $[N/kN] = \frac{650}{1000-55} = 0.69$ $[N/kN]$ Bogenwiderstand; $s = 2$ $[‰]$ Steigung auf 2 km.
Fragestellung:

Nach welcher Anfahrstrecke und in welcher Anfahrzeit kann der Zug von 0 auf 90 km/h beschleunigt werden?

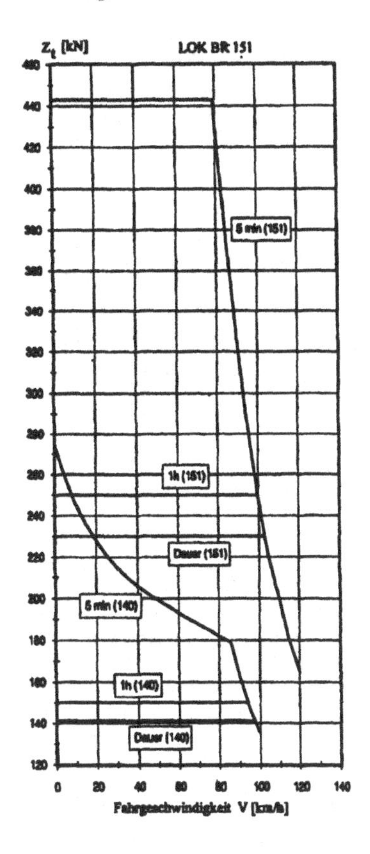

Abbildung 2.46: $Z_t - V$ – Diagramm der Lok BR 151

a) Zunächst wird überprüft, ob eine Lok für die Zugfahrt ausreichend ist. Sollte dieser Fall nicht eintreten, sind die Z_t- und G_L-Werte für 2 Antriebsfahrzeuge der Einfachheit halber linear zu erhöhen. Bei der Zugkraft ist der Wirkungsgrad der Lok BR 151 zu berücksichtigen.

Zur Abschätzung ist zunächst für die verwendete Lok der spezifische Zugkraftüberschuss $Z^*_{ü}$ für $V = 90\ [km/h]$ zu ermitteln.
$Z_t(90) = 230000\ [N]$ lt. Z_t-V Diagramm (Dauerzugkraft).

$$Z^*_{ü}(90) = \frac{Z_t - W_L - W_{WZ}}{G_{Zug}} - s - w_R\ [N/kN] \tag{2.189}$$

$$W_L = 2.3 \cdot 1180 + 20.4 \cdot (90+15)^2 \cdot 10^{-2}\ [N] = 4963\ [N] \tag{2.190}$$

$$W_{WZ} = 12000[2.2 - \frac{80}{90+38} + (0.007 + 0.1) \cdot (90+15)^2 \cdot 10^{-2}]\ [N] = 163200\ [N] \tag{2.191}$$

$$Z^*_{ü}(90)(\text{effektiv}) = \frac{230000 - 4963 - 163200}{13180} - 2.0 - 0.69 = 4.69 - 2.69 = 2.0\ [N/kN] \tag{2.192}$$

Der hieraus resultierende und erwartete Beschleunigungswert $b_{90} = 0.01 \cdot Z^*_{ü90}$ (effektiv) $= 0.01 \cdot 2 = 0.02\ [m/sec^2]$ ist zu gering, deshalb müssen 2 Lokomotiven eingesetzt werden.

b) Ermittlung der $Z^*_{\ddot{u}m}$-Werte für Fahrgeschwindigkeiten zwischen 0 und 90 km/h.
Die maßgebenden, mittleren Geschwindigkeiten für die Auswertung im Δ-V Verfahren sind 15 km/h, 45 km/h und 75 km/h. $G_{2Loks} = 2360\ [kN]$; $G_{Zug} = 14360\ [kN]$;
$Z^*_{\ddot{u}m}$-Werte:

$V_m\ [km/h]$	15	45	75
W_L	5612	6162	7080 [N]
W_{WZ}	19920	61080	121920 [N]
$Z_t(0.825 \cdot 460000)$	380000	380000	380000 [N]
$Z_e = Z_t - W_L$	374388	373838	372920 [N]
$Z_{\ddot{u}}*$	24.7	21.8	17.5 [N/kN]

Anwendung des ΔV - Verfahrens

ΔV $[km/h]$	V_m $[km/h]$	$Z_{\ddot{u}}*$mittel $[N/kN]$	$Z_{\ddot{u}}*$effektiv $[N/kN]$	Δs $[m]$	$\sum s$ $[m]$	ΔT $[min]$	$\sum T$ $[min]$
0 - 30	15	24.7	24.7-2.0-0.7=22.0	171	171	0.52	0.52
30 - 60	45	21.8	21.8-2.0-0.7=19.1	589	760	0.61	1.13
60 - 90	75	17.5	17.5-2.0-0.7=14.8	1268	2028	0.74	1.87

Die Anfahrstrecke, um die Geschwindigkeit $V = 90\ km/h$ zu erreichen, beträgt 2028 m; diese Strecke wird nach einer Anfahrzeit von 1.87 min erreicht.

c) Es ist der bei der Geschwindigkeit von $V = 90\ km/h$ noch zur Verfügung stehende Beschleunigungswert b_{90} zu ermitteln.

$$W_L(90) = 2.3 \cdot G_L + 20.4 \cdot (V + \Delta V)^2 \cdot 10^{-2} \tag{2.193}$$

$$= 2.3 \cdot 2360 + 20.4 \cdot (90 + 15)^2 \cdot 10^{-2} = 7677\ [N] \tag{2.194}$$

$$Z^*_{\ddot{u}90} = \frac{380000 - 7677 - 163200}{14360} = 14.6\ [N/kN] \tag{2.195}$$

$$Z^*_{\ddot{u}90}\ (\text{effektiv}) = 14.6 - 4.0 - 0 = 10.6\ [N/kN] \tag{2.196}$$

Der Beschleunigungswert bei $V = 90\ [km/h]$ beträgt $b_{90} = 0.01 \cdot 10.6 = 0.11\ [m/sec^2]$

2.13.3 Δt - Verfahren

Auch dieses Verfahren mit konstanten Zeitschritten ist eine Berechnungsart mit schrittweiser Integration. Die Intervallgrößen ΔV ergeben sich erst im Verlauf der Rechnung, deshalb müssen bei der Auswertung des spezifischen Zugkraftüberschuss-Diagramms die Beschleunigungswerte der Intervallgrenzen verwendet werden. Heute wird dieses Verfahren zur Fahrzeitermittlung, ebenso wie das ΔV - Verfahren, mit geeigneter Software angewendet.

Grundlage für die Rechnung sind folgende Formelansätze:

Es wird mit $b = const.$ im Δt-Intervall und dem sich aus der Berechnung ergebenden $\Delta - V$ Intervall gerechnet.

Es wird zunächst der Geschwindigkeitsschritt betrachtet: $b = \frac{dv}{dt}$; $dv = b \cdot dt$; $v_{12} = \int_{t_1}^{t_2} b \cdot dt$; mit $b = \frac{Z_{\ddot{u}}^{*} \cdot g}{1000 \cdot \rho}$ ergibt sich $\Delta v = \frac{Z_{\ddot{u}}^{*} \cdot 9.81}{1000 \rho} \cdot (t_2 - t_1)\ [m/sec]$. Mit $V = 3.6 \cdot v$ und $\rho = 1.06$ (Massenfaktor als Mittelwert der Züge) ergibt sich

$$\Delta V = V_{12} = Z_{\ddot{u}}^{*} \cdot 0.0333 \cdot (t_2 - t_1)\ [km/h] \tag{2.197}$$

Die erreichte Fahrgeschwindigkeit ergibt sich dann zu $V = \sum_{V_i}^{i+1} = \sum \Delta V\ [km/h]$

Als Wegschritt ergibt sich aus $v = \frac{ds}{dt}$; $ds = v \cdot dt$; $s_{12} = \int_{t_1}^{t2} v \cdot dt$; $\delta s = s_{12} = v_m \cdot (t_2 - t_1)$, $\Delta s = \frac{V_m}{3.6} \cdot t_2 - t_1 [m]$.
Die gesamte Strecke ist dann $s = \sum_i^{i+1}\ [m]$.

2.13.4 Beispiel: Ermittlung der Anfahrstrecke und Anfahrzeit für eine Zugfahrt mit einer Lok BR 103 nach dem Δt - Verfahren

Auf welcher Anfahrstreckenlänge und in welcher Zeit erreicht ein Zug mit einem Triebfahrzeug der BR 103 und 2944 kN Anhängelast auf einer mit $s = +3\ [‰]$ steigenden, geraden Strecke die Geschwindigkeit von $V = 120\ km/h$?

Ausgangsdaten:
$G_L = 1045\ [kN]$; $G_{Wg} = 368\ [kN]$; Anzahl der Wagen: 8; $G_{WZ} = 2944\ [kN]$; $G_{Zug} = 3989\ [kN]$; Steigung der Strecke: $w_{STR} = s = +3.0\ [‰]$; Zeitintervall: 10 [sec]
Die Z_e-Werte sind aus einem Fahrdiagramm vorgegeben.

Anfangsgeschwindigkeit: $V = 0$

$Z_e = 350\ [kN]$;

$$W_{WZ} = G_{WZ} \cdot [1.9 + 0.0025 \cdot V + 0.048 \cdot \frac{8 + 2.7}{1} \cdot 1.45 \cdot (V + 15)^2]\ [N] \tag{2.198}$$

$$= 2944 \cdot\ [1.9 + 0.0025 \cdot 0 + 0.048 \cdot \frac{10.7}{2944} \cdot 1.45 \cdot (0 + 15)^2] \tag{2.199}$$

$$= 5761\ [N] \tag{2.200}$$

$$Z_{\ddot{u}}^{*} = \frac{Z_e - W_{WZ}}{G_{Zug}} - w_{STR}\ [N/kN] = \frac{350000 - 5761}{3989} - 3.0 = 83.29\ [N/kN] \tag{2.201}$$

$$\Delta V = 83.29 \cdot 0.0333 \cdot (10 - 0) = 27.73\ [km/h] \tag{2.202}$$

$$\sum \Delta V = 27.73\ [km/h] \tag{2.203}$$

$$V_m = \frac{27.73}{2} = 13.86\ [km/h] \tag{2.204}$$

$$\Delta s = \frac{13.86}{3.6} \cdot (10 - 0) = 38.5\ [m] \tag{2.205}$$

Anfangsgeschwindigkeit: $V = 27.73\ [km/h]$
$Z_e = 290\ [kN]$;

$$W_{WZ} = G_{WZ} \cdot [1.9 + 0.0025 \cdot V + 0.048 \cdot \frac{8 + 2.7}{1} \cdot 1.45 \cdot (V + 15)^2]\ [N] \tag{2.206}$$

$$= 2944 \cdot\ [1.9 + 0.0025 \cdot 27.73 + 0.048 \cdot \frac{10.7}{2944} \cdot 1.45 \cdot (27.73 + 15)^2] \tag{2.207}$$

$$= 7157\ [N] \tag{2.208}$$

$$Z_{\ddot{u}}^* = \frac{Z_e - W_{WZ}}{G_{Zug}} - w_{STR}\ [N/kN] = \frac{290000 - 71571}{3989} - 3.0 = 67.9\ [N/kN] \tag{2.209}$$

$$\Delta V = 67.9 \cdot 0.0333 \cdot 10 = 22.6\ [km/h] \tag{2.210}$$

$$\sum \Delta V = 27.73 + 22.6 = 50.34\ [km/h] \tag{2.211}$$

$$V_m = \frac{27.73 + 50.34}{2} = 39.04\ [km/h] \tag{2.212}$$

$$\Delta s = \frac{39.04}{3.6} \cdot (10) = 108.5\ [m] \tag{2.213}$$

Anfangsgeschwindigkeit: $V = 50.34[km/h]$

$Z_e = 260\ [kN]$;

$$W_{WZ} = G_{WZ} \cdot [1.9 + 0.0025 \cdot V + 0.048 \cdot \frac{8 + 2.7}{1} \cdot 1.45 \cdot (V + 15)^2]\ [N] \tag{2.214}$$

$$= 2944 \cdot\ [1.9 + 0.0025 \cdot 50.34 + 0.048 \cdot \frac{10.7}{2944} \cdot 1.45 \cdot (50.34 + 15)^2] \tag{2.215}$$

$$= 9156\ [N] \tag{2.216}$$

$$Z_{\ddot{u}}^* = \frac{Z_e - W_{WZ}}{G_{Zug} - w_{STR}}\ [N/kN] = \frac{260000 - 9156}{3989} - 3.0 = 59.8\ [N/kN] \tag{2.217}$$

$$\Delta V = 59.8 \cdot 0.0333 \cdot 10 = 19.9\ [km/h] \tag{2.218}$$

$$\sum \Delta V = 19.9 + 50.34 = 70.24\ [km/h] \tag{2.219}$$

$$V_m = \frac{50.34 + 70.24}{2} = 60.29\ [km/h] \tag{2.220}$$

$$\Delta s = \frac{60.29}{3.6} \cdot (10) = 167.5\ [m] \tag{2.221}$$

Anfangsgeschwindigkeit: $V = 70.24[km/h]$

$Z_e = 242\ [kN]$;

$$W_{WZ} = G_{WZ} \cdot [1.9 + 0.0025 \cdot V + 0.048 \cdot \frac{8 + 2.7}{1} \cdot 1.45 \cdot (V + 15)^2]\ [N] \tag{2.222}$$

$$= 2944 \cdot\ [1.9 + 0.0025 \cdot 70.24 + 0.048 \cdot \frac{10.7}{2944} \cdot 1.45 \cdot (70.24 + 15)^2] \tag{2.223}$$

$$= 11524\ [N] \tag{2.224}$$

$$Z_{ü}^{*} = \frac{Z_e - W_{WZ}}{G_{Zug}} - w_{STR}\,[N/kN] = \frac{242000 - 11524}{3989} - 3.0 = 54.8\,[N/kN] \quad (2.225)$$

$$\Delta V = 54.8 \cdot 0.0333 \cdot 10 = 18.25\,[km/h] \quad (2.226)$$

$$\sum \Delta V = 18.25 + 70.24 = 88.49\,[km/h] \quad (2.227)$$

$$V_m = \frac{70.24 + 88.49}{2} = 79.37\,[km/h] \quad (2.228)$$

$$\Delta s = \frac{79.37}{3.6} \cdot (10) = 220.5\,[m] \quad (2.229)$$

Anfangsgeschwindigkeit: $V = 88.49[km/h]$

$Z_e = 232\,[kN]$;

$$W_{WZ} = G_{WZ} \cdot [1.9 + 0.0025 \cdot V + 0.048 \cdot \frac{8 + 2.7}{1} \cdot 1.45 \cdot (V + 15)^2]\,[N] \quad (2.230)$$

$$= 2944 \cdot \ [1.9 + 0.0025 \cdot 80.49 + 0.048 \cdot \frac{10.7}{2944} \cdot 1.45 \cdot (70.24 + 15)^2] \quad (2.231)$$

$$= 14190\,[N] \quad (2.232)$$

$$Z_{ü}^{*} = \frac{Z_e - W_{WZ}}{G_{Zug}} - w_{STR}\,[N/kN] = \frac{232000 - 14190}{3989} - 3.0 = 51.6\,[N/kN] \quad (2.233)$$

$$\Delta V = 51.6 \cdot 0.0333 \cdot 10 = 17.18\,[km/h] \quad (2.234)$$

$$\sum \Delta V = 17.18 + 88.49 = 105.67\,[km/h] \quad (2.235)$$

$$V_m = \frac{88.49 + 105.67}{2} = 97.08\,[km/h] \quad (2.236)$$

$$\Delta s = \frac{97.08}{3.6} \cdot (10) = 269.7\,[m] \quad (2.237)$$

Anfangsgeschwindigkeit: $V = 105.67[km/h]$

$Z_e = 227\,[kN]$;

$$W_{WZ} = G_{WZ} \cdot [1.9 + 0.0025 \cdot V + 0.048 \cdot \frac{8 + 2.7}{1} \cdot 1.45 \cdot (V + 15)^2]\,[N] \quad (2.238)$$

$$= 2944 \cdot \ [1.9 + 0.0025 \cdot 105.67 + 0.048 \cdot \frac{10.7}{2944} \cdot 1.45 \cdot (70.24 + 15)^2] \quad (2.239)$$

$$= 17205\,[N] \quad (2.240)$$

$$Z_{ü}^{*} = \frac{Z_e - W_{WZ}}{G_{Zug}} - w_{STR}\,[N/kN] = \frac{242000 - 17209}{3989} - 3.0 = 49.5\,[N/kN] \quad (2.241)$$

$$\Delta V = 49.5 \cdot 0.0333 \cdot 10 = 16.48\,[km/h] \quad (2.242)$$

$$\sum \Delta V = 16.48 + 105.67 = 122.15\,[km/h] \quad (2.243)$$

$$V_m = \frac{105.67 + 122.15}{2} = 113.91\ [km/h] \tag{2.244}$$

$$\Delta s = \frac{113.91}{3.6} \cdot (10) = 316.4\ [m] \tag{2.245}$$

Zusammenstellung der Rechenergebnisse:

Δt-Intervall [sec]	$Z_{\ddot{u}}*$ $[N/kN]$	ΔV $[km/h]$	$\sum \Delta V$ $[km/h]$	V_{mittel} $[km/h]$	Δs $[m]$	$\sum \Delta s$ $[m]$
0 - 10	83.29	27.73	27.73	13.86	38.5	38.5
10 - 20	67.9	22.6	50.34	39.04	108.5	147.0
20 - 30	59.8	19.9	70.24	60.29	167.5	314.5
30 - 40	54.8	18.25	88.49	79.37	220.5	535.0
40 - 50	51.6	17.18	105.67	97.08	269.7	804.7
50 - 60	49.5	16.48	122.15	113.91	316.4	1121.1

Der Zug beschleunigt in der Zeit von $t = 1\ [min]$ auf der zurückgelegten Strecke von $s = 1121.1\ [m]$ auf eine Geschwindigkeit von $V = 122\ [km/h]$.

2.14 Zugbremsung

2.14.1 Bremsvorgang, Bremssyteme, Bremsweg

Um die Geschwindigkeiten von Triebfahrzeugen und Zugeinheiten zu verringern oder auf Null herunterzubremsen, müssen der Bewegung entgegengesetzte Kräfte aufgebracht werden, damit die Bewegungsenergie abgebaut bzw. aufgezehrt wird. Beim Bremsvorgang findet in der Regel eine Umwandlung von kinetischer Energie in Wärme statt. Bei Triebfahrzeugen mit Triebstromrückspeisung wird hierbei zusätzlich elektrische Energie erzeugt.
Nach §23 EBO ist festgelegt, dass die Fahrzeuge der Eisenbahn mit durchgehenden, selbsttätigen Bremseinrichtungen ausgerüstet sein müssen. Eine durchgehende Bremse ist selbsttätig, wenn sie bei jeder unbeabsichtigten Unterbrechung der Bremsleitung wirksam wird. Diese durchgende Bremse muss vom Führerstand des Triebfahrzeugführers und über Notbremsgriffe betätigt werden können. §35 EBO bestimmt die Ausrüstung der Züge mit Bremseinrichtungen und legt fest, dass Züge mit einer Höchstgeschwindigkeit von mehr als 50 km/h mit durchgehenden, selbsttätigen Bremsen gefahren werden müssen. Weiter heißt es dort, dass die Bremsverhältnisse eines Zuges sicher stellen müssen, dass der Zug innerhalb des zulässigen Bremsweges zum Halten gebracht werden kann.

Heute sind deshalb die Züge mit einer selbsttätigen und durchgehenden Luftdruckbremse als Grund-Bremssystem ausgestattet und darüber hinaus jeweils abhängig von der Zugart für unterschiedlichen Höchstgeschwindigkeiten mit zusätzlichen Bremsbauarten ausgerüstet.

Das Grund-Bremssystem besteht in der Regel aus einer durchgehenden Steuer- und Versorgungsleitung als Hauptluftleitung an die sämtliche Fahrzeuge eines Zugeinheit angeschlossen sind. Jedes Fahrzeug besitzt darüberhinaus eine eigene Bremsanlage.
Im führenden Fahrzeug (Triebfahrzeug oder Führungswagen beim Schubsystem) eines Zuges werden durch Druckluftänderungen die Bremsbefehle erteilt. Der Regelbetriebsdruck in der Hauptluftleitung beträgt 5.0 bar. In diesem Zustand ist die Bremse gelöst. Durch Absenkung des Luftdruckes

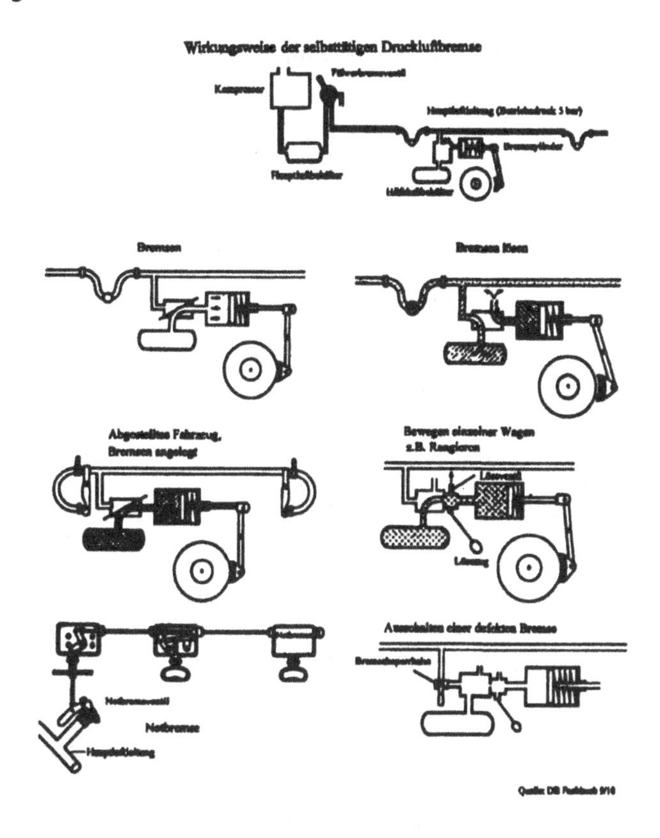

Abbildung 2.47: Wirkungsweise der selbsttätigen Druckluftbremse

mittels Steuerventil wird der Bremszustand erreicht. Die Druckluft ist sowohl Träger der Bremsenergie als auch Mittel zur Bremssteuerung. Bei elektropneumatischen Bremsen wird der Luftdruck in den Bremszylindern elektrisch gesteuert, wodurch ein schnelles Bremsen erreicht wird.

Die maximale Bremskraft wird bei einer Druckabsenkung von 1.3 bis 1.6 bar erreicht und hierbei der Schnellbremszustand (Notbremsung) ausgelöst. Die mögliche Höchstgeschwindigkeit ist auf diese Schnellbremsung abgestimmt.
Schnelle Züge müssen schnell wirkende Bremsen mit kurzen Durchschlagszeit haben, damit insgesamt eine hohe durchschnittliche Bremsverzögerung erreicht wird. Lange Zugeinheiten können nur dann stoßfrei gebremst werden, wenn die Bremskräfte allmählich ansteigen und auf sämtliche Fahrzeuge gleichmäßig wirken. Das bedeutet, dass hierfür längere Bremsentwicklungszeiten benötigt werden. Die Durchschlagzeit ist die Zeit, die vergeht, bis der an der Spitze des Zuges eingeleitete Brems- bzw. Lösevorgang am Zugende wirksam wird. Die Durchschlagsgeschwindigkeiten können mit $v = 280\ [m/sec]$ angenommen werden, wenn man zusätzlich Beschleuniger verwendet.

Bei Druckluftbremsen werden je nach erforderlicher Bremswirkung der Bremseinrichtungen folgende Bremsarten/Bremsstellungen unterschieden:

Bremsart R (rapid) = schnell und stark wirkende Bremsen. Dieses sind Hochleistungsbremsen für schnell fahrende Züge.

Bremsart P = schnell wirkende Bremsen (Personenzüge).

Bremsart G = langsam wirkende Bremsen (Güterzüge).

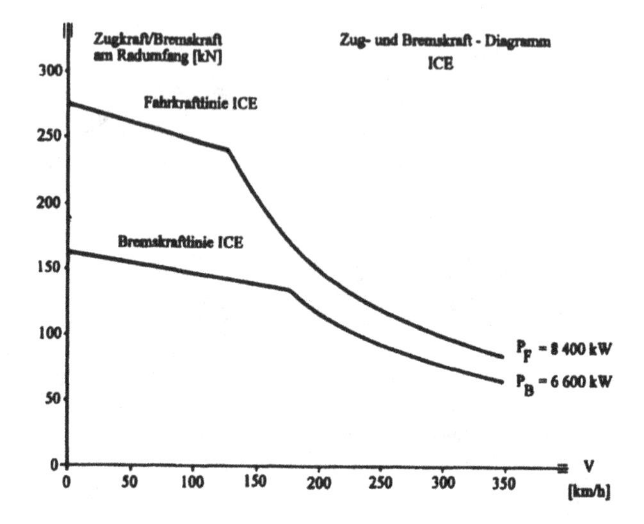

Abbildung 2.48: Diagramm: Zugkraft/Bremskraft – Diagramm des ICE

Es werden neben Reibungsbremsen in Form von Klotzbremsen, Scheiben- oder Trommelbremsen und Magnetschienenbremsen auch dynamische Bremsen in der Ausführung von Triebwerkbremsen (Kraftbremsen) und Wirbelstrombremsen eingesetzt.

Abbildung 2.49: Gliedermagnet

Während bei den Reibungsbremsen die Reibungskräfte über Bremsklötze bzw. Bremsbacken auf die Radreifen bzw. an den Achsen befestigte Bremskörper übertragen und bei den Magnetschienenbremsen die Reibungskräfte unmittelbar auf den Schienen erzeugt werden, wird die Bremswirkung bei dynamischen Bremsen unterschiedlich erzielt. Bei Auflage des erregten Magneten mit einer wirksamen Länge von 1 m auf der Schiene entsteht durch die magnetische Zugkraft eine Reibungskraft zwischen Polschuhen und Schiene, die über Mitnehmer an das Fahrzeug übertragen wird und dessen Verzögerung bewirkt.

Die Triebwerksbremsen als elektrodynamische Bremsen (E-Bremse) erreichen ihre Bremswirkung dadurch, dass im Triebwerk den Bewegungen entgegengesetzte Kräfte erzeugt werden. Dabei werden die Fahrmotoren im Generatorbetrieb zur verschleißlosen Bremsung benutzt. Die E-Bremse kann fahrdrahtabhängig und fahrdrahtunabhängig sein, sie kann als Widerstandsbremse oder als

Kombination von Nutz- und Widerstandsbremse wirken. Wesentlich ist, dass beim Zusammenwirken von Druckluft- und Triebwerksbremse die mit Rücksicht auf die Haftung Rad-Schiene zulässige Bremskraft am Radumfang nicht überschritten wird. Bei Betriebsbremsungen wirkt stets die Triebwerksbremse. Wegen ihrer mit abnehmender Fahrgeschwindigkeit abfallenden Charakteristik muss in einem gewissen Bereich die mechanische Bremse zugeschaltet werden. Die Fahrmotoren arbeiten also als Generatoren (Generatorische Bremse) auf Bremswiderstände (Widerstandsbremsen) oder auf die Fahrleitung zurück (Netzbremse). Die Netzbremse und die generatorische Bremse arbeiten als sogenannte Nutzbremse, da sie die erzeugte Energie wieder anderen Systemgruppen im Triebfahrzeug bzw. des Zuges zum Verbrauch zuführen. Bei Schnellbremsungen in den Bremsstellungen P und G wirkt die Triebwerksbremse nicht. Bei Hochleistungsbremsen in der Stellung R übernimmt sie im oberen Geschwindigkeitsbereich entweder den Anteil der Hochabbremsung, so dass die Luftdruckbremse vorgesteuert bleibt und erst bei einer bestimmten Geschwindigkeit wirksam wird.

Die Wirbelstrombremsen erzeugen in den Schienen durch Induktion Wirbelströme, die ihre Bremskraft berührungsfrei direkt auf die Schiene übertragen.

Der ICE der ersten Generation besitzt als elektronisch gesteuerte Bremseinrichtung ein Regel-Betriebssytem bestehend aus einer generatorischen Bremse im Triebkopf, eine lineare Wirbelstrombremse in allen Drehgestellen und Scheibenbremsen auf allen Trieb- und Laufachsen sowie einen pneumatischen Sicherheitssteuerkreis unabhängig vom Regel-Betriebssystem für die Gefahrenbremsung. Die Ansteuerung der Scheibenbremsen erfolgt über die Hauptluftleitung.

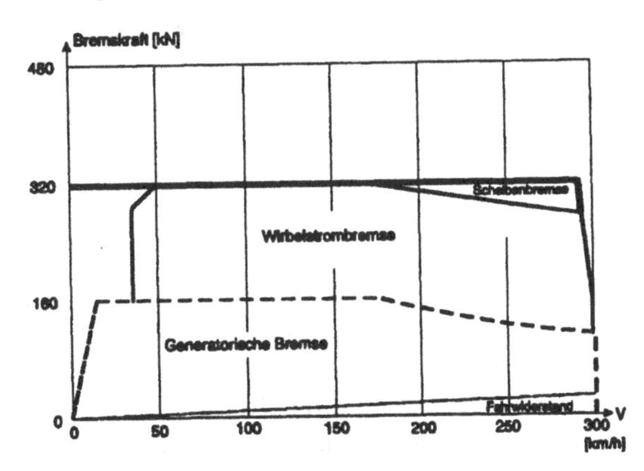

Abbildung 2.50: Bremssysteme des ICE

Die ereichbare Bremsverzögerung ist, außer bei den Magnetschienenbremsen und den Wirbelstrombremsen, durch den Haftbeiwert zwischen Rad und Schiene begrenzt. Überschreitet die Bremskraft die Haftkraft, so gleitet das Rad auf der Schiene, wodurch einerseits die Bremswirkung vermindert wird ($\mu_{Gleiten} = 0.07$) und andererseits Beschädigungen an Rad und Schiene durch Flachstellen eintreten können.

Um den Haftbeiwert zu erhöhen, sind die Fahrzeuge teilweise mit Sandstreuern ausgerüstet, die den Haftwert auf 0.3 – 0.35 ansteigen lassen. Bei der Bemessung der Bremse wird bei der DB AG ein Haftwert von 0.15 zugrunde gelegt. Dabei hat man bei der Bremsauslegung sowohl auf die Annehmlichkeit der Reisenden – Verzögerungen von mehr als 1.3 m/sec^2 werden von den Fahrgästen als unangenehm empfunden – als auch auf die Lagesicherheit der Ladung Rücksicht zu nehmen.

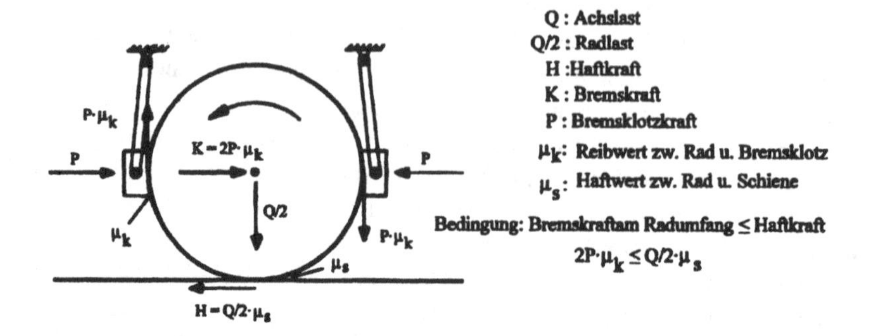

Abbildung 2.51: Mechanik des Bremsvorgangs bei Klotzbremsen

Die maximale Bremsverzögerung tritt auf, wenn das Rad gerade noch rollt. Die Rollgrenze wird durch die Gleichung $K = H$ beschrieben. Daraus folgt ein direkter Zusammenhang zwischen Haftkraft und maximaler Bremsverzögerung: Mit $K = m \cdot b_{max}$ und $H = Q \cdot \mu_s$ ergibt sich $b_{max} = g \cdot \mu_s$.

Bei Klotz- und Scheibenbremsen sind Bremsverzögerungen b_b von $0.8 - 1.1$ $[m/sec^2]$ möglich. Die Bremsklotzkraft P darf einen bestimmten Wert nicht überschreiten, da sonst die Bremskraft größer als die Haftkraft wird und damit die Räder auf den Schienen gleiten. Allerdings ist diese Grenze kein Festwert, da sich die Haftkraft mit dem Fahrzeuggewicht ändert. Die Grenze des Rollens wird vom Verhältnis der Bremskräfte P zu dem auf die gebremsten Achsen entfallenden Fahrzeuggewicht G beschrieben. Dieses Verhältnis wird als Abbremsung A bezeichnet und in % ausgedrückt.

$$A = \frac{P}{G} \cdot 100\ [\%] \tag{2.246}$$

Übliche Werte für die effektive Abbremsung sind bei Klotzbremsen der Bremsarten P und G mit gusseisernen Bremsklötzen $A = 65 - 100\%$. Die kleineren Werte sind den niedrigen, die größeren den höheren Achslasten und großen umlaufenden Massen zugeordnet. Hochleistungsbremsen mit gusseisernen Bremsklötzen im Bereich höherer Geschwindigkeiten haben Abbremsungswerte von $A = 160 - 200\%$. Scheibenbremsen bei einem mittleren Reibungswert des Bremsbelages von $\mu = 0.35$ haben einen Abbremswert $A = 28 - 38\%$ auf den Radumfang bezogen.

BEISPIEL:

E-Lok BR 103; Radsatzlast: 19.3 $[t]$; Radlast $G = 96.5$ $[kN]$;

Klotzbremsen der Bremsarten P; $A = 65\%$;

Die mögliche Bremskraft ergibt sich zu $P = A \cdot G = 0.65 \cdot 96.5 = 62.7$ $[kN]$

Hochleistungsbremsen $A = 160\%$; Die mögliche Bremskraft ergibt sich zu $P = 1.6 \cdot 96.5 = 154.4$ $[kN]$.

2.14.2 Erfassung des Bremsvermögens

Maßstab für die Bremseigenschaft eines Eisenbahnfahrzeuges ist das Bremsgewicht. Für dieses Bremsgewicht sind in erster Linie die Bremsklotzkraft, die Zeit und die Art des Druckanstiegs im Bremszylinder und den Reibungsbeiwerten der Beläge von Bedeutung. Es ist eine ideelle Größe und beschreibt die Eigenschaften und Wirkungsweisen der Bremseinrichtungen der Fahrzeuge. Das Bremsgewicht wird für jedes Fahrzeug separat durch Versuchfahrten ermittelt oder nach versuchsmäßig ermittelten Unterlagen berechnet. Bei Fahrzeugen mit Umstelleinrichtungen für die Bremsart oder den Lastwechsel ist für jede Stellung das entsprechende Bremsgewicht angegeben.

Bei der Ermittlung des Bremsvermögens eines Zuges müssen die Bremskräfte sämtlicher Fahrzeuge einer Zugeinheit zusammengefaßt werden. Aus den Einzelbremsgewichten der Fahrzeuge über die Wagenliste erhält man dann das Bremsgewicht des Zuges über den Bremszettel des Zuges für eine bestimmte Zugfahrt. Für jedes einzelne Fahrzeug sind die Bremsgewichte so wie die Fahrzeuggewichte aktenkundig bekannt und an den Fahrzeugen vermerkt.

Wagenliste — Deutsche Bahn

für Zug 5971 am 25.07.1997 von SKL nach Heidelberg
Zf R. in SKL von " nach "
Zf in von nach

1a (1+2)	1b (3+4)	1c (5–8)	1d (9–11)	1e (12)	2 Gattungsbuchstaben	3a Achsen beladen	3b Achsen leer	4 Länge über Puffer m	4 1/10	5a Gewicht der Ladung t	5b Gesamtgewicht t	6a Bremsgewicht R+Mg	6b R rot	6c R weiß	6d P	6e G	7 Sitzplätze 1.	7 Sitzplätze 2.	7 Ordnungsnr.	8 Versandbahnhof	9 Bestimmungsbahnhof	10 Sonderangaben	11 Bemerkungen
50	80	2254	412	8	[illegible]	4		26	4		36				40			96		SKL	RH		
50	80	3194	031	8	ABn	4		26	4		36				35		30	40		"	"		
50	80	2291	244	5	Bn	4		26	4		36				40			96		"	"		
						12		79	2		108				115		30	232					

Abbildung 2.52: Ausgefülltes Formblatt: Wagenliste

2.14.3 Bremstafel

Maßgebend für die Bremswirkung oder Bremsleistung eines Zuges sind die Bremshundertstel. Sie werden aus folgendem Ansatz ermittelt:

$$\lambda = \frac{Bremsgewicht}{Zuggewicht} \cdot 100 \, [\%] \qquad (2.247)$$

Bei gleichen Bremshundertstel und gleicher Bremsart haben verschiedene Fahrzeuge bzw. Züge bei einer Schnellbremsung aus gleicher Geschwindigkeit gleiche Bremswege.

Die Beziehung zwischen Bremshundertstel, Fahrgeschwindigkeit, Bremsweg und Streckenneigung ist durch die Bremstafeln gegeben. Diese Tabellen sind nach Versuchsergebnissen für 1000 m (Hauptbahnen) und 700 m (Nebenbahnen) Vorsignalabstand aufgestellt und nach der Bremsart R/P und G unterteilt. Sie geben an, wie viel Bremshundertstel ein Zug haben muss, um aus einer bestimmten Geschwindigkeit in einem bestimmten Gefälle innerhalb des Vorsignalabstandes zum Halten zu kommen.
Umgekehrt kann man den Tafeln auch entnehmen, wie schnell ein Zug bei den für ihn errechneten Bremshundertsteln in einem bestimmtem Gefälle noch fahren darf, ohne dass der Bremsweg den Vorsignalabstand bei einer Schnellbremsung (maximale Bremswirkung) überschreitet. Die für eine Zugfahrt erforderlichen Bremshundertstel werden im Fahrplan jedes Zuges angegeben. Vor Abfahrt des Zuges aus dem Ausgangsbahnhof hat der Triebwagenführer zu prüfen, ob die vorgeschriebenen Bremshundertstel für den Zug vorhanden sind.

BEISPIEL:

Vorgesehene Zugfahrt nach Fahrplan: Berechnung der vorhandenen Bremshundertstel für Interregio und Vergleich mit Mindestbremshundertstel nach der Bremstafel.

Ausgangsdaten: Zul. Geschwindigkeit des Zuges $V_{max} = 120\ km/h$; Wagenzuggewicht $G_{WZ} = 1600\ [kN]$; Lokgewicht $G_L = 770\ [kN]$; Gesamtzuggewicht $G_{Zug} = 2370\ [kN]$; Bremsgewicht des Wagenzuges $BG_{WZ} = 2530\ [kN]$; Bremsgewicht der Lok $BG_L = 870\ [kN]$; Gesamtbremsgewicht $BG_{Zug} = 3400\ [kN]$; Gefälle $s = -5.0\ [‰]$; Bremsart R/P; Bremstafel für 1000 m Bremsweg.

Vorhandene Bremshundertstel

$$\lambda = \frac{Gesamtbremsgewicht}{Gesamtzuggewicht} = \frac{3400}{2370} = 143\ [\%] \tag{2.248}$$

Erforderliche Mindestbremshundertstel: Eingang in die Bremstafel mit 1000 m Bremsweg mit den Werten V, s, Bremsart R/P. Es ergibt aus der Bremstafel den zugeordneten Wert für die Mindestbremshundertstel von $\lambda = 99\ [\%]$. Die vorhandenen Bremshundertstel von $\lambda = 143\ [\%]$ liegen über den Mindestbremshundertstel von $\lambda = 99\ [\%]$; damit ist das Bremsvermögen des Zuges für die vorgesehene Zugfahrt ausreichend.

2.14.4 Ermittlung des Bremsweges

Der Bremsweg ist der Weg, den der Zug zurücklegt von der Betätigung des Führerbremsventils bis zum Stillstand des Zuges. Er enthält die Durchschlagszeit und die Bremszylinderfüllung (Schwellzeit und Entwicklungszeit). Eine Reaktionszeit muss besonders berücksichtigt werden.
Aufgrund der technischen und physikalischen Werte ist die Berechnung des Bremsweges bei Klotzbremsen schwierig; auch deshalb, weil der Reibwert von einer Reihe schwer erfaßbarer Faktoren abhängt.

Bremstafel für 1000 m Bremsweg

Maßgebendes Gefälle in ‰	im Verhältnis	Bremsart	Für eine zugelassene Geschwindigkeit bis zu																								
			20	25	30	35	40	45	50	55	60	65	70	75	80	85	90	95	100	105	110	115	120	125	130	135	140
			Kilometer in der Stunde (km/h) sind folgende Mindestbremshundertstel erforderlich:																								
0	1: ∞	R/P	6	6	6	6	6	6	8	11	13	18	22	26	32	38	44	51	58	66	73	82	90	100	110	122	135
		G	10	10	10	10	10	10	12	16	21	25	30	36	43	50	58	-	-	-	-	-	-	-	-	-	-
1	1: 1000	R/P	6	6	6	6	6	7	9	12	15	19	23	28	33	39	46	52	60	67	75	83	92	102	113	124	137
		G	10	10	10	10	10	10	14	17	22	26	31	37	44	51	59	-	-	-	-	-	-	-	-	-	-
2	1: 500	R/P	6	6	6	6	6	8	10	13	16	20	24	29	34	41	47	54	61	68	76	85	94	104	114	126	139
		G	10	10	10	10	10	11	15	19	23	28	33	38	45	52	60	-	-	-	-	-	-	-	-	-	-
3	1: 333	R/P	6	6	6	6	7	9	11	14	17	21	26	30	36	42	49	55	63	70	78	87	96	106	116	128	142
		G	10	10	10	10	10	12	16	20	24	29	34	39	46	53	61	-	-	-	-	-	-	-	-	-	-
4	1: 250	R/P	6	6	6	6	8	10	12	15	18	23	27	32	37	44	50	57	64	72	80	88	98	108	118	130	144
		G	10	10	10	10	11	14	17	21	26	30	35	41	47	54	62	-	-	-	-	-	-	-	-	-	-
5	1: 200	R/P	6	6	6	7	9	11	13	16	20	24	28	33	39	45	52	58	66	73	82	90	99	110	120	133	146
		G	10	10	10	10	12	15	18	23	27	32	37	42	49	56	64	-	-	-	-	-	-	-	-	-	-
6	1: 167	R/P	6	6	7	8	10	12	14	17	21	25	30	35	40	46	53	60	67	75	83	92	101	112	122	135	148
		G	10	10	10	11	13	16	20	24	28	33	38	44	51	58	66	-	-	-	-	-	-	-	-	-	-
7	1: 143	R/P	6	7	8	9	11	13	15	19	22	26	31	36	41	48	54	61	69	76	85	94	103	113	124	137	150
		G	10	10	10	12	14	17	21	25	30	35	40	46	52	60	68	-	-	-	-	-	-	-	-	-	-
8	1: 125	R/P	6	7	9	10	12	14	16	20	23	28	32	37	43	49	56	63	70	78	86	954	106	115	126	139	152
		G	10	10	12	13	16	18	22	26	31	36	41	48	54	62	70	-	-	-	-	-	-	-	-	-	-
10	1: 100	R/P	8	9	10	12	14	16	18	22	26	30	35	40	46	52	59	66	74	81	90	99	108	119	130	143	157
		G	11	12	14	16	18	21	25	29	34	39	45	51	58	66	74	-	-	-	-	-	-	-	-	-	-
12	1: 83	R/P	10	11	12	14	16	18	21	24	28	33	38	43	48	55	62	69	77	85	93	102	112	123	134	147	161
		G	13	14	16	18	20	23	27	32	37	42	48	55	62	70	79	-	-	-	-	-	-	-	-	-	-
15	1: 67	R/P	12	13	14	16	18	21	24	28	32	36	41	47	53	59	66	73	81	90	98	107	117	128	140	153	168
		G	16	17	19	21	24	27	31	36	41	47	54	60	68	77	86	-	-	-	-	-	-	-	-	-	-
17	1: 59	R/P	13	15	16	18	20	23	26	30	34	39	44	50	55	62	69	76	84	93	101	111	121	132	143	-	-
		G	18	19	21	23	26	29	34	39	44	50	57	64	72	81	91	-	-	-	-	-	-	-	-	-	-
20	1: 50	R/P	16	17	19	21	23	28	30	34	38	43	48	54	60	67	74	81	89	98	107	116	127	138	149	-	-
		G	21	23	24	27	29	33	37	43	48	55	62	70	78	88	98	-	-	-	-	-	-	-	-	-	-
22	1: 45	R/P	18	19	21	23	25	29	32	36	41	46	51	57	63	70	76	84	92	101	-	-	-	-	-	-	-
		G	23	26	27	29	32	35	40	46	51	56	66	74	82	92	-	-	-	-	-	-	-	-	-	-	-
25	1: 40	R/P	20	22	24	26	28	32	35	40	45	50	55	61	67	74	81	89	97	106	-	-	-	-	-	-	-
		G	26	28	30	32	35	39	44	50	56	62	71	79	86	99	-	-	-	-	-	-	-	-	-	-	-
27	1: 37	R/P	22	23	25	28	30	34	38	43	47	53	58	64	70	77	84	92	101	110	-	-	-	-	-	-	-
		G	28	30	32	34	37	41	46	52	58	66	74	83	93	-	-	-	-	-	-	-	-	-	-	-	-
30	1: 33	R/P	24	26	28	31	33	37	41	46	51	57	62	68	75	82	87	97	106	115	-	-	-	-	-	-	-
		G	31	33	35	38	41	45	50	56	63	70	80	89	99	-	-	-	-	-	-	-	-	-	-	-	-

Abbildung 2.53: Ausschnitt aus der Bremstafel für 1000 m Bremsweg

2.14.5 Bremswegberechnung nach der Mindener Formel

Annehmbar und relativ genau (bis 10 %) ist die Ermittlung des Bremsweges auf der Grundlage der Bremshundertstel nach der Mindener Formel. Mit ihr erhält man einen Wert für die Schnellbremsung (Maximale Bremswirkung). Der Einfluss der verschiedenen Zuglängen sowie die unterschiedlichen Bremsarten wird durch Korrekturwerte berücksichtigt. Bei der Ermittlung des Bremsweges bei Betriebsbremsungen (Stufenweises Bremsen zum Anhalten an einer bestimmten Stelle; die volle

Bremskraft wird dabei nicht angewandt) werden in die Mindener Formel nur 2/3 bis 3/4 des Wertes der Bremshundertstel eingesetzt, da die nicht erfaßbaren Einflüsse der Bedienungsweise unberücksichtigt bleiben müssen.

Die Mindener Formel für Klotz- und Scheibenbremsen besteht aus folgendem Ansatz für den Bremsweg:

Bremsart R/P

$$S = \frac{3.85 \cdot V^2}{6.1 \cdot \psi \cdot (1 + \lambda_r/10) \pm i_r} \; [m] \tag{2.249}$$

Bremsart G

$$S = \frac{3.85 \cdot V^2}{5.1 \cdot \psi \cdot \lambda_r/10 - 5 \pm i_r} \; [m] \tag{2.250}$$

Darin sind: V $[km/h]$ Fahrgeschwindigkeit; ψ geschwindigkeitsabhängiger Koeffizient für Brems- und Klotzbauart; $\lambda_r = C \cdot \lambda$ Bremshundertstel; C = Korrekturwert für die Zuglänge; $i_r = C_i \cdot i$ rechnerische Streckenneigung $[‰]$; C_i Korrekturwert für Streckenneigung; i $[‰]$ wirkliche Streckenneigung

Anwendungsbereich: Bremsstellung R/P; $\lambda = 50$ bis 250; Bremsstellung G; $\lambda = 20$ bis 100.

2.14.5.1 Berechnung des Bremsweges für eine Zugfahrt (Personenzug) nach der Mindener Formel

Ausgangsdaten: $V = 120$ $[km/h]$ Zul. Streckengeschwindigkeit; Bremsart R/P; $\lambda_{vorh.} = 143$ [%] vorh. Bremshundertstel des Zuges; $\lambda_{erf.} = 99$ [%] Mindestbremshundertstel nach der Bremstafel für 1000 m Bremsweg; $\psi = 1$ Korrekturwert nach Tab. 1; $L = 120$ m Zuglänge, 18 Achsen; $C = 1.10$ Korrekturwert nach Tab. 2; $C_i = 0.9$ Korrekturwert nach Tab. 3; $i = -5.0$ $[‰]$ Gefälle der Strecke.

Bremsweg

$$S = \frac{3.85 \cdot 120^2}{6.1 \cdot 1.0 \cdot (1 + 1.1 \cdot 143/10) - 0.9 \cdot 5.0} = 568.3 \; [m] \tag{2.251}$$

Der vorhandene Bremsweg $S = 568.3$ $[m]$ liegt innerhalb des vorgeschriebenen Bremswegabstandes von 1000 m zwischen Vorsignal und Hauptsignal.

Pendant - BEISPIEL:

Berechnung des Bremsweges für die gleiche Zugfahrt mit einer konstanten Bremsverzögerung nach der Bewegungsgleichung

Ausgangsdaten: Zugfahrt wie oben; $V = 120$ $km/h = 33.33$ $[m/sec]$ Zul. Streckengeschwindigkeit; $\rho = 1.06$ Massenfaktor; $b_b = 0.7$ $[m/sec^2]$ angenommene Bremsverzögerung; gefällekorrigierte Bremsverzögerung:

$$b_b \text{ (Gefälle)} = 0.7 - \frac{i \cdot 9.81}{1000 \cdot \rho} = 0.7 - \frac{5.0 \cdot 9.81}{1000 \cdot 1.06} = 0.65 \; [m/sec^2] \tag{2.252}$$

Tabelle 1	Zahlenwerte für ψ					
V [km/h]	Klotzbremse KE-GP, KE-GPR Einfach-Klötze	Klotzbremse KE-GP, KE-GPR Doppel-Klötze	Klotzbremse KE-GPR Stellg. R Einfach-Klötze	Klotzbremse KE-GPR Stellg. R Doppel-Klötze	Scheiben-Bremse Stellg. R und P	Alle Bremsarten in Stellg. G
	zahlenwerte für ψ					
	ψ1	ψ2	ψ3	ψ4	ψ5	ψ6
10	0.75	0.50	0.63	0.4	0.45	0.41
20	1.04	0.73	0.87	0.6	0.64	0.61
30	1.17	0.87	1.00	0.69	0.76	0.75
40	1.23	0.97	1.09	0.74	0.84	0.85
50	1.25	1.02	1.14	0.76	0.90	0.92
60	1.24	1.05	1.15	0.77	0.94	0.97
70	1.21	1.06	1.15	0.92	0.95	1.0
80	1.17	1.05	1.14	0.96	0.99	1.0
90	1.13	1.04	1.11	0.88	1.0	1.0
100	1.09	1.03	1.08	1.0	1.0	
110	1.04	1.02	1.04	1.0	1.0	
120	1.0	1.0	1.0	1.0	1.0	
130	0.96	0.98	0.96	0.99	0.99	
140	0.92	0.96	0.92	0.98	0.98	
150				0.96	0.97	
160				0.96	0.93	

Tabelle 2	Zahlenwerte für C					
Bremsart R/P	Achsenzahl	bis 24	über 24 bis 48	über 48 bis 60	über 60 bis 80	über 80 bis 100
	C	1.10	1.05	1.0	0.97	0.92
Bremsart G	Achsenzahl	bis 40	über 40 bis 80	über 80 bis 100	über 100 bis 120	über 120 bis 150
	C	1.12	1.06	1.0	0.95	0.9

Tabelle 3	Zahlenwerte für C i									
V [km/h]	10	20	30	40	50	60	70	80	90	100
Bremsart R/P	0.6	0.66	0.72	0.77	0.81	0.84	0.87	0.89	0.9	0.9
Bremsart G	0.6	0.62	0.64	0.66	0.68	0.70	0.72	0.74	0.75	–

Abbildung 2.54: Korrektur-Tabelle

Bremsweg

$$S = \frac{v^2}{2 \cdot b_b \text{ (Gefälle)}} = \frac{33.33^2}{2 \cdot 0.65} = 854.5 \; [m] \tag{2.253}$$

Hier ist der vorhandene Bremsweg unter der Annahme einer zutreffenden Bremsverzögerung für Klotzbremsen wesentlich größer, aber immer noch innerhalb des vorgeschriebenen Bremswegabstandes von 1000 m. Zur Verzögerung tragen sowohl die Bremswirkung der Zugbremsen als auch die Widerstände bei. Für überschlägliche Fahrzeitberechnungen ist deshalb die Annahme von zutreffenden Beschleunigungs-und Verzögerungswerte durchaus sinnvoll.

2.14.5.2 Berechnung des Bremsweges für eine Zugfahrt (Güterzug) nach der Mindener Formel

Ausgangsdaten: Bremsart G; $V = 80\ [km/h]$ maximale Fahrgeschwindigkeit; $\psi = 1.0$ Korrekturwert nach Tab. 1 ; $C = 1.12$ Korrekturwert nach Tab. 2; $C_i = 0.74$ Korrekturwert nach Tab. 3; vorh. Bremshundertstel $\lambda_{vorh.} = 79$ [%]; Mindestbremshundertstel $\lambda_{erf.} = 49$ [%] nach der Bremstafel für 1000 m Bremsweg bei einem Gefälle von -5.0 [‰].

Bremsweg

$$S = \frac{3.85 \cdot 80^2}{5.1 \cdot 1.0 \cdot (1.12 \cdot 79/10) - 5 - 0.74 \cdot 5} = 676.6\,[m] \quad (2.254)$$

Der ermittelte Bremsweg $S = 676.6\,[m]$ liegt innerhalb des vorgeschriebenen Bremsweges von 1000 m zwischen Vorsignal und Hauptsignal.

2.14.6 Bremswegberechnung nach der Münchener Formel

Eine weitere Möglichkeit besteht, Bremswegberechnungen nach der Münchener Formel vorzunehmen, in der weitere bremsspezifische Parameter berücksichtigt werden. Die unterschiedlichen Bremsarten werden durch die Werte der Abbremsung deutlich gemacht.
Für die Ermittlung des Bremsweges gilt folgender Ansatz:

$$S = \frac{3.93 \cdot \rho \cdot V^2}{10 \cdot A \cdot \mu + w \pm i} + \frac{V \cdot t}{7.2}\,[m] \quad (2.255)$$

Darin sind: $V_{max.}$ $[km/h]$ Maximale Fahrgeschwindigkeit; $\rho = 1.06$ Massenfaktor; A [%] Abbremsung für Klotzbremsen; μ = Reibwert des Bremsbelages (Mittelwert von Klotz- und Scheibenbremsen); w [‰] Bewegungswiderstand (Laufwiderstand des Zuges); t Bremszylinderfüllzeit, einschl. Durchschlagzeit bis Zugmitte.

Pendat - BEISPIEL: (Personenzug-Mindener Formel)

Berechnung des Bremsweges für eine Zugfahrt (Personenzug) nach der Münchener Formel

Ausgangsdaten: $V_{zul.} = 120\,[km/h]$ Zulässige Streckengeschwindigkeit; $\rho = 1.06\,[-]$ Massenfaktor; $A = 80$ [%] Abbremsung für Klotzbremsen; $\mu = 0.35\,[-]$ Reibwert des Bremsbelages (Mittelwert von Klotz- und Scheibenbremsen); $w_L = 2.73$ [‰] Laufwiderstand des Zuges, ermittelt nach Formel von Sauthoff; $t = 5\,[sec]$ angenommene Bremszylinderfüllzeit 3 sec (Personenzüge: allgemein 3-5 sec), einschl. Durchschlagzeit bis Zugmitte 2 sec (Personenzüge:allgemein 1.5-2 sec, Güterzüge: allgemein 30-40 sec; $i = -5$ [‰] Gefälle der Strecke; $G_{WZ} = 1600\,[kN]$ Wagenzuggewicht.

Bremsweg

$$S = \frac{3.93 \cdot 1.06 \cdot 120^2}{10 \cdot 0.35 \cdot 0.35 + 2.73 - 5} + \frac{120 \cdot 5}{7.2} = 544\,[m] \quad (2.256)$$

Ein Vergleich mit der Berechnung des Bremsweges für eine Zugfahrt (Personenzug) nach der Mindener Formel zeigt, dass die Ergebnisse nahe bei einander liegen (Abweichung 4 %).

3 Fahrweg – Linienführung

3.1 Allgemeine Grundsätze

Die Planung von Eisenbahnstrecken ist heute ein Wirkungsprozess der unterschiedlichsten Planungsträger auf der Grundlage einer Vielzahl von bundesdeutschen Gesetzen und technischen Regelwerken sowie europarelevanter Richtlinien im öffentlich-rechtlichen Raum mit dem Ziel unter Mitwirkung von politischen Entscheidungsträgern und Betroffenen vor Ort eine nach allen Gesichtspunkten optimale Verkehrsanlage zu schaffen. Dabei spielen die übergeordneten Belange der Raumordnung und des Umweltschutzes in der speziellen Ausprägung der Natur- und Landschaftspflege sowie des Lärmschutzes eine dominierende Rolle.
Erst die erfolgreiche Abwicklung der einzelnen Verfahrensschritte dieses umfangreichen Planungsprozesses, beginnend mit dem Linienbestimmungsverfahren, dem Raumordnungsverfahren, der Umweltverträglichkeitsprüfung und abschließend mit dem Planfeststellungsverfahren und der Berücksichtigung des Projekts in dem Bundesverkehrswegeplan, führen schließlich zu einem baureifen Entwurfskonzept mit landschaftspflegerischer Ausführungsplanung für den Fahrweg eines Schienenbahnprojekts.
Der Großteil des bestehenden Eisenbahnnetzes entstand vor über hundert Jahren, als die Dampflokomotive die Trassierung hinsichtlich der niedrigen Steigfähigkeit (Flache Gradienten) und der geringen Geschwindigkeit (Enge Radien) bestimmte. Aus diesem Grund wurden die Gleistrassen vornehmlich in Flusstälern angeordnet; Höhenzüge sind mit Hilfe künstlicher Längenentwicklungen (Hoher Umwegfaktor) überwunden worden. Erst die elektrische Traktion ermöglichte höhere Geschwindigkeiten und die Überwindung größerer Steigungen.

Die Linienführung eines Schienenbahnprojekts besteht aus der Festlegung der Fahrwegtrasse im Grundriss und der Fahrweggradiente im Aufriss, wobei die Trasse als Raumkurve entsteht, die alle Anforderungen an die räumliche Linienführung erfüllen muss. Dabei gilt es, eine geeignete Linienführung, die die Anforderungen an die Sicherheit des Bahnbetriebs, an die fahrdynamische Ausgewogenheit der Trassierungsparameter, an den Fahrkomfort und an die Wirtschaftlichkeit erfüllt, zu entwickeln.
Die heutigen Möglichkeiten durch die Anwendung von Rechnerprogrammen und Simulationsverfahren haben besonders den Entwurfsstandard bei der Trassierung hinsichtlich der Optimierung der Trassierungsparameter und -elemente wesentlich erhöht und damit die Voraussetzungen für diese integrierte Planung geschaffen.
Die heutigen Planungsgrundsätze bei Neutrassierungen zielen darauf ab, bei dem Fahrwegentwurf möglichst eine gestreckte Verbindung von A nach B mit geringer Steigung bei minimalen Erdbewegungen und guter Landschaftsanpassung zu entwickeln. Randbedingungen, die ein Abweichen von dieser Ideallösung erfordern sind u.a.: Umfahrung von Siedlungsräumen aus Lärmschutzgründen, Umfahrung von schutzwürdigen Gebieten, Zwangspunkte für die Höhenlage, Netzfunktion der Strecke, Geländeform (ggf. Tunnelabschnitte).
So ergibt sich die höchst zulässige Neigung aus dem Betriebsprogramm, wobei das Anfahren am Berg maßgebend ist. Die Einsparung von Betriebskosten und die Realisierung von hohen Ge-

schwindigkeiten bei Schnellfahrstrecken rechtfertigen oft erhöhte Baukosten für Tunnelstrecken, Erdbewegungen und Brücken. Für die Kurvenradien sind bei Mischbetrieb von schnellen Reisezügen und langsameren, schweren Güterzügen zugeordnete Regel- und Mindestwerte einzuhalten, die sich insbesondere aus der Begrenzung des höchstzulässigen Überhöhungsfehlbetrages bei schnellen Zügen und des zulässigen Überhöhungsüberschusses für Güterzüge ergeben.

Die optimale Linienführung eines Fahrweges bei der Eisenbahn wird durch die verwendeten, geometrischen Trassierungselemente bestimmt. Sie sind die geometrisch definierten Linienabschnitte, deren Form durch spezifische Messgrößen, den sog. Trassierungsparametern, gekennzeichnet werden. Bei der Wahl dieser Parameter ist dabei nach Regelwerten und Grenzwerten zu unterscheiden. Zu der Kategorie der geometrischen Trassierungselementen, deren Wechsel stets eine Unstetigkeit in der Linienführung des Fahrweges bedeutet, gehören die Gerade, der Kreisbogen r und der Übergangsbogen im Lageplan sowie der Ausrundungshalbmesser r_a, die Überhöhung u und die Überhöhungsrampe im Höhenplan. Daneben gehören zu den wichtigsten Trassierungsparametern die Entwurfsgeschwindigkeit V_e, die Längsneigung s, die Seitenbeschleunigung b_q, die Zugart und die Zuglänge, die Spurweite, der Gleisabstand und das kinematische Lichtraumprofil.
Bei der Planung neuer Fahrwege der Eisenbahn, bei der Linienverbesserung und beim Um- und Ausbau vorhandener Gleisstrecken sind bei der DB AG neue, technische Planungsrichtlinien in der Form von Modulen als „Netzinfrastruktur Technik entwerfen“ 800.0110 (Linienführung), 800.0120 (Weichen und Kreuzungen) und 800.0130 Streckenquerschnitte auf Erdkörpern) für Streckengeschwindigkeiten $V_e \leq 300\ km/h$ eingeführt und zu berücksichtigen.
Bei der Anwendung dieser Richtlinien sind bei der Wahl der entsprechenden Trassierungsparameter die technischen Grenzwerte als Mindestwerte und zulässige Höchstwerte zu beachten und einzuhalten. Dabei wird bei der grundsätzlichen Unterteilung von Ermessensbereich und Genehmigungsbereich zwischen dem unterem und oberen Regelgrenzwert, dem Ermessensgrenzwert und dem Ausnahmegrenzwert unterschieden.

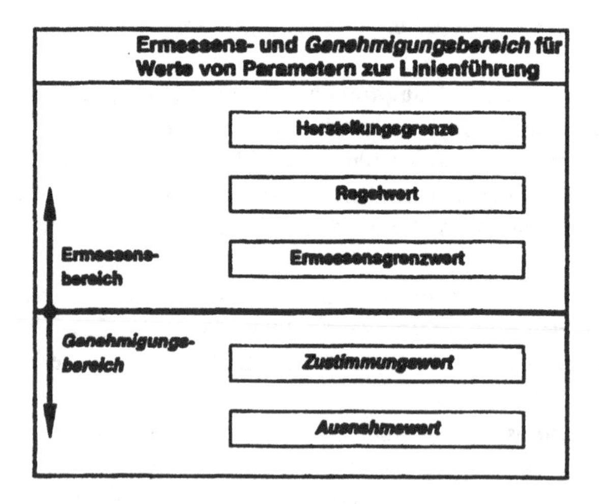

Abbildung 3.1: Wahl der Parameter für den Gleisentwurf nach Richtlinie 800.0110 der DB AG

Der Ermessensbereich erstreckt sich von dem Ermessensgrenzwert über den Regelwert bis zur Herstellungsgrenze. Der untere Grenzwert bezeichnet den Wert, bis zu dem die Verwendung eines Trassierungselementes sinnvoll und möglich ist. Bei der Einhaltung des oberen Regelgrenzwertes sind bei vorgegebenen Randbedingungen keine Nachteile für die Instandhaltung und für den Fahrkomfort zu erwarten. Der Ermessensgrenzwert leitet sich aus den Grenzwerten der EBO ab und soll grundsätzlich eingehalten werden.

Bei Planung und Entwurf von Fahrwegen der Eisenbahn sind in erster Linie Regelwerte vorgeschrieben. Soweit Werte zwischen dem Regelwert und dem Ermessensgrenzwert gewählt werden, ist diese Wahl zu begründen und zu dokumentieren. Die Verwendung eines Ausnahmegrenzwertes ist nur bei besonders schwierigen und komplizierten Planungsprojekten möglich und kann nur mit Zustimmung der Zentralen Prüfungsstelle genehmigt oder im Einzelfall auch über die Zulassung einer Ausnahme von den Vorschriften der EBO entschieden werden.
Während die Grenzwerte überwiegend unter dem Kriterium der Sicherheit festgelegt sind und teilweise auch zu einem erhöhten Verschleiß führen, berücksichtigen die Regelwerte auch die Aspekte der Wirtschaftlichkeit und des Fahrkomforts.

Bei der Planung neuer Gleisanlagen ist also die Verwendung von Mindestwerten nur auf Ausnahmefälle zu beschränken, bei denen das angestrebte Ausbauziel nicht anders oder nur mit wesentlich höheren Kosten erreicht werden kann. Dabei sollte bei der Beschränkung in Einzelfällen andere Trassierungsparameter für die Gleisanlage großzügiger angewandt bzw. die Strecke von Weichen, Kreuzungen etc. freigehalten werden, um die angestrebte Verkehrsqualität zu erhalten.

Die Entwurfsgeschwindigkeit V_e wird als ein dominierender Trassierungsparameter der Planung und dem Entwurf von Gleistrassen zugrunde gelegt, um im gesamten Planungsabschnitt eine möglichst einheitliche Geschwindigkeits-Kenngröße wirksam werden zu lassen. Dabei werden gleichzeitig auch weitere Regel- und Mindestparameter als Funktion von V_e verwendet. Damit wird erreicht, dass zusammenhängende, längere Abschnitte mit gleichbleibender, möglichst hoher Fahrgeschwindigkeit befahren werden können. In Anfahr- und Bremsbereichen ist die Entwurfsgeschwindigkeit möglichst dem Beschleunigungs- und Bremsvermögen der Zugeinheiten anzugleichen.

3.2 Trassierung mit dem Nulllinienverfahren

Jeder Planungsstudie zur Trassenfindung für den Fahrweg einer Gleistrecke liegt eine katasteramtlichen Grundkarte (verkleinert) als Lageplan im Maßstab 1:50000 mit den topografischen Einzelheiten der Landschaft und der Bebauung zugrunde, bei dem unter Vorgabe einer Entwurfsgeschwindigkeit V_e und maßgebender Steigung s [‰] zwischen den Höhenlinien ein Polygonzug mit gleichbleibendem Anstieg mit Hilfe der Zirkelschlagmethode hergestellt wird. Ausgangspunkt ist die Aufgabenstellung, zwischen den Punkten A und B eine möglichst gestreckte, gut in die ausgewiesene Topografie eingepasste und mit möglichst geringem Aufwand an Erdbewegungen und Bauwerken ausgestattete Fahrwegtrasse festzulegen. Dabei sind bereits in diesem Planungsstadium möglichst alle Anforderungen an die ökologischen Prämissen in wesentlichem Umfang zu berücksichtigen.
Folgende Arbeitsschritte sind vorgegeben:
Festlegung der Endpunkte A und B mit den Anschlussrichtungen; Markierung der Landschaftsschutzzonen und Bebauungsgrenzen sowie Festlegung eines Korridors für die beabsichtigte Linienführung; Abschätzung und Vorgabe der Entwurfsgeschwindigkeit V_e; Berechnung der Regel- und Mindestparameter in Abhängigkeit von V_e; Berechnung der Zirkelschlaglänge l_0 zur Überwindung der Höhendifferenz Δh zwischen zwei Höhenlinien mit der Steigung s [‰], wobei s_{max} nicht voll ausgenutzt ist.

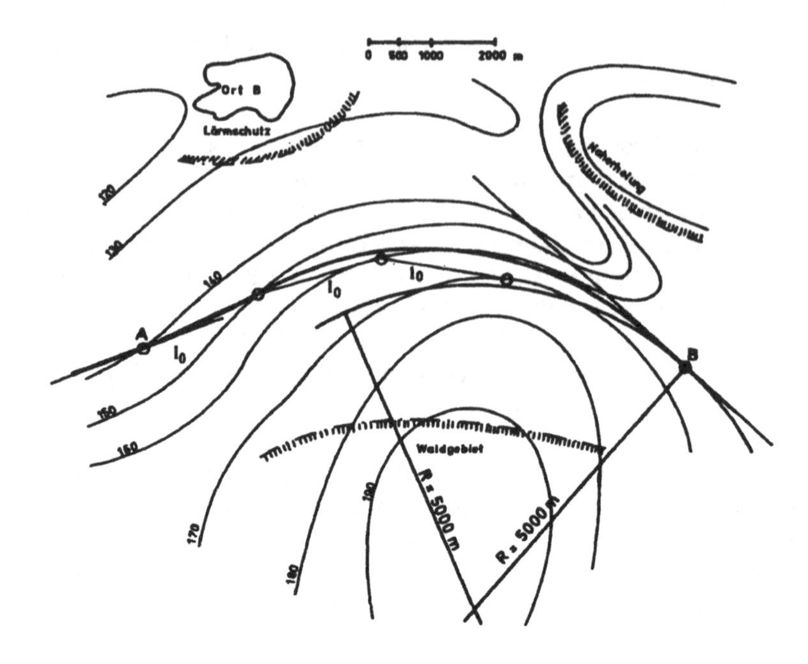

Abbildung 3.2: Gleistrassenfindung mittels Zirkelschlagmethode

Führung des Zirkelschlages mit der Einzelstrecke $\geq l_0$ von Höhenlinie zu Höhenlinie mit gleicher Höhendifferenz Δh. Die Nulllinie ist die Schnittlinie zwischen der Fahrwegebene und der Geländeoberfläche, die sich aus dem Polygonzug ergibt. Der Polygonzug wird mit großen Radien ausgerundet (z.B. $r = 5000\ m$), so dass im Lageplan eine möglichst gestreckte Linienführung erreicht wird.

Im Aufriss werden die Neigungsbrechpunkte nach der Auftragung des Geländeverlaufs mit großen Radien ausgerundet, so dass auch im Höhenplan eine möglichst gestreckte Form mit geringen Längsneigungen entsteht. Kann eine gleichbleibende Steigung nicht eingehalten werden, sind Bo-

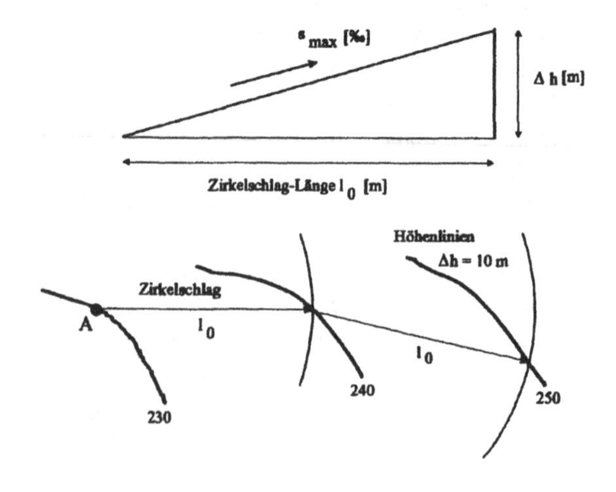

Abbildung 3.3: Zirkelschlagmethode

denbewegungen bzw. Tunnellagen erforderlich.

Tabelle für die Berechnung der Neigung 1 : n oder ‰	
entweder 1 : n	oder ‰
$L = h \cdot n$	$L = \frac{1000 \cdot h}{‰}$
$h = \frac{L}{n}$	$h = \frac{L \cdot ‰}{1000}$
$n = \frac{L}{h}$	$‰ = \frac{1000 \cdot h}{L} = s$

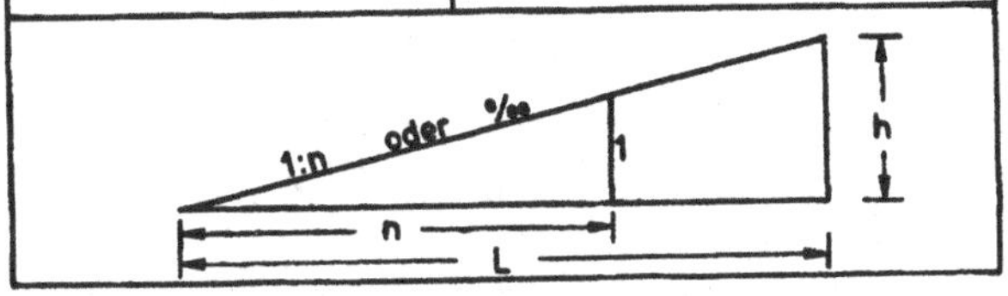

Abbildung 3.4: Tabelle für die Berechnung der Neigung 1:n

BEISPIEL: Festlegung der Zirkelschlag-Länge l_0

Planungsgrundlage: Lageplan im Maßstab 1:50000 (1 cm = 500 m); Regelradius für die Ausrundung des Polygonzuges $r = 3000$ $[m]$; max. Steigung $s = +4$ $[‰]$; Höhenliniendifferenz $\Delta h = 10$ $[m]$; Zirkelschlag-Länge $l_0 = \Delta h / s \cdot 1000 = 10/4 \cdot 1000 = 2500$ $[m]$ in der Natur $= 5$ $[cm]$ im Lageplan.

3.3 Trassierungselemente

3.3.1 Gerade

Das günstigste Trassierungselement bei der Planung und dem Entwurf von Fahrwegen der Eisenbahn ist die horizontale Gerade, da sich auf ihr hohe Fahrgeschwindigkeiten realisieren lassen. Die Krümmung einer Geraden ist definiert als $k = \frac{1000}{r}$ $[1000/m]$; für $r = \infty$ ergibt sich die Krümmung $k = 0$.

Die Gerade und der Kreisbogen sollen nach Maßgabe der DB AG - Richtlinie 800 0110 eine Mindestlänge von $l \geq 0.4 \cdot V_e$ $[m]$ haben, was einer Durchfahrung dieser Strecke von 1.5 sec mit der jeweiligen Geschwindigkeit V_e entspricht und als Beruhigungsphase des Zuges beim Wechsel der unterschiedlichen Trassierungselementen und der damit verbundenen Unstetigkeiten anzusehen ist.

3.3.2 Kreisbogen

Nach den allgemeinen Entwurfsgrundlagen der DB AG ist bei der Trassierung von Fahrwegen der Eisenbahn der Gleisbogenradius r in Abhängigkeit von der Entwurfsgeschwindigkeit V_e und der ausgleichenden Überhöhung u_0 nach dem Ansatz

$$r = 11.8 \cdot \frac{V_e^2}{u_0} \; [m] \tag{3.1}$$

zu ermitteln. Darin haben die Formelwerte folgende Dimensionen: V_e [km/h]; u_0 $[mm]$; r $[m]$.

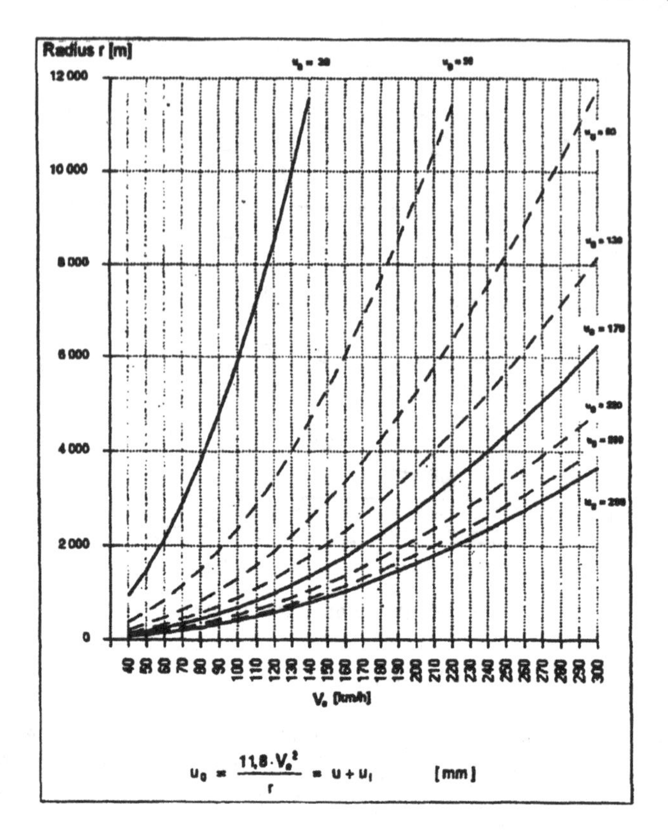

Abbildung 3.5: Gleisbogenradien in Abh. von Ve und u_0 nach der Richtlinie 800 0110 der DB AG

Die zu wählenden Planungswerte für u_0 und r sind dem Bild 2 der Richtlinie 800.0110 zu entnehmen.
Die Krümmung des Gleisbogenradius r ist definiert als $k = \frac{1000}{r}$ $[1000/m]$.

3.3.2.1 Überhöhung

Bei der Fahrt einer Zugeinheit durch einen Gleisbogen wirken auf die Massen der Fahrzeuge und der Ladung in horizontaler Richtung die Fliehkraft $F = m \cdot \frac{v^2}{r}$ $[kN]$ und damit die gleichgerichtete Zentrifugalbeschleunigung (Querbeschleunigung) $b_q = \frac{v^2}{r}$ $[m/sec^2]$. In diesen physikalischen Vorgaben sind: m $[t]$ Fahrzeugmasse; v $[m/sec]$ Fahrgeschwindigkeit; r $[m]$ Bogenradius.

Die Zentrifugalkraft wird über den Spurkranz des Fahrzeugrades in die Schiene abgeleitet. Diese nach außen gerichtete Führungskraft F muss begrenzt werden, weil durch die Kraftübertragung über den Anlaufpunkt des Spurkranzes in die Schiene die Führungskraft F gegenüber der Gewichtskraft so groß werden kann, dass Entgleisungen nicht ausgeschlossen sind. Weiterhin kann diese Horizontalkraft Lageverschiebungen verursachen, die zu großem Verschleiß und damit Unterhaltungsaufwand führen. Schließlich ist die Führungskraft zu begrenzen, weil die Horizontalbeschleunigung (Querbeschleunigung) auf Fahrgastebene im Regelfall 0.65 m/sec^2 als bisherige Komfortgrenze bzw. 0.85 m/sec^2 als neuer Zielwert und 1.0 m/sec^2 als Grenzwert gemäß Eisenbahn Bau- und Betriebsordnung nicht übersteigen soll.

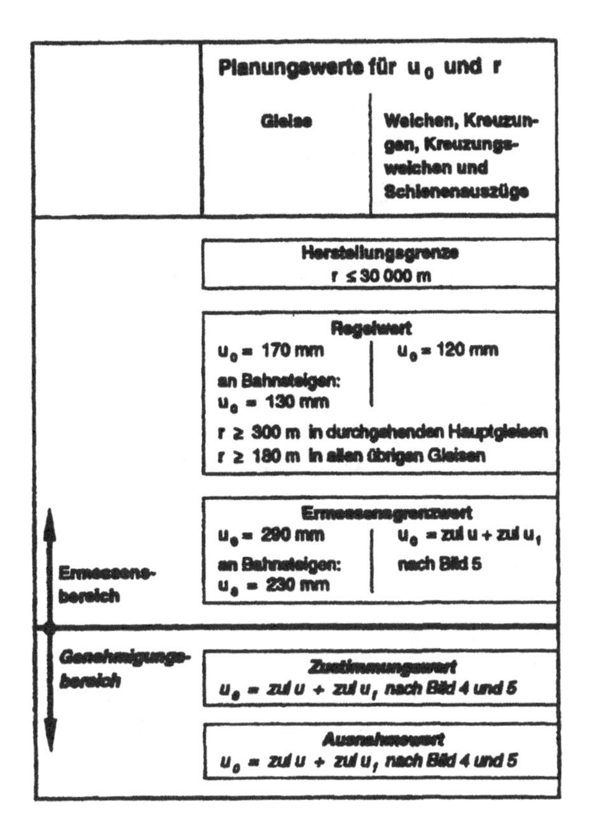

Abbildung 3.6: Bild 2 der Planungsrichtlinie 800 0110 der DB AG

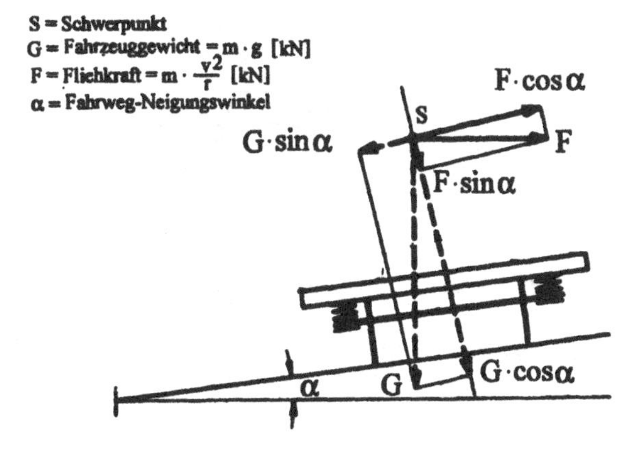

Abbildung 3.7: Wirkende Kräfte bei der Bogenfahrt

Um diese Kriterien zu erfüllen, erhält der Fahrweg-Querschnitt im Gleisbogen eine nach außen angehobene Querneigung, die sog. Überhöhung. Durch die Überhöhung wird die parallel zur Gleisebene verlaufende Fliehkraftkomponente $F \cdot \cos\alpha$ um die Gewichtskomponente $G \cdot \sin\alpha$ verringert. Die Überhöhung u $[mm]$ ist das Maß, um das die bogenäußere Schiene höher liegt als die bogeninnere. Die Oberkante der inneren Schiene ist der Drehpunkt, um den die äußere Schiene

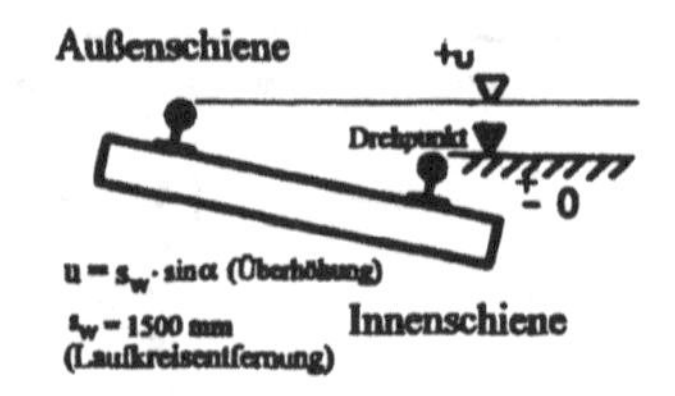

Abbildung 3.8: Überhöhung (Drehpunkt; Anheben der äußeren Schiene)

gedreht bzw. angehoben wird. Sie ist deshalb auch der Bezugspunkt für die Schienenoberkante des Gleises. Über die geneigten Fahrwegebene mit dem Neigungswinkel α und dem Abstand der Schienenkopfmittenabstand $l_w = 1500\ [mm]$ ergibt sich über $\sin\alpha = u/l_w$ mit $\sin\alpha \approx \tan\alpha$ die Überhöhung zu $u = \tan\alpha \cdot 1500\ [mm]$. Die Überhöhungen werden in der Regel in Stufen von 5 mm angewendet.
Um für die Überhöhung einen praktikablen Formelansatz zu erhalten, ist die Abhängigkeit zu den Größen der Seitenbeschleunigung zu untersuchen.

Bei der Betrachtung des Kräftegleichgewichts im Gleisbogen ist es sinnvoll, eine Zerlegung der Fliehkraft F und der Gewichtskraft G in Anteile parallel und senkrecht zur Fahrwegebene vorzunehmen. Dabei ergibt sich der nach außen gerichtete Fliehkraftanteil $F \cdot \cos\alpha$ und in der Gegenrichtung die parallel wirkende Gewichtskraftanteil $G \cdot \sin\alpha$. Betrachtet man hier die horizontal wirkenden Beschleunigungen aus diesen Kraftanteilen so, erhält man einen Überschuss an Seitenbeschleunigung (freie Seitenbeschleunigung) Δb.

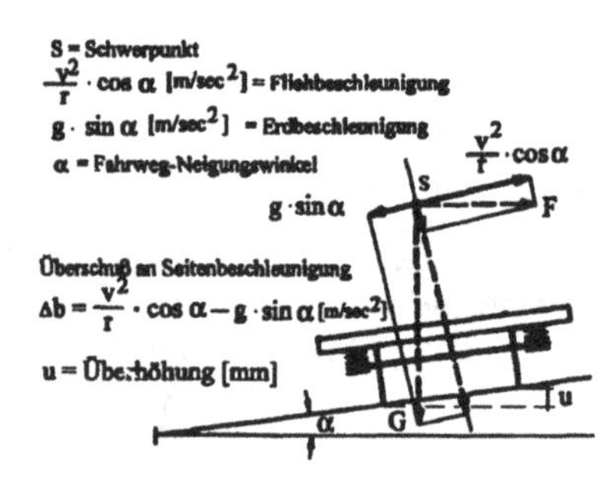

Abbildung 3.9: Wirksame Beschleunigungsanteile bei der Bogenfahrt

Aus den parallel zu der Fahrweg-Ebene wirkenden Radialbeschleunigung $b_q = v^2/r\ [m/sec^2]$ und der Erdbeschleunigung $g\ [m/sec^2]$ ergibt sich aus dem folgenden Gleichgewicht der Überschuss an Seitenbeschleunigung:

$$\Delta b = \frac{v^2}{r} \cdot \cos\alpha - g \cdot \sin\alpha \tag{3.2}$$

Weiter aufbereitet ergibt mit $\sin\alpha = \frac{u}{l_w}$ und $v = \frac{V}{3.6}$ und $\cos\alpha = 1$ bei kleinen Neigungswinkeln:

$$\Delta b = \frac{V^2}{3.6^2 \cdot r} - \frac{g \cdot u}{l_w} = \frac{V^2}{12.96 \cdot r} - \frac{u}{153}\ [m/sec^2] \tag{3.3}$$

Darin sind: $V\ [km/h]$ Geschwindigkeit; $r\ [m]$ Bogenradius; $u\ [mm]$ Überhöhung; $1500\ [mm]$

Laufkreisabstand.

Hieraus ergibt sich ein Ausdruck für die Überhöhung:

$$u = \frac{v^2 \cdot l_w}{r \cdot g} - \frac{\Delta b \cdot l_w}{g} = \frac{V^2 \cdot 1500}{3.6^2 \cdot r \cdot 9.81} - \frac{\Delta b \cdot 1500}{9.81} \; [mm] \tag{3.4}$$

Somit entsteht die allgemeine Bemessungsformel für die Überhöhung:

$$u = \frac{11.8 \cdot V^2}{r} - 153 \cdot \Delta b \; [mm] \tag{3.5}$$

Die Planungswerte der Überhöhung u für Gleise, Weichen, Kreuzungen, Kreuzungsweichen und Schienenauszüge sind Bild 3 der Richtlinie 800.0110 der DB AG zu entnehmen.

3.3.2.2 Überhöhungsfehlbetrag u_f

Der Ausdruck $153 \cdot \Delta b$ in dem obigen Ansatz ist bei der nicht ausgeglichenen Seitenbeschleunigung der Überhöhungsfehlbetrag u_f. Dieser Überhöhungsfehlbetrag ist das Maß, um das die vorhandene Überhöhung kleiner als die ausgleichende Überhöhung ist. Er tritt bei schnellen Zügen auf und umfasst folgenden Ansatz:

$$u_f = u_0 - u = 153 \cdot \Delta b \tag{3.6}$$

Dabei ist mit max $\Delta b = 0.65$ $[m/sec^2]$ (Bisherige Komfortgrenze) $u_f = 100$ $[mm]$; mit max $\Delta b = 0.85$ $[m/sec^2]$ (Bisheriger absolute Grenzwert) ist $u_f = 130$ $[mm]$.

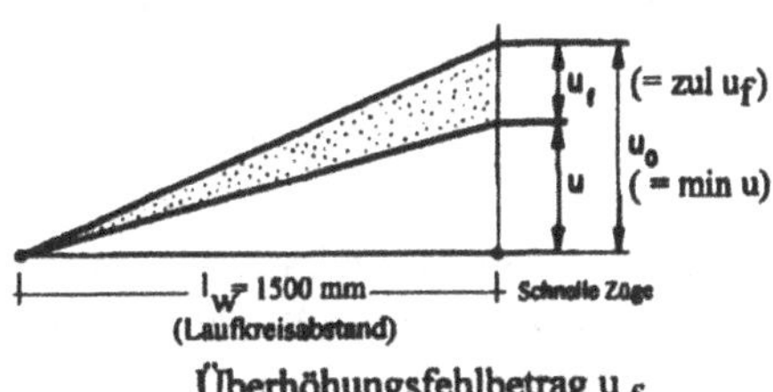

Abbildung 3.10: Darstellung von u_f

Die Planungswerte für Überhöhungsfehlbeträge u_f in Gleisen, Weichen, Kreuzungen, Kreuzungsweichen und Schienenauszüge sind in dem folgenden Planungsrahmen der Richtlinie 800.0110 der DB AG festgelegt:
Die Ermessensgrenzwerte für die zulässigen Überhöhungsfehlbeträge $zul\ u_f$ in Abhängigkeit von der Entwurfsgeschwindigkeit V_e in Weichen, Kreuzungen, Kreuzungsweichen und Schienenauszüge sind in Bild 5 der Richtlinie 800.0110 der DB AG ausgewiesen. Voraussetzung für die Anwendung von Überhöhungsfehlbeträgen $zul\ u_f > 130$ $[mm]$ ist, dass die Fahrzeuge ausdrücklich zugelassen sind. Negative Überhöhungen sind zulässig.

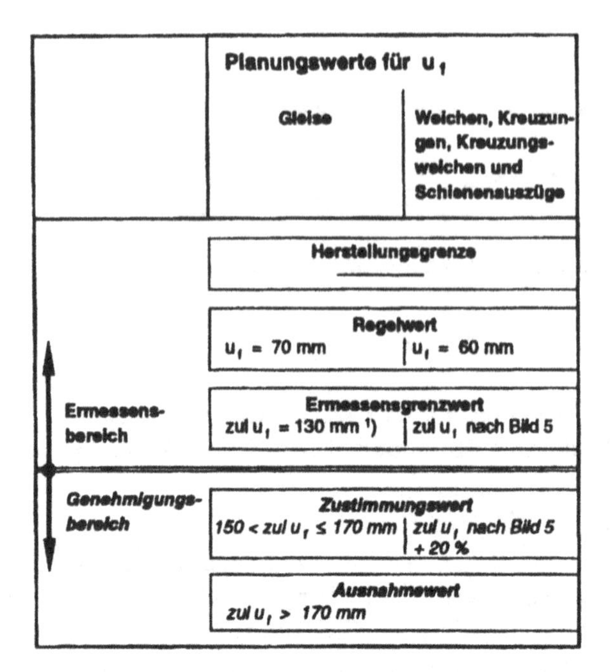

[1]) zul u_f = 150 mm bei Reisezügen in Radien r ≥ 650 m außerhalb von Zwangspunkten, wie Übergängen zwischen Fahrbahnen mit und ohne Bettung sowie befestigten Bahnübergängen. Bei Gleisen mit Bogenradien r < 1 000 m ist für die Planung von Überhöhungsfehlbeträgen u_f > 130 mm die Zustimmung durch die Zentrale erforderlich.

Abbildung 3.11: Planungsrahmen für u_f nach der Richtlinie 800.0110 der DB AG

ÜBERHÖHUNGSÜBERSCHUSS u_u

Ein Überhöhungsüberschuss entsteht, wenn die vorhandene Überhöhung größer als die ausgeglichene Überhöhung ist; er wird begrenzt durch die zur Bogeninnenseite gerichtete Hangabtriebskraft und kann bei langsamen Güterzügen auftreten.

$$u_u = u - u_0 \tag{3.7}$$

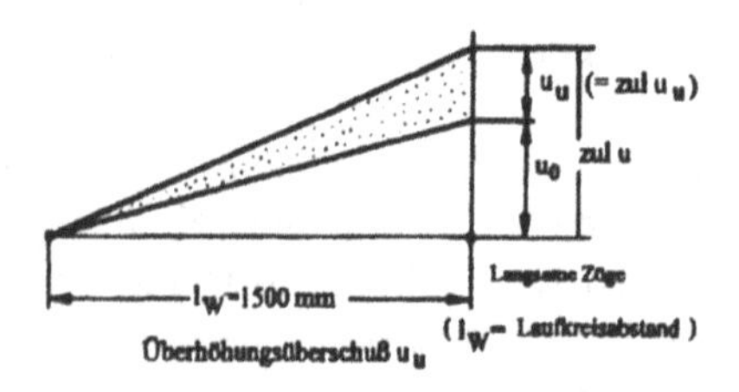

Abbildung 3.12: Darstellung von u_u

AUSGLEICHENDE ÜBERHÖHUNG u_0

Wird der Überschuss an Seitenbeschleunigung Δb vollständig durch die Querneigung des Fahrweges kompensiert, entsteht die ausgleichende Überhöhung u_0.
Dabei erfolgt ein Fliehkraftausgleich zwischen der Fliehkraftkomponente $F \cdot \cos\alpha$ und der Gewichtskomponente $G \cdot \sin\alpha$. Bei der ausgleichenden Überhöhung steht die Resultierende aus der Fliehbeschleunigung b $[m/sec^2]$ und der Erdbeschleunigung g $[m/sec^2]$ senkrecht auf der Fahrwegebene. In dem Formelansatz für die allgemeine Überhöhung setzt man den Ausdruck $\Delta b = 0$ und erhält die ausgleichende Überhöhung

$$u_0 = \frac{11.8 \cdot V_0^2}{r_0} \; [mm] \tag{3.8}$$

Darin sind: V_0 $[km/h]$ Geschwindigkeit beim Fliehkraftausgleich; r_0 $[m]$ Bogenradius beim Fliehkraftausgleich.

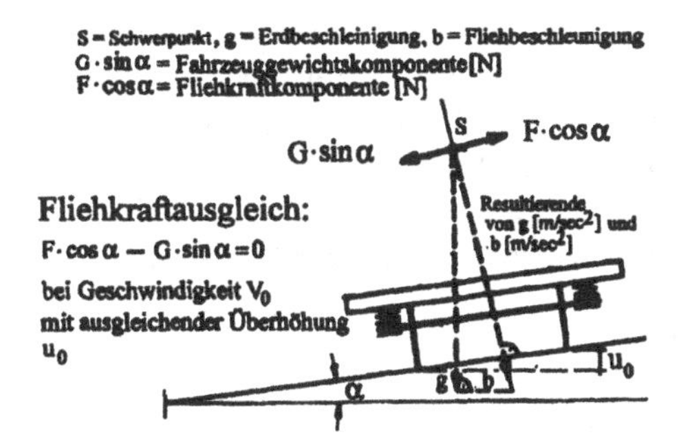

Abbildung 3.13: Fliehkraftausgleich bei der Überhöhung u_0

Planungswerte für die ausgleichende Überhöhung u_0 und dem Kreisbogenradius r für Gleise, Weichen, Kreuzungen, Kreuzungsweichen und Schienenauszüge sind Bild 2 der Richtlinie 800.0110 der DB AG zu entnehmen.

ZULÄSSIGE ÜBERHÖHUNG $zul\ u$

Allgemein gilt:

$$zul\ u = 11.8 \cdot \frac{V^2}{r} + zul\ u_u \tag{3.9}$$

Unter Einwirkung des Eisenbahnbetriebes darf nach der Richtlinie 800 0110 aus Gründen einer wirtschaftlichen Gleiserhaltung durch die Begrenzung der zur Bogeninnenseite gerichtete Hangabtriebskraft der langsamen Güterzüge die zulässige Überhöhung $zul\ u$ den Wert 180 mm nicht überschreiten. Um diesen Grenzwert sicherzustellen, sind bei der DB die Werte festgelegt auf 160 mm bei Schotteroberbau in besonders stabilen und gut unterhaltenen Fahrwegen sowie auf 170 mm bei schotterlosem Oberbau.
Weiterhin soll die Überhöhung nicht größer sein als 120 mm auf einem Fahrweg mit gemischtem Betrieb im Personen- und Güterverkehr bei einer zulässigen Geschwindigkeit $V > 160$ $[km/h]$ und in Gleisen mit sehr starkem Güterverkehr (60 000 t/Tg. und größer) und 100 mm in Weichen und an Bahnsteigen.

Die Überhöhung in Gleisbögen unter $r < 300\ [m]$ darf bei Neubauten und soll bei Umbauten nicht größer als $zul\ u \leq \frac{r-50}{1.5}\ [mm]$ angelegt werden.

MINDESTÜBERHÖHUNG $min\ u$

Wenn Eisenbahnfahrzeuge schneller fahren, als bei der Festlegung der ausgleichenden Überhöhung u_0 unterstellt wird, dann wird der Überschuss an Seitenbeschleunigung Δb mit zunehmender Geschwindigkeit V größer. Um diese Seitenbeschleunigung zu begrenzen, darf der Überhöhungsfehlbetrag u_f nicht zu groß werden. Mit Rücksicht auf die Entgleisungssicherheit muss die Überhöhung mindestens den Wert erreichen:

$$\min u = \frac{11.8 \cdot zul\ V^2}{r} - zul\ u_f\ [mm] \tag{3.10}$$

REGELÜBERHÖHUNG $reg\ u$

Bei Fahrwegen, die im Mischbetrieb (Schnelle Reisezüge und langsame Güterzüge) befahren werden, können die Gleise aus der wechselnden Beanspruchung einer unterschiedlichen Abnutzung unterliegen. Deshalb ist es wichtig, die Überhöhung dieser Gleise so zu wählen, dass die Hangabtriebskraft der langsamen Züge und die freie Seitenbeschleunigung Δb der schnellen Züge zu einer möglichst gleichen Abnutzung führen.
Der Formelansatz für $reg\ u$ ergibt sich aus folgender Überlegung:

Die Mindestüberhöhung ist

$$\min\ u = \frac{11.8 \cdot zul\ V^2}{r} - zul\ u_f\ [mm] \tag{3.11}$$

hieraus ergibt sich der Mindestradius eines Gleisbogens zu

$$r_{min} = \frac{11.8 \cdot zul\ V^2}{minu + zul\ u_f}\ [mm] \tag{3.12}$$

Im Diagramm wird der Bereich möglicher Überhöhungen durch das Viereck $OABC$ begrenzt. Sinnvolle Überhöhungen liegen innerhalb der gerasterten Fläche. Die Regelüberhöhungen $reg\ u = f(r)$ liegen auf der Geraden OB.

Aus dem Diagramm ergibt sich folgende Proportionalteilung:

$$\frac{reg\ u}{\frac{1000}{r}} = \frac{u_{r_{min}}}{\frac{1000}{r_{min}}} \tag{3.13}$$

$$reg\ u \cdot r = u_{r_{min}} \cdot r_{min} \tag{3.14}$$

Der allgemeine Ausdruck für die Regelüberhöhung ist dann $reg\ u = \frac{u_{r_{min}} \cdot r_{min}}{r}$.

Den Ansatz für r_{min} hier eingesetzt mit $min\ u = 150\ [mm]$, $u_{r_{min}} = 150\ [mm]$ und $zul\ u_f = 100\ [mm]$ ergibt die Regelüberhöhung

$$reg\ u = 11.8 \cdot \frac{zul\ V^2}{150 + 100} \cdot \frac{150}{r} = 7.1 \cdot \frac{zul\ V^2}{r}\ [mm] \tag{3.15}$$

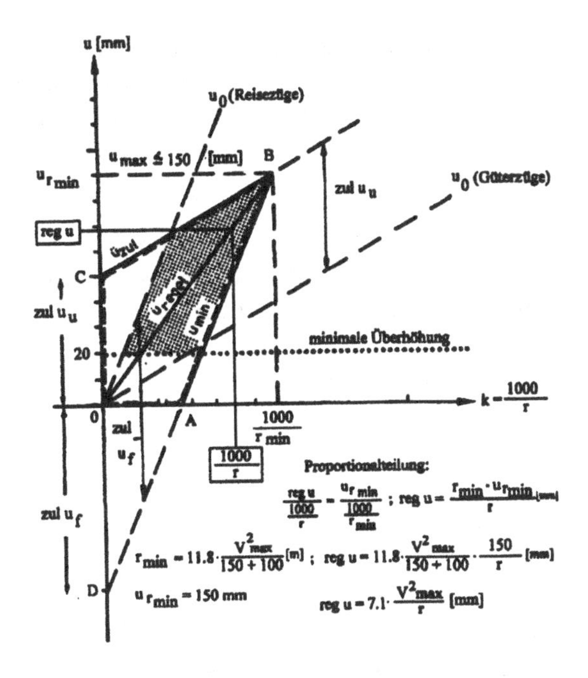

Abbildung 3.14: Proportionalteilung u/k - Diagramm

Der Ansatz für die Regelüberhöhung $reg\ u = 7.1 \cdot \frac{zul V^2}{r}$ $[mm]$ gilt nach den neuen Festlegungen der DB AG generell für Schnellfahrstrecken (einschl. Güterzüge bis 10 000 t/Tag) und S-Bahn-Strecken.

Für den gemischten Betrieb ist wie folgt zu differenzieren:

1. $\max V \leq 120\ [km/h]$
   $reg\ u = 7.1 \frac{zul\ V^2}{r}\ [mm]$
2. $120 < \max V\ [km/h] \leq 160$
   $u_{r_{min}} = 150\ [mm];\ zul\ u_f = 130\ [mm];$

$$reg\ u = \frac{11.8 \cdot zul\ V^2}{150 + 130} \cdot \frac{150}{r} \tag{3.16}$$

$$reg\ u = 6.5 \cdot \frac{zul\ V^2}{r}\ [mm] \tag{3.17}$$

3. $160 < \max V\ [km/h] \leq 200$
   $u_{r_{min}} = 150\ [mm];\ zul\ u_f = 150\ [mm];$

$$reg\ u = \frac{11.8 \cdot zul\ V^2}{150 + 150} \cdot \frac{150}{r} \tag{3.18}$$

$$reg\ u = 5.9 \cdot \frac{zul\ V^2}{r}\ [mm] \tag{3.19}$$

Bei der Verwendung der Regelüberhöhung darf die Mindestüberhöhung nicht unterschritten werden. Die Regelüberhöhung wird auf eine durch 5 teilbare Zahl gerundet. Regelüberhöhungen von weniger als 20 mm sollen nicht hergestellt werden. In Korbbögen soll eine gleichmäßige Überhöhung angewendet werden, wenn die Regelüberhöhungen in den einzelnen Korbbogenanteilen nicht wesentlich voneinander abweichen.

Bei Gleisbögen in Bahnhöfen und in Streckenabschnitten, in denen nur wenige Züge die örtlich zulässige Geschwindigkeit erreichen oder in Streckenabschnitten, in denen die Züge häufig halten, soll die Überhöhung möglichst zwischen der Mindestüberhöhung

$$\min u = \frac{11.8 \cdot V_e^2}{r} - zul\ u_f\ [mm] \tag{3.20}$$

und der Regelüberhöhung

$$reg\ u = \frac{7.1 \cdot V_e^2}{r}\ [mm] \tag{3.21}$$

gewählt werden.
Auf Streckenabschnitten, die nur von Zügen mit annähernd gleichen Geschwindigkeiten befahren werden, soll die Überhöhung möglichst zwischen der Regelüberhöhung $reg\ u = \frac{7.1 \cdot V_e^2}{r}\ [mm]$ und der ausgleichenden Überhöhung $u_0 = \frac{11.8 \cdot V_e^2}{r}\ [mm]$ angelegt werden.

3.3.2.3 Maximal zulässige Geschwindigkeiten im Kreisbogen

Bei der Fahrt durch einen Gleisbogenradius r werden die entstehenden Fliehkräfte in Abhängigkeit von der Geschwindigkeit V durch die eingebaute Überhöhung u kompensiert.
Der Ansatz für die allgemeine Überhöhung lautet: $u = \frac{11.8 \cdot V^2}{r} - zul\ u_f\ [mm]$; hieraus lässt sich nach Maßgabe der EBO die maximal zulässige Geschwindigkeit $zul\ V$ im Gleisbogen bestimmen zu:

$$zul\ V = \sqrt{\frac{r}{11.8} \cdot (u + zul\ u_f)}\ [km/h] \tag{3.22}$$

Darin sind: $r\ [m]$ Kreisbogenhalbmesser; $u\ [mm]$ vorhandene Überhöhung im Gleisbogen; $zul\ u_f = 130\ [mm]$ Überhöhungsfehlbetrag bei einer freien Seitenbeschleunigung von $\Delta b = 0.85\ [m/sec^2]$.

Der Überhöhungsfehlbetrag u_f ist in Abhängigkeit von der Fahrgeschwindigkeit, der Beschaffenheit des Fahrwegkonstruktion und von der Bauart der Fahrzeuge festzulegen. Dabei soll der Überhöhungsfehlbetrag u_f den Wert 150 mm nicht übersteigen. Aufgrund dieser Vorgabe durch die EBO wurde der Überhöhungsfehlbetrag $u_f\ [mm]$ in Abhängigkeit von der zulässigen Geschwindigkeit $zul\ V\ [km/h]$ von der DB AG in ihrer Richtlinie 800 0110 festgelegt:
BEISPIEL:

In einer zweigleisigen Strecke liegt ein Gleisbogen $r = 900\ [m]$ mit einer eingebauten Überhöhung von $vorh\ u = 80\ [mm]$. Mit welcher zulässigen Geschwindigkeit kann der Kreisbogen befahren werden? Gewählter Überhöhungsfehlbetrag $zul\ u_f = 130\ [mm]$
$zul\ V = \sqrt{\frac{900}{11.8} \cdot (80 + 130)} = 126.6\ [km/h]$

	Ermessensgrenzwerte zul u_f [mm] in Weichen, Kreuzungen, Kreuzungsweichen und Schienenauszügen			
	Entwurfsgeschwindigkeit [km/h]			
Konstruktion	$v_e \leq 120$	$120 < v_e \leq 160$	$160 < v_e \leq 200$	$200 < v_e \leq 300$
Weichenbogen mit feststehender Herzstückspitze im Innenstrang	≤ 110		≤ 90	nicht zulässig
Weichenbogen mit feststehender Herzstückspitze im Außenstrang	≤ 110	≤ 100	≤ 60	nicht zulässig
Bogenkreuzungen und Bogenkreuzungsweichen	≤ 100		nicht zulässig	nicht zulässig
Weichenbogen mit beweglicher Herzstückspitze	≤ 130			[1])
Schienenauszüge im Bogen	≤ 100			[1])
für Züge mit Neigetechnik in o.g. Konstruktionen	≤ 150			—

Abbildung 3.15: Planungsrahmen für die Überhöhungsfehlbeträge $zul\ u_f$

Festgelegt: $zul\ V = 120\ [km/h]$

BEISPIEL:

a) Eine S-Bahnstrecke mit einem Gleisbogen $r = 1800\ m$ wird mit einer annähernd gleichen Geschwindigkeit $V = 120\ [km/h]$ befahren. Wie groß ist die ausgleichende Überhöhung?

Ausgleichende Überhöhung

$$u_0 = \frac{11.8 \cdot zul\ V^2}{r} = \frac{11.8 \cdot 120^2}{1800} = 94.4\ [mm] \tag{3.23}$$

Die Überhöhung wird immer auf die nächste durch 5 teilbare ganze Zahl aufgerundet. Also die ausgleichende Überhöhung wird festgelegt auf $u_0 = 95\ [mm]$.

b) Der Gleisbogen $r = 1800\ [m]$ mit einer Überhöhung $u = 100\ [mm]$ wird mit einer Geschwindigkeit $V = 140\ km/h$ befahren. Wie groß ist der Überschuss an Seitenbeschleunigung?

Der Überschuss an Seitenbeschleunigung beträgt

$$\Delta b = \frac{V^2}{3.6^2 \cdot r} - \frac{u}{153} = \frac{140^2}{12.96 \cdot 1800} - \frac{100}{153} = 0.19\ [m/sec^2] \tag{3.24}$$

Die ausgleichende Überhöhung beträgt

$$u_0 = \frac{11.8 \cdot V^2}{r} = \frac{11.8 \cdot 140^2}{1800} = 129\ [mm] \tag{3.25}$$

Die vorhandene, eingebaute Überhöhung beträgt $u = 100$ $[mm]$; zwischen der vorhandenen und der ausgleichenden Überhöhung $u_0 = 129$ $[mm]$ besteht ein Überhöhungsfehlbetrag $u_f = 29$ $[mm]$.

Durch den Überhöhungsfehlbetrag $u_f = 29$ $[mm]$ wird die oben ermittelte freie Seitenbeschleunigung $\Delta b = 0.19$ $[m/sec^2]$ hervorgerufen.

c) Der Gleisbogen $r = 1800$ $[m]$ mit einer Überhöhung $u = 100$ $[mm]$ wird mit einer Geschwindigkeit $V = 80$ $[km/h]$ befahren. Wie groß ist der Überhöhungsüberschuss u_u?

Die ausgleichende Überhöhung beträgt

$$u_0 = \frac{11.8 \cdot V^2}{r} = \frac{11.8 \cdot 80^2}{1800} = 42\ [mm] \tag{3.26}$$

Der Überhöhungsüberschuss beträgt $u_u = u - u_0 = 100 - 42 = 58$ $[mm]$.
Für den Überhöhungsüberschuss u_u errechnet sich die freie Seitenbeschleunigung

$$\Delta b = \frac{V^2}{3.6^2 \cdot r} - \frac{u}{153} = \frac{80^2}{12.96 \cdot 1800} - \frac{100}{153} = 0.27 - 0.65 = -0.38\ [m/sec^2] \tag{3.27}$$

Das negative Vorzeichen macht deutlich, dass die freie Seitenbeschleunigung Δb zur Bogeninnenseite gerichtet ist und es sich hierbei um eine Hangabtriebsbeschleunigung handelt.

3.3.2.4 Grenzfall des Entgleisens im Gleisbogen

Bei der Fahrt eines Eisenbahnfahrzeuges durch einen Gleisbogen hat das Fahrzeug das Bestreben, geradeaus zu laufen. Es wird daran durch die Spurkranzführung des Außenrades des ersten Radsatzes an der Außenschiene gehindert. Der zweite Radsatz bewegt sich in Abhängigkeit vom Spurspiel sp, dem Gleisbogenhalbmesser r und dem Achsstand a des Eisenbahnfahrzeuges im Freilauf, also unbehindert im Gleisbogen oder läuft mit dem Spurkranz des inneren Rades an der Innenschiene, als sogenannter Spießgang (Das äußere Rad der ersten Achse läuft an der Außenschiene und das innere Rad des zweiten Radsatzes berührt die Innenschiene). Die Spießgangstellung ergibt sich also dann, wenn enge Radien mit großen Radständen zusammenfallen. Es entstehen dabei im Schienenquerschnitt Seitenkräfte als Reaktion auf die nicht ausgeglichene Seitenbeschleunigung und aus der Wirkung, das Drehgestell in die Bogenfahrt zu zwingen. Die Bogenfahrt ist für den starren, ungelenken Rahmen des Drehgestells nur durch Quergleiten um den sogenannten Reibungsmittelpunkt möglich. Dieses Quergleiten erzeugt Reibungskräfte in der horizontalen Ebene und wird durch die Richtkraft R des führenden bogenäußeren Rades und – im Fall der Spießgangstellung – des hintersten Rades erzwungen.
Der Reibungsmittelpunkt fällt hier aufgrund des Spurspiels nicht mit dem geometrischen Mittelpunkt des Drehgestells zusammen. Das führende bogenäußere Rad trifft mit einem Anschneidewinkel $\alpha \leq 2°$ auf die Schiene. Der Spurkranz-Druckpunkt ist vorverlagert. Der Spurkranz gleitet dort beim Anlauf ständig nach unten. Die durch die Reibung hervorgerufene Reaktionskraft $R = \nu \cdot N$ ist daher bei den rollenden Rädern stets nach oben gerichtet und drückt den Spurkranz und damit das Rad hoch. Weiter berühren sich bei den anlaufenden Rädern Rad und Schiene in der Regel an zwei Aufstandspunkten A und B. Bei Außerradialstellung des Radsatzes wandert der Berührungspunkt B durch das Aufklettern des Spurkranzes in den Berührpunkt A auf der Radlauffläche. Es geht die Zweipunkt-Berührung in eine Einpunkt-Berührung über und es kann durch weiteres Aufklettern des Spurkranzes zum Entgleisen kommen. Maßgebend für die Gefahr des Entgleisens durch Aufklettern sind eine große Normalkraft N als Reaktionskraft und damit eine hohe

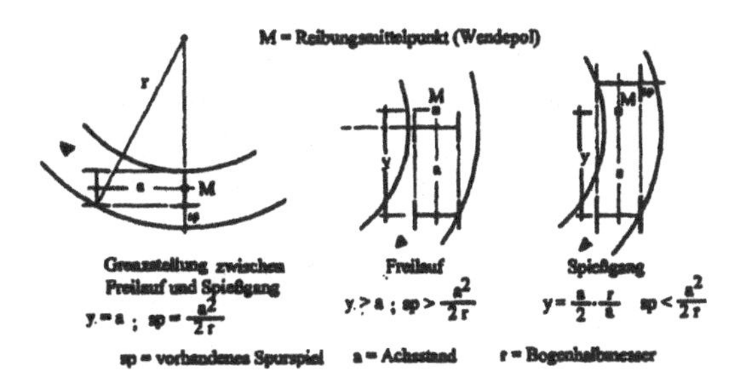

Abbildung 3.16: Fahrzeugstellung im Gleisbogen

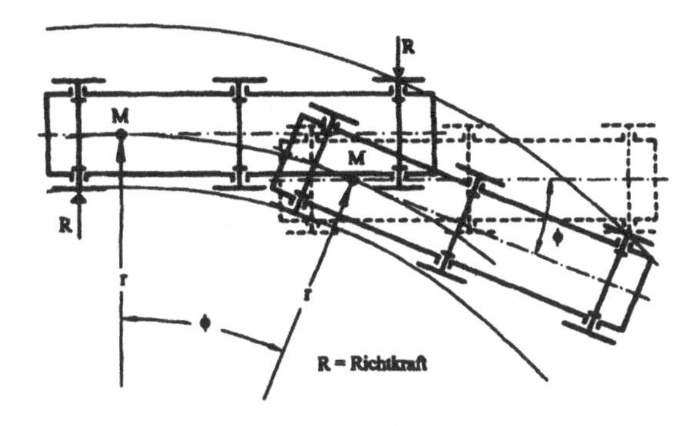

Abbildung 3.17: Bogenfahrt eines Fahrzeug-Drehgestells – Spießgangstellung

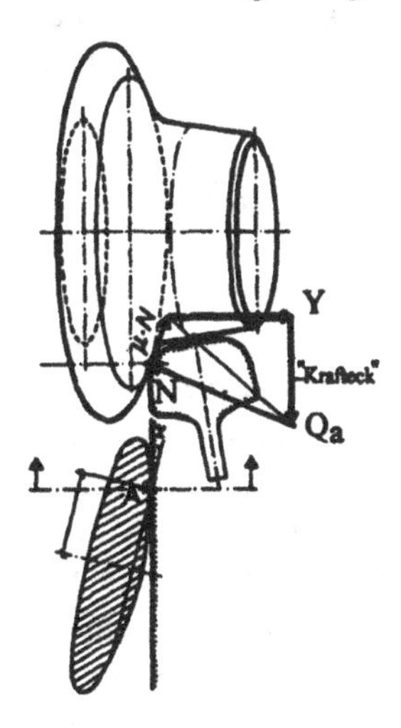

Abbildung 3.18: Wirksame Kräfte am Spurkranz-Druckpunkt

Führungskraft Y sowie ein geringes Fahrzeuggewicht und damit eine geringe vertikalen Radlast Q. Durch die freie Seitenbeschleunigung sowie durch Quergleitvorgänge zwischen Radsatz und Schiene im Gleisbogen entsteht eine große Horizontalkraft als sogenannte Führungskraft

$$Y = Fy + T_{yi} + m_R \cdot y_R \; [kN] \tag{3.28}$$

Darin sind: $Fy = Fy_{st} + Fy_{dyn}$ $[kN]$ Gesamte Radsatzlagerquerkraft = statische Radsatzlagerquerkraft + dynamische Radsatzlagerquerkraft aus der Störbewegung der abgefederten Fahrzeugmassen; $T_{yi} = Q_i \cdot \tan(\gamma + \rho) - (i)$ $[kN]$ Querkraft am am bogeninneren Rad; $m_R \cdot y_R$ $[kN]$ Trägheitskraft des Radsatzes aus einer Querbeschleunigung (G_R = Gewicht des Radsatzes); γ Neigungswinkel des Radprofils am Berührungspunkt; $\tan \rho = \mu$ $[-]$ Reibungskoeffizient

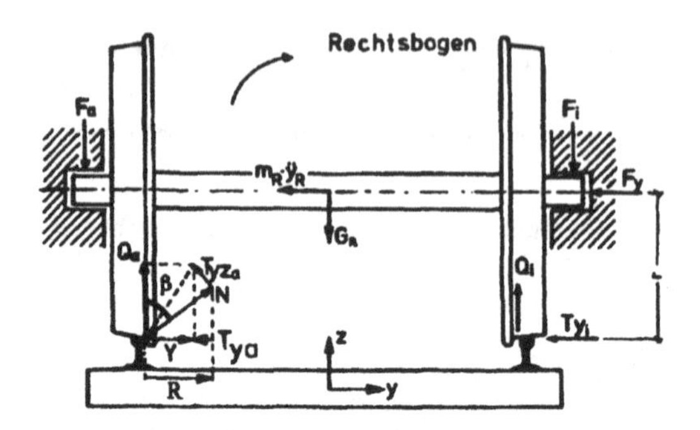

Abbildung 3.19: Wirksame Kräfte am Radsatz bei der Bogenfahrt – Rechtsbogen

Die horizontal wirkende Führungskraft Y an der spurkranzberührten Außenschiene enthält folgende Anteile:

– Wirkung der unausgeglichenen Querbeschleunigung
Die Querkräfte infolge unausgeglichener Querbeschleunigung F_{yst} sind von der Masse des Fahrzeuges und von der Größe der Querbeschleunigung abhängig. Wenn die Größe der unausgeglichenen Querbeschleunigung konstant bleibt, so ändert sich nicht der Anteil der dadurch hervorgerufenen Querkraft.

– Quergleitwiderstand T_{yi}, beeinflusst durch Radstand und Radsatzführung der Laufwerkskonstruktion sowie der Radsatzlast $Q = Q_i + Q_a$.

Neben den hohen Achslasten verursachen Bögen mit kleinen Radien, ab etwa $R = 700$ $[m]$, einen starken Anstieg der Führungskräfte. Dabei bewirkt das Laufwerk die geringsten Führungskräfte, dass es dem Radsatz ermöglicht, kegelrollend durch einen Bogen zu fahren. Es ist deshalb günstig, dass sich ein Radsatz in einem engen Bogen möglichst radial einstellen kann. Verhindert die Laufwerkskonstruktion diese Radeinstellung, so ergibt sich im Gleisbogen zwangsläufig ein Anlaufwinkel zur Schiene und damit ein Quergleiten, das eine Horizontalkraft erzeugt.
Wenn die Fliehkraft beim Befahren des Gleisbogens in idealer geometrischer Lage bei ausgeglichener Geschwindigkeit durch die Überhöhung des Gleises vollkommen kompensiert ist und und keine Störbewegungen des Fahrzeuges durch Gleisunregelmäßigkeiten entstehen, wird die Führungskraft am bogenäußeren Rad nahezu allein vom Quergleitwiderstand des bogeninneren Rades verursacht, so dass die Führungskraft $Y = T_{yi} = Q_i \cdot \tan(\gamma + \rho_i)$ $[kN]$ wird. Durch die Führungskraft Y und den Quergleitwiderstand T_{yi} werden die beiden Schienen des Gleises auseinander gedrückt.

– Einfluss der Schwingung des Fahrzeugkastens und der Bewegung des Radsatzes

Der dynamische Querkraftanteil ($Fy_{dyn} + \mu$) nimmt mit der Geschwindigkeit überproportional zu. Seine Größe wird von den Querfederungseigenschaften des Fahrzeuges und den Gleisunregelmäßigkeiten bestimmt. Ist die Geschwindigkeit klein, so entstehen bei einer schlechten Querfe-

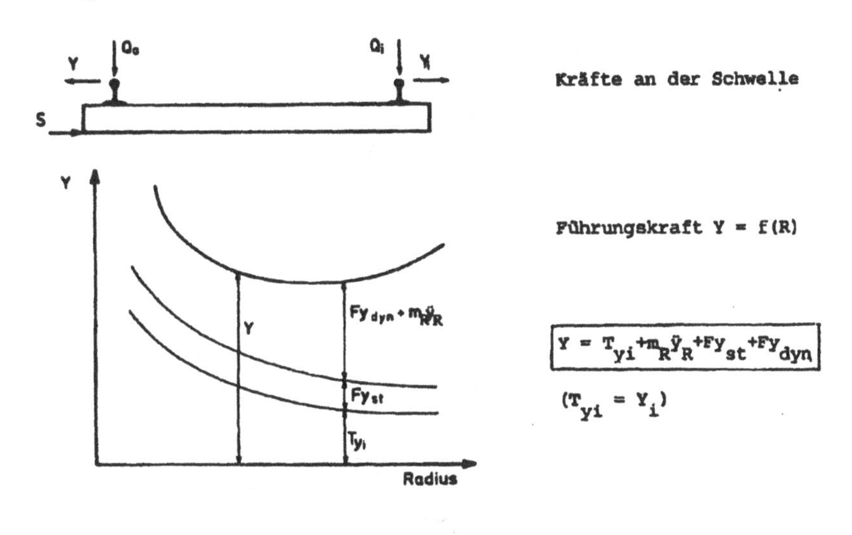

Kräfte bei Fahrt durch einen Rechtsbogen

F_a, F_i	= Federkräfte aus Wagengewicht und Kippmoment
R	= Richtkraft = Y + $\lvert T_{ya} \rvert$
Qa	= Senkrechte Radlast des bogenäußeren, führenden Rades
Qi	= Senkrechte Radlast des bogeninneren Rades
Y	= Querkraft am bogenäußeren Rad = Führungskraft
Tyi	= Querkraft am bogeninneren Rad = Qi · tan $(\gamma+\varrho)_i$
Fy	= Gesamte Radsatzlagerquerkraft = Fy_{st} + Fy_{dyn}
Fy_{dyn}	= Radsatzlagerquerkraft aus der Störbewegung der abgefederten Fahrzeugmassen
$m_R \cdot \ddot{y}_R$	= Trägheitskraft des Radsatzes aus einer Querbeschleunigung G_R = Gewicht des Radsatzes
S	= Schwellenquerkraft
γ	= Neigungswinkel des Radprofils im Berührungspunkt
$tg\varrho=\mu$	= Reibungskoeffizient
β	= Spurkranzneigung
T_{yza}	= Reibungskraft, in der Ebene der Spurkranzneigung, als Reaktionskraft nach oben gerichtet

Abbildung 3.20: Wirksame Kräfte an Schiene und Schwelle bei der Bogenfahrt

derung und bei großen Gleisunregelmäßigkeiten relativ kleine zusätzliche Querkräfte. Ist dagegen die Geschwindigkeit groß, so führen bei einer schlechten Querfederung des Fahrzeuges bereits kleinere Gleislagefehler zu hohen zusätzlichen Querkräften. Deshalb ist es wichtig, dass die Fahrzeuge bei hohen Geschwindigkeiten mit einer guten Querfederung ausgestattet sind und die Schienen möglichst keine Höhen- und Richtungsfehler aufweisen.

Der Grenzfall des Entgleisens kann wie folgt beschrieben werden:

Zweipunktberührung des führenden Rades

In einem Gleisbogen mit neuen Schienenprofilen besteht bei der äußeren Schiene zwischen Rad und Schiene eine Zweipunktberührung, und zwar im Radaufstandspunkt A und im vorgelagerten Spurkranzdruckpunkt B. Die Radlast Q_a wird in zwei Anteile Q_A und Q_B aufgeteilt. Dabei greift die Führungskraft Y horizontal in B an.
Die Radlasten Q_A, Q_B und die Führungskraft Y lassen sich als Aktionskräfte des Rades auftragen.

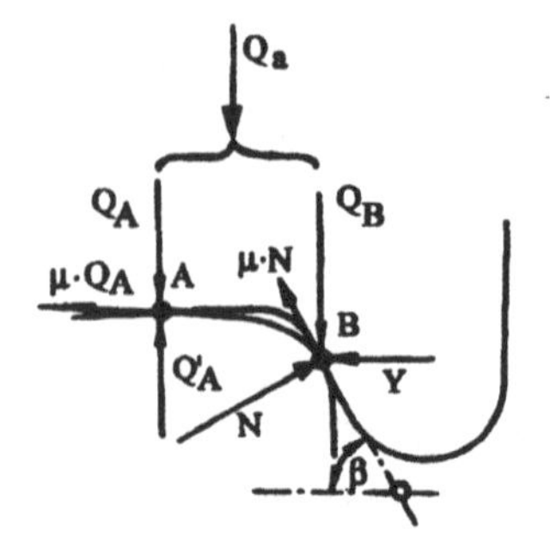

Abbildung 3.21: Wirksame Kräfte bei der Zweipunkt-Berührung des führenden Rades im Rechtsbogen

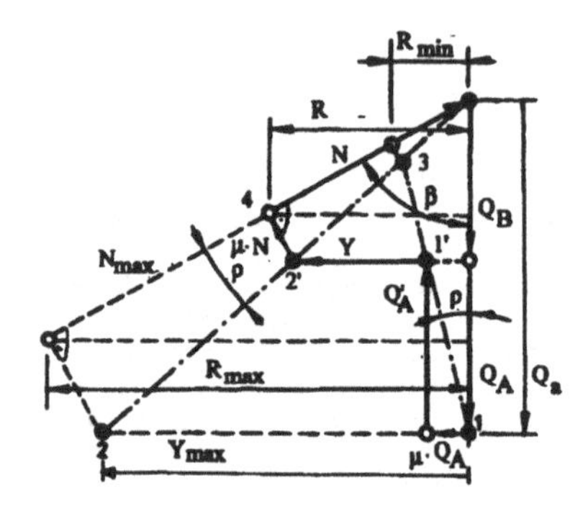

Abbildung 3.22: Kräftegleichgewicht bei der Zweipunkt-Berührung

Die Reaktionskräfte der Schiene sind die Normalkräfte Q_A und N sowie die Reibungskräfte $\mu \cdot Q_A$ und $\mu \cdot N$. Die Reaktionskraft $\mu \cdot Q_a$ greift wegen der horizontalen Gleitung an der Schienenoberkante in Richtung bogenaußen an. Die Reibungskraft $\mu \cdot N$ greift an der Schiene wegen der erwähnten Vorverlagerung der Spurkranzneigung β als Reaktionskraft schräg nach oben an. Mit zunehmender Führungskraft Y wird das Rad immer stärker an die Schiene gedrückt, so dass das Aufsteigen des Spurkranzes auf die Schiene beginnen kann. Dieser Vorgang wird im Kräfteplan durch das Dreieck $1-2-3$ beschrieben. Mit weiter zunehmender Führungskraft Y rückt der Y-Vektor abwärts, wodurch Q_A kleiner und Q_B größer wird. Wenn schließlich der Y-Vektor $2'-1'$ die Lage $2-1$ erreicht hat, ist $Q_A = 0$ geworden, d.h. der Radaufstandspunkt A ist völlig entlastet. Die Zweipunktberührung ist in eine Einpunktberührung allein in den Aufstandspunkt B übergegangen. Es wird die Grenze zum Aufklettern erreicht. Ein weiteres Ansteigen der Führungskraft Y ohne Erhöhung der Radlast Q bringt Entgleisungsgefahr .

Dynamische Führungskräfte Y (Stöße) treten infolge des Spurspiels beim Einlauf in Bögen nicht auf, wenn Übergangsbögen eingeschaltet sind. Bei Weichen sind diese Stöße als Anlaufstöße stets vorhanden.

Einpunktberührung des führenden Rades

Die Einpunktberührung entsteht bei einem bestimmten Abnutzungsgrad von Schiene und Spurkranz oder an der Grenze zum Aufklettern. Im Berührungspunkt B sind als angreifende Kräfte die Radlast Q_a und die Führungskraft Y , als Reaktionskräfte die Normalkraft N und die Reibungskraft $\mu \cdot N$

wirksam. Die Führungskraft ist $Y = P - \mu \cdot N \cdot \cos ß$, also wieder gleich der Richtkraft abzüglich der Eigenreibung des anlaufenden Rades. Das Rad wird mit zunehmender Führungskraft Y an der Schiene hochgedrückt, wobei der Punkt B etwas abwärts wandert, bis die Spurkranzneigung β der Schmiegungsebene im Berührungspunkt B und der Waagerechten die Spurkranzneigung (Neuzustand β = ca. 60°) erreicht hat.

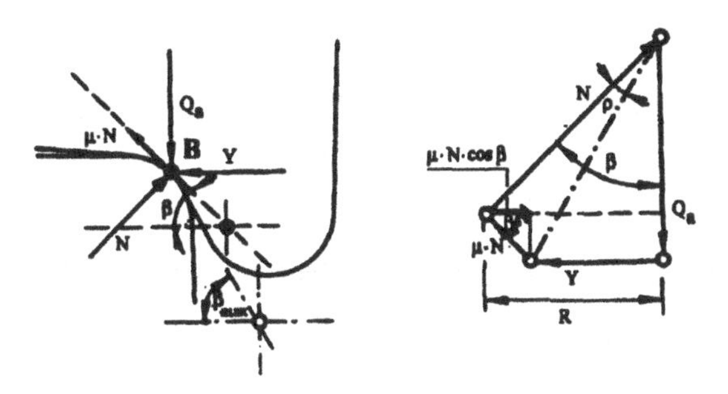

Abbildung 3.23: Beginn des Aufkletterns

Das Aufklettern kann durch folgende Kräftegruppen und Kräftegleichgewichte dargestellt werden:

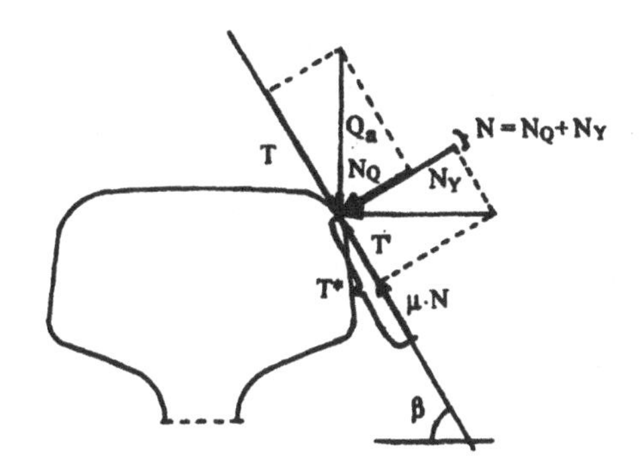

Abbildung 3.24: Wirksame Kräfte während des Aufkletterns

Maßgebend ist die niederhaltende Kraft, die tangential am Berührungspunkt B angreift:

$$T = Q_a \cdot \sin ß \tag{3.29}$$

Dagegen stehen die hochdrückenden Kräfte:

$$T^H = \mu \cdot N + Y \cdot \cos ß \tag{3.30}$$

Normalkraft:

$$N = N_Q + N_Y = Q_a \cdot \cos ß + Y \cdot \sin ß \tag{3.31}$$

Gleichgewichtsbedingung: $T = T_H$

$$Q_a \cdot \sin ß = Y \cdot \cos ß + \mu \cdot Q_a \cdot \cos ß + \mu \cdot Y \cdot \sin ß$$
$$Q_a \cdot (\sin ß - \mu \cdot \cos ß) = Y \cdot (\cos ß + \mu \cdot \sin ß)$$

$$\frac{Y}{Q_a} = \frac{\sin ß - \mu \cdot \cos ß}{\cos ß + \mu \cdot \sin ß} \tag{3.32}$$

Allgemein kann der Beginn des Aufkletterns in Abhängigkeit von der Spurkranzneigung wie folgt zugeordnet werden:

a) Reibungskoeffizient $\mu = 0.30$; Spurkranzneigung ß $= 60^\circ$ (Neues Radprofil) (Neuzustand)

Beginn des Aufkletterns bei $\frac{Y}{Q_a} \geq 0.94$

b) Reibungskoeffizient $\mu = 0.30$; Spurkranzneigung ß $= 70^\circ$ (Abgenutzter Radreifen)

Beginn des Aufkletterns bei $\frac{Y}{Q_a} \geq 1.34$

Die Entgleisungsgefahr durch Aufklettern kann verhindert werden, durch

- hohe Radlast des führenden Radsatzes Q_a,
- steile Spurkranzneigung ß $= 70^\circ$,
- einen geringen Reibungskoeffizienten μ für den Spurkranz (Schienenprofil-Schmierung)
- geringe Führungskräfte $Y = f(r, V)$

BEISPIEL:

Eine Zugeinheit mit einer Lok BR 103 durchfährt einen Gleisbogen von $r = 1000\ [m]$ (Vorhandene Überhöhung $u = 30\ [mm]$) mit einer Geschwindigkeit $V = 70\ [km/h]$.
Ermittlung der Entgleisungsgefahr durch Aufklettern.

Fahrgeschwindigkeit $V = 70\ [km/h] = 19.44\ [m/sec]$
Spurkranz-Flankenwinkel ß $= 60^\circ$ (Neue Radreifen)
Reibungskoeffizient $\mu = 0.33$
Lok-Gewicht 1160 $[kN]$; Radsatzlast 197 $[kN]$; Radlast 118.2 $[kN]$(98.5 $[kN]$ + 20%)

Senkrechte Radlast des bogenäußeren, führenden Rades: $Q_a = 118.2\ [kN]$
Senkrechte Radlast im Schienenaufstandspunkt A: $Q_A = 59.1\ [kN]$
Senkrechte Radlast im Spurkranzdruckpunkt B: $Q_B = 59.1\ [kN]$

Untersuchung der Zweipunkt-Berührung:

1. Ermittlung der Führungskraft Y

   Querneigung des Fahrweges: $\sin\alpha = \frac{30}{1500} = 0.02$
   $\cos\alpha = 1$

   Radsatzlagerquerkraft

$$F_y = F \cdot \cos\alpha - G \cdot \sin\alpha = \frac{m \cdot v^2 \cdot \cos\alpha}{r} - m \cdot g \cdot \sin\alpha \tag{3.33}$$

$$= \frac{116000 \cdot 19.44^2}{1000} - 116000 \cdot 9.81 \cdot 0.02 \tag{3.34}$$

$$= 21079\ [N] = 21\ [kN] \tag{3.35}$$

Querkraft am bogeninneren Rad: $T_{yi} = 23\ [kN]$ (angenommen)

- Radsatzlagerquerkraft aus Störbewegungen der abgefederten Fahrzeugmassen und Trägheitskraft des Radsatzes aus einer Querbeschleunigung: $Fy_{dyn} + m \cdot y = 8\ [kN]$ (angenommen).

  Führungskraft $Y = T_{yi} + F_{yst} + F_{ydyn} = 52\ [kN]$

2. Berechnung der resultierenden Normalkraft N

   Spurkranzflankenwinkel ß = 60° ; sin 60° = 0.866; cos 60° = 0.500

   Normalkraft $N = N_Y + N_Q = Y \cdot \sin ß + Q_B \cdot \cos ß = 52 \cdot 0.866 + 59.1 \cdot 0.500 = 74.55\ [kN]$

3. Ermittlung der Reibungskräfte

   $\mu \cdot N = 0.33 \cdot 74.55 = 24.9\ [kN]$
   $\mu \cdot Q_A = 0.33 \cdot 59.1 = 19.5\ [kN]$

   Beim Übergang von der Zwei-Punkt zur Ein-Punkt-Berührung steigt die Führungskraft Y von Y_{vorh} auf Y_{max}.

   Durch Proportionalteilung ergibt sich

$$\frac{Y_{vorh}}{Y_{max}} = \frac{Q_B}{Q_a} \tag{3.36}$$

   Maximale Führungskraft $Y_{max} = \frac{52 \cdot 118.2}{59.1} = 104\ [kN]$

   (Dieses Rechenergebnis wird durch die zeichnerische Darstellung im Kräfteplan bestätigt.)

   Weiteres Ansteigen der Führungskraft Y über Y_{max} hinaus ohne Erhöhung des Fahrzeuggewichtes Q führt zur Entgleisungsgefahr.

Untersuchung der Einpunkt-Berührung:

1. Ermittlung der Normalkraft N

   $N = Y_{max} \cdot 0.866 + Q_a \cdot 0.500 = 104 \cdot 0.866 + 118.2 \cdot 0.500 = 149.2\ [kN]$

2. Ermittlung der Reibungskraft

   $\mu \cdot N = 0.33 \cdot 149.2 = 49.22\ [kN]$

3. Ermittlung der Kräfte beim Aufklettern

   Niederhaltende Kraft $T = T_N = Q_a \cdot \sin 60° = 118.2 \cdot 0.866 = 102.4\ [kN]$

   Hochdrückende Kraft $T = T_H = \mu \cdot N + Y \cdot \cos ß = 0.33 \cdot 149.2 + 104 \cdot 0.5 = 101.2\ [kN]$

4. Gleichgewicht: $T_N = T_H$

$$Q_a \cdot \sin ß = Y \cdot \cos ß + \mu(Y \cdot \sin ß + Q_a \cdot \cos ß) = Y \cdot \cos ß + \mu \cdot Y \cdot \sin ß + \mu \cdot Q_a \cdot \cos ß$$
$$Q_a \cdot \sin ß - \mu \cdot Q \cdot \cos ß = Y \cdot (\cos ß + \mu \cdot \sin ß)$$
$$Q_a \cdot (\sin ß - \mu \cdot \cos ß = Y \cdot (\cos ß + \mu \cdot \sin ß)$$
$$\frac{Y}{Q_a} = \frac{\sin ß - \mu \cdot \cos ß}{\cos ß + \mu \cdot \sin ß} = 0.89$$
$$\frac{Y}{Q_a} \geq 0.89$$

Beginn des Aufkletterns

5. Nachweis:

Vorhandene Führungskraft $Y = 104\ [kN]$; vorhandene Radlast $Q = 118.2\ [kN]$

Quotient $\frac{Y}{Q_a} = \frac{104}{118.2} = 0.87 < 0.89$

Es findet bei den vorgegebenen Randbedingungen kein Aufklettern des Rades statt!

3.3.2.5 Gleisbogenabhängige Neigetechnik (Aktive und passive NeigTech-Systeme)

Auf kurvenreichen Gleisstrecken der DB AG lassen sich mit konventionellen Zugeinheiten nur verhältnismäßig geringe zulässige Höchstgeschwindigkeiten erreichen. Um diesem Nachteil entgegenzuwirken, versucht man in den letzten Jahren verstärkt, mit einer in den sechziger und siebziger Jahren vor allem in Frankreich und Italien entwickelten Neigetechnik, in Gleisbögen mit höheren Streckengeschwindigkeiten ohne Komforteinbußen zu fahren und damit kürzere Fahr- und Reisezeiten zu erreichen.

In den vergangenen Jahren wurden unterschiedliche Neigesysteme auch in Deutschland zu Testläufen eingesetzt, zum Teil mit aktiver, aber auch passiver Neigungstechnik.

Die DB AG hat sich vornehmlich dem italienischen Neigesystem verschrieben und in verschiedenen VT-Garnituren (VT 610 „Pendolino“ und VT 611/612) als Dieseltriebzüge für den Nahverkehr und den ICT als Elektrozug für den Fernverkehr entwickelt und im Regelbetrieb auf einzelnen Strecken eingesetzt.
Die Neigetechnik dieser Fahrzeugeinheiten basiert auf einer aktiven Wagenkastensteuerung, die den Fahrgastraum in den Gleisbögen neigt. Dadurch wird die höhere Fliehbeschleunigung senkrecht zum Wagenbogen abgeleitet und nicht dem Reisenden zusätzlich zugewiesen. Diese technische Systemanordnung führt zu keiner Verschlechterung des Reisekomforts, da der nach §40 EBO für die Planung vorgegebene Sollwert für die freie Seitenbeschleunigung von $\Delta b = 0.98\ [m/sec^2]$ nicht überschritten wird. Zusammen mit der zulässigen, auf den Reisenden wirkenden freien Seitenbeschleunigung von $\Delta b = 0.98\ [m/sec^2]$ ergibt sich eine momentane zulässige Seitenbeschleunigung von $\Delta b = 1.96\ [m/sec^2]$ mit der gleisbogenabhängigen Wagenkastensteuerung gegenüber $\Delta b = 0.98\ [m/sec^2]$ ohne Wagenkastensteuerung .
Neben dieser technischen Besonderheit wurde 1992 in einer Sondergenehmigung für den VT610 (Grundeinheit: Doppel-Triebwagen als Regional-Dieseltriebfahrzeug), abweichend von §40 Abs.7 EBO (Sollwert $u_f = 150\ [mm]$), ein Überhöhungsfehlbetrag von $u_f = 300\ [mm]$ zugelassen. Hierdurch werden höhere zulässige Geschwindigkeiten möglich; die Höhe des Geschwindigkeitszuwachses hängt von verschiedenen Parametern ab, er schwankt zwischen 15 und 30%. Überwiegend werden aber mehr als 20% Geschwindigkeitssteigerung erreicht.

Die Neigetechnik wird erst bei Geschwindigkeiten von mindestens 70 km/h wirksam; bei niedrigen Geschwindigkeiten fährt der Zug wie ein konventioneller, im nicht geneigtem Zustand.
Die Technik des Fahrzeuges erkennt bei hohem Fahrgastaufkommen über eine Wägeeinrichtung den Besetzungsgrad des Zuges und lässt dann nur noch eine Höchstgeschwindigkeit von 130 km/h zu. (Sonstige Höchstgeschwindigkeit $V_{max} = 160\ [km/h]$) Geregelt wird die gesamte Wagenkastensteuerung vom führenden Fahrzeug aus durch ein Regelgerät, das die momentane Seitenbeschleunigung misst und Steuerungsbefehle an den Neigemechanismus weiterleitet. Das Neigen der Wagen wird durch Hydraulikzylinder ermöglicht, wie beim Pendolino oder durch Elektromotoren wie beim VT611.

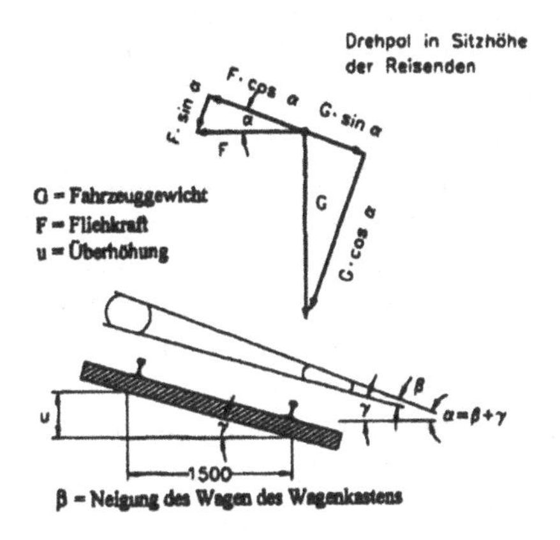

Abbildung 3.25: Kräfteplan bei dem VT610

Der Drehpol der Wagenkastensteuerung liegt in Sitzhöhe der Fahrgäste, deshalb ist die Beeinträchtigung für die Reisenden minimiert. Die neue Technik stellt an den Oberbau und an die Signaltechnik allerdings besondere Ansprüche. So benötigen die NeigTech-Züge eine ausgeglichene Radienfolge. Begründet ist die durch die höhere zulässige Geschwindigkeit, die ein spezielles Krümmungsverhältnis der aufeinander folgenden Trassierungselemente hinsichtlich des Ruckkriteriums erfordern. Die Neigungstechnik reagiert nicht spontan, sondern sie benötigt eine gewisse Stellzeit. Dies hat zur Folge, dass eine direkte Elementenfolge von Bogen auf Gegenbogen ausgeschlossen ist. Diese speziellen Erfordernisse an die Linienführung der Gleisstrecke macht erhebliche Änderungsinvestitionen erforderlich. Aber nicht für diese Verbesserung der Linienführung sind Investitionen erforderlich, sondern auch, um Geschwindigkeitseinbrüche unter 70 km/h zu vermeiden. Bei den vorliegenden Fahrzeugversionen muss zuerst bis 70 km/h beschleunigt werden, damit die Wagenkastensteuerung aktiviert wird. Danach kann der Zug auf höhere Geschwindigkeiten beschleunigen. Sind die folgenden Gleisabschnitte schlechter trassiert und sinkt bei konventionellen Zügen die zulässige Höchstgeschwindigkeit unter 70 km/h, so kann der mit eingeschalteter Wagenkastensteuerung fahrende Zug mit der Neigetechnik weiterfahren. Erst wenn seine Geschwindigkeit wieder unter 70 km/h absinkt, schaltet sich die Wagenkastensteuerung ab und der NeigTech-Zug fährt als konventioneller Zug weiter. Deshalb ist es notwendig, dass zusammenhängende Gleisstrecken für eine zulässige Höchstgeschwindigkeit von mindestens 80 km/h ausgebaut werden, damit das NeigTech-System zur Geltung kommen kann.

Die gegenwärtigen Neigetechnik-Fahrzeuge haben relativ geringe Achslasten, 13.5 bis 16 t bei neueren Versionen, deshalb ist der Gleisunterhaltungsaufwand verhältnismäßig gering. Die Konstruktion des Fahrweges unterliegt einer besonders hohen Beanspruchung, da auf diesen Strecken

ein maximaler Überhöhungsfehlbetrag $u_f = 300\ mm$ zugelassen ist. Um diesen Überhöhungsfehlbetrag voll ausnutzen zu können, sind folgende Anforderungen an die Strecke zu erfüllen: Überhöhungsrampen und Übergangsbögen müssen zusammenfallen; ändern sich Krümmung und Überhöhungsfehlbetrag nicht gleichzeitig und linear, entstehen unzulässige Wankbewegungen der Fahrzeuge; ausreichende Überhöhungen, Überhöhungsrampenlängen und -neigungen müssen im Streckenbereich vorhanden sein, um den Fahrkomfort zu gewährleisten; Brückenbauwerke sollen mit einem durchgehenden Schotterbett ausgestattet sein, da sie sonst als Zwangspunkte in der Strecke gelten und Gleislagefehler so besser beseitigt werden können; es dürfen innerhalb der Strecke keine Bogenweichen wegen des zu geringen, zulässigen Überhöhungsfehlbetrages u_f eingebaut werden, um Geschwindigkeitseinbußen zu vermeiden; Brücken und Tunnel sowie Erdbauwerke müssen den höheren Seitenkräften standhalten, diese Zusatzbelastung ist nachzuweisen.
Bei der Fahrt durch einen Gleisbogen steigt der Anteil der freien Seitenbeschleunigung besonders an. Die zusätzlich wirkende Fliehkraft wird zwar durch die Neigetechnik kompensiert und der Reisende wird nicht zusätzlich belastet, allerdings müssen sämtlich Zusatzkräfte aus dem hohen Überhöhungsfehlbetrag über die Fahrwegkonstruktion (Oberbau und Unterbau) schadlos abgeführt werden. Natürlich ist aufgrund der Trassierungsmerkmale nicht auf den gesamten Strecken dieser maximale Überhöhungsfehlbetrag angewendet. Wichtig ist aber, dass eine Mindestüberhöhung von 20 mm auf der gesamten Strecke eingehalten wird, damit das NeigTech-System aktiviert werden kann. Die Trassierung muss so abgestimmt sein, dass zum Beispiel Übergangsbogenanfang und Überhöhungsrampenbeginn in einem Punkt zusammenfallen. Die maximalen Neigungen für gerade Überhöhungsrampen sind mit 1:600 und die für geschwungene mit 1:400 anzuordnen.
Neben der Nachbesserungsinvestition für den Fahrweg fallen auch Kosten für die Ergänzung von signaltechnischen Ausrüstungen der NeigTech-Strecken an. Genannt seien hier die Bereiche der Bahnübergangssicherung und der Geschwindigkeitsüberwachung. Grundsätzlich ist zu sagen, dass vor der Freigabe einer Gleisstrecke für NeigTech-Züge über Versuchsfahrten alle Streckenparameter ermittelt und ausgewertet werden. Daneben muss der Sicherheitsstandard über die Ladungs- und Entgleisungssicherheit sowie über die Querverschiebesicherheit nachgewiesen werden. Erst aufgrund dieser Ergebnisse wird dann die zulässige Höchstgeschwindigkeit festgelegt. Aus den bisherigen Erfahrungen mit NeigTech-Systemen wird deutlich, dass die zulässigen Geschwindigkeiten auf Strecken mit kurvenreicher Linienführung deutlich erhöht werden konnten. So liegen auf nordbayerischen Strecken die zulässigen Höchstgeschwindigkeiten im Durchschnitt bei 130 km/h und damit um rd. 20% höher als die von konventionellen Zugeinheiten. Zu bemerken ist allerdings auch, dass in den letzten Jahren besonders viele NeigTech-Systeme ausgefallen sind, was Anlass zu erheblicher Kritik in den Medien war und ist. Außerdem wurde von einem nicht zu vernachlässigen Anteil von Reisenden die Neigefahrt als unangenehm empfunden. Dies ist wahrscheinlich auf die wiederholten kurzen und dicht aufeinander folgenden Verstellbewegungen zurück zu führen.

Bei der Weiterentwicklung der Neigetechnik werden derzeit Systemtechnik und Komponenten für einen Funk-Fahrbetrieb (FFB) konzipiert und in ersten Pilotanwendungen erprobt. Mit der hiernach geplanten Einführung einer funkbasierten Zugsicherungs- und Betriebsleittechnik eröffnet sich für die Ausgestaltung einer neuen aufwandsarmen Neigetechnik ein zukunftsorientierter und integrativer Ansatz, da eine sichere Ortung auf den Fahrzeugen zur Standardausrüstung gehören und diese Ortungseinrichtung daneben einen digitalen Streckenatlas aufweisen wird. Aus diesen Konfigurationen können dann sämtliche, erforderliche Daten für die Wagenkastenneigung gewonnen werden.
Bei der Konzeption der zukünftigen, wissensbasierten Neigetechnik müssen hinsichtlich des Fahrkomforts besondere Anforderungen an die Verstellbewegung gestellt werden:
Die Steuerung soll nur dann eine Neigebewegung veranlassen, wenn der vorgegebene Zielwert für die Querbeschleunigung (0.85 m/sec^2) ohne Wagenkastenneigung überschritten wird (Minimierung

der Anzahl der Neigevorgänge); der Wagenkasten ist nur soweit zu neigen, dass der Zielwert für die Querbeschleunigung knapp unterschritten wird (Minimierung des Neigungswinkels); die Länge des Übergangsbogens mit lagegleicher Überhöhungsrampe ist vollständig zu nutzen (Minimierung der Verstellgeschwindigkeit); Korrekturen an der Neigewinkeleinstellung sind nach Möglichkeit zu vermeiden (Minimierung der Anzahl der Neigevorgänge).

Mit diesen Vorgaben und den neuen Systemverbesserungen wird es möglich werden, gegenüber der bisherigen sensorischen Neigetechnik den Aktionsradius hinsichtlich der NeigTech-Systemanwendung wesentlich zu erweitern.

Beispielsweise wird der Einsatz auch auf Nebenstrecken möglich, die im Streckenverlauf keine ausgeprägten Überhöhungsrampen besitzen oder nur minimale Überhöhungen vorhanden sind. Durch eine vergleichsweise geringe Anhebung der Fahrgeschwindigkeit von 60 auf 80 km/h oder von 80 auf 100 km/h und die Vermeidung von Geschwindigkeitseinbrüchen lassen sich auf diesen Strecken mit wenig Aufwand jene Minuten an Fahrzeit gewinnen, die verbesserte Anschlüsse oder kürzere Umläufe ermöglichen. Bei zukünftig standardmäßiger FFB-Streckenausrüstung würden nur dann minimale fahrzeugtechnische Mehrkosten anfallen.

Die Neigetechnik kann insgesamt nur eine Ergänzung zum Neu- und Ausbau von Eisenbahnstrecken sein. Allerdings kommt dem Einsatz von NeigTech-Regionalzügen bei der Erweiterung von Integralen Taktfahrplänen heute schon eine wesentliche Bedeutung zu.

BEISPIEL:

Vergleich: Zugfahrt durch einen Gleisbogen $r = 500\ [m]$ mit und ohne gleisbogenabhängiger Wagenkastensteuerung (GSt)

zul $V\ [km/h]$ zulässige Geschwindigkeit; $r\ [m]$ Gleisbogenradius ; $u\ [mm]$ Überhöhung ; $u_f\ [mm]$ Überhöhungsfehlbetrag; ß [°] Neigungswinkel der GSt.

Ohne GSt:

$r = 500\ [m];\ u = 150\ [mm];\ u_f = 100\ [mm];$

Zulässige Geschwindigkeit:

$$zul\ V = \sqrt{\frac{r}{11.8}(u + \ddot{u}_f)} = \sqrt{\frac{500}{11.8} \cdot (150 + 100)} = 102.9\ [km/h]$$

Mit GSt:

$r = 500\ [m];\ u = 150\ [mm];\ u_f = 100\ [mm];\ ß = 6°\ ;\ 1500 \cdot \tan 6° \ = 157.65\ [mm]$

Zulässige Geschwindigkeit:

$$zulV = \sqrt{\frac{r}{11.8}(u + \ddot{u}_f + 1500 \cdot \tan ß)} = \sqrt{\frac{500}{11.8} \cdot 150 + 100 + 1500 \cdot \tan 6° \,)} = 131.4\ [km/h]$$

Geschwindigkeitserhöhung: $\Delta V = 28.5\ [km/h]$; das entspricht rd. 28 %.

3.3.3 Übergangsbogen

3.3.3.1 Einführung

Bei der Trassierung von Gleisstrecken der Eisenbahn werden als Grundelemente die Gerade und der Kreisbogen verwendet. Damit besteht die Trasse aufgrund der örtlichen Topographie aus einer Elementenfolge von Gerade/Kreisbogen, Kreisbogen/Gegensinniger Kreisbogen oder Kreisbogen/Gleichsinniger Kreisbogen. Stoßen Gerade und Kreisbogen aneinander, so ändert sich beim Befahren dieser Stelle durch den plötzlichen Krümmungswechsel die Querbeschleunigung b_q $[m/sec^2]$ von Null auf v^2/r bzw. umgekehrt.

Bei Gegenbögen ohne oder mit kurzen Zwischengeraden überlagert sich die Wirkung der Ausfahrt aus dem ersten Bogen mit der Wirkung der Einfahrt in den Gegenbogen, so dass nach der folgenden Abbildung die Seitenbeschleunigungsspitze b_2 noch größer werden kann als der Wert b_1 und diese treten in jedem Fall größer auf als der errechnete Überschuss an Seitenbeschleunigung.

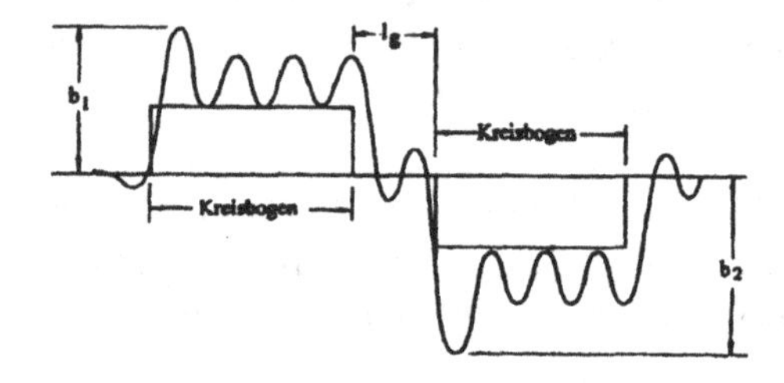

Abbildung 3.26: Spitzen der Seitenbeschleunigung im Gegenbogen ohne Übergangsbogen

Durch die Einwirkung der Federung des Fahrzeuges treten im Wagenkasten kurzzeitig höhere Seitenbeschleunigungswerte auf, besonders bei Fahrzeugen mit Luftfederung. Bei hohen Krümmungsdifferenzen bei der Einfahrt in den Kreisbogen tritt eine Beschleunigungsspitze b_1 auf, die etwa das Doppelte von b_q ist. Der durchschnittliche Wert für die Seitenbeschleunigung ist $b_q = 1 + s \cdot \frac{V^2}{3.6^2 \cdot r}$ $[m/sec^2]$; mit V $[km/h]$ Geschwindigkeit; r $[m]$ Gleisbogen; $s \leq 4$ Konstante für den Trägheitseinfluss.

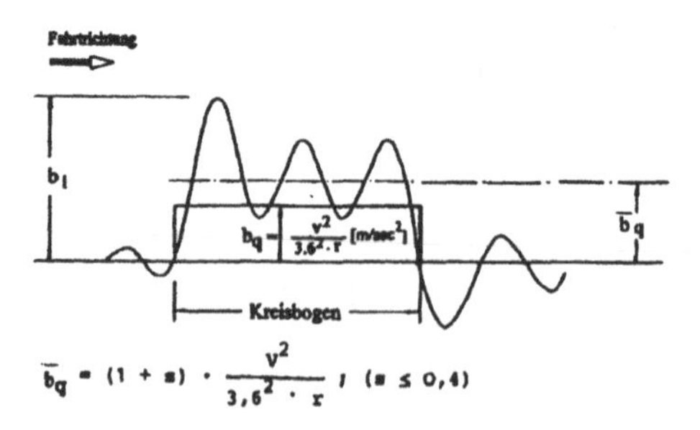

Abbildung 3.27: Erhöhung der Seitenbeschleunigungswerte durch die Federung des Wagens

Diese Änderung der Seitenbeschleunigung pro Zeiteinheit $\Delta b_q / \Delta t = a_q$ $[m/sec^3]$ ist eine fahrdynamische Größe und wird mit Ruck bezeichnet. Bei $\Delta t = 0$ nimmt der Ruck eine unendliche Größe an.

Diese unendlich erwartete Größe wird in Wirklichkeit nicht erreicht, da z.B. Federung und Achsabstand der Eisenbahnfahrzeuge den Wert $\Delta t > 0$ bewirken. Der Ruck ist abhängig von der Geschwindigkeit V $[km/h]$ und dem Krümmungsunterschied Δk $[1/m]$ zwischen den Trassierungselementen und ist im Eisenbahnwesen begrenzt auf $a_q = 0.7$ $[m/sec^3]$ als Komfortgrenze.

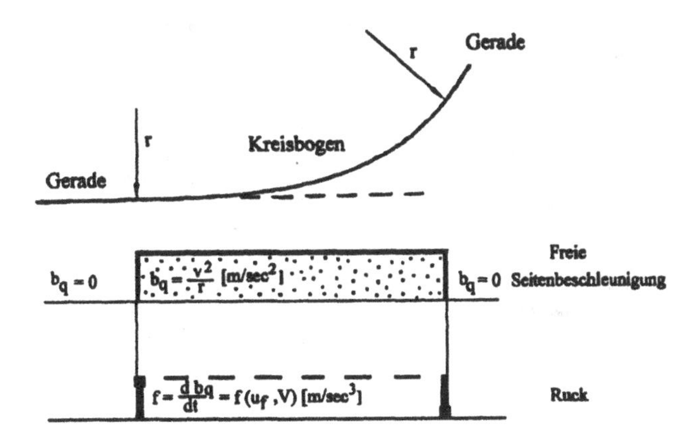

Abbildung 3.28: Verlauf der Seitenbeschleunigung im Kreisbogen ohne Übergangsbogen

Schließt ein Gleisbogen unmittelbar an eine Gerade an, ist die wirksame Seitenbeschleunigung $b_q = \frac{v^2}{r}$ $[m/sec^2]$ in voller Größe vorhanden. Je kleiner der auf diese Gerade folgende Radius eines Bogens ist, um so größer wird bei gleichbleibender Geschwindigkeit die Fliehbeschleunigung b_q und damit auch der Ruck a_q. Das Maß für die Beurteilung dieser fahrdynamischen Größen ist die Krümmung. Als Krümmung bezeichnet man im Schienenverkehrswesen wegen der große Radien den reziproken Wert des Bogenhalbmessers in der Form $k = \frac{1000}{r}$ $[1000/m]$, wobei r der Bogenhalbmesser ist. Kleine Radien haben große Krümmungswerte und umgekehrt.

BEISPIEL:

Gleisbogenradius $r_2 = 500$ $[m]$; Krümmung $k = \frac{1000}{500} = 2.0$ $[1/m]$

Gleisbogenradius $r_1 = 1000$ $[m]$; Krümmung $k = \frac{1000}{1000} = 1.0$ $[1/m]$

Am Übergang zwischen Gerade und Gleisbogen entsteht ein Krümmungssprung Δk. Die Krümmung in der Geraden ist $k_g = \frac{1000}{r=\infty} = 0$, während die Krümmung des Gleisbogens $k_r = \frac{1000}{r}$ ausmacht, beträgt der Krümmungssprung an der genannten Stelle $\Delta k = k_r - 0 = \frac{1000}{r}$ $[1000/r]$. Aus Sicherheitsgründen darf dieser Krümmungssprung bei der Folge von Trassierungselementen in einer Linienführung nicht zu groß sein.

Der Krümmungssprung Δk wird in einer Trasse vermieden, wenn zwischen den Trassierungselementen ein Übergangsbogen ÜB angeordnet wird, dessen geometrische Form eine lineare Zunahme der Werte der Krümmung bis zum Größtwert bzw. umgekehrt gewährleistet. Damit wird die Ruckgröße wesentlich reduziert und vernachlässigbar gering.
Die Krümmungsgleichung der geraden oder geschwungene Krümmungslinie erhält man aus der Überhöhungsgleichung mittels Substitution der Überhöhung durch die Krümmung.
Für nachstehende Folgen von Trassierungselementen wird die Zwischenschaltung eines Übergangsbogens erforderlich:

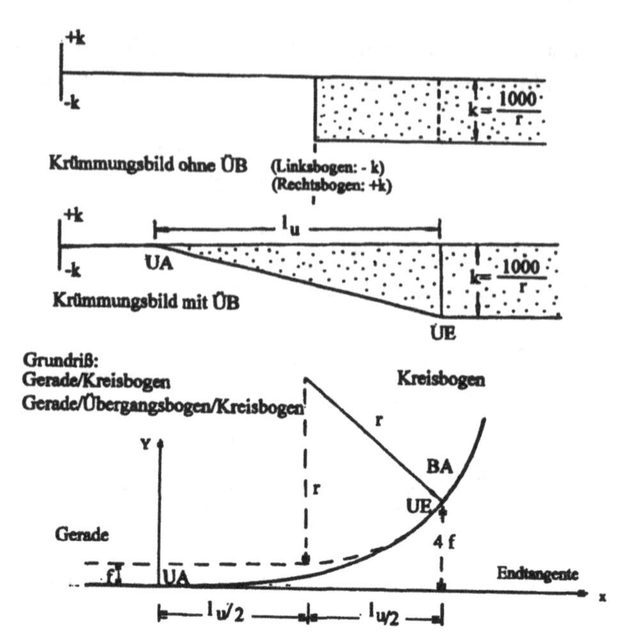

Abbildung 3.29: Krümmungsbild bei der Elementenfolge Gerade/Kreisbogen ohne und mit Übergangsbogen

1. Gerade / Kreisbogen

   Der Krümmungsunterschied ist $\Delta k = \frac{1000}{r}$.

2. Gleichsinnig gekrümmte Kreisbögen (Korbbogen)

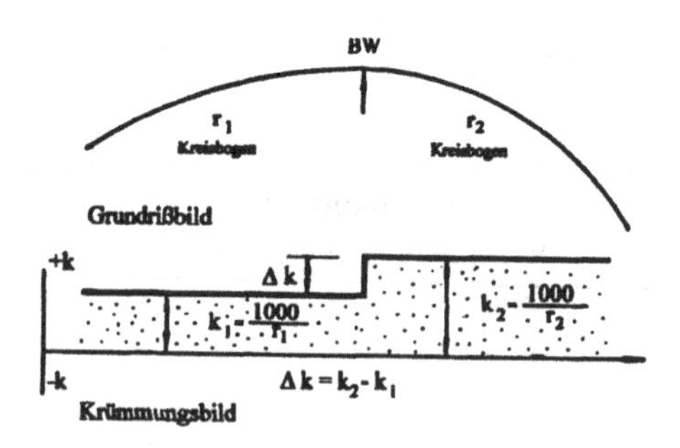

Abbildung 3.30: Krümmungsbild für einen Korbbogen ohne Übergangsbogen

Der Krümmungsunterschied ist $\Delta k = k_2 - k_1 = \frac{1000}{r_2} - \frac{1000}{r_1}$ oder $\Delta k = \frac{r_1 - r_2}{r_1 \cdot r_2} \cdot 1000$; dabei ist $r_1 > r_2$ bzw. $k_1 < k_2$.

3. Gegensinnig gekrümmte Kreisbögen (Gegenbogen)

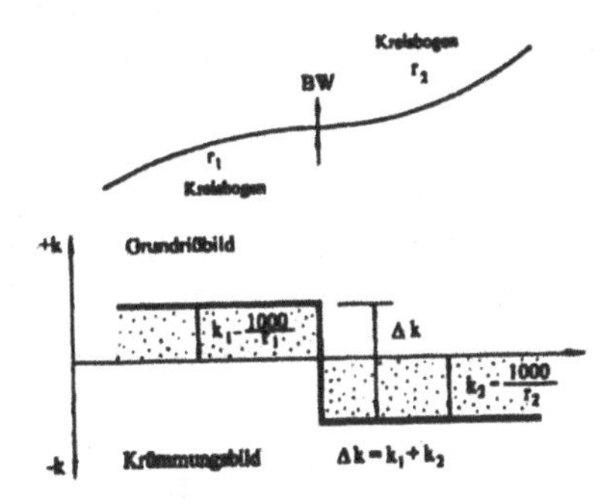

Abbildung 3.31: Krümmungsbild für einen Gegenbogen ohne Übergangsbogen

Der Krümmungsunterschied ist $\Delta k = k_1 + k_2 = \frac{1000}{r_1} + \frac{1000}{r_2}$ oder $\frac{r_1 + r_2}{r_1 \cdot r_2} \cdot 1000$.

Der allgemeine Ansatz für den Krümmungsunterschied ist

$$\Delta k = \frac{r_1 \pm r_2}{r_1 \cdot r_2} \cdot 1000 \tag{3.37}$$

dabei ist für Korbbögen (-) und für Gegenbögen (+) einzusetzen und $r_1 > r_2$ bei Korbbögen zu wählen.

Die Entwicklung dieses Formelansatzes für einen Korbbogen lautet:

$$\Delta k = k_2 - k_1 = \frac{1000}{r_2} - \frac{1000}{r_1} \tag{3.38}$$

$$\Delta k = \frac{1000 \cdot r_1}{r_1 \cdot r_2} - \frac{1000 \cdot r_2}{r_1 \cdot r_2} - \frac{1000 \cdot (r_1 - r_2)}{r_1 \cdot r_2} = \frac{r_1 - r_2}{r_1 \cdot r_2} \cdot 1000 \tag{3.39}$$

3.3.3.2 Einsatzbedingungen für den Übergangsbogen

Definition der Ruckbedingung für den Sonderfall:

Aus der fahrdynamischen Begrenzung der Ruckgröße lässt sich eine Ruckbedingung definieren, die aussagt, wann der Übergang von einer Krümmung auf eine andere Krümmung ohne Übergangsbogen zulässig ist.
In Weichen, Bogenweichen und Weichenverbindungen werden keine Übergangsbögen angeordnet.
Allgemeine Ruckbedingungen sind:

1. Ein Kreisbogen r kann unmittelbar an eine Gerade anschließen, wenn $\Delta k \leq \frac{9000}{V^2}$ ist; für die Geschwindigkeit gilt $V \leq 100\ [km/h]$.

2. Gleichsinnig gekrümmte Gleisbögen können unmittelbar aufeinander folgen, wenn der Krümmungsunterschied $\Delta k = \frac{1000}{r_2} - \frac{1000}{r_1} \leq \frac{9000}{V^2}$ ist. Dabei ist $r_1 > r_2$.

3. Gegensinnig gekrümmte Kreisbögen dürfen unmittelbar aneinander stoßen, wenn die Summen der Einzelkrümmungen $\sum k = \frac{1000}{r_2} + \frac{1000}{r_1} \leq \frac{9000}{V^2}$ ist. dabei muss $\sum k \leq 10$ sein. Wenn diese Forderung nicht eingehalten werden kann, so ist eine Zwischengerade mit einer Länge von $d \geq \frac{V}{10}$ $[m]$, mindestens aber $d = 6$ $[m]$ anzuordnen.

Definition der Sollbedingung für den Regelfall:

Nach der Entwurfsrichtlinie 800.0110 der DB AG sollen in Hauptgleisen Übergangsbögen angeordnet werden, damit in Abhängigkeit von Bogenhalbmessern und Geschwindigkeiten entsprechende Grenzwerte der Unterschiede der Überhöhungsfehlbeträge Δu_f nicht überschritten werden.

Zunächst gelten für die Anordnung von Übergangsbögen ebenso Mindestanforderungen aus der Begrenzung der Größe der Krümmungsunterschiede Δk. Es müssen also Übergangsbögen in folgenden Fällen angeordnet werden:

1. Zwischen einer Geraden und einem Gleisbogenradius r, wenn $\Delta k = \frac{1000}{r} > \frac{9000}{V^2}$ ist.
2. Zwischen gleichsinnig gekrümmten Gleisbögen r_1 und r_2, wenn der Krümmungsunterschied $\Delta k = \frac{1000}{r_2} - \frac{1000}{r_1} > \frac{9000}{V^2}$ ist. Dabei ist $r_1 > r_2$ festzulegen.
3. Zwischen Gegenbogen, wenn die Summe der Krümmungen $\sum k = \frac{1000}{r_2} + \frac{1000}{r_1} > \frac{9000}{V^2}$ ist.

Jeder einzelne Übergangsbogen soll so gestaltet werden, dass er mit der Überhöhungsrampe, auf der die Ordinaten der Überhöhung ab- bzw. aufgetragen werden, zusammenfällt; d.h. Übergangsbogenlänge l_u = Überhöhungsrampenlänge l_R.
Dabei wird der Übergangsbogen so eingerechnet, dass er in der Trassenkonstruktion beispielsweise bei der Folge Gerade/Kreisbogen zur Hälfte im Bereich der Geraden und zur anderen Hälfte im Bereich des Kreisbogens liegt.

Die Krümmungszunahme und die Überhöhungszunahme soll in gleicher Form angelegt werden; d.h. die Übergangsbögen sollen mit gerader Krümmungslinie gestaltet und gleichzeitig die Überhöhungen in gerader Rampe ab- bzw. aufgetragen werden.

3.3.3.3 Übergangsbogen mit gerader Krümmungslinie

Ein Übergangsbogen mit linearer Krümmungszunahme und damit mit gerader Krümmungslinie hat die geometrische Form der Klothoide

$$A^2 = r \cdot l_u \tag{3.40}$$

Darin sind: A $[m]$ Formwert der Klothoide; r $[m]$ Bogenhalbmesser; l_u $[m]$ Klothoidenlänge. Sie entspricht der im Höhenplan geradlinig ansteigenden Überhöhungsrampe.
Die geometrische Lage des Übergangsbogens als Klothoide ist geometrisch eindeutig bestimmt durch die Tangenten am Übergangsbogenanfang UA und die lotrechte durch den Kreismittelpunkt auf diese Tangente. Der Abstand x_M ist in den Klothoidentafeln als Standardwert enthalten.
Als Vereinfachung wird im Schienenverkehrswesen dieser Wert $x_M = l_u/2$ näherungsweise benutzt. Im anschließenden Kreisbogen verkürzt sich die Kreisbogenlänge zwischen UA und dem Übergangsbogenende UE um ein vernachlässigbares Maß. Der UA ist der Punkt mit der Krümmung $k = 0$ $(r = \infty)$; der UE ist der Endpunkt mit größten Krümmung.

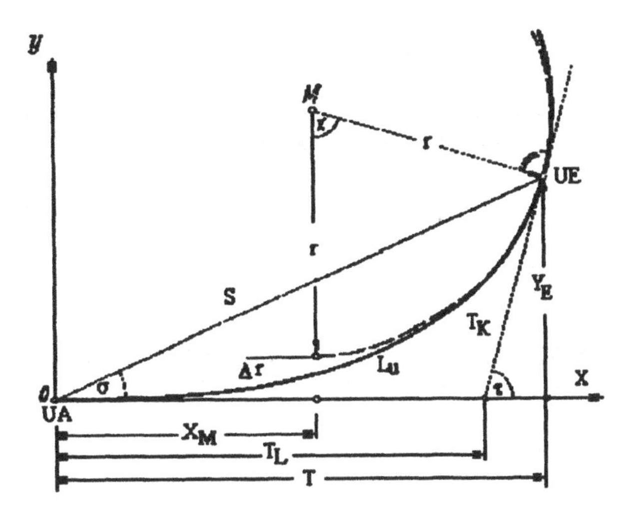

Abbildung 3.32: Klothoide als Übergangsbogen

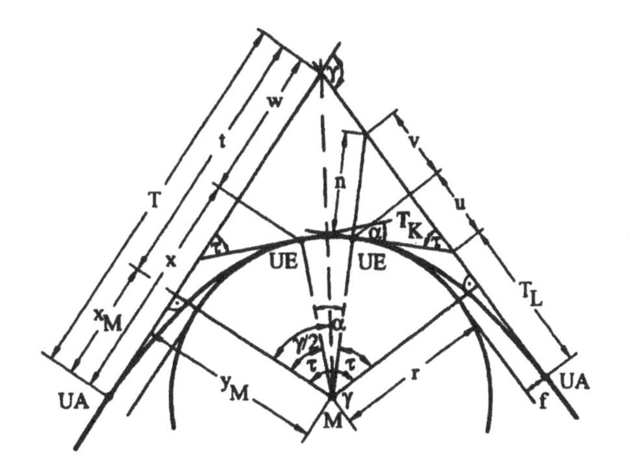

Mittelpunktswinkel des Hauptbogens $\alpha = \gamma - 2\tau$ [gon]

Länge des Hauptbogens $L_B = \frac{r \cdot \pi \cdot \alpha}{200}$

Kleine Tangente $t = y_M \cdot \tan\gamma/2 = (r + f) \cdot \tan\gamma/2$

Große Tangente $T = x_M + t = x_M + (r + f) \cdot \tan\gamma/2$

$w = T - x = (x_M + t) - x = [x_M + (r + f) \cdot \tan\gamma/2] - x$

Übergangsbogennormale $n = T_K \cdot \tan\tau$

Subtangente $u = T_K \cdot \cos\tau$

Subnormale $v = y \cdot \tan\tau$

Abbildung 3.33: Symmetrische Übergangsbögen als Klothoiden

Die kubische Parabel als Übergangsbogen

Da sich die Form der Klothoide als Übergangsbogen nicht eindeutig in einer Funktion $y = f(x)$ darstellen lässt, wird sie durch Ersatzkurven genügend genau beschrieben.

Eine einfache und als Trassenelement verwendete Ersatzkurve ist die kubische Parabel in der Form

$$y = \frac{x^3}{6 \cdot l_u \cdot r} \tag{3.41}$$

Die Ordinaten des Übergangsbogens als kubische Parabel erhält man näherungsweise durch zweifache Integration der Krümmungsgleichung.

Der allgemeine Ansatz für die Krümmung einer Kurve lautet:

$$k(x) = \frac{y''}{(1 + y'^2)^{3/2}} = \frac{1}{r} \cdot \frac{1}{lu} \cdot x \tag{3.42}$$

Da y' sehr klein ist, kann man den Klammerausdruck im Nenner der obigen Formel gleich 1 setzen.

Man erhält dann für den Krümmungsausdruck

$$y'' = \frac{1}{r \cdot lu} \cdot x \tag{3.43}$$

Die 1. Integration ergibt: $y' = \frac{1}{r \cdot lu} \cdot x^2/2 + C1$; Ermittlung von C1: Wenn die Kurve im Ursprung tangential beginnt, dann ist $y' = 0$ bei $x = 0$; also $C1 = 0$.

Die 2. Integration ergibt:

$$y = \frac{1}{r \cdot lu} \cdot \frac{x^3}{2 \cdot 3} + C2 \tag{3.44}$$

Ermittlung von C2: $x = 0; y = 0$; daraus folgt $C2 = 0$.

Damit ergibt sich der Ausdruck für den Übergangsbogen als kubische Parabel mit gerader Krümmungslinie zu

$$y = \frac{x^3}{6 \cdot r \cdot lu} \tag{3.45}$$

Der Unterschied zwischen der Klothoide und der kubischen Parabel liegt in der Darstellbarkeit der Bogenlänge. Bei der Klothoide nimmt die Bogenlänge linear mit der Krümmung zu in der Form $k = c \cdot l$. Bei der kubischen Parabel nimmt die Krümmung linear mit der Projektion der Bogenlänge des Übergangsbogens auf der Abszisse x zu mit der Krümmungsfunktion $k_x = c \cdot x_i$. Fahrdynamisch entsteht bei der Verwendung einer kubischen Parabel gegenüber dem anschließenden Kreisbogen im Punkt UE ein Krümmungssprung . Diese Krümmungsdifferenz ist bis zu einer Übergangsbogenlänge von etwa $l_u = r/3.52\ [m]$ akzeptabel. Um eine derartige Unstetigkeit ganz zu vermeiden, ist die Gleistrasse mit einer kubische Parabel in der Form $y(x) = \frac{x^3}{6 \cdot r \cdot l_x} \cdot [\sqrt{1 + (l_u/2r)^2}]^3$ zu entwerfen.

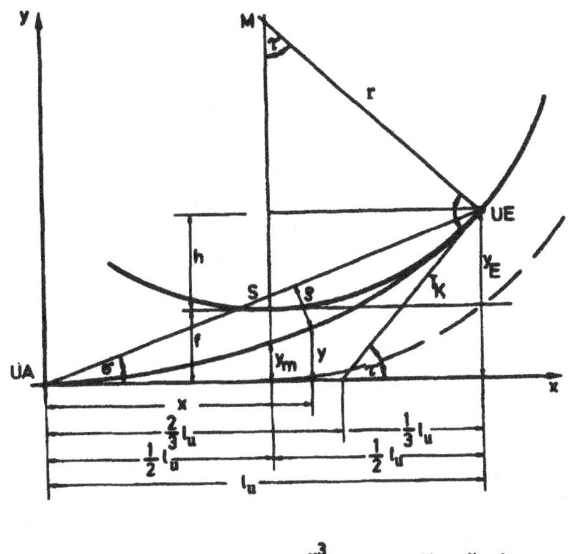

Bildungsgesetz	$y = \frac{x^3}{6 \cdot r \cdot l_u}$	x-y-Koordinaten
	$y_E = \frac{l_u^2}{6 \cdot r} = 4 \cdot f$	$(y_m = \frac{1}{2} f)$
Tangentenabrückung	$f = \frac{l_u^2}{24 \cdot r} = \frac{1}{4} y_E$	
Tangentenwinkel	$\tan \tau = \frac{l_u}{2 \cdot r}$;	$\tau = \arctan \frac{1}{2 \cdot r}$
Tangentenlängen	$T_K = \frac{l_u}{3 \cdot \cos \tau}$;	$T_L = \frac{2}{3} l_u$
Kreismittelpunkt	$x_M = \frac{l_u}{2}$;	$y_M = r + f$
Sehnenwinkel	$\sigma = \arctan \frac{y_E}{l_u} = \arctan \frac{l_u}{6 \cdot r}$	
Sehnenlänge	$S = \frac{y_E}{\sin \sigma} = \frac{x_E}{\cos \sigma} = \frac{l_u}{\cos \sigma}$;	$h = \frac{l_u^2}{8 \cdot r}$

Abbildung 3.34: Kubische Parabel als Übergangsbogen

VERLAUF DER GERADLINIGEN KRÜMMUNGSLINIE

Die allgemeine Form lautet $k_x = c \cdot x$.
Proportionalteilung:

$$\frac{x}{l_u} = \frac{k_x}{1000/r} \tag{3.46}$$

daraus ergibt sich der Ausdruck für das Linienbild:

$$k_x = \frac{1000}{r \cdot l_u} \cdot x \tag{3.47}$$

Die Absteckmaße von der Endtangente sind:

für $x = l_u/2$: $y = \frac{l_u^2}{48 \cdot r} = \frac{f}{2}$
für $x = l_u$: $y = \frac{l_u^2}{6 \cdot r} = 4 \cdot f$ (Endordinate)

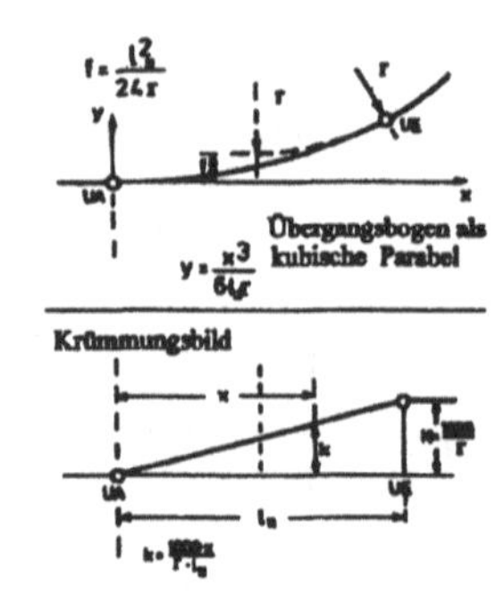

Abbildung 3.35: Kubische Parabel mit Krümmungsbild

Der Mittelpunkt des Kreisbogenradius muss beim Einschalten der kubischen Parabel um das Abrückmaß f senkrecht zur Endtangente von dieser verschoben werden.

Für die Ermittlung der Abrückung f gilt folgender Ansatz:

$r^2 = (r-h)^2 + (\frac{l_u}{2})^2 = r^2 - 2 \cdot r \cdot h + h^2 + \frac{l_u^2}{4}$. Wenn man u^2 vernachlässigt, wird $u = \frac{l_u^2}{8 \cdot r}$. Weiter ist $f = y_E - h = \frac{l_u^2}{6 \cdot r} - \frac{l_u^2}{8 \cdot r}$ und es ergibt sich das Tangentenabrückmaß bei linear ansteigender Krümmung zu $f = \frac{l_u^2}{24 \cdot r}$ und mit $k = \frac{1000}{r}$ lautet dieser Ausdruck schließlich

$$f = \frac{l_u^2 \cdot 1000}{24 \cdot r} \; [m] \tag{3.48}$$

FESTLEGUNG DER ÜBERGANGSBOGENLÄNGE l_u

Bei der Festlegung der Länge l_u für einen Übergangsbogen mit gerader Krümmungslinie sind Entwurfsgeschwindigkeiten für spätere Ausbaustufen zu berücksichtigen. Abhängig vom Verlauf der Krümmung soll folgende Mindestlänge nicht unterschritten werden:

$$\min l_u = \frac{4 \cdot V_e \cdot \Delta u_f}{1000} \; [m] \tag{3.49}$$

(Allgemein: $l_u \geq a \cdot zul\ V_e \cdot \Delta u_f$; dabei ist $a = 4$ für lineare Krümmungszunahme; $a = 6$ für parabelförmige Zunahme).

BERÜCKSICHTIGUNG DES ÜBERHÖHUNGSFEHLBETRAGES u_f

Bei der Gleistrassierung muss darauf geachtet werden, dass sich die Differenz der Überhöhungsfehlbeträge Δu_f zwischen dem Übergangsbogen-Anfang UA und dem Übergangsbogen-Ende UE nicht zu schnell ändert. Der Einhaltung der Grenzwerte der Unterschiede der Überhöhungsfehlbeträge Δu_f wird heute bei der DB AG über die Richtlinie 800.0110 wesentliche Bedeutung beigemessen.
Die Ermittlung des Überhöhungsfehlbetrages u_f erfolgt aus dem Formelansatz für die allgemeinen Überhöhung $u = 11.8 \cdot \frac{zul\ V^2}{r} - u_f$ mit dem Ausdruck $u_f = 11.8 \cdot \frac{zul\ V^2}{r} - u\ [mm]$. Dabei sind: $zul\ V\ [km/h]$ zulässige Geschwindigkeit; $r\ [m]$ Gleisbogenradius; $u\ [mm]$ Überhöhung im Gleisbogen.

Der Unterschied der Überhöhungsfehlbeträge Δu_f bei Übergangsbögen ist für nachstehende Trassierungselemente wie folgt zu ermitteln:

Die einzelnen Überhöhungsfehlbeträge ergeben sich aus folgenden Ansätzen:

$u_{f1} = \frac{11.8 \cdot V_e^2}{r_1} - u_1$ und
$u_{f2} = \frac{11.8 \cdot V_e^2}{r_2} - u_2$.

1. Gerade/ Kreisbogen

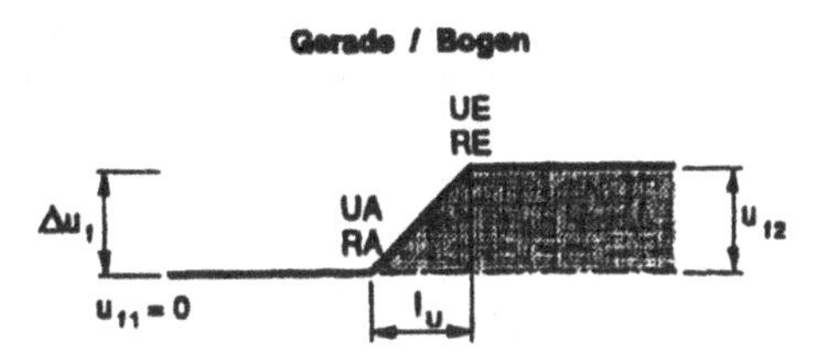

Abbildung 3.36: Unterschied von Δu_f bei Gerade/Kreisbogen

Der Unterschied der Überhöhungsfehlbeträge ergibt sich zu

$\Delta u_f = u_{f2} - u_{f1} = u_{f2} - 0; \Delta u_f = u_{f2} = 11.8 \cdot \frac{zul\ V^2}{r} - u_2$; bei der Geraden ist $u_{f1} = 0$.

2. Gleichsinnig gekrümmte Kreisbogen (Korbbogen)

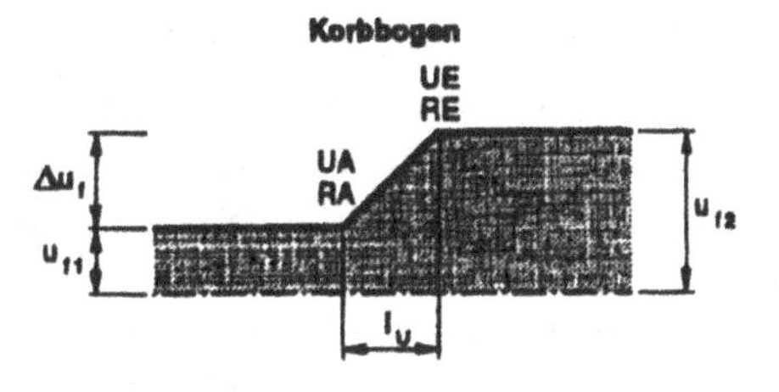

Abbildung 3.37: Unterschied Δu_f bei Korbbogen

Der Unterschied der Überhöhungsfehlbeträge ergibt sich zu

$\Delta u_f = u_{f2} - u_{f1} = (11.8 \cdot \frac{zul\ V^2}{r_2} - u_2) - (11.8 \cdot \frac{zul\ V^2}{r_1} - u_1)$; dabei ist $r_1 > r_2$.

3. Gegensinnig gekrümmte Kreisbogen (Gegenbogen)

   (a) Gegenbogen mit Zwischengerade (Regelausführung)

   Bei Gegenbogen sollen zwei getrennte Übergangsbogen mit gerader Krümmungslinie hergestellt werden, wenn zwischen den beiden Übergangsbogen eine Zwischengerade von $l_g \geq 0.4 \cdot V_e\ [m]$ angeordnet werden kann.

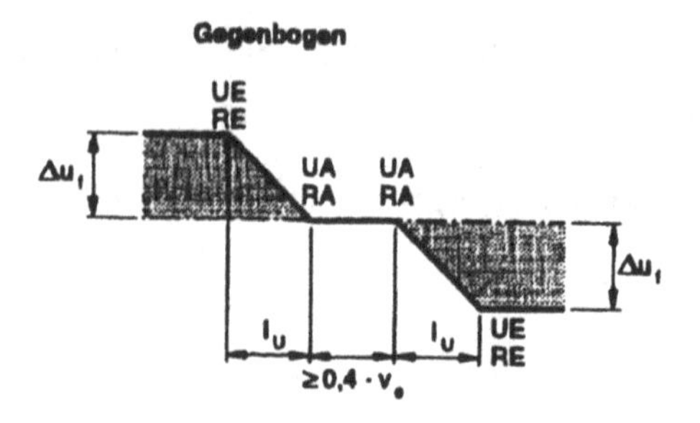

Abbildung 3.38: Unterschied von Δu_f bei Gegenbogen

Der Unterschied der Überhöhungsfehlbeträge ergibt sich zu

$$\Delta u_f = 11.8 \cdot \frac{zul\ V^2}{r} - u.$$

(b) Gegenbogen ohne Zwischengerade

i. Ausbildung als Gleisschere
Wenn Gegenbogen so dicht aufeinander folgen, dass keine Zwischengerade eingeschaltet werden kann, so ist die Überhöhung u_1 geradlinig in die Überhöhung u_2 des Gegenbogens zu überführen. Die Übergangsbogen sind dabei mit gerader Krümmungslinie zu planen. Diese Konstruktion bildet eine Gleisschere. Der Rampenanfang der einen Überhöhung fällt dabei mit dem Rampenende der anderen Überhöhung zusammen. Die Summe der beiden Einzelverwindungen ist dann die Gesamtverwindung.

ii. Unvermittelte Krümmungswechsel
In der Richtlinie 800.0110 der DB AG ist festgelegt:
Wenn unvermittelte Krümmungswechsel (ohne Übergangsbogen) angeordnet werden müssen, soll der Unterschied der Überhöhungsfehlbeträge Δu durch die Anordnung geeigneter Zwischengeraden oder Zwischenbogen klein gehalten werden. Die Zwischengeraden bzw. Zwischenbogen sollen mit $l \geq 0.20 V_e$ geplant werden. Die Mindestlänge $\min l = 0.10 V_e$, $\min l = 6.00\ [m]$ bei Gegenbogen mit $1000/r_1 + 1000/r_2 > 9$, darf nicht unterschritten werden.

Der Unterschied der Überhöhungsfehlbeträge Δu_f in Abhängigkeit von der Mindestlänge der Zwischengeraden oder des Zwischenbogens ergibt sich aus der nachfolgenden Darstellung.
Bei unvermittelter Änderung der Krümmung ist für das Fahrverhalten der Fahrzeuge und den Fahrkomfort der Reisenden entscheidend, in welcher Größenordnung sich der Überschuss an Seitenbeschleunigung Δb bzw. der Unterschied der Überhöhungsfehlbeträge Δu_f an den Stellen des Krümmungssprunges ändern.
Als Grenzwerte von Krümmungssprüngen gelten bei Einhaltung der zulässigen Ruckgröße für Geschwindigkeiten für $V \leq 100\ [km/h]$ der Wert $zul\ \Delta k \leq 9000/V^2$ und einem Wert für $\Delta u_f \leq 106\ [mm]$; bei Geschwindigkeiten für $100 < V \leq 160\ [km/h]$ entsprechend $zul\ \Delta k \leq 7000/V^2$ und einem Wert für $\Delta u_f \leq 68\ [mm]$; bei Geschwindigkeiten $160 < V \leq 240$ entsprechend $zul\ \Delta k \leq 4000/V^2$ und einem Wert für $\Delta u_f \leq 39\ [mm]$ und für Geschwin-

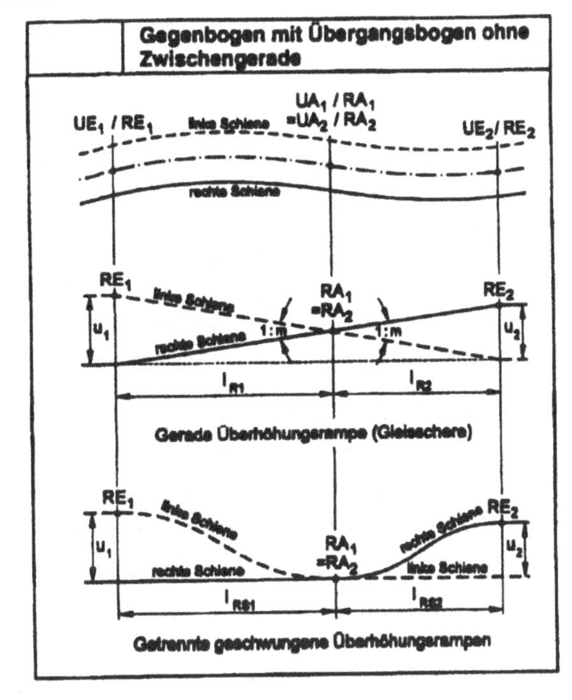

Abbildung 3.39: Gerade und getrennt geschwungene Überhöhungsrampe bei Gegenbögen mit Übergangsbögen ohne Zwischengerade gemäß Richtlinie 800 0110 der DB AG

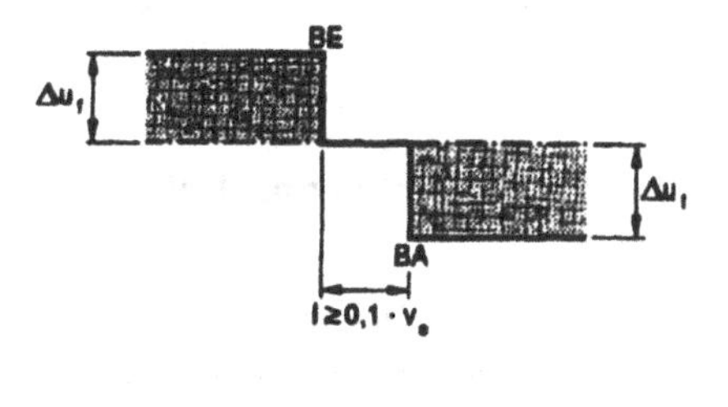

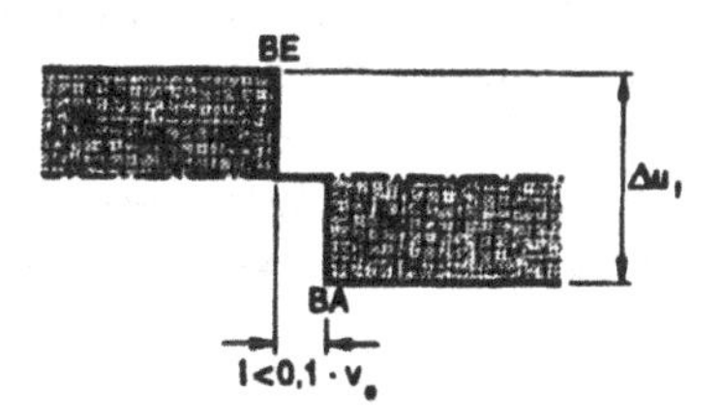

Abbildung 3.40: Unterschied der Überhöhungsfehlbeträge Δu_f

digkeiten $240 < V = 300$ $[km/h]$ entsprechend $zul\ \Delta k = 2000/V^2$ und einem Wert für $\Delta u_f \leq 27$ $[mm](V[km/h])$.

Hieraus ergeben sich für die einzelnen Fahrgeschwindigkeiten die nicht zu überschreitenden Grenzwerte für Δu_f $[mm]$ bei unterschiedlichen Geschwindigkeiten gem. Ziff.4(4) und die interpolierten Grenzwerte für Δu_f $[mm]$ der Richtlinie

800.0110.

	Interpolierte Grenzwerte für Δu_f [mm]								
V_e [km/h]	40	50	60	70	80	90	100	110	120
r 1) [m]	180	280	400	560	710	900	1 110	1 450	1 900
Δu_f [mm]	108	108	108	108	108	108	108	98	91
V_e [km/h]	130	140	150	160	170	180	190	200	210
r 1) [m]	2 400	3 000	3 700	4 500	5 500	6 700	8 200	10 000	11 500
Δu_f [mm]	83	78	73	68	62	57	52	47	45
V_e [km/h]	220	230	240	250	260	270	280	290	300
r 1) [m]	13 300	15 200	17 400	20 000	22 800	26 000	30 000	–	–
Δu_f [mm]	43	41	39	37	35	33	31	29	27

1) Gleisbogenradien beim Übergang Gerade / Kreisbogen

Abbildung 3.41: Grenzwerte für Δu_f gemäß Richtlinie 800 0110

Kurze gerade Gleisabschnitte zwischen gleichgerichteten Bogen sollen durch Zwischenbogen (Kreisbogen mit oder ohne Übergangsbogen oder nur Übergangsbogen) ersetzt werden.

3.3.3.4 Übergangsbogen mit S-förmig (parabolisch) geschwungener Krümmungslinie

Bei Gleisstrecken der DB AG, auf der mit hohen Fahrgeschwindigkeiten $V > 200$ $[km/h]$ gefahren wird, sind zwischen den Trassierungselementen Geraden und Kreisbögen Übergangsbögen mit S-förmig geschwungener Krümmungslinie oder Übergangsbögen mit kubischer Krümmungslinie nach Bloss zugelassen, wenn Überganbögen mit gerader Krümmungslinie nicht mit den Regelwerten nach Bild 10 der Richtlinie 800.0110 hergestellt werden können. Hierdurch werden kleinere Abrückmaße möglich und es entstehen an den Elementübergängen noch geringere Unstetigkeiten. Dieses trägt zur Sicherheit und zum Fahrkomfort wesentlich bei.

Als Übergangsbogen mit einer S-förmige geschwungener Krümmungslinie eignet sich eine Parabel 4. Grades mit der Gleichung für die Absteckung $y(x) = \frac{1}{6 \cdot r \cdot l_u} \cdot x^4$ für $0 \leq x \leq l_u/2$ und $y(x) = \frac{1}{48 \cdot r} \cdot (24 \cdot x^2 - 24 \cdot x \cdot l_u + 5 \cdot l_u^2) - \frac{(l_u - x)^4}{6 \cdot r \cdot l_u^2}$ für $l_u/2 \leq x \leq l_u$. Aus der Form der Krümmung ergibt sich die Funktion des Übergangsbogens. Die S-förmig geschwungene Krümmungslinie besteht aus zwei spiegelgleichen quadratischen Parabeln in der allgemeinen Form $k = c \cdot x^2$

Für $x = \frac{l_u}{2}$ ist $k_E/2 = \frac{1000}{2r} = c \cdot \frac{l_u^2}{4}$. Hieraus ergibt sich für $c = \frac{2000}{l_u^2} \cdot r$.

Die Krümmungslinie zwischen UA und U_{Mitte} (das entspricht $x = 0$ bis $l_u/2$) wird dargestellt durch den Ausdruck

$$k(x) = \frac{2000 \cdot x^2}{l_u^2 \cdot r} \tag{3.50}$$

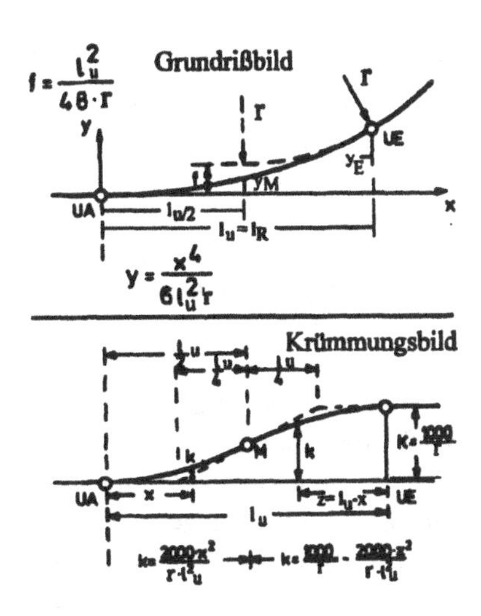

Abbildung 3.42: Übergangsbogen als Parabel 4. Grades mit s-förmig geschwungener Krümmungslinie

Die Krümmungslinie zwischen U_{Mitte} und UE (das entspricht $x = l_u/2$ bis l_u) wird dargestellt durch

$$k(x) = \frac{1000}{r} - \frac{2000 \cdot (l_u - x)^2}{l_u^2 \cdot r} \tag{3.51}$$

Im Grundriss entspricht die Krümmungslinie zwischen $x = 0$ und $x = l_u/2$ einer Parabel 4. Grades. Deshalb kann vereinfachend, von der allgemeinen Gleichung der Krümmung $k(x) = y$" ausgehend, gesetzt werden: $y'' = k(x) = \frac{2x^2}{l_u^2 \cdot r}$. Dann ergibt sich für $y' = \frac{2}{l_u^2 \cdot r} \cdot \frac{x_3}{3} + C1$. Für $x = 0$ ist $y = 0$; daraus folgt $C_1 = 0$. Es ergibt sich für $y = \frac{2}{3 \cdot l_u^2 \cdot r} \cdot \frac{x^4}{4} + c_2$; hier ist für $x = 0$; $y = 0$ und $C_2 = 0$.

Die Gleichung für die Parabel 4. Ordnung als Übergangsbogen im Bereich zwischen UA und U_{Mitte} lautet

$$y = \frac{x^4}{6 \cdot l_u^2 \cdot r} \tag{3.52}$$

Die Gleichung für die Parabel 4. Ordnung als Übergangsbogen im Bereich zwischen U_{Mitte} und UE ergibt sich über den Ansatz der Krümmungslinie $k(x) = 1/r - \frac{2(l_u - x)^2}{r \cdot l_u^2}$, die zweimal integriert werden muss, zu

$$y = \frac{(x - l_u/2)^2}{2 \cdot r} + \frac{l_u^2}{48 \cdot r} - \frac{(l_u - x)^4}{6 \cdot l_u^2 \cdot r} \tag{3.53}$$

Weitere allgemeine Konstruktionsparameter der Parabel 4. Ordnung sind:

Abrückmaß $f = \frac{l_u^2}{48 \cdot r}$; Ordinate $y_{Mitte} = \frac{l_u^2}{96 \cdot r} = f/2$; Ordinate $y_E = \frac{7 \cdot l_u^2}{48 \cdot r} = 7 \cdot f$; Tangentenwinkel $\tan \tau_E = \frac{l_u}{2 \cdot r}$; Abstand $a = \frac{7 \cdot l_u}{24 \cdot r}$.

Das Tangentenabrückmaß f für den Gleisentwurf beträgt in Abhängigkeit von der Krümmungslinie

$$f = \frac{l_{us}^2 \cdot 1000}{48 \cdot r} \, [m] \tag{3.54}$$

Abhängig vom Verlauf der Krümmung soll folgende Mindestlänge min l_u des Übergangsbogens nicht unterschritten werden:

$$\min\ l_u = \frac{6 \cdot Ve \cdot \Delta u_f}{1000} \tag{3.55}$$

(Allgemein: $l_u \geq a \cdot zul\ V \cdot \Delta u_f$; dabei ist $a = 6$ für parabolische Krümmungszunahme).
Die Länge des Übergangsbogens soll so gewählt werden, dass das Tangentenabrückmaß $f \geq 15\ [mm]$ wird.

Nach der Richtlinie 800.0110 in Verbindung mit Bild 6 der DB AG ist festgelegt:
Folgen Gegenbogen in einer Linienführung so dicht auf einander, dass keine Zwischengerade $l_g \geq 0.4 \cdot Ve\ [m]$ eingeschaltet werden kann, sind zwei getrennte Übergangsbogen mit geschwungener (S-förmig oder kubisch geschwungen) Krümmungslinie und entsprechende Überhöhungsrampen anzuordnen. Dabei dürfen die Übergangsbogenanfänge unmittelbar aneinander stoßen. Mit der Zustimmung der Zentrale der DB AG dürfen auch Übergangsbogen mit einfach geschwungenen Krümmungslinien und einfach geschwungenen Rampen angeordnet werden.

3.3.3.5 Übergangsbogen mit kubisch geschwungener Krümmungslinie nach Bloss

Nach der Richtlinie 800.0110 der DB AG sind Übergangsbogen nach Bloss zugelassen, wenn Übergangsbogen mit gerader Krümmungslinie nicht mit den Regelwerten nach Bild 10 der Richtlinie hergestellt werden können.
Das Tangentenabrückmaß f beträgt in Abhängigkeit von der Krümmungslinie

$$f = \frac{l_{UB}^2 \cdot 1000}{40 \cdot r}\ [m] \tag{3.56}$$

Abhängig vom Verlauf der Krümmungen sollen folgende Mindestlängen min l_u des Übergangsbogens nicht unterschritten werden:

$$\min l_{UB} = \frac{4.5 \cdot Ve \cdot \Delta u_f}{1000}\ [m] \tag{3.57}$$

Die Länge des Übergangsbogen soll so gewählt werden, dass das Tangentenabrückmaß $f \geq 15\ [mm]$ wird.
Die Gleichung für die Absteckung lautet: $y(x) = 1/4 \cdot \frac{1}{r \cdot l_u^2} \cdot x^4 - 1/10 \cdot \frac{1}{r \cdot l_u^3} \cdot x^5$.

Neben dem Übergangsbogen mit gerader und parabolisch geschwungener Krümmungslinie als Regelbauweise und zunehmend auch der Übergangsbogen mit kubisch geschwungener Krümmungslinie nach BLOSS wurden Übergangsbogen mit sinusartig geschwungener Krümmungslinie nach KLEIN mit der Gleichung für die Absteckung $y(x) = 1/r \cdot (\frac{x^3}{6 \cdot l_u} + \frac{l_u^2}{8 \cdot \pi^3} \cdot \sin \frac{2 \cdot \pi}{l_u} \cdot x)$ und mit cosinusartig geschwungener Krümmungslinie nach SCHRAMM mit der Gleichung für die Absteckung $y(x) = \frac{1}{2 \cdot r} \cdot (x^2/2 + l^2/\pi^2 \cdot \cos \frac{\pi}{2 \cdot l_u} \cdot x)$ entwickelt.

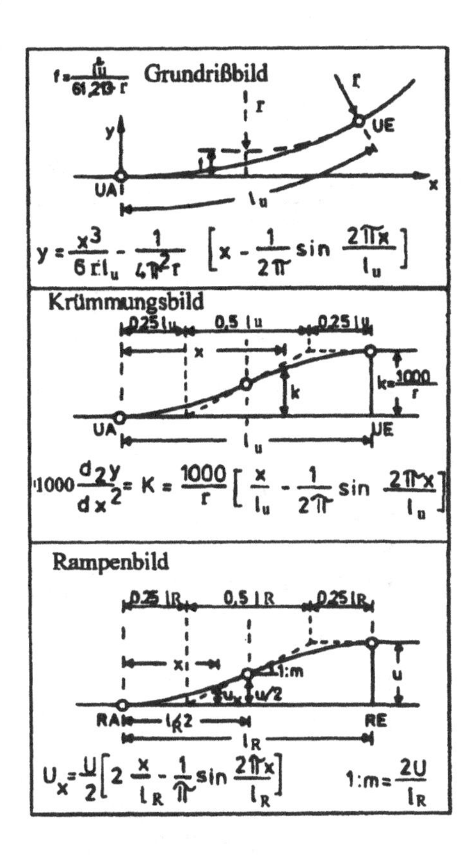

Abbildung 3.43: Übergangsbogen mit Krümmungsbild und Rampenbild nach Klein

3.3.4 Überhöhungsrampen

Gleistrassen bestehen, abhängig von der Topographie, aus einer Folge unterschiedlicher Trassierungselemente, für die, abhängig von den Fahrgeschwindigkeiten, verschieden große Überhöhungen erforderlich sind.
Diese unterschiedlichen Größen der Überhöhungen werden im Verlauf von Übergangsbögen durch Überhöhungsrampen zwischen den Trassierungselementen bis zum Endwert ab- bzw. aufgetragen. Dabei wird die äußere Schiene im Gleisbogen angehoben.
Die Länge der Überhöhungsrampe entspricht der Länge des zugeordneten Übergangsbogens; also $l_u = l_R$. Der Rampenanfang RA fällt mit dem Anfang des Übergangsbogens UA und das Rampenende RE fällt mit dem Ende des Übergangsbogens UE zusammen.

3.3.4.1 Gerade Überhöhungsrampen

Bei Übergangsbogen mit gerader Krümmungslinie sind gerade Überhöhungsrampen anzuordnen. Diese Rampen besitzen eine konstante Neigung 1:m und sind die Regelform der Überhöhungsrampen. Am Rampenanfang RA und am Rampenende RE werden keine Ausrundungen angelegt; in der Praxis bilden sie sich auf kurzen Abschnitten aus.
Die Überhöhungswerte u_x werden im Verlauf der Rampe zwischen RA und RE über den Ansatz

$$u_x = \frac{u_E}{l_R} \cdot x \tag{3.58}$$

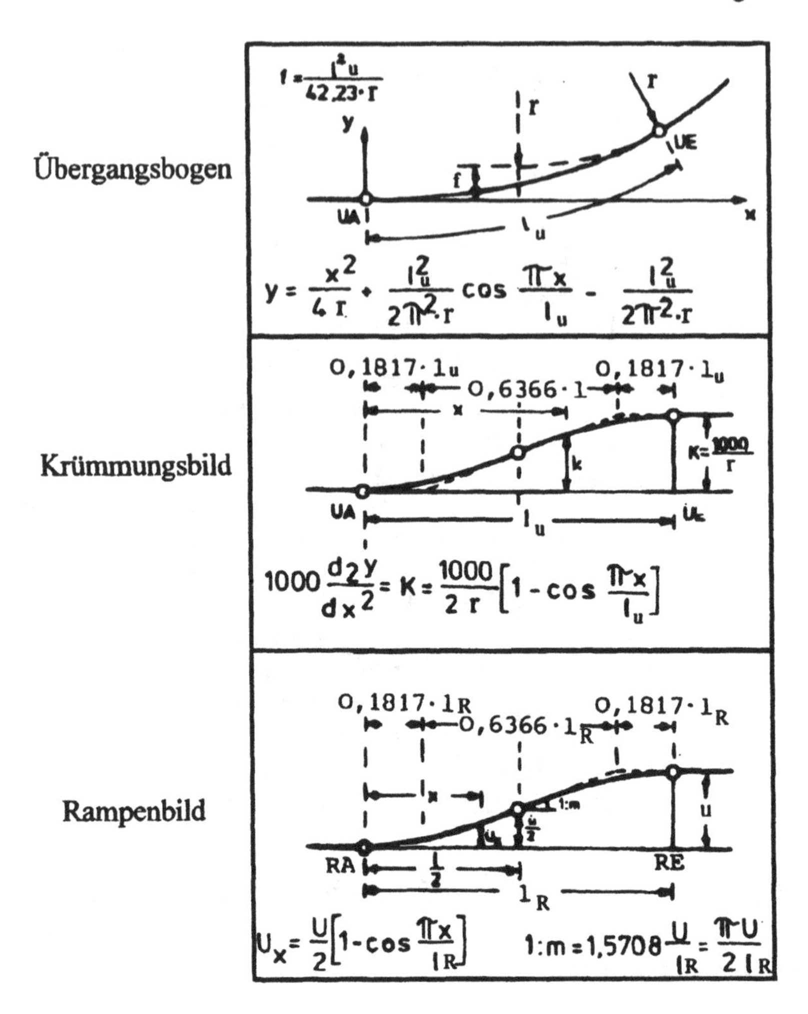

Abbildung 3.44: Übergangsbogen mit Krümmungslinie nach Schramm

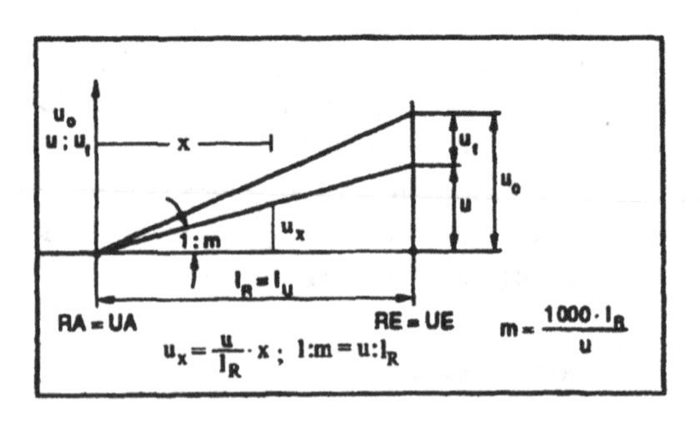

Abbildung 3.45: Gerade Überhöhungsrampe gemäß Richtlinie 800.0110

über die Rampenlänge l_R aufgetragen. Die Rampenneigung ist $1 : m = u_E : l_R$.
Beim Durchfahren der geraden Rampe dreht sich das Fahrzeug um seine Längsachse mit einer konstanten Winkelgeschwindigkeit, die durch Drehbeschleunigungen am RA aufgebaut und am RE

abgebaut werden. Damit diese Beschleunigungen, die den Fahrzeuglauf beeinflussen, in den Anschlusspunkten RA und RE nicht zu groß werden, sind beim Gleisentwurf Grenzwerte für die Rampenneigungen einzuhalten. Nach der Richtlinie 800.0110 der DB AG sind die Rampenlängen l_R und die Rampenneigung $1 : m$ der Überhöhungsrampen nach Bild 10 der Richtlinien zu berücksichtigen.

Der Regelwert für die Rampenneigung beträgt aus Gründen der Entgleisungssicherheit

$$1 : m \leq 1 : 600 \tag{3.59}$$

Als Ermessens-, Zustimmungs- und Ausnahmewert darf schließlich die maximale Rampenneigung $1 : m = 1 : 400$ nicht überschritten werden. Der Wert $m = \frac{1000 \cdot l_R}{u}$ ist im Regelfall begrenzt auf $m = 10 \cdot V$; als Ermessensgrenzwert gilt $m = 8 \cdot V$.

Die Rampenlänge l_R als Regellänge ergibt sich aus dem fahrdynamischen Ansatz $1 : m = \Delta u : l_R = 1 : 10 \cdot zul\ V$. Hieraus ergibt sich die Regellänge $l_R = \frac{10 \cdot zul\ V \cdot u}{1000}$. Der Regelwert für die Rampenlänge beträgt gemäß Richtlinie 800.0110

$$l_R = 10 \cdot Ve \cdot \frac{\Delta u}{1000} \tag{3.60}$$

Zwischen zwei geraden Überhöhungsrampen muss ein Abschnitt mit gleichbleibender Überhöhung oder ohne Überhöhung mit einer Länge von $l \geq 0.1 \cdot V_e\ [m]$ vorhanden sein.

3.3.4.2 S-förmig (parabolisch) geschwungene Überhöhungsrampe

Bei Übergangsbogen mit S-förmig (parabelförmig) geschwungener Krümmungslinie sind entsprechend S-förmig geschwungene Überhöhungsrampen anzuordnen. Bei diesen Überhöhungsrampen ändert sich die Rampenneigung stetig.

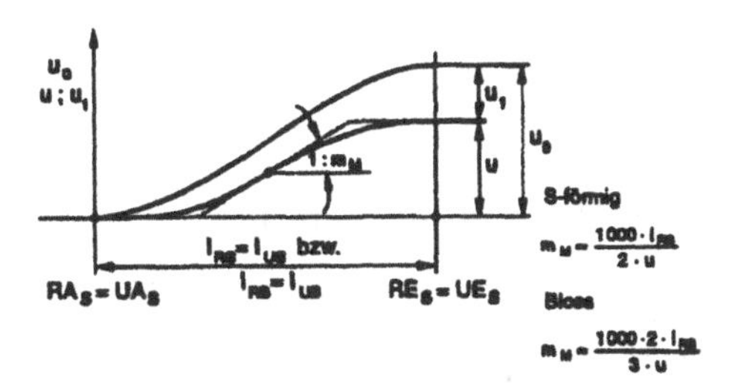

Abbildung 3.46: S-förmig (parabolisch) geschw. Überhöhungsrampe gemäß Richtlinie 800.0110

Die S-förmig (parabolisch) geschwungene Überhöhungsrampe besteht aus zwei spiegelgleichen quadratischen Parabeln. Die Rampenlinie lässt sich aus folgenden Ansätzen ermitteln: Der Bereich zwischen RA und RM mit dem Ansatz $u_x = \frac{2 \cdot u_E \cdot x^2}{l_{RS}^2}$ und zwischen RM und RE mit dem Ansatz

$$u_x = u_E - \frac{2 \cdot u_E \cdot (l_{RS} - x)^2}{l_{RS}^2} \tag{3.61}$$

Die Rampenneigung im Wendepunkt der S-förmig geschwungenen Rampenlinie ist $1 : m_M = 2u_E : l_{RS}$; der Wert $m_M = \frac{1000 \cdot l_{RS}}{2u_E}$.

Die S-förmig geschwungenen Überhöhungsrampen dürfen unmittelbar aneinander stoßen. Die Länge L_{RS} und die Neigung $1 : m$ der Überhöhungsrampen sind nach Bild 10 der Richtlinie 800.0110 festzulegen, dabei sind die Entwurfsgeschwindigkeiten für spätere Ausbaustufen zu berücksichtigen.

Der Regelwert der Rampenlänge ist $l_{RS} = 10 \cdot V_e \cdot \frac{\Delta u}{1000}$.

Der Regelwert der Rampenneigung im Wendepunkt ist $1 : m_{Mitte} \leq 1 : 600$. Der maximale Wert der Rampenneigung $1 : m \leq 1 : 400$ darf nicht überschritten werden.

3.3.4.3 Kubisch geschwungene Überhöhungsrampe nach Bloss

Bei Übergangsbogen mit kubisch geschwungener Krümmungslinie nach Bloss sind entsprechende kubisch geschwungene Überhöhungsrampen nach Bloss anzuordnen.

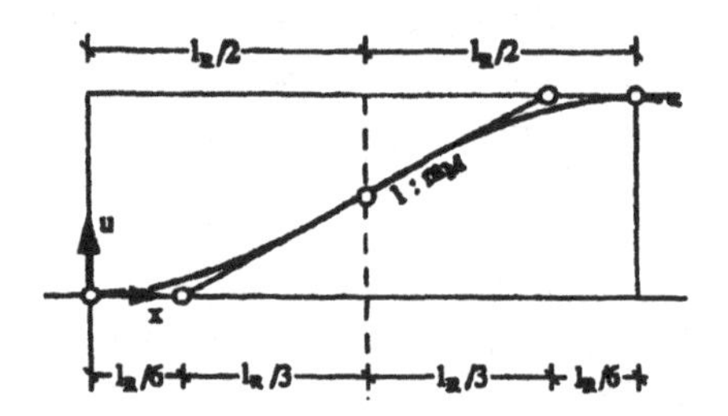

Abbildung 3.47: Überhöhungsrampe nach Bloss

Die kubisch geschwungene Rampenlinie ist bestimmt durch den Ansatz

$$u(x) = u \cdot [3 \cdot \frac{x^2}{l_R^2} - 2 \cdot \frac{x^3}{l_R^3}] \tag{3.62}$$

Dabei ist $l_R = 1.5 \cdot m_M \cdot u$ und $m_M = \frac{1000 \cdot 2 \cdot l_R}{3 \cdot u}$.

Der Regelwert der Rampenlänge ist $l_{RB} = 7.5 \cdot V_e \frac{\Delta u}{1000}$.

Der Regelwert der Rampenneigung ist $1 : m_{Mitte} \leq 1 : 600$ Der maximale Wert der Rampenneigung $1 : m \leq 1 : 400$ darf nicht überschritten werden.

3.3.4.4 Sinusförmig geschwungene Überhöhungsrampe nach Klein

Bei Übergangsbogen mit sinusförmig geschwungener Krümmungslinie nach Klein sind entsprechend sinusförmige geschwungene Überhöhungsrampen nach Klein vorgesehen.

3.3.4.5 Cosinusförmig geschwungene Überhöhungsrampe nach Schramm

Bei Übergangsbogen mit cosinusförmig geschwungener Krümmungslinie nach Schramm sind entsprechend cosinusförmige geschwungene Überhöhungsrampen nach Schramm vorgesehen.
Allgemein ist festzustellen, dass bei der DB AG bisher überwiegend parabolisch geschwungene Überhöhungsrampen bei der Gleistrassierung angewendet werden. Daneben wird auch die kubisch geschwungene Überhöhungsrampe nach Bloss eingesetzt. Die Sinus- und Cosinus-Rampen wurden bisher in Pilotprojekten verwendet.

3.3.5 Zulässige Höchstgeschwindigkeiten $\max V$ in Gleisbögen

Nach der Richtlinie 800.0110 der DB AG ist die zulässige Höchstgeschwindigkeit $\max V$ in Abhängigkeit von der Linienführung nach Bild 12 der Richtlinie zu berechnen. Dabei ist jeweils die niedrigste der berechneten Geschwindigkeiten maßgebend. Grundlage für die Ermittlung der zulässigen Höchstgeschwindigkeit $\max V$ im Gleisbogen von Regelspurbahnen bildet die allgemeine Formel für die Überhöhung bei Fahrgeschwindigkeiten bis $V = 200\ [km/h]$ und zulässigem Überschuss an Seitenbeschleunigung $\Delta b = 0.85\ [m/sec^2]$: $u = \frac{11.8 \cdot V_{zul}^2}{r} - zul\ u_f\ [mm]$; aufgelöst nach $\max V$ ergibt sich $\max V = \sqrt{\frac{r}{11.8} \cdot (u + zul\ u_f)}\ [km/h]$; darin sind $V\ [km/h]$; $r\ [m]$; $u\ [mm]$; $zul\ u_f = 130\ [mm]$.

	Zulässige Höchstgeschwindigkeit max v		
	Kriterium	max v [km / h]	Querverweis
1	Überhöhungsfehlbetrag	$\max v = \sqrt{\frac{r}{11{,}8}(u + zul\ u_f)}$	zul u_f vgl. Abschn. 3, Abs. (3) und Abschn. 8, Abs. (2)
2	unvermittelter Krümmungswechsel	Gerade / Kreis: $\max v = \sqrt{\frac{r}{11{,}8}\ zul\ \Delta u_f}$ Korb- und Gegenbogen: $\max v = \sqrt{\frac{r_1 \cdot r_2}{11{,}8(r_1 \pm r_2)}\ zul\ \Delta u_f}$	zul Δu_f vgl. Abschn. 4, Abs. (4)
3	Abstand zwischen geraden Überhöhungsrampen	$\max v = 10 \cdot l$	min l vgl. Abschn. 5, Abs. (1)
4	Überhöhungsrampe gerade	$\max v = \frac{l_R \cdot 1000}{6 \cdot \Delta u}$	vgl. Abschn. 5, Abs. (2) und Abschn. 8, Abs. (2)
	S-förmig	$\max v = \frac{l_{RS} \cdot 1000}{8 \cdot \Delta u}$	
	Bloss	$\max v = \frac{l_{RB} \cdot 1000}{8 \cdot \Delta u}$	
5	Ausrundungsradius r_a	$\max v = 2\sqrt{r_a}$	vgl. Abschn. 7, Abs. (3)

Abbildung 3.48: Zulässige Höchstgeschwindigkeiten nach der Richtlinie 800.0110

Außerdem sind folgende vereinfachte Formeln entsprechend anzuwenden:

In Gleisbögen mit höchstzulässiger Überhöhung $\max u = 150\ [mm]$ ist die zulässige Geschwindigkeit

$$\max V = 4.6 \cdot \sqrt{r}\ [km/h] \tag{3.63}$$

Bei unvermitteltem Krümmungswechsel, wenn Bogen und Gerade ohne Übergangsbogen zusammengeführt sind und der zulässige Ruck $a_q = 0.7\ [m/sec^3]$ maßgebend ist, ermittelt man die Höchstgeschwindigkeit aus dem Ansatz $r \geq \frac{V^2}{9}$ zu

$$\max V = 3 \cdot \sqrt{r}\ [km/h] \tag{3.64}$$

In Gleisbögen ohne Überhöhung ($u = 0$) (z.B. in Weichenbögen) ist die maximale Fahrgeschwindigkeit

$$\max V = 2.91 \cdot \sqrt{r}\ [km/h] \tag{3.65}$$

In einer Gleistrasse, in der abschnittsweise Korbbogen oder Gegenbogen unmittelbar aufeinander folgen, ist die Höchstgeschwindigkeit $\max V$ aus dem Ansatz $\frac{1000}{r_2} \pm \frac{1000}{r_1} \leq \frac{9000}{V^2}$ zu ermitteln. Dann ergibt sich:

$$\max V = 3 \cdot \sqrt{\frac{r_1 \cdot r_2}{r_1 \pm r_2}}\ [km/h] \tag{3.66}$$

dabei ist $r_1 > r_2$ zu wählen und (–) beim Korbbogen und (+) beim Gegenbogen einzusetzen. Dieser Formelausdruck ist speziell auch für den Nachweis der Höchstgeschwindigkeit $\max V$ in Bogenweichen zu verwenden.

In Gleisbogen ohne Übergangsbogen und ohne Überhöhung ist die Gefahr des Entgleisens gegeben, wenn die Geschwindigkeit

$$V \geq 5 \cdot \sqrt{r}\ [km/h] \tag{3.67}$$

überschritten wird.

Die zulässige Höchstgeschwindigkeit, abhängig von der Linienführung bei bestehenden Bahnanlagen, ist nach Ziff. 8 der Richtlinie 800.0110 zu ermitteln und zu beurteilen.

3.3.6 Beispiel: Trassierung der Elementenfolge Gegenbogen/Korbbogen/Kreisbogen/Gerade

Für eine zweigleisige Hauptstrecke der DB AG mit gemischtem Verkehr soll eine Entwurfsplanung gemäß Gleisplan-Übersicht nach folgendem Betriebsprogramm entwickelt werden: Entwurfsgeschwindigkeit $V_e = 180\ [km/h]$; Güterzuggeschwindigkeit $V_G = 80\ [km/h]$; Güterzugbelastung $55000 Lt/Tg$; Gleisbogen r_1 ist neu zu bestimmen, die Radien r_2 und r_3 liegen nach einer Vorbemessung fest.
Die vorgesehene Folge der Trassierungselemente ist zu berechnen und in den Punkten A und B sind die Ordinaten der Überhöhung festzulegen. Grundlage der Ermittlungen ist die Richtlinie 800.0110 der DB AG.

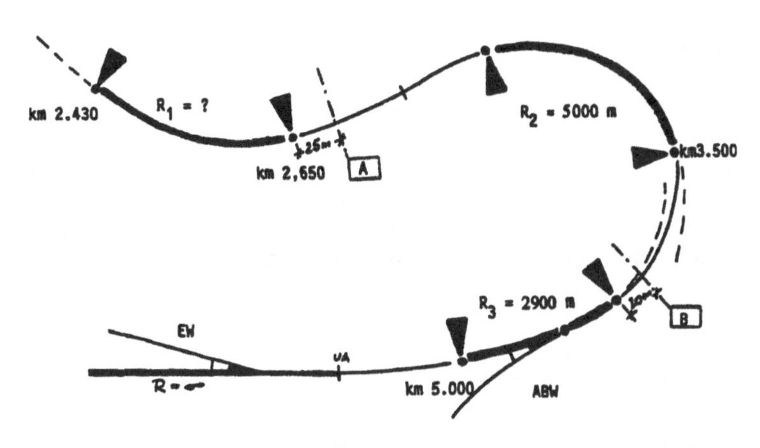

Abbildung 3.49: Gleisplan-Übersichtsskizze

Berechnung der Elementenfolge

1. Gleisbogen r_1

   $V_e = 180\ [km/h]$; $u_0 = 170\ [mm]$ nach Bild 2 der Richtlinie 800.0110.

   $r_1 = \frac{11.8 \cdot V_e^2}{u_0} = \frac{11.8 \cdot 180^2}{170} = 2249\ [m]$; gewählt $r_1 = 2450\ [m]$;
   Mindestlänge der Kreisbögen: $l \Rightarrow 0.4 \cdot V_e = 0.4 \cdot 180 = 72\ [m]$; gewählt $l_B = 75\ [m]$; (das entspricht der Fahrt durch den Bogen in 1.5 sec mit V_e).

   Überhöhung:

   Mindestüberhöhung min $u = u_0 - zul\ u_f = \frac{11.8 \cdot Ve^2}{r_1} - zul\ u_f = \frac{11.8 \cdot 180^2}{2450} - 130 = 156 - 130 = 26\ [mm]$; gewählt für die Überhöhung $u = 100\ [mm]$ (Regelwert).

2. Gegenbogen

   $V_e = 180\ [km/h]$; $r_1 = 2450\ [m]$; $r_2 = 5000\ [m]$; $u_1 = 100\ [mm]$

   Krümmung:

   $k_1 = 1000/r_1 = 1000/2450 = 0.41$
   $k_2 = 1000/r_2 = 1000/5000 = 0.20$

Mindest-Überhöhung für Radius r_2:

$\min u = u_0 - zul\ u_f = \frac{11.8 \cdot 180^2}{5000} - 70$ (Regelwert) $= 77 - 70 = 7\ [mm]$; gewählt für die Überhöhung $u_2 = 30\ [mm]$.

Prüfkriterium gem. Ziff. 4(1)der Richtlinie 800 0110: Wenn $\Delta u_f \geq 40\ [mm]$ bei $V_e \leq 200\ [km/h]$, dann sollen Übergangsbogen in durchgehenden Hauptgleisen angeordnet werden.

(a) Übergang mit Zwischengerade (Regelfall)

Gem. Ziff. 4(3) sollen im vorliegenden Fall zwei getrennte Übergangsbogen mit gerader Krümmungslinie hergestellt werden, weil eine Zwischengerade mit einer Länge $l_g \geq 0.4 \cdot V_e$ angeordnet werden kann. Damit werden die Beschleunigungsspitzen in den Wechselpunkten reduziert.
Länge der Zwischengeraden $l_g = 0.4 \cdot 180 = 72\ [m]$; gewählt $l_g = 75\ [m]$.

Prüfkriterium Δu_f bei $V_e \leq 200\ [km/h]$ gem. Ziff.4 (1):

r_1/Zwischengerade: $\Delta u_f = u_{f1} = \frac{11.8 \cdot V_e^2}{r_1 - u_1} = \frac{11.8 \cdot 180^2}{2450} - 100 = 156 - 100 = 56\ [mm] \geq 40\ [mm]$.

Zwischengerade/r_2: $\Delta u_f = u_{f2} = \frac{11.8 \cdot V_e^2}{r_2} r_2 - u_2 = \frac{11.8 \cdot 180^2}{5000} - 30 = 77 - 30 = 47\ [mm] \geq 40\ [mm]$

Prüfnachweis:

$\Delta u_f = u_{f1} - 0$ (Zwischengerade) $= 56 - 0 = 56\ [mm] \geq 40\ [mm]$

$\Delta u_f = u_{f2} - 0$ (Zwischengerade) $= 47 - 0 = 47\ [mm] \geq 40\ [mm]$

Übergangsbögen sind erforderlich!

Prüfnachweis - Grenzwert $zul\ \Delta u_f = 57\ [mm]$ bei $V_e = 180\ [km/h]$ nach Ziff. 4(4) darf nicht überschritten werden:
Bei der Folge r_1/Zwischengerade:$\Delta u_f = 56\ [mm] \leq zul\ \Delta u_f = 57\ [mm]$; bei der Folge Zwischengerade/r_2:$\Delta u_f = 47\ [mm] \leq zul\ \Delta u_f = 57\ [mm]$
Überhöhungsunterschiede:

$\Delta u_1 = u_1 - 0 = u_1 = 100\ [mm]$
$\Delta u_2 = u_2 - 0 = u_2 = 30\ [mm]$

Es werden Übergangsbögen mit gerader Krümmungslinie als Klothoide angeordnet; jeweils angenähert durch eine Parabel 3. Ordnung.

Länge der Übergangsbögen:

Mindest-Übergangsbogenlänge gem. Ziff. 4(2) der Richtlinie 800 0110:

$\min l_{u1} = \frac{4 \cdot V_e \cdot \Delta u_{f1}}{1000} = \frac{4 \cdot 180 \cdot 56}{1000} = 40\ [m]$
$\min l_{u2} = \frac{4 \cdot V_e \cdot \Delta u_{f2}}{1000} = \frac{4 \cdot 180 \cdot 47}{1000} = 34\ [m]$

Länge der geraden Überhöhungsrampen gem. Bild 10 der Richtlinie 800 0110:

$$l_{R1} = \frac{10 \cdot V_e \cdot \Delta u}{1000} = \frac{10 \cdot 180 \cdot 100}{1000} = 180\ [m] \tag{3.68}$$

$$l_{R2} = \frac{10 \cdot 180 \cdot 30}{1000} = 54\ [m] \tag{3.69}$$

Da Übergangsbogenlänge = Überhöhungsrampenlänge festgesetzt ist, werden die Längen nach dem Rampenkriterium gewählt für

$l_{u1} = l_{R1} = 180\ [m]$
$l_{u2} = l_{R2} = 55\ [m]$

Neigung der Überhöhungsrampe:

$1 : m_1 = 1 : \frac{1000 \cdot l_{R1}}{u_1} = \frac{1000 \cdot 180}{100} = 1 : 1800 < 1 : 600$ gem. Bild 10

$1 : m_2 = 1 : \frac{1000 \cdot l_{R2}}{u_2} = \frac{1000 \cdot 55}{30} = 1 : 1833 < 1 : 600$

Nachweis zulässiger Fahrgeschwindigkeiten im Gegenbogen:

a) Kriterium: Überhöhungsfehlbetrag gem. Bild 12

Übergang Radius r_1/Zwischengerade:

$zul\ V = \sqrt{\frac{r_1}{11.8} \cdot (u + zul\ u_f)} = \sqrt{\frac{2450}{11.8} \cdot (100 + 130)} = 218\ [km/h] \geq V_e[km/h]$

Übergang Zwischengerade/Radius r_2:

$zul\ V = \sqrt{\frac{r_1}{11.8} \cdot (u + zul\ u_f)} = \sqrt{\frac{5000}{11.8} \cdot (30 + 130)} = 260\ [km/h] \geq V_e[km/h]$

b) Kriterium: Überhöhungsrampe gem. Bild 12

Übergang Radius r_1/Zwischengerade:

$zul\ V = \frac{l_{R1} \cdot 1000}{6 \cdot \Delta u} = \frac{180 \cdot 1000}{6 \cdot 100} = 300\ [km/h] \geq V_e$

Übergang Zwischengerade/Radius r_2:

$zul\ V = \frac{l_{R2} \cdot 1000}{6 \cdot \Delta u} = \frac{55 \cdot 1000}{6 \cdot 30} = 306\ [km/h] \geq V_e$

Maßgebend ist das Kriterium: Überhöhungsfehlbetrag!

(b) Übergang ohne Zwischengerade (Sonderfall)

Die Überhöhung u_1 des Gleisbogens r_1 wird geradlinig an die Überhöhung u_2 des Gegenbogens herangeführt. Die beiden Übergangsbögen werden mit gerader Krümmungslinie ausgestattet.

Gleisbogen: $r_1 = 2450\ [m]$; $r_2 = 5000\ [m]$; Krümmungen: $k_1 = 0.41$; $k_2 = 0.20$; Krümmungsunterschied: $\Delta k = k_1 - k_2 = 0.41 - 0.20 = 0.21$; Überhöhungen: $u_1 = 100\ [mm]$; $u_2 = 30\ [mm]$.

Unterschied der Überhöhungsfehlbeträge (Gegenbogen):
$\Delta u_f = u_{f1} + u_{f2} = (\frac{11.8 \cdot Ve^2}{r_1}) - u_1) + (\frac{11.8 \cdot V_e^2}{u_2}) = (\frac{11.8 \cdot 180^2}{2450} - 100) + (\frac{11.8 \cdot 180^2}{5000} - 30) = 56 + 47 = 103\ [mm] \geq \Delta u_f$ gem. Ziff. 4(1) – Übergangsbogen erforderlich! – ; aber $\geq zul\ \Delta u_f = 57\ [mm]$ gem. Ziff. 4(4). Diese Bedingung ist nicht erfüllt.

Nachweis der zulässigen Fahrgeschwindigkeit im Gegenbogen ohne Zwischengerade:

$$zul\ V = \sqrt{\frac{r_1 \cdot r_2}{11.8 \cdot (r_1 + r_2)} \cdot zul\ \Delta u_f} \tag{3.70}$$

$$= \sqrt{\frac{2450 \cdot 5000}{11.8 \cdot (2450 + 5000)} \cdot 57} \tag{3.71}$$

$$= 89\ [km/h] \leq V_e \tag{3.72}$$

$$\tag{3.73}$$

bzw.

$$zul\ V = 3 \cdot \sqrt{\frac{r_1 \cdot r_2}{r_1 + r_2}} \tag{3.74}$$

$$= \sqrt{\frac{2450 \cdot 5000}{2450 + 5000}} \tag{3.75}$$

$$= 122\ [km/h] \leq V_e \tag{3.76}$$

$$\tag{3.77}$$

Die V_e wird in beiden Nachweisen nicht erreicht.
Ergebnis dieser Untersuchung: Die Radien des Gegenbogens ohne Zwischengerade müssten wesentlich vergrößert werden, um die Randbedingungen der Richtlinie 800.01-10 hinsichtlich $zul\ \Delta u_f$ und $\max V$ einhalten zu können.

3. Korbbogen

Radien: $r_2 = 5000\,[m]$; $r_3 = 2900\,[m]$;

Krümmung: $k_2 = 1000/r_2 = 1000/5000 = 0.20$; $k_3 = 1000/r_3 = 1000/2900 = 0.34$;

Krümmungsunterschied: $\Delta k = k_3 - k_2 = 0.34 - 0.20 = 0.14$;

Überhöhungen:

$u_2 = 30\,[mm]$; min $u_3 = u_0 - zul\ u_f = \frac{11.8 \cdot V_e^2}{r_3} - zul\ u_f = \frac{11.8 \cdot 180^2}{2900} - 130 = 132 - 130 = 2\,[mm]$; gewählt $u_3 = 75\,[mm]$.

Überhöhungsunterschied:

$\Delta u = u_3 - u_2 = 75 - 30 = 45\,[mm]$

Unterschied der Überhöhungsfehlbeträge:

$\Delta u_f = u_{f3} - u_{f2} = (\frac{11.8 \cdot V_e^2}{r_3} - u_3) - (\frac{11.8 \cdot V_e^2}{r_2} - u_2) = (\frac{11.8 \cdot 180^2}{2900} - 75) - (\frac{11.8 \cdot 180^2}{5000} - 30) = (132 - 75) - (77 - 30) = 57 - 47 = 10\,[mm] \leq \Delta zul\ u_f = 57\,[mm]$ gem. Ziff. 4(4);

Nachweis:

$\Delta u_f = 10\,[mm]$; die Bedingung $\Delta u_f \geq 40\,[mm]$ gem. Ziff. 4(1) wird nicht erfüllt, um einen Übergangsbogen anzuordnen. Dafür wird die Ruckbedingung herangezogen: Für Korbbögen gilt, $\Delta k < \frac{4000}{V_e^2} bei V_e > 160 [km/h]$, dann ist kein Übergangsbogen erforderlich. Hier ist $\Delta k = \frac{1000}{r_3} - \frac{1000}{r_2} = \frac{1000}{2900} - \frac{1000}{5000} = 0.34 - 0.20 = 0.14\,[1/m]$; der Wert $\frac{4000}{180^2} = 0.12$; Bedingung: $\Delta k < \frac{4000}{V_e^2}$ wird hier nicht erfüllt. $\Delta k = 0.14 > 0.12$: also gilt die Sollbedingung $\Delta k > \frac{4000}{V_e^2}$: Ein Übergangsbogen ist erforderlich!

Es wird ein Übergangsbögen mit gerader Krümmungslinie als Klothoide angeordnet, angenähert durch eine Parabel 3. Ordnung und gerader Überhöhungsrampe.

Länge des Übergangsbogens:

$\min l_{u3} = \frac{4 \cdot Ve \cdot \Delta u_f}{1} = \frac{4 \cdot 180 \cdot 45}{1000} = 32\,[m]$;

Länge der Überhöhungsrampe:

$l_{R3} = \frac{10 \cdot Ve \cdot \Delta u}{1000} = \frac{10 \cdot 180 \cdot 45}{1000} = 81\,[m]$.

Die Rampenlänge ist maßgebend!

Gewählt: $l_{R3} = l_u = 85\,[m]$

Neigung der Überhöhungsrampe:
$1 : m = 1 : \frac{1000 \cdot l_{R3}}{\Delta u} = 1 : \frac{1000 \cdot 85}{45} = 1 : 1889 < 1 : 600$ gem. Bild 10

Nachweis zulässiger Fahrgeschwindigkeit im Korbbogen:

a) Kriterium: Überhöhungsfehlbetrag gem. Bild 12

Übergang Radius r_2/Radius r_3:

$$zul\ V = \sqrt{\frac{r_3}{11.8} \cdot (u + zul\ u_f)} = \sqrt{\frac{2900}{11.8} \cdot (75 + 130)} = 224\ [km/h] \geq V_e[km/h]$$

b) Kriterium: Überhöhungsrampe gem. Bild 12

Übergang Radius r_2/Radius r_3:

$$zul\ V = \frac{l_{R3} \cdot 1000}{6 \cdot \Delta u} = \frac{85 \cdot 1000}{6 \cdot 45} = 315\ [km/h] \geq V_e$$

Maßgebend ist das Kriterium: Überhöhungsfehlbetrag!

4. Kreisbogen/Gerade

Radius $r_3 = 2900\ [m]$; Überhöhung $u_3 = 75\ [mm]$; Überhöhungsfehlbetrag $u_{f3} = \frac{11.8 \cdot 180^2}{2900} - 75 = 132 - 75 = 57\ [mm] = \Delta zul\ u_f = 57\ [mm]$ gem. Ziff. 4(4);

Unterschied der Überhöhungsfehlbeträge $\Delta u_f = u_{f3} - u_{f4}(Gerade) = 57 - 0 = 57\ [mm] \leq zul\ \Delta u_f = 57 \geq \Delta u_f = 40\ [mm]$ gem. Ziff. 4(1); Übergangsbogen erforderlich!

Es wird ein Übergangsbögen mit gerader Krümmungslinie als Klothoide angeordnet, angenähert durch eine Parabel 3. Ordnung und gerader Überhöhungsrampe.

Länge des Übergangsbogens:
$\min l_{u4} = \frac{4 \cdot V_e \cdot \Delta u_f}{1000} = \frac{4 \cdot 180 \cdot 57}{1000} = 41\ [m]$

Länge der Überhöhungsrampe:
$l_{R4} = \frac{10 \cdot V_e \cdot \Delta u}{1000} = \frac{10 \cdot 180 \cdot 75}{1000} = 135\ [m]$; gewählt $l_{R4} = l_{u4} = 135\ [m]$.

Die Rampenlänge ist maßgebend! Gewählt $l_{R4} = l_{u4} = 135\ [m]$.

Neigung der Überhöhungsrampe:

$$1 : m = 1 : \frac{1000 \cdot l_{R4}}{u_3} = 1 : \frac{1000 \cdot 180}{75} = 1 : 1800 < 1 : 600.$$

Nachweis zulässiger Fahrgeschwindigkeit im Bereich Kreisbogen/Gerade:

a) Kriterium: Überhöhungsfehlbetrag gem. Bild 12

Übergang Radius r_3/Gerade:

$$zul\ V = \sqrt{\frac{r_3}{11.8} \cdot (u + zul\ u_f)} = \sqrt{\frac{2900}{11.8} \cdot (75 + 130)} = 224\ [km/h] \geq V_e[km/h]$$

b) Kriterium: Überhöhungsrampe gem. Bild 12

Ubergang Radius r_3/Gerade:

$$zul\ V = \frac{l_{R3} \cdot 1000}{6 \cdot \Delta u} = \frac{135 \cdot 1000}{6 \cdot 75} = 300\ [km/h] \geq V_e$$

Maßgebend ist das Kriterium: Überhöhungsfehlbetrag!

5. Überhöhungs-Ordinaten:

Pkt. A :

$$u_{xA} = \frac{u \cdot 155}{l_{R1}} = \frac{10{,}0 \cdot 15500}{18000} = 8.6\ [cm] = 86\ [mm]$$

Pkt. B:

$$u_{xB} = \frac{u_3 \cdot l_x}{l_{R4}} = \frac{4.5 \cdot 6500}{8500} = 3.44 + 3.00 = 6.44 = 64.4\ [mm]$$

3.3.7 Beispiel: Neubau-Trassierung Gerade - Kreisbogen mit s-förmig geschwungener Krümmungslinie

Schnellfahrstrecke mit $Ve = 280\ [m]$; Trassierungselementenfolge Gerade/Kreisbogen ist zu berechnen. Gestaltet wird ein Übergangsbogen mit S-förmig geschwungener Krümmungslinie, angenähert durch eine Parabel 4. Ordnung, mit s-förmig geschwungener Überhöhungsrampe nach der Richtlinie 800.0110 der DB AG.

$u_0 = 170\ [mm]$ gem. Bild 2; $zul\ u_f = 130\ [mm]$ gem. Ziff. 3(3); $r_1 = \infty$ (Gerade); $u_1 = 0$;
Gleisbogenradius $r\ [m]$: $r_2 = \frac{11.8 \cdot Ve^2}{u_0} = \frac{11.8 \cdot 280^2}{170} = 5441.9\ [m]$; gewählt $r = 7000\ [m]$.

Überhöhung u $[mm]$: $\min u = u_0 - zul\ u_f = \frac{11.8 \cdot 280^2}{7000} - 130 = 132 - 130 = 2\ [mm]$; gewählt $u = 105\ [mm]$.

$\Delta u = u_2 - u_1(\text{Gerade}) = 105 - 0 = 105\ [mm]$.

Unterschied der Überhöhungsfehlbeträge Δu_f: $\Delta u_f = u_{f2} - u_{f1} = \frac{11.8 \cdot V_e^2}{r_2} - u_2 = \frac{11.8 \cdot 280^2}{7000} - 105 = 132 - 105 = 27\ [mm] \leq\ \Delta u_f = 31\ [mm]$ gem. Ziff. 4(4) und $\geq 20\ [mm]$ gem. Ziff. 4(1); ein Übergangsbogen ist erforderlich!

Länge des Übergangsbogens: $\min l_{US} = \frac{6 \cdot V_e \cdot \Delta u_f}{1000} = \frac{6 \cdot 280 \cdot 27}{1000} = 45\ [m]$.
Länge der Überhöhungsrampe: $l_{RS} = \frac{10 \cdot V_e \cdot \Delta u}{1000} = \frac{10 \cdot 280 \cdot 100}{1000} = 280\ [m]$. gewählt $l_{RS} = 280\ [m]$; ; l_{RS} ist maßgebend!

Nachweis zulässiger Fahrgeschwindigkeit im Bereich Kreisbogen/Gerade:

a) Kriterium: Überhöhungsfehlbetrag gem. Bild 12

Übergang Radius/Gerade:

$$zul\ V = \sqrt{\frac{r}{11.8} \cdot (u + zul\ u_f)} = \sqrt{\frac{7000}{11.8} \cdot (100 + 130)} = 369\ [km/h] \geq V_e[km/h]$$

b) Kriterium: Überhöhungsrampe gem. Bild 12

Übergang Radius/Gerade:

$$zul\ V = \frac{l_{RS} \cdot 1000}{8 \cdot \Delta u} = \frac{280 \cdot 1000}{8 \cdot 100} = 350\ [km/h] \geq V_e$$

Maßgebend ist das Kriterium: Überhöhungsrampe!

3.3.8 Beispiel: Gleisstrecken-Entwurf aus der Praxis

Änderung der Trassenführung einer zweigleisigen, elektrifizierten Strecke im Zusammenhang mit der Erneuerung eines Kreuzungsbauwerkes.

Entwurfsumfang: Trassierung der durchgehenden Hauptgleise in Lage und Höhe sowie die oberbautechnische und tiefbautechnische Gestaltung der Gleisanlagen im Umbaubereich.
Grundlage für die gleisgeometrische Bearbeitung und die Gestaltung der Gradiente bilden die Ergebnisse der örtlichen Gleisvermessung und die daraus rechnerisch ermittelten Trassen- und Höhenausgleiche der bestehenden Gleislage. Diese Trassen- und Höhenausgleiche sind für die Anpassung des Umbauabschnittes an die vorhandene Gleislage im Bereich des Bauanfanges und des Bauendes maßgebend. Als weitere Arbeitsunterlagen standen Ivlg-Pläne, einschl. der gleisgeometrischen Analysewerte und der Gradientenberechnung, zur Verfügung.

1. Trassenführung:

Beginn des Bauabschnittes km 149.725 (Ost); Ende des Bauabschnittes km 150.680 (West).

Das streckenführende (rechte) Gleis verbleibt bis ca. km 149.950 weitgehend in bestehender Lage (Gleisabstand max. 5.10 m), verzieht bis zum neuen Kreuzungsbauwerk auf einen Gleisabstand von 4.00 m und schwenkt nach dem Kreuzungsbauwerk auf die bestehende Gleislage zurück (Gleisabstand 4.15 m). Die maximale Querverschiebung gegenüber dem Bestand beträgt 1.09 m nach trassenlinks (km 150.160). Die südliche Anrampung zum Kreuzungsbauwerk beginnt bei Station 150.009 und verläuft bis zum Kreuzungsbauwerk (NW = 91.867 bei km 150.260), die nördliche Anrampung erstreckt sich vom Bauwerk bis ca. Station 150.550.

Die Gradiente wird im Bereich des Kreuzungsbauwerkes um ca. 1.29 m angehoben. Die dafür erforderliche Steigung beträgt Richtung Bauanfang +9.000 ‰, in Richtung Bauende -5.220 ‰.

Das Gegengleis (linkes Gleis) verbleibt weitgehend in bestehender Lage, die im Brückenbereich vorhandene Zwischengerade wird durch einen Kreisbogen ersetzt. Die maximale Querverschiebung gegenüber dem Bestand beträgt 0.34 m nach trassenrechts (km 150.250). Die südliche Anrampung zum Kreuzungsbauwerk beginnt bei Station 150.009 und verläuft bis zum Kreuzungsbauwerk (NW = 91.867 bei km 150.260), die nördliche Anrampung erstreckt sich vom Bauwerk bis ca. Station 150.569. Die Gradiente wird im Bereich des Kreuzungsbauwerkes um maximal 1.30 m angehoben. Analog zum streckenführenden Gleis beträgt die erforderliche Steigung Richtung Bauanfang +9.000 ‰, in Richtung Bauende -5.220 ‰.

Der Kreuzungspunkt zwischen den Strecken 6207 (Hauptstrecke) und 6133 (Nebenstrecke) liegt bei der Strecke 6207 bei km $150 + 41.83$ (Stationierungsachse)

2. Wahl der Trassierungsparameter:

Laut Lastenheft der DB AG ist für die Brückenbemessung der Lastenzug UIC 71, SSW (Zulässige Achslast 25 t) angesetzt, die Entwurfsgeschwindigkeit für den Umbauabschnitt soll 120 [km/h] betragen. Die Längsneigung im Anrampungsbereich zum Brückenbauwerk soll 9 ‰ nicht überschreiten.

Unter Beachtung des Lastenheftes ergeben sich folgende Strecken- und Trassierungsparameter:

Entwurfsgeschwindigkeit $V_e = 120\ km/h$
Zulässige Streckengeschwindigkeit $H_g = 100\ km/h$

Elementenfolge

Streckenführendes Gleis: (Baubeginn) Gerade/ Übergangsbogen mit gerader Krümmungslinie ($l_u = l_R = 10 \cdot V_e \cdot \Delta u/1000 = 132\ m$); Radius = 720 m ($u = 110\ mm$); Übergangsbogen (Korbbogen)($L = 84\ m$; $u = 110\ mm$; max $u_f = 126\ mm$); Radius = 2690 m ($u = 40 mm$); Übergangsbogen mit gerader Krümmungslinie (Korbbogen)($L = 48\ m$); Radius = 6460 m ($u = 0$) ohne ÜB auf Gerade (Bauende).

Gegengleis: (Baubeginn-Ost) Gerade/Übergangsbogen mit gerader Krümmungslinie ($l_u = l_R = 10 \cdot V_e \cdot \Delta u/1000 = 132\ m$); Radius = 716 m ($u = 110\ mm$; max $u_f = 127\ mm$); Übergangsbogen mit gerader Krümmungslinie (L= 84 m); Radius 2686 m; Übergangsbogen mit gerader Krümmungslinie ($L = 48\ m$); Radius = 6456 m ($u = 0$)/ohne ÜB auf Gerade (Bauende-West).

Beide Gleise sind separat trassiert; die Kilometrierungslinie verläuft 2.00 m links parallel zum streckenführenden Gleis.

Maximale Streckenneigung $\max s = +9.000[‰]$

Minimaler Ausrundungsradius der Gradiente $r_a = 0.4 \cdot V_e^2 \leq 2000\ m$ bei $V_e = 120\ km/h$.

Die Trassierungsparameter liegen innerhalb des Ermessensbereichs nach DS 800.01.

3. Gleisgeometrie

Aufgrund der örtlichen Verhältnisse ergibt sich unter Zugrundelegung der geforderten Entwurfsgeschwindigkeit $V_e = 120\ km/h$ eine Bogengeometrie mit einem dreiteiligen Korbbogen und zwischengeschalteten Übergangsbögen. Die vorgesehenen Überhöhungen in den Gleisbögen ergeben sich aus der Entwurfsgeschwindigkeit $V_e = 120\ km/h$ unter Einhaltung des maximalen Überhöhungsfehlbetrages von $u_f = 130\ mm$. Die Überhöhungswerte liegen innerhalb des Ermessensbereiches nach DS 800.01. Auch die Übergangsbögen und die Überhöhungsrampen (Gerade Rampen) sind hiernach ausgebildet.

Für die einzelnen Radien ergeben sich folgende Überhöhungen u und Überhöhungsfehlbeträge u_f:

Streckenführendes Gleis (Ost-West):	Gegengleis (West-Ost):
$r = 720m$: $u = 110mm$; $u_f = 126mm$	$r = 716m$: $u = 110mm$; $u_f = 127mm$
$r = 2690mu = 40mm$; $u_f = 23mm$	$r = 2686mu = 40mm$; $u_f = 23mm$
$r = 6460mu = 0mm$; $u_f = 26mm$	$r = 6456mu = 0mm$; $u_f = 26mm$

Im Bauwerksbereich ist der durchgehende Gleisbogen mit $r = 2690\ m$ bzw. 2686 m vorgesehen. Die Übergangsbögen und Überhöhungsrampen liegen außerhalb des Brückenbereiches.

Die Stationierungsachse verläuft 2.00 m links vom streckenführenden Gleis (Rechtes Gleis-Ost-West).

Der Gleisabstand ist im Umbauabschnitt uneinheitlich und verteilt sich über die Baustrecke wie folgt:

Gleisabstand am Bauanfang (Ost) km 149.725: 5.08 m; im Brückenbereich: 4.00 m; am Bauende (West): 4.15 m.

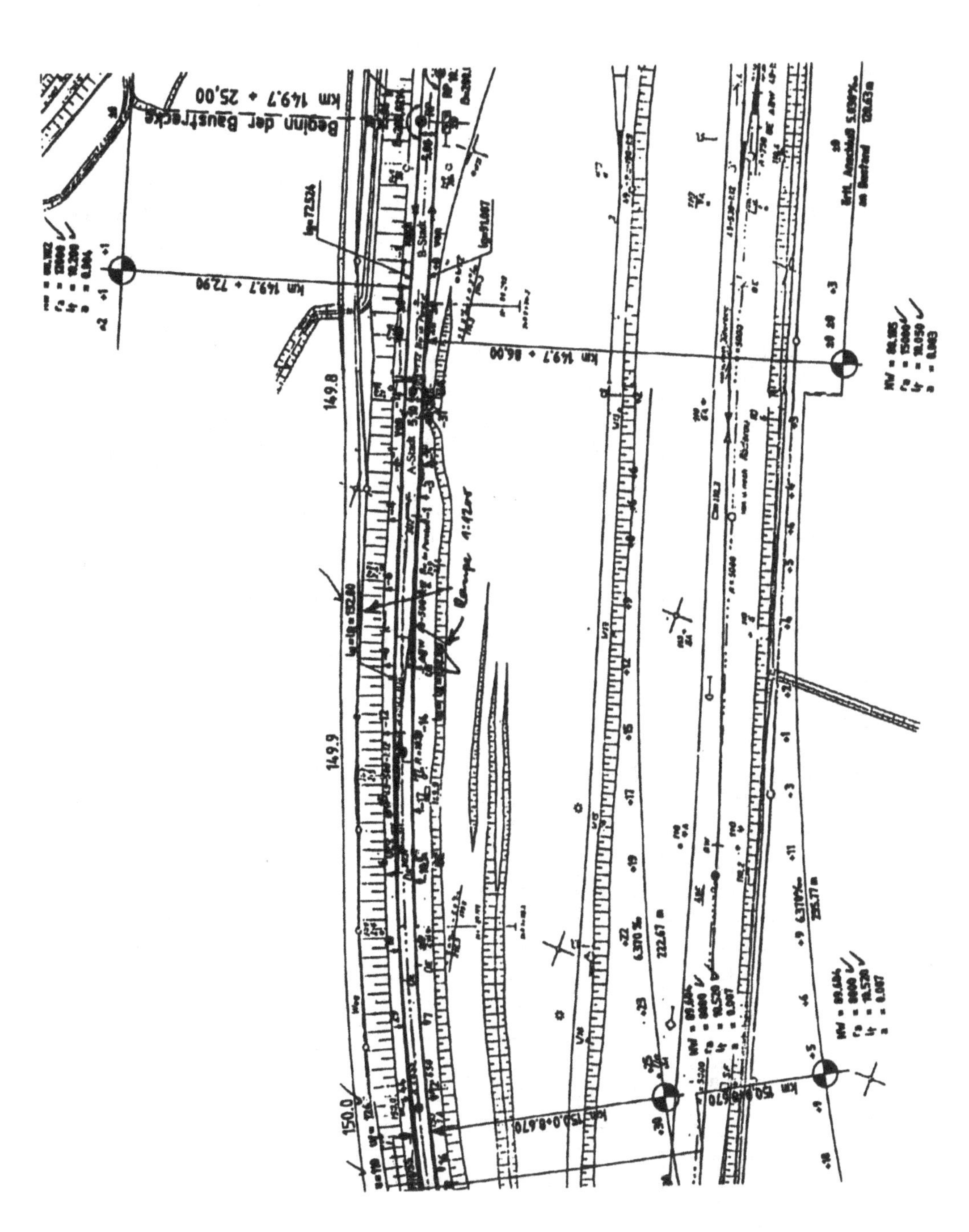

Abbildung 3.50: Lageplanausschnitt

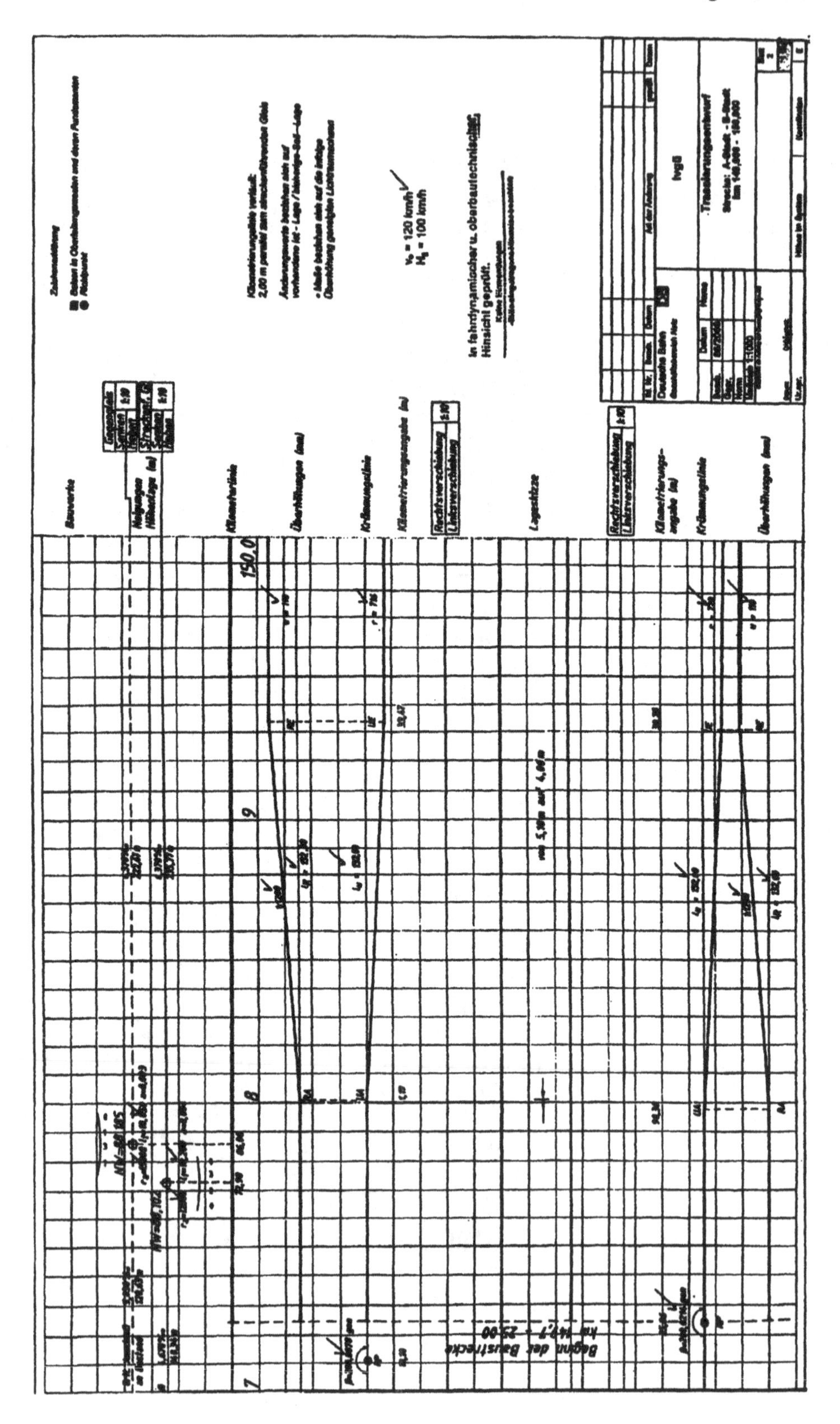

Abbildung 3.51: Bildausschnitt: Überhöhungs- und Rampenbild-Ausschnitt

4. Gradientengestaltung

Die Neigungswechsel sind mindestens mit dem Regelwert nach DS 800 01 ($r_a = 0.4 \cdot V_e^2 \geq 2000\ m$) ausgerundet. Die Tangentenlängen der Ausrundungen sind so gewählt, dass die Ausrundungslänge mindestens 20 m beträgt.

Der Neigungswechsel im Bereich des Kreuzungsbauwerkes wird so angeordnet, dass eine lichte Höhe des Bauwerkes von 5.70 m gewährleistet ist. Der Hochpunkt der Gradiente liegt in Station $150.2 + 60.15$ (Bauwerksmitte). Der Ausrundungsradius ($r_a = 6000\ m$) und die Streckenlängsneigungen im Bauwerksbereich (Ostrampe $s = +9.000$ [‰], Westrampe $s = -5.220$ [‰]) wurden so gewählt, dass Ausrundungsanfang und -ende auf den Brückenwiderlagern angeordnet werden können.

In den Übergangsbögen/Überhöhungsrampen wurden aus fahrdynamischen Gründen keine Neigungswechsel vorgesehen.

Die östliche Gleisrampe zum Kreuzungsbauwerk hat in beiden Gleisen eine Längsneigung von $s = +9.000$ [‰] und eine Länge bis Brückenmitte von ca. 250 m. Die westliche Gleisrampe weist in beiden Gleisen eine Längsneigung von $s = -5.220$ [‰] und eine Länge von Brückenmitte von ca. 310 m auf. Die Gesamtrampenlänge ergibt sich zu rd. 560 m.

Da die Gleise im Bereich des Bauanfanges (Ost) und des Bauendes unterschiedliche Höhenlagen aufweisen, ist eine höhenmäßige Anpassung der Gleislage vor (ca. 35 m) und hinter (ca. 90 m) dem Umbauabschnitt erforderlich.

5. Fahrweg-Konstruktion

Beide Streckengleise werden im Umbauabschnitt vollständig zurückgebaut. Im gesamten Umbauabschnitt wird eine 25 cm starke Planumsschutzschicht (PSS) eingebaut. Gemäß der Verdichtungsanforderungen der DS 836, EzVE 2 Bild 1/ Bild 7 ist auf der PSS ein E_{v2}-Wert von 50 MN/m^2 und eine Proctordichte $D_{Pr} = 0.95$ erforderlich, da es sich um eine Maßnahme an einer vorhandenen Strecke handelt (Einstufung als Instandsetzungsmaßnahme). Die Ausbildung des Gleiskörpers und der Planumsbreite erfolgt nach den Regelwerten der DS 800 01 (AQU 11).

Für die neuen Streckengleise ist als Oberbauform W 60 – B 70-60 mit Schotterbett vorgesehen; im Bereich des Brückenbauwerkes ist der Einbau von Führungsschienen (Unterschwellung Beton oder Holz) vorgesehen. Eine Schienenauszugsvorrichtung wird aufgrund der gewählten Tragwerkkonstruktion gemäß DS 820 01 nicht erforderlich; das neue Kreuzungsbauwerk erhält ein durchgehendes Schotterbett.

Aufgrund der Anhebung der Gleisachsen im Bereich des Kreuzungsbauwerkes um ca. 1.30 m ist der Bau einer östlichen und südlichen Gleisrampe erforderlich. Hierzu muss der vorhandene Bahndamm in Teilbereichen erhöht und verbreitert werden. Die Dammverbreiterung erfolgt durch Anschüttung gemäß DS 836, EzVE 7, Bild 8. Die Dammerhöhung erfolgt lagenweise unter Einhaltung der Einbau- und Verdichtungsanforderungen nach DS 836. Auf dem Erdplanum ist gemäß DS 836, EzVE 2, Bild 1 / Bild 7 ein E_{v2}-Wert von 20 MN/m^2 und eine Proctordichte $D_{Pr} = 0.93$ erforderlich.

Die Änderung von Bahnübergängen, der Sicherungstechnik, der Oberleitungen, der Telekommunikationsanlagen, der Starkstromanlagen etc. sowie die Darstellung des Betriebsablaufes (Zeitweise eingleisiger Behelfsbetrieb-ZEB) während der Baudurchführung wird hier nicht dargestellt.

3.3.9 Gleisverziehungen

Gleisverziehungen werden erforderlich, wenn Gleisabstände der beiden parallel geführten Gleise im Grundriss geändert werden sollen; zum Beispiel beim Übergang vom Gleisabstand der freien Strecke auf den erweiterten Gleisabstand im Bahnhof. Hier wird die Erweiterung durch die Bahnsteigbreiten vorgegeben; aber auch kleinere Verschiebungen werden durch die Örtlichkeit erforderlich. Geometrisch erfolgen diese Verziehungen durch Richtungsänderungen der Gleise mit Kreisbogenhalbmessern als Gegenbögen ohne und mit Zwischengeraden. Sie können als symmetrische oder asymmetrische (Unterschiedliche Radien) Ausführungen mit und ohne Übergangsbogen hergestellt werden. Die Bogenhalbmesser werden durch quadratische Parabeln $y = x^2/2r$ angenähert.

Die Ausführungen mit Übergangsbögen sind nur bei großen Verziehungsbreiten sinnvoll. Bei der Einschaltung von Übergangsbögen besteht auch die Möglichkeit Überhöhungen anzuordnen.

3.3.9.1 Gleisverziehungen ohne Zwischengerade:

Bei Gleisverziehungen in Strecken mit kleinen Bogenhalbmessern ($r = 200$ $[m]$) und geringen Geschwindigkeiten ($zul\ V < 100$ $[km/h]$) besteht die Linienführung in symmetrischer Ausfhrung aus einem Gegenbogen mit Radien $r \geq zul\ V^2$ ohne Zwischengerade, ohne Überhöhung und ohne Übergangsbogen. Das Verziehungsmaß e liegt üblicherweise unter 1 m.

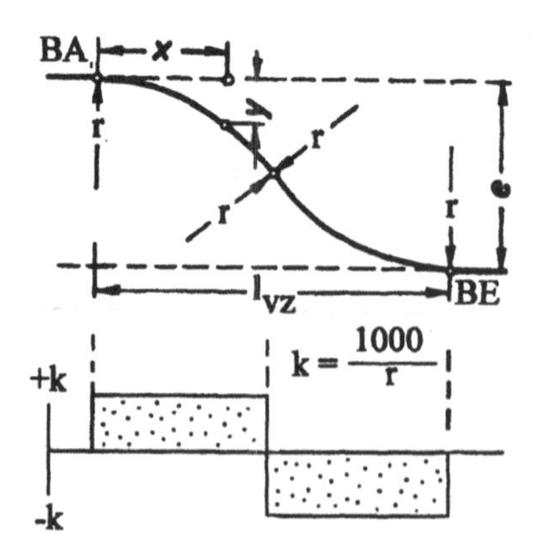

Abbildung 3.52: Lageplanausschnitt

Die Regellänge ergibt sich aus $y = \frac{x^2}{2 \cdot r}$ mit $e/2 = (\frac{l_{vz}}{2})^2 \cdot \frac{1}{2 \cdot r} = \frac{l_{vz}^2}{4} \cdot \frac{1}{2 \cdot r}$ und beträgt $l_{vz} = 2 \cdot \sqrt{r \cdot e}$ $[m]$;
darin sind: r $[m]$ Bogenhalbmesser; e $[m]$ Verziehungsmaß.

3.3.9.2 Gleisverziehungen mit Zwischengerade (Regelausführung):

Nach der Richtlinie 800.0110 der DB AG sollen Gleisverziehungen mit Verziehungsmaßen bis ca. 10 m ohne Überhöhung und ohne Übergangsbogen mit Mindestradien $r \geq \frac{V_e^2}{2}$ $[m]$ und einer Zwischengerade von $l_g \geq 0.4 \cdot V_e$ $[m]$ hergestellt werden.
Die Gesamtlänge der Verziehungsstrecke soll möglichst kurz sein.

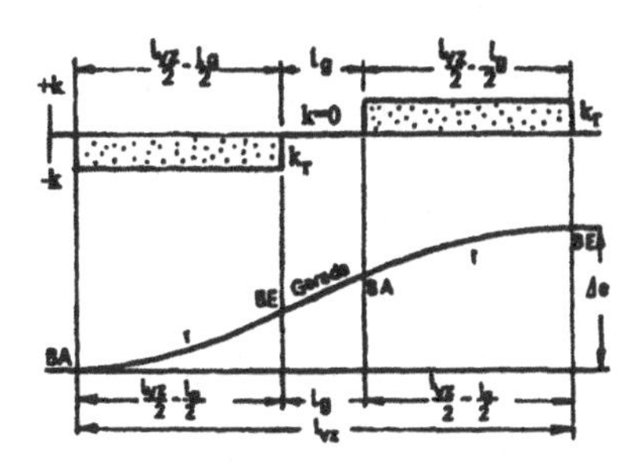

Abbildung 3.53: Verziehung mit Zwischengerade

Die Länge der Gleisverziehung l_{vz} bei Geschwindigkeiten $zul\ V > 100$ $[km/h]$ ergibt sich aus den geometrischen Beziehungen:

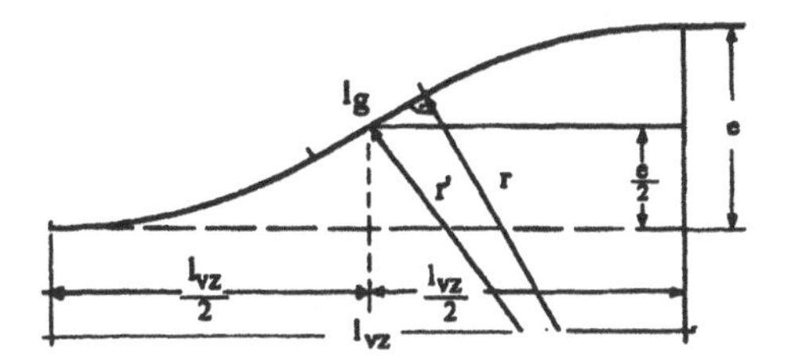

Abbildung 3.54: Länge der Gleisverziehung mit Zwischengerade

$r^2 + (l_g/2)^2 = r'^2$; $(l_{vz}/2)^2 + (r - e/2)^2 = r'^2$; gleich gesetzt ergibt: $r^2 + (l_g/2)^2 = (l_{vz}/2)^2 + (r - e/2)^2$; weiter: $r^2 + l_g^2/4 = l_{vz}^2/4 + r^2 - 2 \cdot r \cdot e/2 + e^2/4$; hieraus ergibt sich für $l_{vz} = \sqrt{4 \cdot r \cdot e + l_g^2 - e^2}$; wenn man e^2 vernachlässigt, ergibt sich für die Länge der Gleisverziehung mit Zwischengerade:

$$l_{vz} = \sqrt{4 \cdot r \cdot e + l_g^2} \tag{3.78}$$

Dabei ist für die Zwischengerade eine Länge $l_g \geq V/10$ $[m]$ zu wählen.

3.3.9.3 Beispiel: Gleisverziehung im Bahnhofsbereich

$V_e = 80$ $[km/h]$; einseitige Verziehung des Gleisabstandes von 4.20 m der freien Strecke auf 13.50 m im Bahnsteigbereich; Verziehungsmaß $e = 9.30$ $[m]$.

Radien des Gegenbogens: $r = zul\ V_e^2/2 = 80^2/2 = 3200$ $[m]$

Länge der Zwischengerade: $l_g = 0.4 \cdot V_e = 0.4 \cdot 80 = 32$ $[m]$

Länge der Verziehungsstrecke $l_{vz} = \sqrt{4 \cdot r \cdot e + l_g^2} = \sqrt{4 \cdot 3200 \cdot 9.30 + 32^2} = 346.5\ [m]$

Alternativ-BEISPIEL:

$V_e = 80\ [km/h]$; beidseitige Gleisverziehung des Gleisbstandes von $4.20\ [m]$ der freien Strecke auf 13.50 m im Bahsteigbereich; Verziehungsmaß $e = 4.65\ [m]$

Radien des Gegenbogens: $r = 3200\ [m]$; Länge der Zwischengerade: $l_g = 32\ [m]$

Länge der Verziehungsstrecke: $l_{vz} = \sqrt{4 \cdot 3200 \cdot 4.65 + 32^2} = 246\ [m]$

3.3.9.4 Gleisverziehungen mit großem Verziehungsmaß (Sonderfall)

Gleisverziehungen mit sehr großen Verziehungsmaßen (ca. 15 - 25 m) werden mit Übergangsbögen und Überhöhungen und ohne Zwischengerade hergestellt. Die Linienführung erfolgt, wie bei der freien Trassierung, als Gegenbogen aus Radius- und Übergangsbogenabschnitten mit Überhöhung und Überhöhungsrampen, wobei das Verziehungsmaß e vorgegeben ist. Die Gleisverziehung besteht danach aus vier Übergangsbögen l_u und zwei Kreisbogenabschnitten l_B mit konstanter Überhöhung. In der Regel wird hier die Regelüberhöhung $u = 8 \cdot V^2/r\ [mm]$ angewendet. Die Länge der Kreisbogenradien soll $l_B = V/10\ [m]$ betragen.

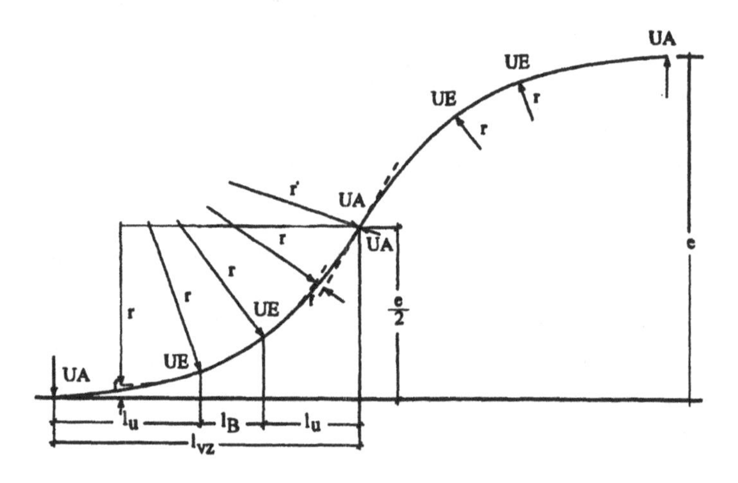

Abbildung 3.55: Gleisverziehung mit großem Verziehungsmaß

Da das Verziehungsmaß bekannt ist, muss zunächst ein zugeordneter Kreisbogenradius bestimmt werden. Aus den geometrischen Beziehungen ergeben sich folgende Ansätze:
$r'^2 = (r + f)^2 + (l_u/2)^2$; $r'^2 = (l_u/2 + l_B + l_u)^2 + (r + f - e/2)^2$;
hieraus ergibt sich: $r^2 + 2 \cdot r \cdot f + f^2 + l_u^2/4 = l_B^2 + 3 \cdot l_u \cdot l_B + 9 \cdot l_u^2/4 + r^2 + 2 \cdot r \cdot f - r \cdot e + f^2 - f \cdot e + e^2/4$;
und weiter: $l_B^2 + 3 \cdot l_u \cdot l_B + 8 \cdot l_u^2/4 - r \cdot e - f \cdot e + e^2/4 = 0$

Dann erhält man für den Kreisbogenhalbmesser r den Ausdruck ($-f \cdot e + e^2/4$ wird vernachlässigt):

$$r = \frac{l_B^2 + 3 \cdot l_u \cdot l_B + 4 \cdot l_u^2}{e} = \frac{(l_u + l_B) \cdot (2 \cdot l_u + l_B)}{e}\ [m] \qquad (3.79)$$

und die Länge der Gleisverziehung

$$l_{vz} = 4 \cdot l_u + 2 \cdot l_B \ [m] \tag{3.80}$$

Zu bemerken ist, dass in dem Ansatz für den Kreisbogenradius die Länge der Übergangsbögen und der Kreisbögen enthalten sind. Das bedeutet, dass man die unterschiedlichen Abhängigkeiten der Trassierungsparameter berücksichtigen muss.
Anschaulich wird es, wenn man zum Beispiel den Ausdruck für die Regelüberhöhung $reg\ u = \frac{8 \cdot V_e^2}{r}$ $[mm]$ nach r auflöst und den Ansatz für eine gerade Überhöhungsrampe mit einer Länge $l_R = l_u = \frac{10 \cdot V_e \cdot u}{1000}$ $[m]$, nach u aufgelöst, und oben einsetzt. Dann erhält man den Ausdruck für den Kreisbogenhalbmesser

$$r = \frac{8 \cdot V_e^3}{100 \cdot l_u} \ [m] \tag{3.81}$$

Die Abschätzung der Werte für r und l_u ist durch Iteration vorzunehmen.

3.3.9.5 Gleisverziehungen zwischen konzentrischen Gleisbögen

Nach der Richtlinie 800.0110 der DB AG sollen Gleisverziehungen, soweit es die Linienführung zulässt, im Bereich von Gleisbögen hergestellt werden.

Diese Form der Gleisverziehungen kommt überwiegend bei Umbaumaßnahmen in Frage. Sie besteht aus einer gleichsinnigen Änderung des Bogenhalbmessers ohne Übergangsbogen und wird als mehrteiliger Korbbogen hergestellt.

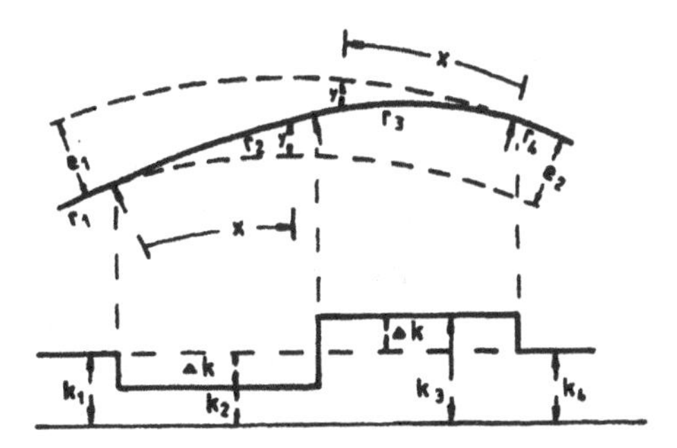

Abbildung 3.56: Gleisverziehung zwischen konzentrischen Gleisbögen

Der Krümmungsunterschied Δk soll nicht größer als $\Delta k = \frac{2000}{V_e^2}$ sein.
Daraus folgt: $\min r = \frac{V_e^2}{2}$ $[m]$ und die Verziehungslänge $\min\ l_{vz} = 2 \cdot V_e \cdot \sqrt{\Delta e}$ $[m]$; darin sind: V_e $[km/h]$ Entwurfsgeschwindigkeit; $\Delta e = e_2 - e_1$ $[m]$ Verziehungsmaß.

Die Radien r_1 und r_4 sind bei kleinen Verziehungswerten etwa gleich groß. Der genaue Wert ist $r_4 = r_1 + \Delta e$. Die Radien r_2 und r_3 sind so zu bestimmen, dass $\Delta k = k_1 - k_2 \approx k_3 - k_4$ ist. Für $r = zul\ V^2$ wird $l_{vz} = \sqrt{4 \cdot \Delta e \cdot \frac{1}{\Delta k}}$. Daraus ergibt sich $\Delta k = \frac{4 \cdot \Delta e}{l_{vz}^2} \leq \frac{2000}{V_e^2}$.

Für die Krümmung des 1. Abschnittes $0 \leq x \leq l_{vz}/2$ ist $k_2 = k_1 - \Delta k = k_1 - \frac{4 \cdot \Delta e}{l_{vz}^2}$ und somit $1/r_2 = 1/r_1 - \frac{4 \cdot \Delta e}{l_{vz}^2} = 1/r_2 - \frac{1 \cdot l_{vz}^2 - 4 \cdot \Delta e \cdot r_1}{r_1 \cdot l_{vz}^2}$.

Daraus ergibt sich

$$r_2 = \frac{r_1 \cdot l_{vz}^2}{l_{vz}^2 - 4 \cdot \Delta e \cdot r_1} \tag{3.82}$$

Für die Krümmung des 2. Abschnittes $l_{vz}/2 < x < l_{vz}$ ist $k_3 = k_1 + \Delta k = k_1 + \frac{4 \cdot \Delta e}{l_{vz}^2}$.
Daraus ergibt sich

$$r_3 = \frac{r_1 \cdot l_{vz}^2}{l_{vz}^2 + 4 \cdot \Delta e \cdot r_1} \tag{3.83}$$

BEISPIEL:

Der Gleisabstand einer vorhandenen Strecke soll im Rahmen einer Gleiserneuerung von 3.75 m auf 4.40 m erweitert werden. Der Umbauabschnitt endet in einem Gleisbogen mit $r = 1000\ [m]$. Die Geschwindigkeit beträgt $V_e = 120\ [km/h]$, das Verziehungsmaß $e = 0.65\ [m]$.
Die Verziehungslänge ergibt sich aus dem Ansatz $l_{vz} = 2 \cdot V_e \cdot \sqrt{\Delta e} = 2 \cdot 120 \cdot \sqrt{0.65} = 194\ [m]$; gewählt $l_{vz} = 200\ [m]$
Die Radien der Verziehung ergeben sich aus den Ansätzen:

$$r_2 = \frac{r_1 \cdot l_{vz}^2}{l_{vz}^2 - 4 \cdot\ Deltae \cdot r_1} = \frac{1000 \cdot 200^2}{200^2 - 4 \cdot 0.65 \cdot 1000} = 1070\ [m] \tag{3.84}$$

und

$$r_3 = \frac{r_1 \cdot l_{vz}^2}{l_{vz}^2 + 4 \cdot\ Deltae \cdot r_1} = \frac{1000 \cdot 200^2}{200^2 + 4 \cdot 0.65 \cdot 1000} = 939\ [m] \tag{3.85}$$

3.3.9.6 Gleisverziehung mit Übergangsbogen, mit Zwischengeraden und mit und ohne Überhöhung

Diese Gleisverziehungen bestehen bei symmetrischer Ausführung aus vier Übergangsbogenlängen, zwei Gleisbögen und einer Zwischengeraden. Sie werden in Gleisstrecken, auf denen mit hohen Geschwindigkeiten gefahren wird, angeordnet. Sämtliche Entwurfselemente werden nach bisher behandelten Grenzwerten der Trassierungsparameter bemessen. Bei den Gleisverziehungen mit Überhöhungen ist der Mindesthalbmesser aus $\min r = \frac{11.8 \cdot V^2}{u + zul\ u_f}$ zu bestimmen.

3.3.9.7 Absteckung einer Gleisverziehung im Bogen

Eine Gleisverziehung im Gleisbogen lässt sich mit folgenden Absteckdaten in die Örtlichkeit übertragen:

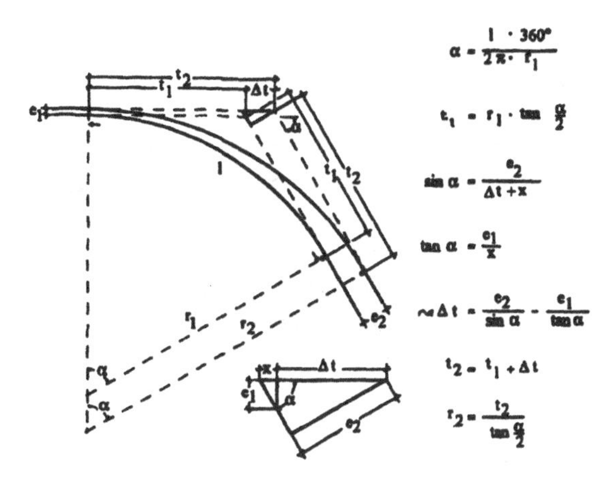

Abbildung 3.57: Absteckdaten für eine Gleisverziehung

3.4 Gleisplan – Trassengestaltung mittels DV-Programme

Die Trassierung von Gleisstrecken wird heute in der Regel nach moderner Entwurfsmethodik über Programme und Simulationsverfahren am Rechner durchgeführt.
Ziel ist die Entwicklung der Gleisgeometrie und deren Prüfung hinsichtlich des Lichten Raumes und die Aufbereitung aller Entwurfselemente für den Lageplan, dh. eine möglichst automatisierte Erstellung des Lageplanes aus Datenbank, Achsen, Gradiente und Deckenbuch.

Grundlage für die Aufbereitung sämtlicher Daten bei der Projektbearbeitung bilden die Organisation und Verwaltung verschieder Datenbanken durch einen Projektmanager, wodurch ein Datenimport durch die automatische Übernahme externer Daten in das Programmsystem, die vermessungstechnischen Berechnungen sowie die Umsetzung von Messdaten oder Koordination aus Rohdaten des Feldgerätes ermöglicht wird.

Gleichzeitig werden sämtlich Schritte für die Lageplanbearbeitung aus der Punkt- und Liniengeometrie entwickelt, wobei der Digitalisierung dieser Einzel- und Linienpunkte besondere Bedeutung zukommt.

Schließlich erfolgt die Erstellung eines Digitalen Geländemodells (DGM) aus einer automatischen Dreiecksvermaschung, einschl. einer Randprüfung im Lageplan aus den Geländeinformationen der Datenbank für die Berechnung von Höhenlinien und Geländeprofilen.

Bei der freien Trassierung stehen für die Konstruktion der Gleistrasse sämtliche Trassierungselemente aus dem Verkehrswesen zur Verfügung; zusätzliche Elemente werden darüber hinaus zur Weichenkonstruktion eingeführt.

Beim Entwurf von Gleistrassen werden heute eine Vielzahl von Programmen eingesetzt. Im folgenden sollen hier beispielhaft einige allgemeine Hinweise zu der Vorgehensweise mit einem Programmsystem der Firma AKG Software GmbH dargestellt werden.

3.4.1 Achskonstruktion

Bei der Achskonstruktion werden vorbereitend die benötigten Ebenen der Datenbank selektiert und die grundlegenden Achselemente als Festelement, definiert durch zwei Bestimmungsstücke z.B. Punkt-Punkt-(Radius), als Kopplungselement, definiert durch ein Bestimmungsstück über die Länge (Koppeln) oder als Zwangspunkt (Schwenken) als Nachbar zum Fest- oder Korrespondenzelement rechenbar, als Pufferelement, definiert allein durch seine Beziehung zu Nachbarelementen („Lückenfüller"), z.B. als Puffer aus der Folge Klothoide-Radius-Klothoide oder als Korrespondenzelement, wie Festelemente berechnet, aber nicht über Punkte, sondern als Bezug auf eine Achse definiert, eingesetzt.
Bei der Konstruktion erfolgt der Aufbau der Achsen aus einer sinnvollen Elementenfolge z.B. Fest-Puffer-Fest-Koppel-Puffer-Koppel-Korrespondenz, wobei möglichst viele Informationen über die Grafik selektiert werden.

Das Festelement ist definiert durch drei Bestimmungsstücke: Anfangspunkt, Endpunkt und Radius. Es ist für sich allein rechenbar.

Das Pufferelement ist allein durch seine Beziehung zu Nachbarelementen bestimmt (Lückenfüller), z.B. als Puffer aus der Folge Klothoide-Radius-Klothoide.

Das Koppelelement übernimmt die Richtung des vorausgehenden Elementes. Man unterscheidet zwischen dem Koppeln über eine Länge und dem Koppeln als Schwenkelement. Es kann vorwärts und rückwärts gekoppelt werden. Koppeln über eine Länge: Definiert man das Koppelelement über eine Länge, so wirkt der Endpunkt des vorausgehenden Elementes (der Anfangspunkt des des nachfolgenden Elementes bei Rückwärtskopplung) als fester Kopplungspunkt. Der Endpunkt des Koppelelementes ist durch die vorgegebene Länge, Radius, Parameter des Übergangsbogens festgelegt. Auf diesem Wege kann man mehrere Koppelelemente hintereinander reihen.
Koppeln als Schwenkelement: Die Lage des Elementes ist hier durch Abstand zu einem Zwangspunkt oder zur Station einer Bezugsachse definiert. Der Endpunkt des vorausgehenden Elementes (bei Rückwärtskopplung der Anfangspunkt des darauf folgenden Elementes) wirkt als verschieblicher Kopplungspunkt . Der Endpunkt des Koppelelementes ist wiederum abhängig von dem darauf folgenden Element.

Das Korrespondenzelement mit fester Station kann beliebig oft im Verlauf einer Achse benutzt werden. Es dient in erster Linie als Anfangs- und Endelement. Es ist definiert durch: Anbindestation an Bezugsachse, Abstand zur Bezugsachse, Richtung und Länge.
Das Korrepondenzelement mit verschieblicher Station darf nur am Beginn oder Ende einer Achse benutzt werden. Und zwar immer in Verbindung mit einem Pufferelement oder Kopplungselement. Dieses Kopplungselement ist ein fiktives Element, es entwickelt keine Länge und erscheint nicht in der Achsberechnungsliste.

3.4.2 Beispiel: Berechnung zweier Achsen mit Gleisverbindung

Berechnung zweier Achsen mit unterschiedlichen Achsabständen, die Anordnung einer Gleisverbindung sowie die Anlage einer Weiche mit anschließendem kurzen Gleis.

1. Achse 1:

   Zunächst werden zwei Geraden als Festelemente eingegeben. Das Programm verbindet beide Geraden vorübergehend. Dann wird über die Elementenliste zwischen den beiden Geraden ein Bogen mit dem Radius $r = 500$ $[m]$ eingepuffert. Der Bogenhalbmesser hat vorn und hinten jeweils einen Übergangsbogen von 40 m Länge. Das Berechnungsergebnis kann über den Knopf „Liste“ jederzeit überprüft werden.

2. Achse 2:

   Um den automatischen Ablauf des Programm zu zeigen, werden bei dieser Achse die Elemente fortlaufend eingegeben. Zu der ersten Geraden von Achse 1 wird im Abstand von 4.50 m links daneben eine erste Gerade als Festelement berechnet. An diese Gerade anschließend wird wird ein Kreisbogen mit dem Radius $r = 504.5$ m als Festelement eingegeben. Die Lage des Tangentenschnittpunktes dieses Bogens soll lagemäßig der ersten Achse ähneln. Anschließend wird eine Gerade mit zwei Punkten digitalisiert. Der Abstand zum Nachbargleis soll 4.80 m betragen.

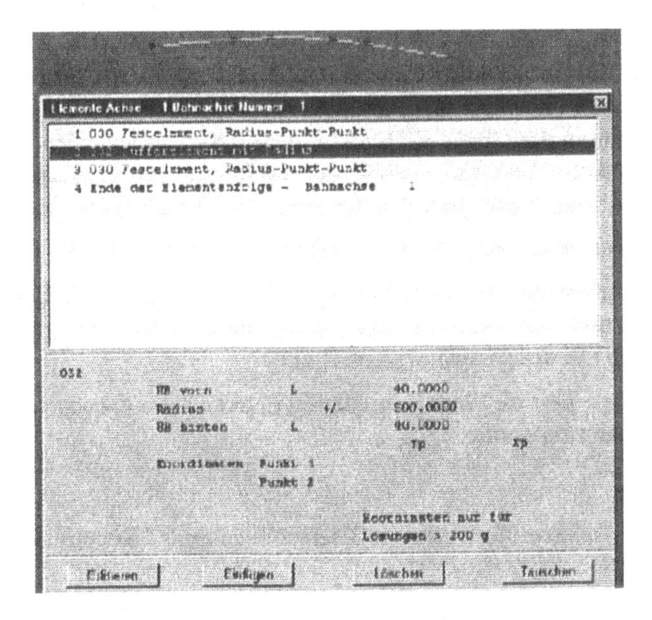

Abbildung 3.58: Achsberechnung (VESTRA-Bildschirmkopie)

Danach wird die Achse berechnet. Das Programm hat die Übergangsbögen automatisch eingerechnet, da der Krümmungsunterschied zwischen Gerade und Bogenhalbmesser zu groß ist.

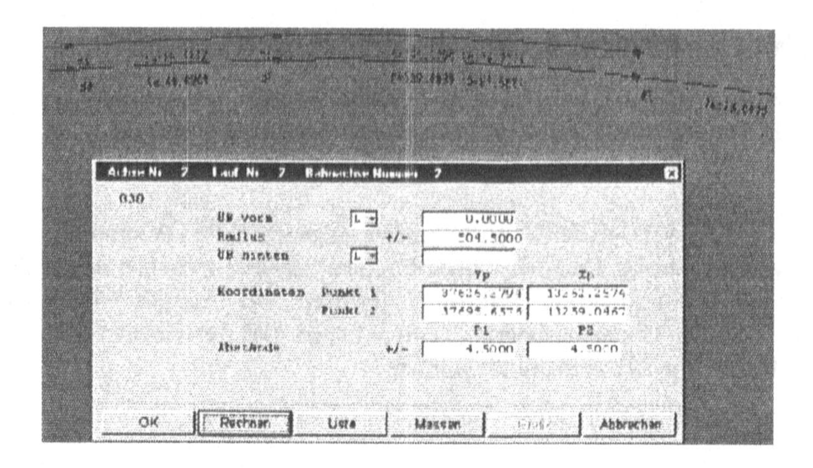

Abbildung 3.59: Achsberechnung (VESTRA-Bildschirmkopie)

3. Weiche mit Anschlussgleis

   Mit einem Korrespondenz-Element des Programms wird die Zweiggleisachse an der zu wählenden Achse, in diesem Fall Achse 1, erzeugt. Es ist lediglich am Anfang und Ende einer Achse zugelassen.

   Dazu wird eine Weiche gewählt, deren Abzweigrichtung, die Achsnummer und die Station des Weichenanfangs (WA) auf der gewählten Achse angegeben ist. Sollte die Station nicht bekannt sein, kann in der Grafik ein Punkt digitalisiert oder gefangen werden. Dessen Lotfußpunkt auf der Achse bestimmt die fehlende Station. Im vorliegenden Fall soll eine Weiche 54-300-1:9 mit Abzweig nach rechts an der Achse 1 bei Station 10.000 angeordnet werden.

   Das Programm berechnet die Elemente des Zweiggleises der Weiche.

   An das Abzweigelement wird noch ein Bogen $r = -300\ m$ mit einer Länge von 25 m gekoppelt. Im Anschluss daran soll eine Gerade durch einen Punkt gelegt werden, der 5 m rechts vom ersten UA des Ausgangsgleises liegt.

   Das Ergebnis zeigt, dass die Gerade um diesen Punkt an den gekoppelten Kreisbogen hinter der Weiche geschwenkt wurde.

4. Gleisverbindung

   Über das Menü „Bahnbau-Konstruktion-Gleisverbindungen“ kommt man zu dem erforderlichen Untermenü.

   Zwischen den beiden Gleisen soll eine Verbindung mit Kreisbögen gerechnet werden.

   Dabei wird der Menüpunkt „Bahnbau-Konstruktion-Gleisverbindung-Gleisverbindung mit gegenläufigen Weichen“ (Ausgleichsradius) gewählt und die Maske ausgefüllt:

   Das Ergebnis zeigt eine Weichenverbindung, in der ein Ausgleichsradius zwischen die beiden Weichenenden berechnet und angelegt wurde.

5. Ergebnis-Listen

   An jeder Stelle im Programmablauf kann eine Ergebnisliste eingesehen und bei Problemen Fehlermeldungen registriert werden. Dabei erfolgt die Beschreibung der Unstimmigkeit am

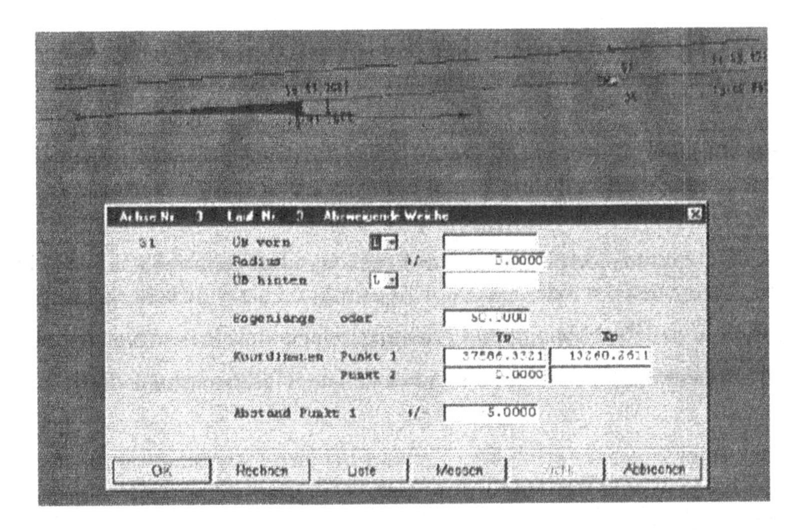

Abbildung 3.60: Abzweigende Weiche (VESTRA-Bildschirmkopie)

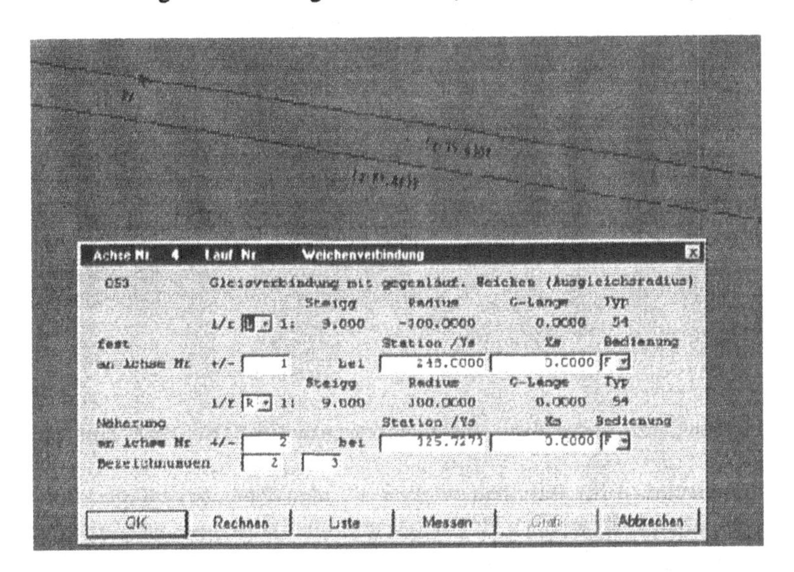

Abbildung 3.61: Gleisverbindung (VESTRA-Bildschirmkopie)

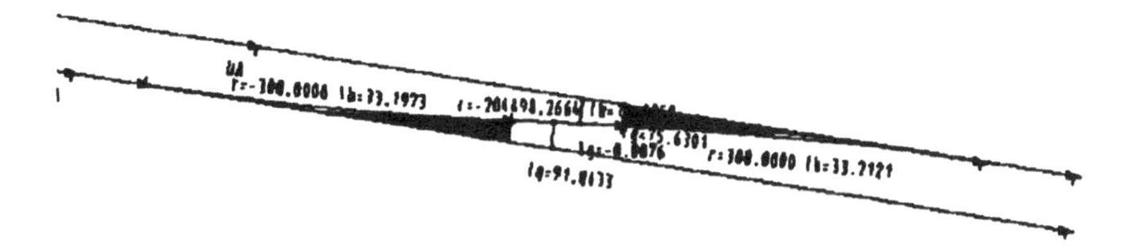

Abbildung 3.62: Gleisverbindung (VESTRA-Bildschirmkopie)

betreffenden Element. Bei fehlerfreier Bearbeitung des Projekts fehlen diese Fehlermeldungen in der Liste; sie enthält nur die Eingabedaten und das Berechnungsergebnis.

Weichenverbindungen werden als eigene Achsen mit Ausgleichsradius/Ausgleichsgerade oder als Gleiskreuzung definiert; hierfür steht ein Weichenkatalog zur Verfügung.

Grenzzeichen werden berechnet und mit Punktsymbol automatisch in die Datenbank übernommen. Bahnachsen werden nach der Konstruktion einer Streckenachse zugeordnet.

Die Definition der Überhöhung und Entwurfsgeschwindigkeit erfolgt stationsweise.

Durch die Berechnung des Lichten Raumes und der Hüllkurve kann die Trassierung überprüft werden.

Über den Projektmanager erfolgt der Einstieg in einen Programmteil „Vermessung", wodurch bahnspezifische Listen für den Grund- und Aufriss erstellt und Gleisvermarkungspläne und Weichenhöhenpläne berechnet werden können.

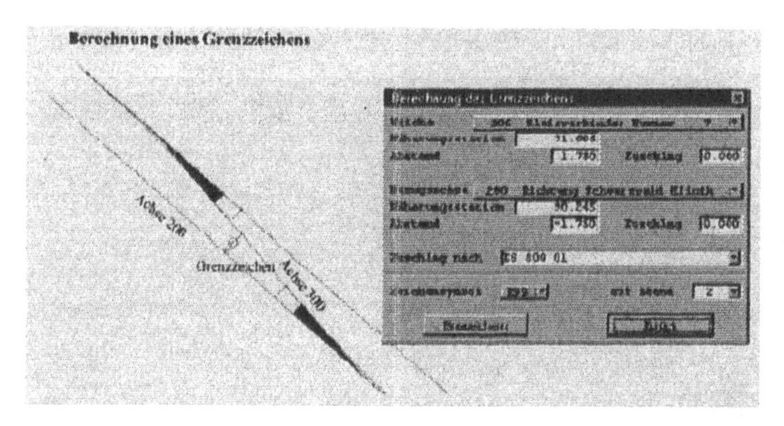

Abbildung 3.63: Berechnung eines Grenzzeichens (VESTRA-Bildschirmkopie)

Fahrweg-Querschnitte im Bahnbau werden aus den Datengrundlagen über das Schienen-Deckenbuch entwickelt, wobei z.B. Breiten und Überhöhungen erfasst werden und die Gradiente für die Streckenachse definiert und berechnet wird.

4 Fahrweg – Linienführung im Aufriss

Eine Gleisstrecke, die im Grundriss trassiert worden ist, muss unter Berücksichtigung der Topographie im Aufriss als Gradiente entwickelt und berechnet werden.
Da die Haftreibungsbeiwerte zwischen Rad und Schiene bei der Übertragung von Motorleistung in Zugkraft durch die Triebfahrzeuge der Eisenbahn gering sind, soll die Gradiente möglichst horizontal angelegt oder mit flachen Neigungen ausgestattet werden.
Grundlage für den Entwurf der Gradiente ist ein Geländeprofil (Geländelinie) im Verlauf der Trassenachse. Bei Neubauten steht diese Unterlage durch die geodätische Aufnahme des Urgeländes, bei Umbaumaßnahmen durch die örtliche Gleisvermessung und die daraus ermittelten Höhenausgleiche des bestehenden Fahrweges zur Verfügung.
Nach dem Eintragen der geplanten Streckenneigungen als Gradientenführung und der Ausrundung der Neigungswechsel lassen sich die Höhendifferenzen zwischen Gradiente und Geländelinie als Ordinaten der erforderlichen Höhenausgleiche festlegen.

4.1 Längsneigungen

Nach der EBO und der Richtlinie 800.0110 der DB AG sollen die Längsneigungen s der Gleise auf der freien Strecke bei Hauptbahnen 12.5‰ (1: 80) und bei der S-Bahn und auf Nebenbahnen 40‰ (1:25) nicht überschritten werden.
Weitere Vorgaben als Grenzwerte: In Bahnhöfen soll die Längsneigung 2.5‰ (1:400), in Aufstellgleisen von Rangierbahnhöfen 1.67‰, in Tunneln bei einer Länge bis 1000 m mindestens 2‰, bei einer Länge über 1000 m mindestens 4‰ betragen.

Anmerkung:

Bei der ICE 3-Neubaustrecke Köln – Rhein/Main, die mit dem Fahrplanwechsel am 15. Dezember 2002 für den öffentlichen Personenverkehr in Betrieb genommen werden soll, wurde eine maximale Steigung von 40‰ im Streckenverlauf angelegt. Dieser Trassierungsparameter stellt im deutschen Hochgeschwindigkeitsverkehr in seinem innovativen Anwendungsumfang eine Einmaligkeit bei der technischen Umsetzung dar. Die Bewältigung dieser Steigungsgröße und die Durchfahrung engster Kurvenradien von 3350 m ermöglicht die neue und wirkungsvollere Antriebstechnik des neuen ICE der dritten Generation.

4.2 Ausrundung von Neigungswechseln und Neigungsänderungen

Neigungswechsel mit mindestens 1‰ Neigungsänderung sind durch Kreisbogen auszurunden. Dieser Kreisbogenverlauf wird rechnerisch durch eine quadratische Parabel angenähert.
Aus den geometrischen Beziehungen ergibt sich für die Tangentenlänge:

$$\tan(\alpha/2) = \frac{t_a}{r_a} \tag{4.1}$$

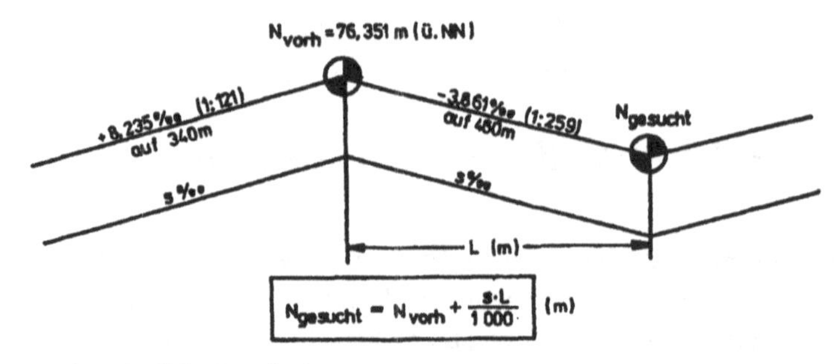

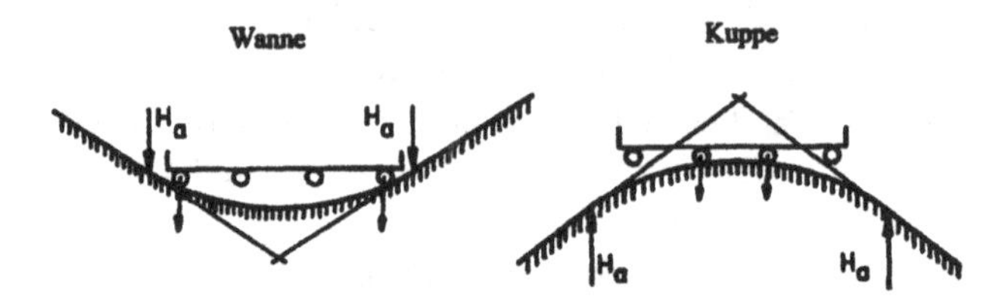

Abbildung 4.1: Gradientenausrundung-Prinzipskizze

Da der Winkel α sehr klein ist, gilt die Näherung: $\tan(\alpha/2) = 1/2 \tan\alpha$.
Weiter: $\alpha = \beta_1 + \beta_2$; für sehr kleine Winkel kann näherungsweise gesetzt werden: $\tan\alpha = \tan\beta_1 + \tan\beta_2$. Für die Tangentenlänge ergibt sich dann $t_a = r_a \cdot 1/2 \cdot (\tan\beta_1 + \tan\beta_2)$.
Da $\tan\beta_1 = s_1/1000$ und $\tan\beta_2 = s_2/1000$ ist, lautet der Ausdruck für die Tangentenlänge nun: $t_a = \frac{r_a}{2 \cdot 1000} \cdot (s_1 + (-s_2))$ oder

Tangentenlänge:

$$t_a = \frac{r_a}{2} \cdot \frac{s_1 \pm s_2}{1000} \; [m] \tag{4.2}$$

Darin sind: $+s_1$ [‰] Steigung; $-s_2$ [‰] Gefälle; das + Zeichen gilt für einen Neigungswechsel (für entgegengesetzt gerichtete Neigungen), das - Zeichen für eine Neigungsänderung (für gleichgerichtete Neigungen); r_a $[m]$ Ausrundungshalbmesser.

Das Stichmaß f der Ausrundung ergibt aus dem Ansatz $r_a^2 + t_a^2 = (r_a + f)^2 = r_a^2 + 2 \cdot r_a \cdot f + f^2$; der Wert f^2 kann vernachlässigt werden. Dann erhält man für den

Stich f der Ausrundung:

$$f = \frac{t_a^2}{2 \cdot r_a} \; [m] \tag{4.3}$$

Darin sind: t_a $[m]$ Tangentenlänge; r_a $[m]$ Ausrundungsradius.

Die Ordinaten der Ausrundung für die folgende Kuppe zwischen dem Ausrundungsanfang AA und dem Scheitelpunkt S (Hochpunkt) sowie zwischen dem Scheitelpunkt S und dem Ausrundungsende AE (Koordinatenursprung im Punkt AE) erhält man zum Beispiel mit dem Koordinatenursprung

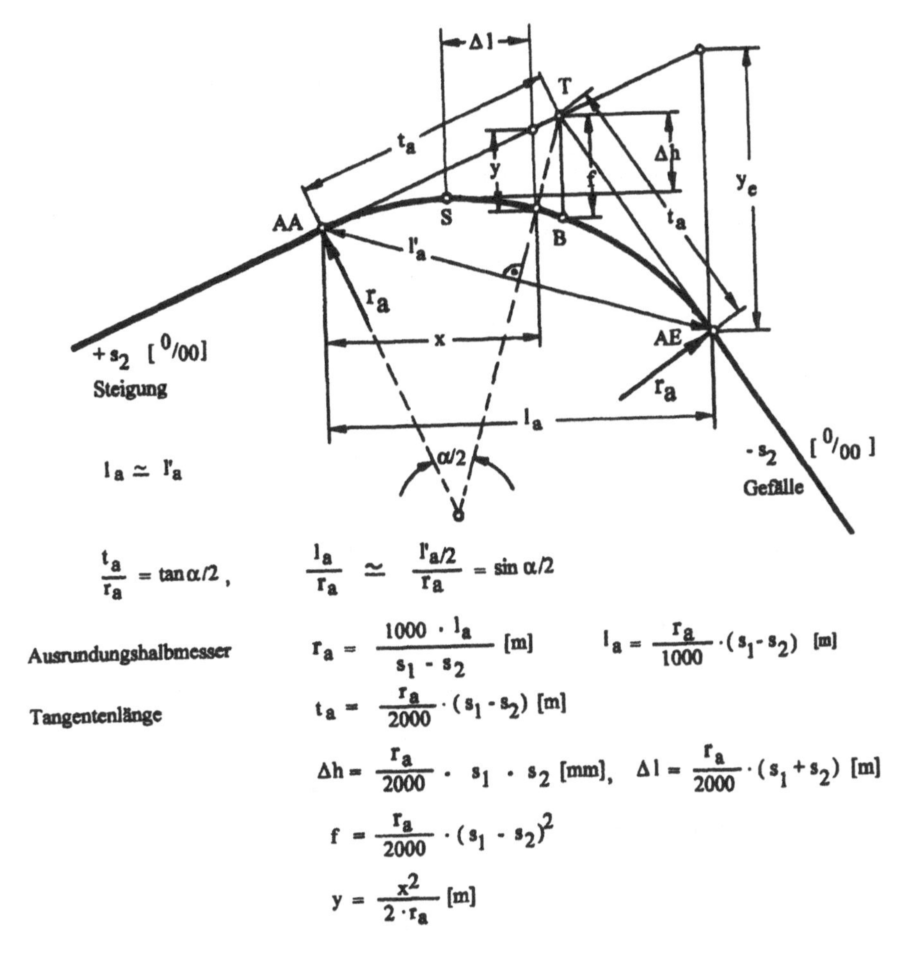

Abbildung 4.2: Geometrie der Ausrundungen

x/y im Punkt AA für den Abschnitt $x = 0$ bis $x = x_S$ mit dem Ansatz:

$$y(x) = \frac{s_1}{1000} \cdot x - \frac{x^2}{2 \cdot r_a} \; [m] \tag{4.4}$$

Darin sind: s_1 [‰] Steigung; t_a $[m]$ Tangentenlänge

Die Ermittlung der Ordinaten des Scheitelpunktes (Hochpunkt) S wird wie folgt vorgenommen: Für $s_2 = 0$ (Waagerechte Tangente durch den Hochpunkt S) ergibt die Tangentenlänge $t_s = r_a/2 \cdot (s_1/1000)$; die Ordinate $x_s = 2 \cdot t_s$ und die Ordinate y_s ist dann $y_s = 2 \cdot t_s \cdot s_1/1000 - 2 \cdot t_s^2/2 \cdot r_a$.
Weiterer Ansätze sind:
$\Delta h = \frac{r_a \cdot s_1 \cdot s_2}{2000}$ $[m]$ und $\Delta l = \frac{r_a}{2000} \cdot (s_1 + s_2)$ $[m]$.

Im Gleisentwurf wird der Neigungswechsel und die Neigungsänderung im Lageplan und im Höhenplan besonders ausgewiesen.
Daneben wird in Höhenplänen bei Umbaumaßnahmen die alte und neue Höhenlage der Gleise durch Hebe- bzw. Absenk-Ordinaten besonders dargestellt.

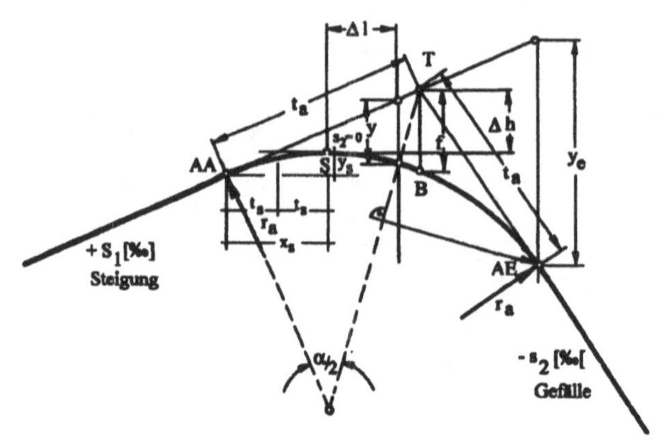

Scheitelpunkts - Koordinaten (Hochpunkt)

$$x_s = 2\,t_s \qquad y_s = \frac{s_1 \cdot 2\,t_s}{1000} - \frac{(2\,t_s)^2}{2\,r_a}$$

Abbildung 4.3: Scheitelpunkts-Koordinaten

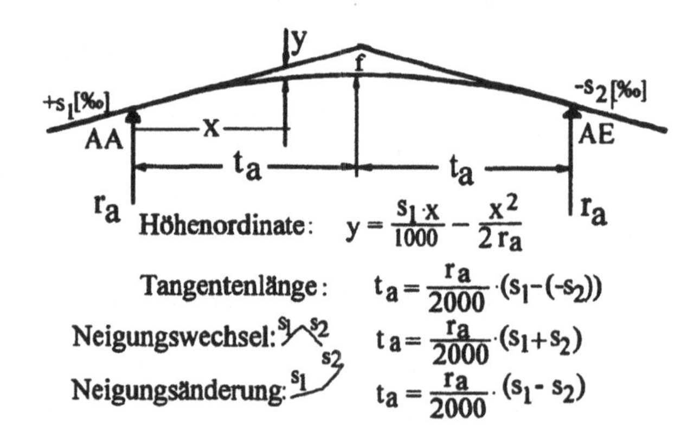

Abbildung 4.4: Tangentenlängen

4.3 Regelwerte für die Ausrundung von Neigungswechseln

Der Regelwert für die Ausrundungsradien beträgt aus fahrdynamischen Gründen (Begrenzung der Hubbeschleunigung)

$$r_a = 0.4 \cdot \max V_e^2 \; [m] \tag{4.5}$$

Die Mindestwerte sind: $r_a \geq 0.25 \cdot V_e^2$ $[m]$; in allen Fällen $r_a \geq 2000$ $[m]$ wegen des Lichtraumprofils. Die Ausrundungslänge soll mindestens 20 m betragen.

Neigungswechsel und Neigungsänderungen sollten nicht in Überhöhungsrampen angeordnet werden.

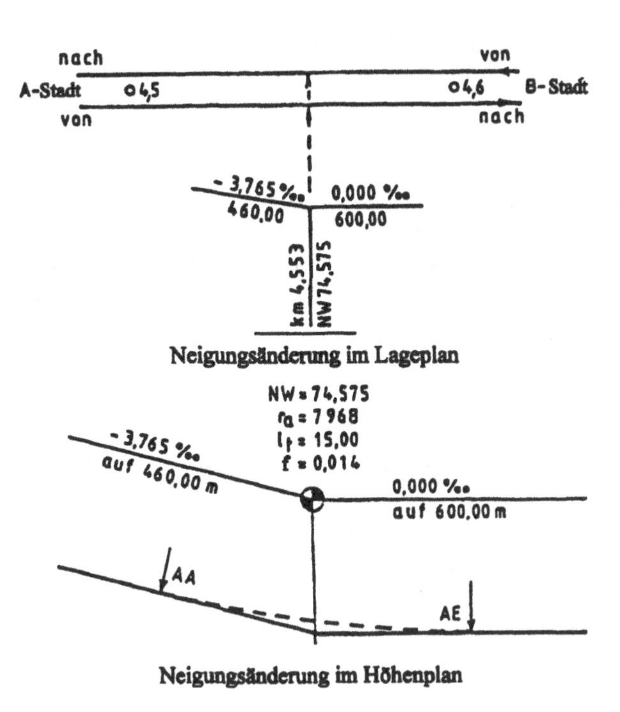

Abbildung 4.5: Darstellung der Neigungswechsel im Lage- und Höhenplan

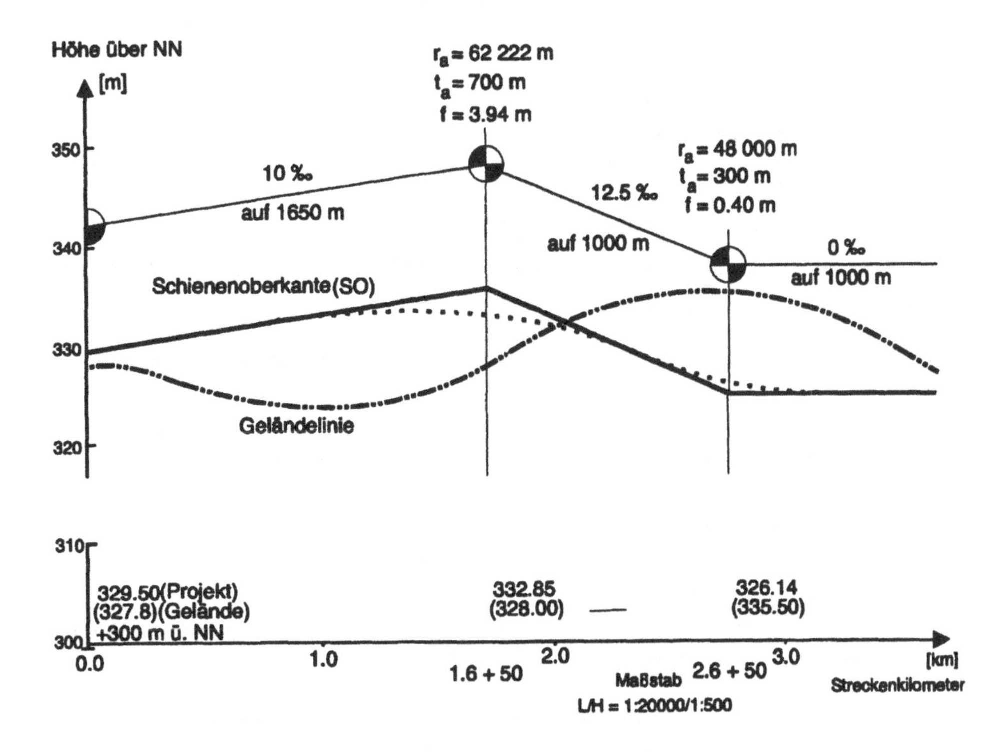

Abbildung 4.6: Höhenplan

4.4 Beispiel: Wannenausrundung

Wannenausrundung

Für einen eingleisigen Streckenabschnitt der DB AG, der mit einer Geschwindigkeit von $V_e = 120\ [km/h]$ befahren werden kann, ist der Neigungswechsel in km 1.840 mit einem Kreisbogen auszurunden. In km 1.825 kreuzt die Bahnstrecke eine Bundesstraße. Die Höhe ü. NN. der Kreuzungsstelle (Gleisachse/Straßenachse) ist zu berechnen. Die Neigungen sind $s_1 = -4.185\ [‰]$ (Gefälle) und $s_2 = +3.270\ [‰]$ (Steigung). Der Neigungswechsel in km 1.840 hat eine geodätische Höhe von +254.380 m ü. NN.

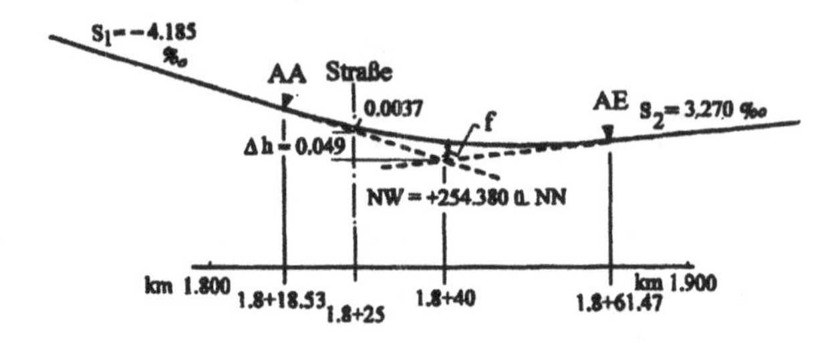

Abbildung 4.7: Gradiente der Gleisstrecke

1. Regelausrundung

   $r_a = 0.4 \cdot V_e^2 = 0.4 \cdot 120^2 = 5760\ [m]$

2. Tangentenlänge $t_a = \frac{r_a}{2000} \cdot (s_1 - s_2) = \frac{5760}{2000} \cdot (-4.185 - 3.270) = 21.47\ [m]$

3. Ausrundungsanfang und -endpunkt:

   AA liegt in Station km: 1.840-0.02147 = km 1.8+18.53

   AE liegt in Station km: 1.840+0.02147 = km 1.8+61.47

   Vom Ausrundungsanfang (AA) bis zur Kreuzung mit der Bundesstraße beträgt die Entfernung $1.8 + 25.00 - 1.8 + 18.53 = 6.47\ [m]$

4. Die Höhe des Kreuzungspunktes (Gleisachse/Straßenachse) ergibt sich aus zwei Teilrechnungen:

   (a) Berechnung der Höhe auf der Gefällelinie in Station km 1.8+25.00

   $\Delta l = 1.840 - 1.825 = 15\ [m]$

   $\Delta h = \frac{s_1 \cdot \Delta l}{1000} = \frac{4.185 \cdot 15}{1000} = 0.063\ [m]$
   Die Höhe auf der vorhandenen Gefällelinie in Station km 1.8+25.00 ist $+254.380 + 0.063 = +254.443\ [m]$ über NN.

   (b) Die Höhendifferenz zwischen Geländelinie und Kreisbogenausrundung in Station km 1.8+25 errechnet sich aus $\Delta y(x) = \frac{x^2}{2 \cdot r_a}$ mit $x = 6.47\ [m]$ und $r_a = 5760\ [m]$ zu $\Delta y = \frac{6.47^2}{2 \cdot 5760} = 0.004\ [m]$

Der Kreuzungspunkt Gleisachse/Straßenachse in Station km 1.8+25 hat die Höhe $+254.443 + 0.004 = +254.447$ $[m]$ über NN; er liegt also $0.063 + 0.004 = 0.067$ $[m]$ über der Höhe des Neigungswechsels (Tiefpunkt) in Station $km\ 1 + 840$.

Ermittlung der Ordinaten des Tiefpunktes.

Der Tiefpunkt liegt auf der Seite der flacheren Neigung der Wanne; deshalb ist der Koordinatenursprung für die Berechnung dem Punkt AE zu zuordnen. Die horizontale Tangente $s_1 = 0$ wird durch den zu erwartenden Tiefpunkt gelegt; es entsteht dann der Schnittpunkt der Tangenten $s_1 = 0$ und $s_2 = +3.270$ [] mit den links und rechts angelegten Tangentenabschnitten t_s.

Die Tangentenlänge ergibt sich zu $t_s = \frac{r_a}{2000} \cdot (s_2) = \frac{5760}{2000} \cdot (3.270) = 9.42$ $[m]$

Die Höhe des Punktes AE beträgt vom Schnittpunkt s_1/s_2 ausgehend: $H = +254.380$ $[m]$ über NN + $\frac{t_a \cdot s_2}{1000} = +254.380 + \frac{21.47 \cdot 3.270}{1000} = +254.380 + 0.07 = +254.450$ $[m]$ über NN.

Die Höhe des Tiefpunktes der Wanne errechnet sich, ausgehend vom Punkt AE, aus dem Ansatz:

$$\Delta y_1 = \frac{s_2 \cdot 2t_s}{1000} + = \frac{3.270 \cdot 18.84}{1000} = 0.06\ [m]$$

$$\Delta y_2 = \frac{2t_s^2}{2/cdotr_a} = \frac{18.84^2}{2 \cdot 5760} = 0.03\ [m]$$

Die Höhe des Tiefpunktes liegt bei $H = +254.450 - 0.06 + 0.03 = +254.42$ $[m]$ über NN.
Die Station des Tiefpunktes liegt bei $km 1.8 + 42.63$.

Das Stichmaß beträgt $f = \frac{t_a^2}{2 \cdot r_a} = \frac{21.47^2}{2 \cdot 5760} = 0.04$ $[m]$

5 Elemente der Gleisverbindungen

5.1 Einführung

Als Elemente der Gleisverbindungen gelten Weichen und Kreuzungen im Gleis oder Gleisnetz der Eisenbahnen, die der Verknüpfung von Gleisen dienen und in baulicher Hinsicht Bestandteile der Fahrweg-Konstruktion sind.

Weichen sind Verbindungen in einem Gleis oder Gleisnetz, die es Zugeinheiten oder Einzelfahrzeugen erlauben, ohne Fahrtunterbrechung von einem Gleis in ein anderes überzuwechseln.

Kreuzungen (Kr) sind Gleisverbindungen für die Überschneidung von Gleisen auf gleichem Niveau ohne Überfahrtsmöglichkeit in ein anderes Gleis. Daneben gibt es Kreuzungsweichen, von denen innerhalb der Kreuzung auf ein anderes Gleis übergewechselt werden kann. In durchgehenden Hauptgleisen sind Kreuzungen und Kreuzungsweichen allerdings wegen der dann unstetigen Gleisführung grundsätzlich zu vermeiden.

Weichen und Kreuzungen werden in der Regel nicht überhöht.

In Gleisplänen werden Weichen durch gerade Achse, Tangente und Weichenmittelpunkt maßstäblich (meist 1:1000) als Linienbild dargestellt. Bei Kreuzungen und Bogenweichen erfolgt die Darstellung der Gleisachsen.

Bei der Wahl von Weichen und Kreuzungen in einem Gleisentwurf ist zunächst festzulegen, dass Fahrwege mit hohen betrieblichen Belastungen, besonders durchgehende Hauptgleise, fahrdynamisch günstig für hohe Geschwindigkeiten ausgelegt werden und wenig Fahrkantenunterbrechungen besitzen. Danach sind die erforderliche Weichen und Kreuzungen festzulegen unter der Maßgabe, dass benachbarte Gleisverbindungen stets getrennt von einander liegen und nicht bei einem etwaigen Änderungseingriff in Mitleidenschaft gezogen werden, z.B. durch Langschwellen einer benachbarten Weiche.

5.2 Weichen

5.2.1 Anforderungen

Nach der Richtlinie 800.0120 der DB AG sind Weichen in Hauptgleisen entsprechend der Abzweiggeschwindigkeit zu wählen, die betrieblich erforderlich und unter Berücksichtigung der Signalisierung des Fahrweges, einschließlich des erforderlichen Durchrutschweges, zugelassen werden kann. Dabei sind sie so anzuordnen, dass die größt mögliche Streckengeschwindigkeit auch bei der Fahrt durch den Weichenbogen erreicht werden kann.

Weichen sollten so angeordnet werden, dass durchgehende Hauptgleise im geraden Stammgleis liegen. Die zugelassenen Abzweiggeschwindigkeiten sind für die einzelnen Weichenformen festgelegt bzw. werden bei Bogenweichen bestimmt.

Weichen sind in Einfahrstraßen so festzulegen, dass Züge hier möglichst mit einer Abzweiggeschwindigkeit von $V_z = 60$ $[km/h]$ bei einer magebenden, zulässigen Streckengeschwindigkeit bis $V = 120[km/h]$ und $V_z = 80$ $[km/h]$ bei einer Streckengeschwindigkeit $V > 120$ $[km/h]$ fahren können. Bei Ausfahrstraßen sind Weichen mit einem Zweiggleisradius $r_z = 500$ $[m]$ und einer Neigung 1:12 anzuordnen.
Weichen in Rangierbereichen sind mit einem Zweiggleisradius $r_z = 190$ $[m]$ und einer Neigung 1:9 auszuführen.

Der Fahrkomfort darf durch die Änderung der Seitenbeschleunigung in der Weiche nicht beeinträchtigt werden.

Hinsichtlich des Weichenbetriebes müssen die Endlagen der Weichen sicher gehalten und überwacht werden. Der Stellantrieb der Weichen soll möglichst Energie sparend ausgeführt sein; die Umstellung der Weiche muss schnell erfolgen. Die Überwachung der Weichenstellung muss auch bei ausgefallenem Stellantrieb möglich sein.

5.2.2 Beanspruchungen der Weichen

Beanspruchungen in einer Weiche entstehen besonders an der Zungenvorrichtung und an dem Herzstück. Die Zungenvorrichtung setzt sich aus Backenschiene und Zunge zusammen. Die nach vorn spitz zulaufende Zunge kann wegen der Schwächung des Querschnitts nicht die Radlast tragen. Daher wird die Zungenspitze bis zu 14 mm unter die Schienenoberkante abgesenkt. In diesem Abschnitt übernimmt die Backenschiene die Radlast und die Zunge die Spurkranzführung.
Mit zunehmender Breite wird die Zunge angehoben und beginnend ab etwa 50 mm Breite übernimmt die Zunge auch die Radlast. Durch den Wechsel des Radaufstandspunktes von der Backenschiene auf die Zunge oder umgekehrt läuft das entsprechende Rad wegen der Änderung des Laufkreisdurchmessers je nach Raddurchmesser und wirksamer Profilneigung um 8 bis 12 mm vor bzw. bleibt zurück.
Die Wendebewegung des Radsatzes führt dabei zu hohen Querkräften (40 bis 60 kN).

Der gleiche Vorgang tritt auch im Bereich des starren Herzstückes auf. Beim Überlaufen des Rades von der Flügelschiene auf das Herzstück, oder umgekehrt, wandert der Radaufstandspunkt auf die Lauffläche. Eine Beeinträchtigung des Fahrzeugslaufes erfolgt auch hier durch die auftretenden Querkräfte, die größer als bei der Zungenvorrichtung sind. Die Stellung des Radsatzes wird durch das Quergleiten mehr oder weniger gewaltsam korrigiert.
Besondere Probleme treten in vertikaler Richtung auf. Im Bereich des starren Herzstückes wird die Unterbrechung der Fahrfläche durch die Flügelschiene überbrückt. Bei ungünstigen Verhältnissen betragen die Vertikalbewegungen des Radsatzes beim Übergang des Radaufstandspunktes vom Herzstück auf die Flügelschiene, und umgekehrt, mehrere Millimeter.
Bei hoher Geschwindigkeit wirken auf die ungefederte Masse des Radsatzes hohe Beschleunigungen, die zu Materialverquetschungen (Schienenausbrüche) führen können. Abhilfe hiergegen sind bewegliche Herzstücke.

5.2.3 Einfache Weiche (EW)

Bei einer einfachen geraden Weiche unterscheidet man das gerade Stammgleis, aus dem mit einfacher Abzweigung abgebogen werden soll und das Zweiggleis r_z, das abbiegende Gleis. Bei Bogenweichen ist das Stammgleis r_{st} ein Gleisbogen.
Die Weiche besteht aus dem Weichenhauptteil, bestehend aus Zungenvorrichtung und Zwischenteil und dem Weichenendteil oder Herzstückteil.

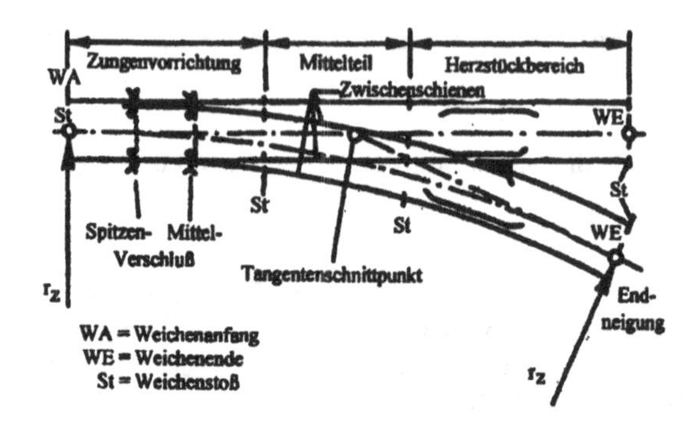

Abbildung 5.1: Bauteile einer Weiche

Die Weiche beginnt konstruktiv mit dem Weichenanfang (WA) an der Weichenspitze (Schienenstoß), wird über den Weichenmittelpunkt (WM) als Schnittpunkt der Weichentangenten geführt und endet hinter dem Herzstück sowohl im Stammgleis als auch im Zweiggleis mit dem Weichenende (WE). An diesen Punkten ergibt sich zwischen den beiden Gleisachsen ein Mindest-Spreizmaß von 1.75 m. Am Weichenanfang (WA), am Weichenende (WE) und am Anfang und am Ende des Weichenmittelteils befinden sich Weichenstöße.

5.2.3.1 Weichenneigung

Die Neigung der Weiche ergibt sich aus dem Tangens des Winkels zwischen den Endtangenten an die Gleisachsen (Stammgleis und Zweiggleis), die sich im Weichenmittelpunkt (WM) schneiden, in der Form des Steigungsmaßes 1:n. Beim geraden Herzstück ist die Neigung an allen Stellen gleich. Beim Bogenherzstück, z. B. EW 190 - 1:7.5, wird durch den Bogen des Zweiggleisradius die Neigung von der Herzstückspitze ausgehend stetig kleiner bis die gewünschte Neigung 1:7,5 erreicht ist. Wird der gleiche Bogen $r = 190$ $[m]$ noch weitergeführt, so erreicht man an einer bestimmten Stelle die gewünschte Neigung 1:6.6. Bei Bogenherzstücken werden nur die Neigungen am Bogenende angegeben.
Wird der Weichenbogen, z.B. $r = 300$ $[m]$, durch die ganze Weiche hindurchgeführt, so erreicht man am Weichenende die Neigung 1:9. Bei Weichenverbindungen zwischen parallelen Gleisen ist oft die Verlängerung des Zweiggleisbogens der Weiche EW 500 – 1:12 bis zur Regelneigung 1:12 nötig, um kürzere Gleisverbindungen anordnen zu können. Deshalb gilt die Weiche EW 500 – 1:12, mit dem bis zur Neigung 1:9 verlängerten Zweiggleisbogen als besonders von der Grundform abgeleitete Weiche EW 500 – 1:12/1:9.

Gebräuchliche Herzstückendneigungen als Steilweichen, überwiegend für die Verteilbereiche in Richtungsgruppen von Rangierbahnhöfen, sind 1: 4.8, 1: 6.6, 1: 7.5; für Regelweichen 1:9 und für Flachweichen 1: 12, 1:14 1:18.5.

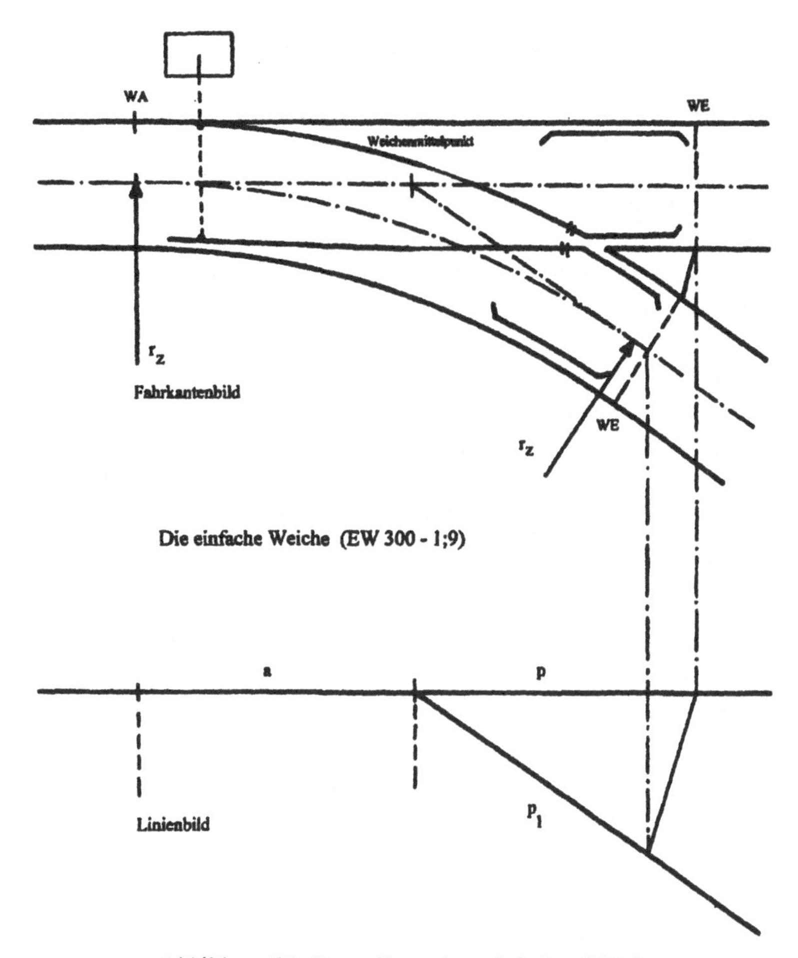

Abbildung 5.2: Darstellung einer einfachen Weiche

Weichenhalbmesser und Weichenneigungen sind bei den Regelweichen der DB AG genormt. Als Bogenhalbmesser kommen zur Anwendung: $r = 190\ [m](zul\ V = 40\ [km/h])$; $r = 300\ [m]$-$(zul\ V = 50[km/h])$; $r = 500\ [m](zul\ V = 65\ [km/h])$; $r = 760\ [m](zul\ V = 80\ [km/h])$; $r = 1200\ [m](zul\ V = 100\ [km/])$; $r = 2500\ [m](zul\ V = 130\ [km/h])$;$r = 6000\ [m](zul\ V = 160\ [km/h])$; $r = 7000\ [m](zul\ V = 200\ [km/h])$

5.2.3.2 Weichenformen

Am Weichenanfang (WA) beginnt der Zweiggleisbogen r_z als Achse des Zweiggleises; der Bogenhalbmesser kann innerhalb der Weiche enden oder bis zum Weichenende gehen.

Deshalb unterscheidet man folgende Weichenformen (Typen):

WEICHENBOGEN ENDET VOR DEM HERZSTÜCK
Es entsteht ein Herzstück mit geraden Schienen;der gerade Teil des Gleisbogens kann auf eine erforderliche Zwischengerade angerechnet werden. Die Weichen-Teillängen ergeben sich zu

$a < p_1 = p$; z.B. EW 190 – 1:9, EW 300 – 1:14, EW 500 – 1:14.

WEICHENBOGEN ENDET AM ENDE DES HERZSTÜCKES
Bei diesen am häufigsten angewendeten Weichen verläuft der Zweiggleisradius bis zum Weichenende; dadurch entsteht ein Bogenherzstück. Sämtliche Weichen-Teillängen sind gleich, $a = p_1 = p$; z. B EW 300 – 1:9, EW 500 – 1:12, EW 760 1: 14, EW 1200 – 1: 18.5, sämtliche Weichen mit UIC 60-Schienen. Bei diesen geraden Weichen kann das Zweiggleis noch um ein gerades Stück verlängert werden; dann erhält man eine Weiche mit gebogenem Herzstück und den Teillängen $a < p'_1 = p'$; z.B. EW 190 - 1: 7.5.

WEICHENBOGEN ENDET HINTER DEM HERZSTÜCK
Bei diesen Weichen wird, um eine größere Endneigung zu erhalten, der Zweigkreisbogen um ein weiteres Kreisbogenstück verlängert, während das Stammgleis unverändert bleibt. Dann sind die Weichen-Teillängen $a = p_1 > p$ und die Weichen werden mit ihren beiden Endneigungen angegeben; z.B.: EW 500 – 1:12/1:9. Bei dieser Weichenform können auch noch beide Gleise um ein gerades Stück verlängert werden, dann sind die Weichen-Teillängen $a < p_1 = p'$: z.B. EW 190 – 1:7.5/1:6.6.

Weichen mit geraden Herzstücken werden in der Regel auf die Länge ihres Zweiggleisbogens gebogen. Die Weichentangenten werden in der Regel als t- oder auch l_t-Längen in den Weichen-Katalogen gekennzeichnet.

5.2.4 Weichenbezeichnung

Aus der Bezeichnung der Weichen sind die wichtigsten Angaben über die geometrische und bauliche Ausführung zu entnehmen:

EW 60 – 500 – 1:12 – r – Fsch (H)

Es bedeuten: EW - Einfache Weiche; 60 - UIC 60 Schienenform mit einem Gewicht 60 kg/m; 500 - Radius des Zweiggleishalbmessers r_z; 1:12 - Weichenneigung 1:n; b - Bauart des Herzstückes b = beweglich, keine Angabe = festes Herzstückelement; r - Abzweigungsrichtung = Rechtsweiche, (l = Linksweiche); Fsch - Zungenart = Federschienenzunge (FZ = Federzunge); H - Schwellenart = Hartholzschwelle (B = Betonschwelle).

5.2.5 Weichen-Elemente

Weichen bestehen aus verschiedenen Konstruktionselementen:

5.2.5.1 Weichenschienen

Weichenschienen sind als äußere Stränge aus Backenschiene im Zungenbereich und in der Fortsetzung als Fahrschiene im Herzstückbereich bzw. als Zunge und in der Fortsetzung als Flügelschiene und als innere Stränge wieder aus Backenschiene und Fahrschiene bzw. Zunge und Fahrschiene ausgebildet. Daneben sind an den jeweiligen Außenschienen im Bereich des Herzstückes Radlenker angeordnet, die ein Abirren des Radsatzes im Bereich der Gleislücken verhindern. Die Stahl-Profile der Radlenker sind mit den Fahrschienen verschraubt und 45 mm über Schienenoberkante hinausragend angebracht, um die notwendige Sicherung gegen Entgleisen zu gewährleisten. Heute werden

Typ I	Weichenbogen endet vor dem Herzstück	gerades Herzstück	$a < p_1 = p$
Typ II a		Bogenherzstück	$a = p_1 = p$
Typ II b	Weichenbogen endet am Ende des Herzstückes	Bogenherzstück noch um ein gerades Stück verlängert (Schienenherzstück)	$a < p'_1 = p'$
Typ III a		Bogenherzstück noch um ein gebogenes Stück verlängert (größere Endneigung erreichbar)	$a = p_1 > p$
Typ III b	Weichenbogen endet hinter dem Herzstück	Form III a noch um ein gerades Stück in beiden Gleisen verlängert (Schienenherzstück)	$a < p_1 = p'$

I Bogenende vor dem Herzstück

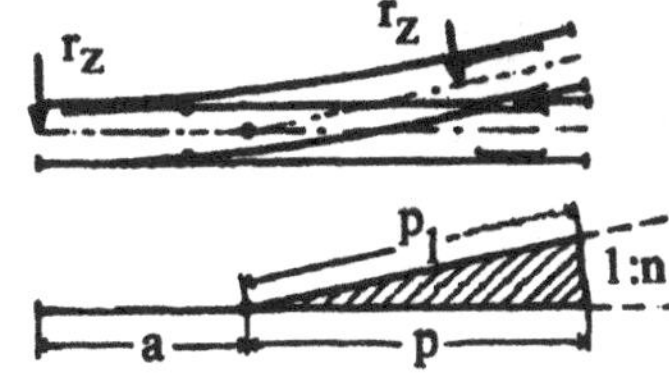

II Bogenende = Herzstückende III Bogenende hinter dem Herzstück

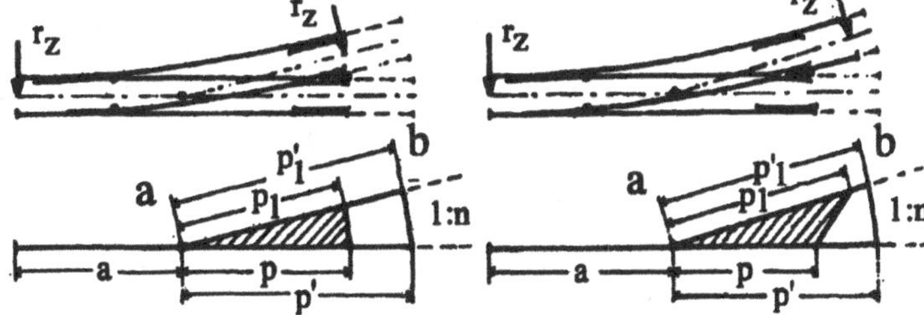

Abbildung 5.3: Weichentypen

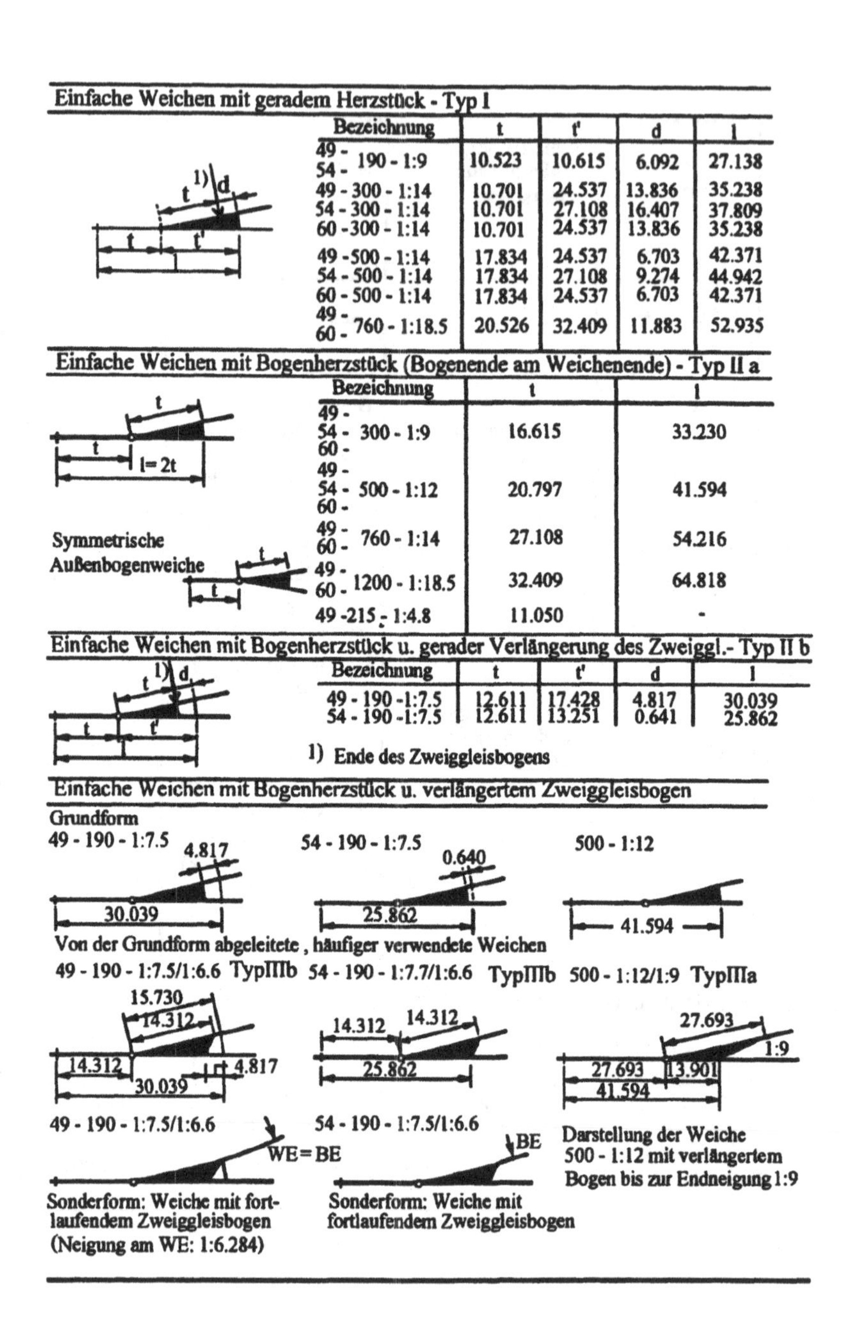

Einfache Weichen mit geradem Herzstück - Typ I

Bezeichnung	t	t'	d	l
49 - / 54 - 190 - 1:9	10.523	10.615	6.092	27.138
49 - 300 - 1:14	10.701	24.537	13.836	35.238
54 - 300 - 1:14	10.701	27.108	16.407	37.809
60 - 300 - 1:14	10.701	24.537	13.836	35.238
49 - 500 - 1:14	17.834	24.537	6.703	42.371
54 - 500 - 1:14	17.834	27.108	9.274	44.942
60 - 500 - 1:14	17.834	24.537	6.703	42.371
49 - / 60 - 760 - 1:18.5	20.526	32.409	11.883	52.935

Einfache Weichen mit Bogenherzstück (Bogenende am Weichenende) - Typ II a

Bezeichnung	t	l
49 - / 54 - / 60 - 300 - 1:9	16.615	33.230
49 - / 54 - / 60 - 500 - 1:12	20.797	41.594
49 - / 60 - 760 - 1:14	27.108	54.216
49 - / 60 - 1200 - 1:18.5	32.409	64.818
49 - 215 - 1:4.8	11.050	-

Einfache Weichen mit Bogenherzstück u. gerader Verlängerung des Zweiggl.- Typ II b

Bezeichnung	t	t'	d	l
49 - 190 - 1:7.5	12.611	17.428	4.817	30.039
54 - 190 - 1:7.5	12.611	13.251	0.641	25.862

1) Ende des Zweiggleisbogens

Einfache Weichen mit Bogenherzstück u. verlängertem Zweiggleisbogen

Abbildung 5.4: Grundformen einfacher Weichen

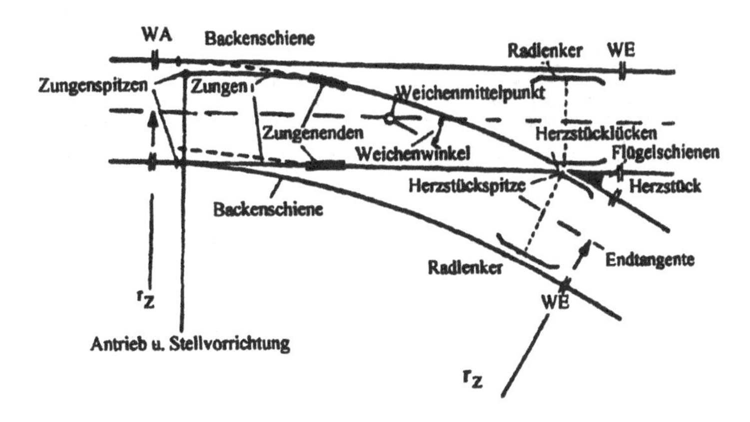

Abbildung 5.5: Konstruktionselemente einer einfachen Weiche

bei höheren Fahrgeschwindigkeiten elastische Radlenker verwendet.

5.2.5.2 Die Zungenvorrichtung

Die Zungenvorrichtung einer Weiche ist konstruktiv einer der empfindlichsten und daher auch wichtigsten Bauelemente. Der Zweiggleisbogen beginnt mathematisch am Weichenanfang. In diesem Punkt müsste die Zungenspitze mit der Dicke 0 mm beginnen und dann mit fortschreitender Länge bis auf das volle Schienenprofil anwachsen. Ein solches Profil würde unter Betriebsbelastung ausbrechen.
Deshalb beginnt die Zunge an der Stelle, an der sie eine Stärke von 5 mm erreicht hat. Da sie im vorderen Bereich noch keine Vertikallasten aufnehmen kann, verläuft ihre Oberkante unter der Schienenoberkante der Backenschiene. Die Laufflächen der Räder rollen hier nur auf den Backenschienen. Der Spurkranz wird aber bereits von der Zunge geführt. Die dabei auftretenden Horizontalkräfte werden von der Backenschiene aufgenommen und abgeleitet. Der Fuß des unsymmetrischen Zungenprofils stützt sich auf dem Gleitstuhl, in dem die Verspannungskonstruktion der Backenschiene untergebracht ist, ab.

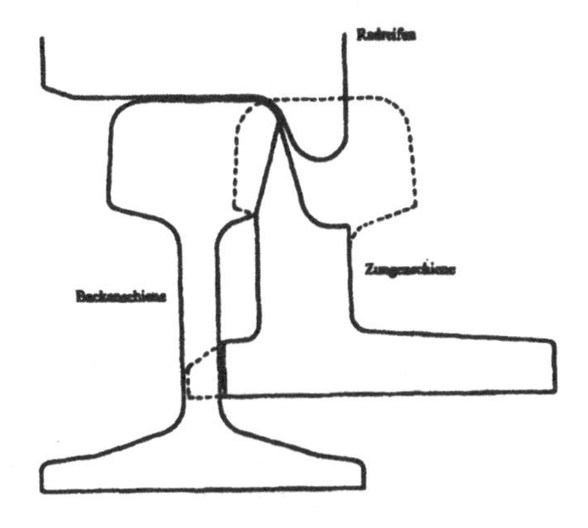

Abbildung 5.6: Anschluss der Weichenzunge an die Backenschiene

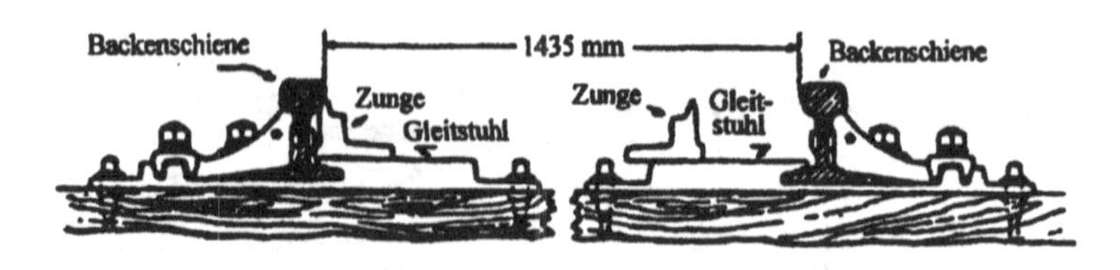

Abbildung 5.7: Querschnitt durch eine einfache Weiche an der Zungenspitze

Bei der DB AG werden im wesentlichen zwei Arten von Weichenzungen verwendet:

- Zunge mit Auftreffwinkel

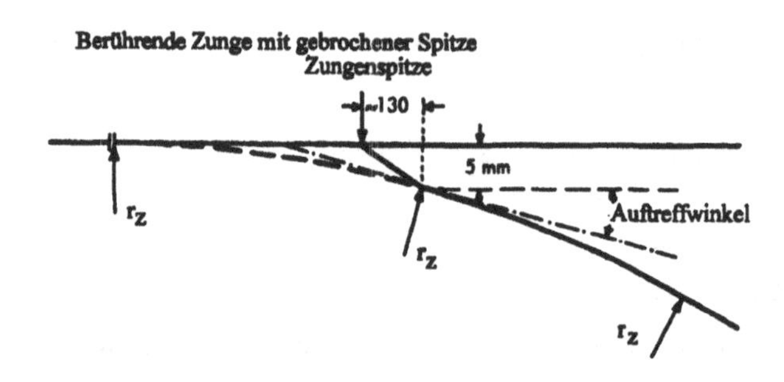

Abbildung 5.8: Zungenvorrichtung mit Auftreffwinkel

Der Zweiggleisradius tangiert die Backenschiene des Stammgleises theoretisch im Weichenanfangspunkt WA. Die Zunge wird, wenn das Profil eine Dicke von 5 mm erreicht hat, auf eine Länge von 125 mm gegen die Backenschiene gebrochen. Diese Zungenart wird als berührende Zunge mit gebrochener Spitze bezeichnet. Der Auftreffwinkel ist immer kleiner als der Anfallwinkel und damit fahrdynamisch günstiger. Es ist aber möglich, dass der Radsatz an der gebrochenen Spitze im Verlauf der kurzen Verziehung härter anläuft.

- Zunge mit Anfallwinkel

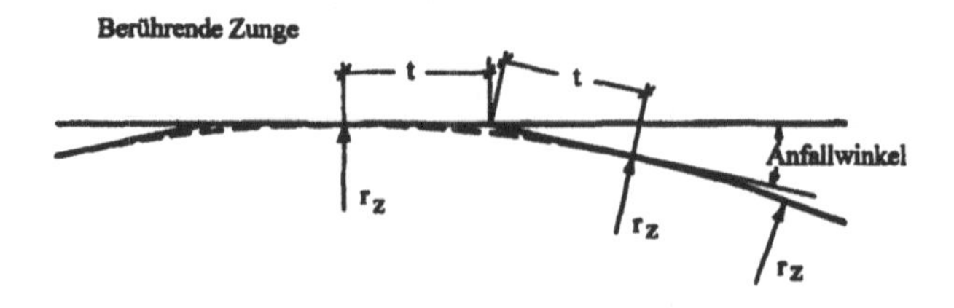

Abbildung 5.9: Zungenvorrichtungen mit Anfallwinkel

Der Bogenanfang der Zweiggleises ist auch hierbei theoretisch im Weichenanfang WA. Tatsächlich wird das letzte Stück des Bogens der Zungenspitze durch eine Tangente an den Zweiggleisbogen hergestellt.

Der Knickpunkt liegt um t von WA entfernt. Die Tangente hat, abhängig vom Zweiggleishalbmesser, eine Länge zwischen $t = 1.25\ [m]$ und $t = 2.63\ [m]$.

Der Anfallwinkel, durch den der Spurkranz des Rades abgelenkt wird, ist von dessen Stellung im Gleis unabhängig, also konstant.

5.2.5.3 Zungengelenkstelle

Die konstruktive Ausbildung der Zungengelenkstelle erfolgt heute bei der DB AG durch zwei Arten:

• Die Federschienenzunge
besteht aus einem Schienenprofil, bei dem der Schienenfuß auf eine Länge von 2 m abgearbeitet ist und so die federnde Gelenkstelle entsteht.

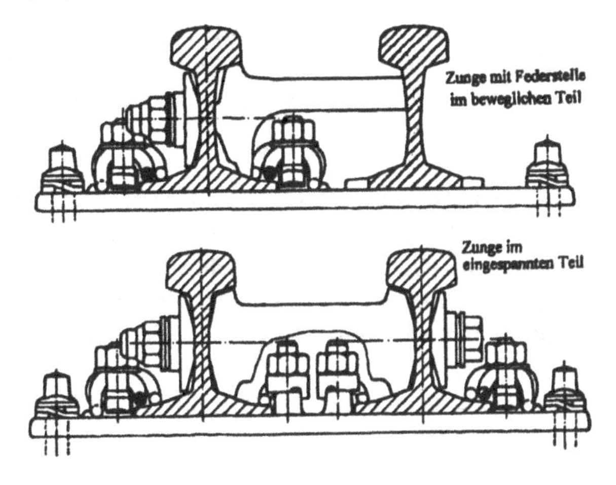

Abbildung 5.10: Schnitte durch Federschienenzungenvorrichtung

• Die Federzungen ohne Querschnittsschwächung
werden heute zunehmend bei Weichen der Schienenformen S 54 und UIC 60 hergestellt. Diese Weichenzungen sind entsprechend lang ausgezogen und haben dadurch eine ausreichende Federwirkung.

Weichen mit normalen Federzungen, die durch beidseitiges Abarbeiten des Zungenfußes und einseitige Abarbeitung des Schienensteges entstehen, und noch hauptsächlich bei der Schienenform S 49 anzutreffen sind, sind in der Tragwirkung durch die Querschnittsschwächung eingeschränkt. Sie werden deshalb im Bereich der Gelenkstelle durch eine Federzungenplatte unterstützt.

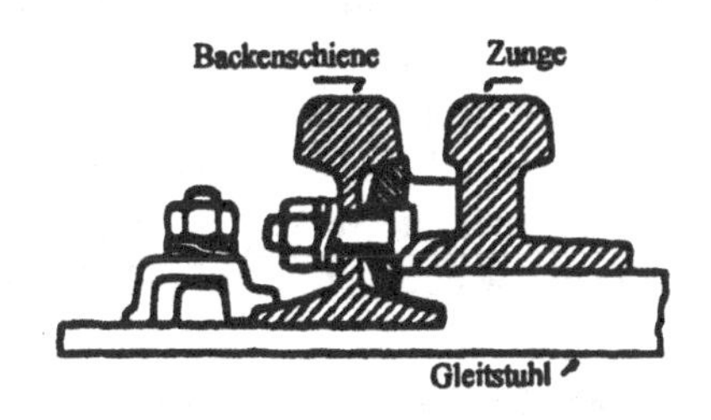

Abbildung 5.11: Querschnitt durch Backenschiene und Zunge

5.2.5.4 Weichenverschlusseinrichtungen

Wichtige Einrichtungen der Weiche, die der Sicherheit dienen, sind der Antrieb und die Verschlusseinrichtung.

Der Antrieb bewirkt den Umstellvorgang der Zungenvorrichtung, der Verschluss gewährleistet das Verschließen und sichere Anliegen der Zunge an der Backenschiene. Die Zungenvorrichtung muss auffahrbar sein, also auch vom Weichenende her durch Auffahren zu öffnen sein.
Kurze Zungen benötigen nur einen Spitzenverschluss, während Weichen mit größeren Bogenhalbmessern neben dem Spitzenverschluss noch mehrere Mittelverschlüsse besitzen.

Als Verschlussart wird der Klammerverschluss verwendet. Dieser Verschluss wird bei der DB AG heute als Regelverschluss eingesetzt und bei allen Schienen S 49, S 54 und UIC 60 verwendet. Er ist unempfindlich gegen Schienenwanderungen und gegen Ungenauigkeiten im Stellweg des Weichenantriebes.

Man unterscheidet den Klammerspitzen- und den Klammermittelverschluss. Während der Klammerspitzenverschluss bei allen Weichen angeordnet wird, erhalten Weichen mit langen Zungen (Radius $r \geq 500$ $[m]$) zusätzlich einen Klammermittelverschluss. Diese Verschlussarten dienen der sicheren Anlegung der Zungen an die Backenschienen. Der Mittelverschluss gewährleistet darüber hinaus bei abliegender Zunge eine Mindestdurchlaufweite von 58 mm im Bereich der Zungenmitte.

Der Klammerverschluss besteht aus dem Verschlussstück, der Verschlussklammer und der Schieberstange.

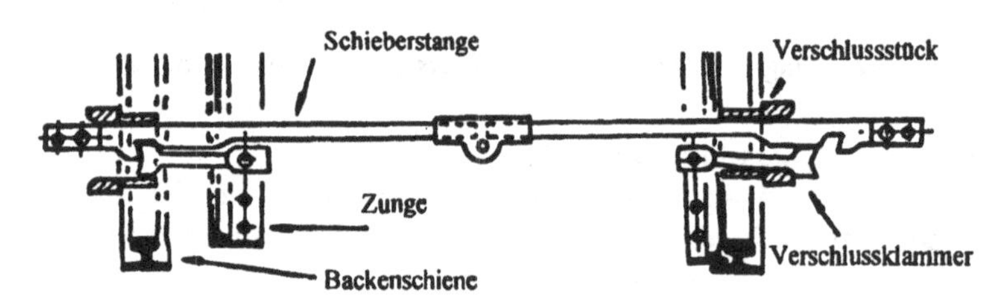

Abbildung 5.12: Klammerspitzenverschluss

Das Verschlussstück ist am Backenschienensteg fest verschraubt; es hat die Aufgabe, die Schieberstange und die Verschlussklammer zu führen und mit diesen gemeinsam die an der Backenschiene anliegende Zunge zu verschließen. Das Verschlussstück kann in Schienenrichtung verstellt werden, so dass Verschiebungen zwischen Backenschiene und Zunge ausgeglichen werden können. Die gummigefederte Verschlussklammer besteht aus Zungenkloben und Klammer. Die Klammer ist durch eine Gummimetallbuchse und einen Verschlussklammerbolzen fest mit dem Zungenkloben verbunden, der am Zungenfuß verschraubt und verkeilt ist. Die gummigefederte Metallbuchse bewirkt, dass die Klammer geringe Drehbewegungen aufnehmen kann.

Der Gelenkverschluss und der Hakenverschluss sind Verschlussarten aus früherer Zeit und werden wegen ihrer konstruktiven Nachteile (u.a. keine feste Verklammerung, empfindlich gegen Längsverschiebungen zwischen Backenschiene und Zunge) hier nur begrifflich erwähnt.

5.2.5.5 Schieberstange

Die Schieberstange besteht aus zwei Teilen, die mit Laschen miteinander verbunden und gegeneinander elektrisch isoliert sind. Sie wird durch die Verschlussstücke geführt. Der hammerartige Kopf der Verschlussklammer wird bei der anliegenden Zunge durch den verbreiterten Teil der Schieberstange gegen die Anlagefläche am Verschlussstück gedrückt und verklammert so die Zunge mit der Backenschiene. Bei der abliegenden Zunge liegt er in dem Ausschnitt der Schieberstange und zieht beim Bewegen der Stange die Zunge bis in die abliegende Stellung. Die Zunge wird dabei mit einer Zungenaufschlagweite von 160 mm festgelegt. Die Gesamtstellbewegung der Schieberstange beträgt 220 mm.

Die Wirkungsweise des Klammerspitzenverschlusses ergibt sich aus der nachfolgenden Darstellung:

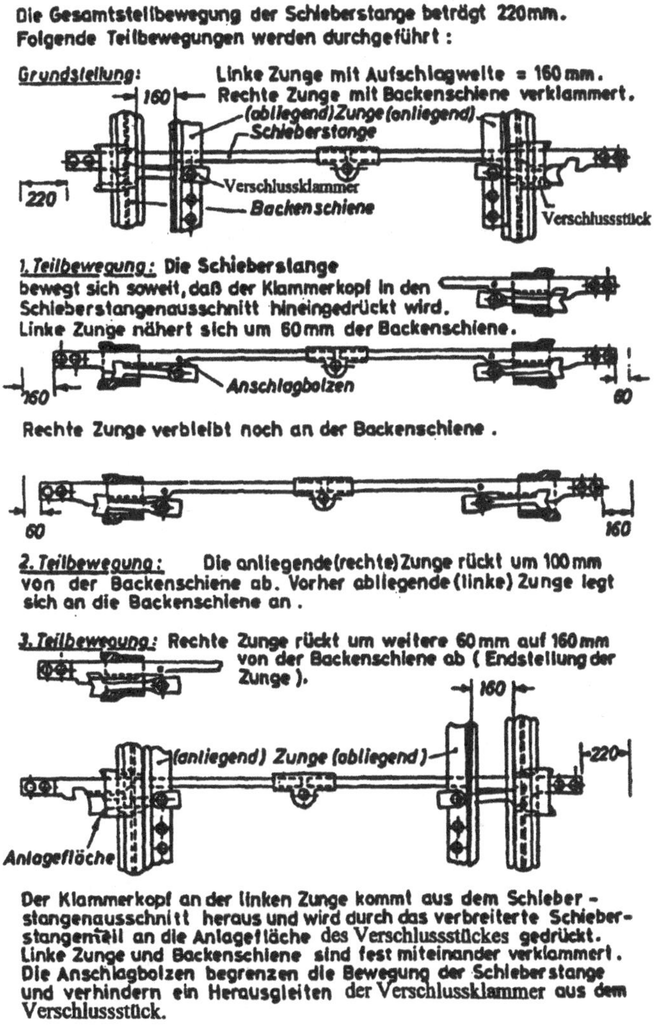

Die Gesamtstellbewegung der Schieberstange beträgt 220mm.
Folgende Teilbewegungen werden durchgeführt :

Grundstellung: Linke Zunge mit Aufschlagweite = 160 mm. Rechte Zunge mit Backenschiene verklammert.

(abliegend) Zunge (anliegend)
Schieberstange
Verschlussklammer
Backenschiene
Verschlussstück
160
220

1. Teilbewegung: Die Schieberstange bewegt sich soweit, daß der Klammerkopf in den Schieberstangenausschnitt hineingedrückt wird. Linke Zunge nähert sich um 60mm der Backenschiene.

Anschlagbolzen
160
60

Rechte Zunge verbleibt noch an der Backenschiene .

60
160

2. Teilbewegung: Die anliegende (rechte) Zunge rückt um 100 mm von der Backenschiene ab. Vorher abliegende (linke) Zunge legt sich an die Backenschiene an .

3. Teilbewegung: Rechte Zunge rückt um weitere 60 mm auf 160 mm von der Backenschiene ab (Endstellung der Zunge).

160
(anliegend) Zunge (abliegend)
220
Anlagefläche

Der Klammerkopf an der linken Zunge kommt aus dem Schieberstangenausschnitt heraus und wird durch das verbreiterte Schieberstangenteil an die Anlagefläche des Verschlussstückes gedrückt. Linke Zunge und Backenschiene sind fest miteinander verklammert. Die Anschlagbolzen begrenzen die Bewegung der Schieberstange und verhindern ein Herausgleiten der Verschlussklammer aus dem Verschlussstück.

Abbildung 5.13: Wirkungsweise eines Klammerspitzenverschlusses

Zungenvorrichtungen in falscher Stellung sollen bei einer Zugfahrt vom Weichenende her aufgefahren werden können, um eine Entgleisung zu verhindern und eine Beschädigung des Verschlusses zu vermeiden.

Dabei wird die abliegende Zunge zuerst vom Spurkranz des Rades von 160 mm auf 60 mm Abstand in Richtung der zugeordneten Backenschiene gedrückt. Dann rastet der Klammerkopf in den Ausschnitt der Schieberstange ein. Der Verschluss ist damit gelöst. Dann zwängt sich der Spurkranz des gegenüberliegenden Rades zwischen Zunge und Backenschiene und schiebt die Zunge von der Backenschiene ab. Nach jedem Auffahrvorgang muss die gesamte Verschlusseinrichtung überprüft und justiert werden.

5.2.5.6 Herzstück

In Weichen entstehen Herzstücke, wenn sich Fahrkanten der Gleise kreuzen. Dabei wird die Lauffläche der Schienen unterbrochen, um den Spurkranz der Räder durchführen zu können; es entsteht eine Herzstücklücke.

- Starres Herzstück

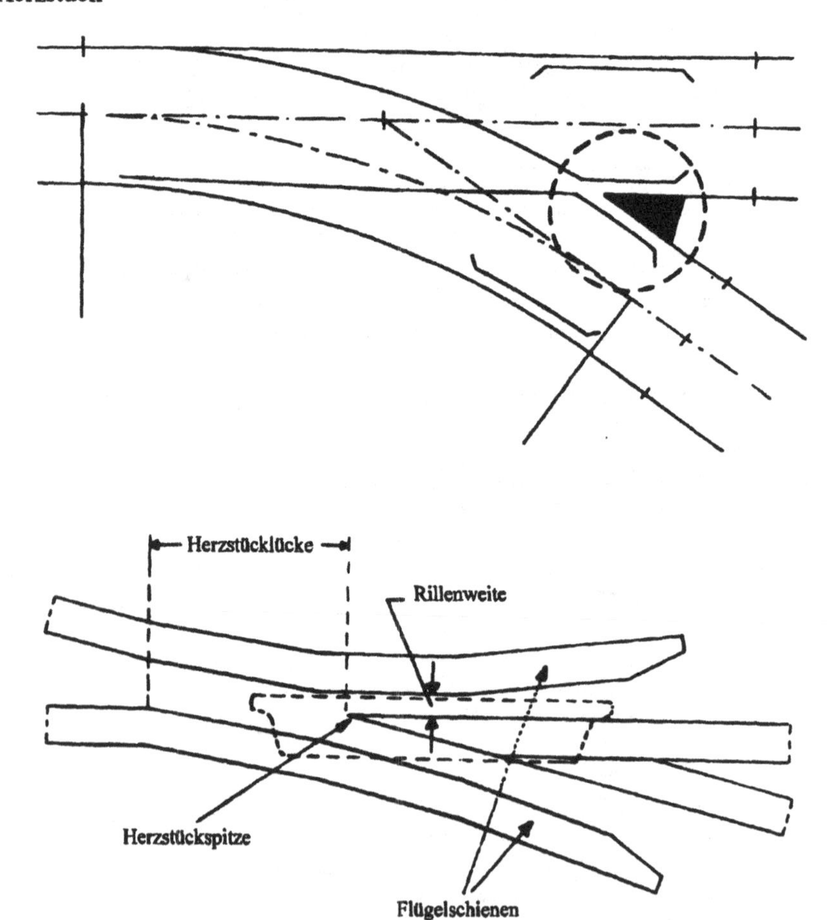

Abbildung 5.14: Herzstück und Herzstücklücke

Das einfache, starre Herzstück einer Weiche besteht aus einer Herzstückspitze und den beiden Flügelschienen. Das Herzstück wird als Blockherzstück aus einem Stück geschmiedet oder aus mit einander verschweißten Flügelschienen als Schienenherzstück hergestellt und verschraubt. Die Spitze des Herzstückes ist 8 mm unter Schienenoberkante abgesenkt, so dass die Radlast in diesem Bereich von der Flügelschiene zunächst getragen und die Spitze erst nach einer bestimmten Profilbreite belastet wird.

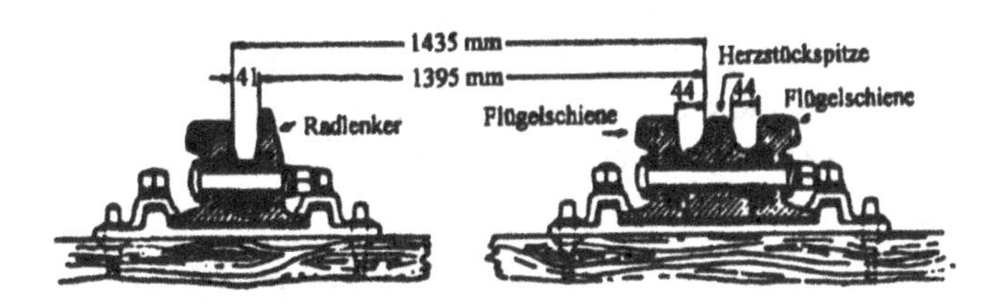

Abbildung 5.15: Querschnitt durch eine einfache Weiche am Herzstück

Mehrfach - Herzstücke als einfache und doppelte Herzstücke ergeben sich bei Kreuzungsweichen.

• Bewegliches Herzstück
Bei hohen Geschwindigkeiten und hohen Achslasten entstehen an der Fahrkantenunterbrechung vor der Spitze des festen Herzstückes durch dynamische Belastungen erhebliche Vertikalkräfte. Durch das Anlaufen der Radsätze an den Radlenkern infolge des Sinuslaufes werden weiter hohe stoßartige Horizontalkräfte erzeugt, die durch eine geeignete Herzstückkonstruktion kompensiert werden muss. Durch die Verwendung von beweglichen Herzstücke wird die Fahrkantenunterbrechung vor dem Herzstück geschlossen. Gleichzeitig sind die Radlenker entbehrlich.
In Weichen, deren Stammgleis mit mehr als 200 km/h befahren werden soll, werden bewegliche Herzstücke eingebaut.

• Herzstück mit federnd beweglicher Spitze
Bei diesem Herzstück wird die federnd bewegliche Spitze vom Weichenantrieb elastisch in die beiden Betriebszustände gebogen, vom Klammerverschluss arretiert und durch einen zusätzlichen Mittelverschluss gehalten. Parallel zum Herzstück sind zwei lange Flügelschienen angeordnet, die verhindern, dass sich die Herzstückkonstruktion nicht in Längsrichtung verschiebt. Im Bereich der Herzstückspitze befindet sich im Stamm- und Zweiggleis eine Federstelle (Querschnittsschwächung) für die Umstellung, im Zweiggleis ist außerdem ein Schienenauszug als Schrägstoß angeordnet. Das bewegliche Herzstück ist wesentlich länger als das feste Herzstück, wodurch der Umstellwiderstand so reduziert ist, dass die üblichen Weichenantriebe verwendet werden können.

• Herzstück mit gelenkig beweglicher Spitze
Bei diesem Herzstück wird die bewegliche Spitze zwischen den Flügelschienen und die an die Spitze anschließenden Schienen in einem Gelenk gelagert. Sie wird in die entsprechende Endlage gedreht und durch einen Klammerverschluss gehalten. Das mechanische Gelenk hat gegenüber der federnd beweglicher Herzstückspitze wesentliche Nachteile, da es zwei stoßanfällige Rad-Überlaufstellen (Flügelschiene/Spitze und Spitze/ anschließende Fahrschiene) besitzt, die einem hohen Verschleiß unterliegen.

• Doppelherzstücke mit beweglichen Spitzen
werden zur Sicherheit gegen Entgleisen bei flacheren Neigungen als 1:9 bei Kreuzungen verwendet. Zum Beispiel: Kreuzung Kr 1:14; Kr 1:18.5

5.2.6 Doppelweichen (DW)

Eine Doppelweiche entsteht durch zwei in einander geschobene einfache Weichen, wobei ein drittes Herzstück angeordnet werden muss. Beim einseitigen Abzweigen eines weiteren Zweiggleises aus dem ersten werden einseitige und beim zweiseitigen Abzweigen nacheinander aus dem gemeinsamen Stammgleis werden zweiseitige Doppelweichen angeordnet.

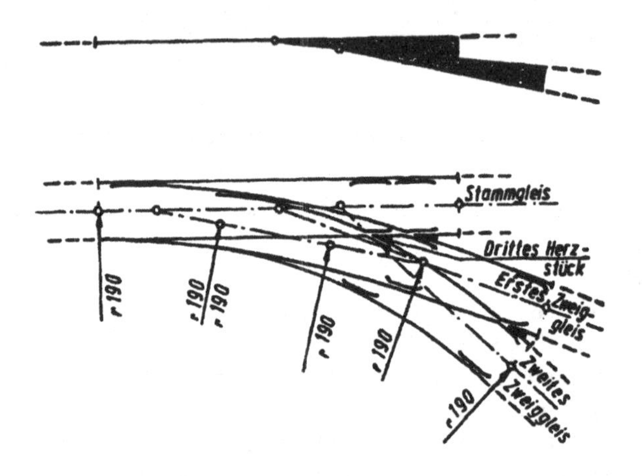

Abbildung 5.16: Einseitige Doppelweiche

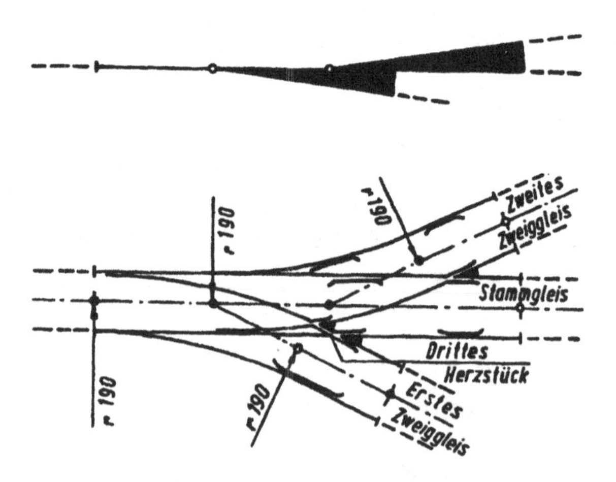

Abbildung 5.17: Zweiseitige Doppelweiche

Der Zweiggleisradius r = 190 m läuft beim zweiten Abzweig bei der einseitige Doppelweiche vom Weichenanfang bis zum Weichenende; beim ersten Abzweiggleis ist vor der Zungeneinrichtung für die zweite Abzweigung eine Zwischengerade angeordnet. Die Endneigungen bei der einseitigen

Doppelweiche betragen jeweils 1:9; bei der zweiseitigen Doppelweiche können Endneigungen auch von 1:7.5 und 1:6.6 benutzt werden.
Da die Fertigung, der Einbau und die Unterhaltung dieser Weichen wesentlich aufwendiger als bei der Anordnung zweier einfacher Weichen ist, werden sie nur verwendet, wenn ein Vorteil der Flächeneinsparung dieses rechtfertigt.

5.2.7 Berechnung von einfachen Weichen

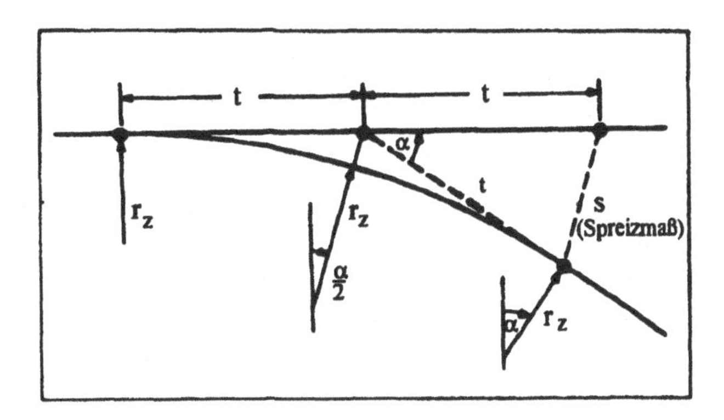

Abbildung 5.18: Bestimmungsstücke der Weiche

Bei einer einfachen Weiche sind folgende Bestimmungselemente festgelegt:

α Weichenwinkel; $1 : n = \tan\alpha$ Weichenneigung; $s = 2t \cdot \cos\alpha/2$ Spreizmaß; $t = r_z \cdot \tan\alpha/2$ Tangente; $n = \sqrt{\frac{r_z}{2 \cdot s}}$ Weichenneigung.

Die in einer einfachen Weiche zulässige Geschwindigkeit V $[km/h]$ wird aus den allgemeinen Formelansätzen der Bogenfahrt entwickelt:

Der Überschuss an Seitenbeschleunigung beträgt $\Delta b = \frac{v^2}{r} - \frac{g \cdot u}{s_w}$ $[m/sec^2]$

Wird der Überschuss an Seitenbeschleunigung $\Delta b = 0.65$ $[m/sec^2]$ (Komfortgrenze); der Schienenkopfmittenabstand $s_w = 1500$ $[mm]$; die Erdbeschleunigung $g = 9.81$ $[m/sec^2]$ und die Geschwindigkeit $v^2 = V^2/3.6^2$ gesetzt, erhält man den allgemeinen Ansatz für die Überhöhung

$$u = \frac{11.8 \cdot V_2}{r} - 100\ [mm] \tag{5.1}$$

oder

$$u = \frac{11.8 \cdot V^2}{r} - u_f \tag{5.2}$$

und

$$zul\ V = \sqrt{\frac{r}{11.8} \cdot (u + 100)}\ [km/h] \tag{5.3}$$

Setzt man nunmehr $u = 0$ (Keine Überhöhung in der Weiche), so ergibt sich für die zulässige Geschwindigkeit im Gleisbogen bis $r = 1200$ $[m]$.

$$zul\ V = 2.91 \cdot \sqrt{r}\ [km/h] \tag{5.4}$$

BEISPIEL:
Zweiggleishalbmesser $r_z = 500$ $[m]$ in einer Weiche EW 500 – 1:12. Die zulässige Geschwindigkeit beträgt in diesem Abzweig $zul\ V = 2.91 \cdot \sqrt{500} = 65$ $[km/h]$.

BEISPIEL:
Eine Gleisverbindung zwischen parallelen Gleisen mit einem Gleisabstand $e = 4.40$ $[m]$ soll mit der Geschwindigkeit $zul\ V = 80$ $[km/h]$ durchfahren werden. Es sollen einfache Weichen mit gleicher Endneigung verwendet werden.

Die Weichenwinkel α sind gleich. Es ist $\tan\alpha = 1 : n = \frac{e}{a}$. Daraus folgt für die Strecke $a = \frac{e}{\tan\alpha}$ oder mit der Weichenneigung 1:n: $a = e \cdot n[m]$.
Der Abstand der Weichentangenten-Schnittpunkte beträgt $c = \sqrt{a^2 + e^2}$ $[m]$.
Die Länge der Zwischengeraden ist $l_g = c - 2l_t[m]$ (l_t ist die Tangente einer genormten Weiche nach dem Weichenkatalog).

Gewählt: Weiche EW 760 – 1:18.5; diese Weiche hat ein gerades Herzstück. Das Gleisbogenende liegt vor dem Herzstück. Es beträgt der Abstand $a = e \cdot n = 4.40 \cdot 18.5 = 81.40$ $[m]$.
Es ist der Abstand $c = \sqrt{a^2 + e^2} = \sqrt{81.40^2 + 4.40^2} = 81.52$ $[m]$.
Die Länge der Zwischengeraden beträgt $l_g = c - 2l_t = 81.52 - 2 \cdot 20.526 = 40.47$ $[m]$. Die Mindestlänge der Zwischengerade soll $V/10 = 80/10 = 8$ $[m]$ betragen; diese Forderung ist erfüllt.

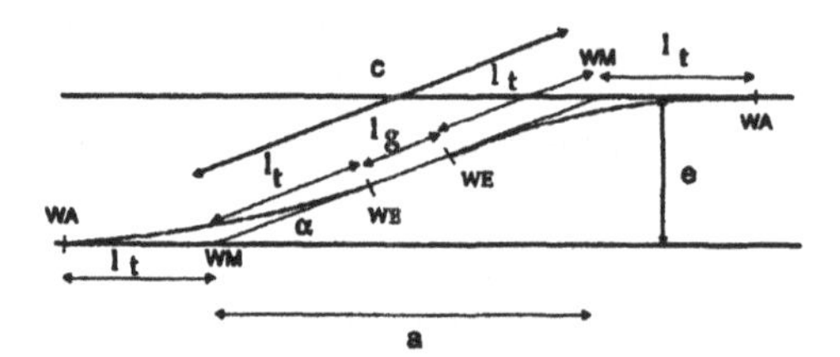

Abbildung 5.19: Symmetrische Gleisverbindung mit einfachen Weichen

5.2.8 Bogenweichen

Bogenweichen entstehen aus genormten, einfachen Weichen als Grundform mit dem Zweiggleishalbmesser als Grundhalbmesser r_G und der zugehörigen Krümmung $k_G = \frac{1000}{r_G}$ $[1000/m]$ durch Verbiegen des geraden Stammgleises und des Zweiggleishalbmessers.
Gerade Grundformweichen können, wenn Stamm- und Zweiggleis gleichsinnig gebogen, zu Innenbogenweichen gekrümmt und, wenn sie entgegengesetzt gebogen, zu Außenbogenweichen verändert werden.

Entsprechend der Krümmungsverhältnisse der Streckengleise werden Bogenweichen ganz oder teilweise in Kreisbögen oder Übergangsbögen angeordnet. Aus fahrdynamischen Gründen sollten in

Bogenweichen größere Krümmungs- und Überhöhungswechsel vermieden werden. Beim Verbiegen der Grundformweichen zu Innen- und Außenbogenweichen werden die Tangenten der Grundformweichen erhalten. Längenänderungen werden dabei durch Zwischenschienen ausgeglichen; Zungeneinrichtungen und Herzstücke erhalten hierdurch ihre Längen bei. Wenn die Anordnung einer Weiche in einem Übergangsbogen mit gerader Krümmungslinie im Sonderfall vorgesehen werden muss, werden Stamm- und Zweiggleis zu Klothoidenabschnitten.
Bogenweichen sind nach der Richtlinie 800 0120 der DB AG nach Möglichkeit nur in Kreisbögen zu verlegen. Die Überhöhung soll dabei nicht größer als 100 mm sein.
Übergangsbögen und Überhöhungsrampen sollten nicht im Bereich der Weiche, einschließlich der durchgehenden Schwellen, beginnen und enden.

5.2.8.1 Innenbogenweiche (IBW)

Bei Innenbogenweichen wird das gerade Stammgleis der Grundformweiche nach innen in Richtung Zweiggleis gebogen. Der Bogen passt sich dabei dem Radius des durchgehenden Hauptgleises an.

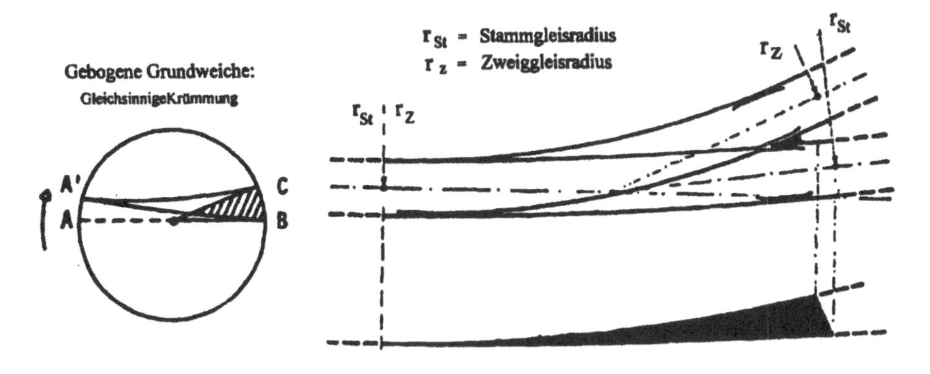

Abbildung 5.20: Innenbogenweiche (IBW)

Hierbei wird der Zweiggleishalbmesser r_z der Innenbogenweiche zwangsläufig kleiner als der Zweiggleishalbmesser r_G der Grundform. Die einfachen Grundformweichen lassen sich nur bis zu einem Mindesthalbmesser des Stammgleises und des Zweiggleises verbiegen:

r_G [m]:	190	300	500	760	1200	2500
$min\ r_{St}$ [m]:	2220	420	334	497	700	1510
$min\ r_z$ [m]:	175	175	200	300	442	941

Die Weichengrundform mit $r = 190$ $[m]$ wird gewöhnlich nicht zu einer Innenbogenweiche gebogen. Die Bezeichnung einer Innenbogenweiche z.B. IBW 1000/333d Gdf 49-500-1:12r Fsch(Hh) ist wie folgt zu interpretieren: Der Halbmesser des Stammgleises ist $r_{St} = 1000$ $[m]$; der Radius des Zweiggleises beträgt $r_z = 333$ $[m]$. Die IBW entstand durch das Verbiegen einer Weiche der Grundform 49-500-1:12r; Neigung 1:12; Abzweig nach rechts; Zungenart = Federschienenzunge; Schwellenart = Hartholz.

Das Zweiggleis der Innenbogenweiche erhält die Überhöhung wie der durchgehende Bogen; gleichzeitig wird diese Überhöhung innerhalb der Weiche auf den Zweiggleis übertragen und es entsteht hier eine Überhöhung (positiv) mit gleicher Ordinate wie im Stammgleis.

· Das Krümmungsbild

ergibt sich aus dem allgemeinen Ausdruck für die Krümmung $k = \frac{1000}{r}[1/m]$; $r = \frac{1000}{k}$ $[m]$.
Es ist r_{St} der Stammgleishalbmesser; $k_{St} = \frac{1000}{r_{St}}$ $[1/m]$ die zugehörige Krümmung; r_G der Zweiggleishalbmesser der Weichen-Grundform; $k_G = \frac{1000}{r_G}$ $[1/m]$ die zugehörige Krümmung; r_z der neue Zweiggleishalbmesser der IBW; $k_z = \frac{1000}{r_z}$ $[1/m]$ die zugehörige Krümmung.

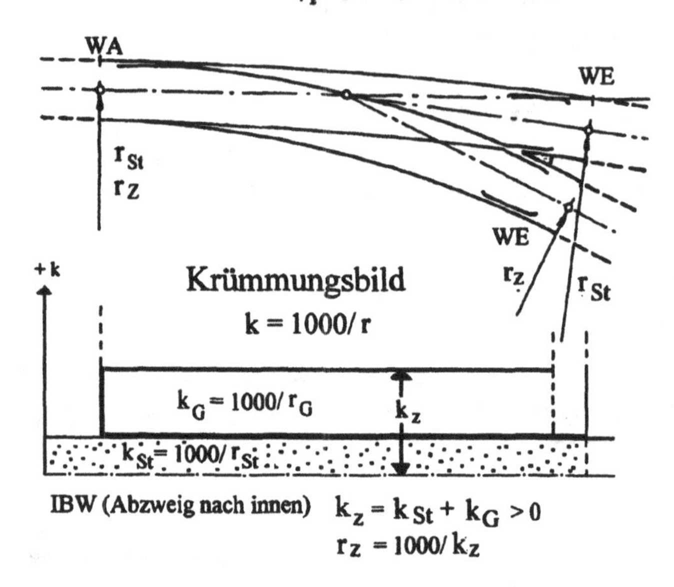

Abbildung 5.21: Innenbogenweiche (IBW) – Abzweig nach innen mit Krümmungsbild

• Zweiggleishalbmesser der Innenbogenweiche

Die Berechnung des Halbmessers des gebogenen Zweiggleises r_z erfolgt unter der Maßgabe, dass der Weichenwinkel α und die Tangentenlänge t beim Biegevorgang konstant bleiben. Die Tangentenlänge t entnimmt man für die standardisierten Weichenformen den Weichentabellen.

Für eine Weichen-Grundform besteht die geometrische Zusammenhang: $\tan\alpha/2 = t/r_G$ oder $\tan\alpha/2 = l/t$; hieraus $l = t^2/r_G$.

Der Berechnungsansatz für den gebogenen Zweiggleisradius r_z wird über den Halbwinkelsatz für die Berechnung eines schiefwinkligen Dreiecks gefunden. Danach ergibt sich über den Cosinussatz und unter Verwendung goniometrischer Ansätze eine Gleichung des Halbwinkelsatzes zu $\tan\alpha/2 = \sqrt{\frac{(s-b)\cdot(s-c)}{s\cdot(s-a)}}$. Zusätzlich erhält man, wenn der halben Dreiecksumfang mit s und die Einzelseiten mit a, b und c bezeichnet werden, den Ausdruck $2s = a + b + c$ oder $s = \frac{a+b+c}{2}$.

In der vorliegenden geometrischen Zuordnung ist $a = r_{St} - r_z$; $b = r_{St} - l$; $c = r_z + l$. Damit ergibt sich für $s = \frac{r_{St}-r_z+r_{St}-l+r_z+l}{2} = r_{St}$ und für die Gleichung $\tan\alpha/2 = \frac{t}{r_G} = \sqrt{\frac{(r_{St}-r_{St}+l)\cdot(r_{St}-r_z-l)}{r_{St}\cdot(r_{St}-r_{St}+r_z)}}$. Nach der Quadrierung erhält man $\frac{t^2}{r_G^2} = \frac{l\cdot(r_{St}-r_z-l)}{r_{St}\cdot r_z}$ und unter Berück-

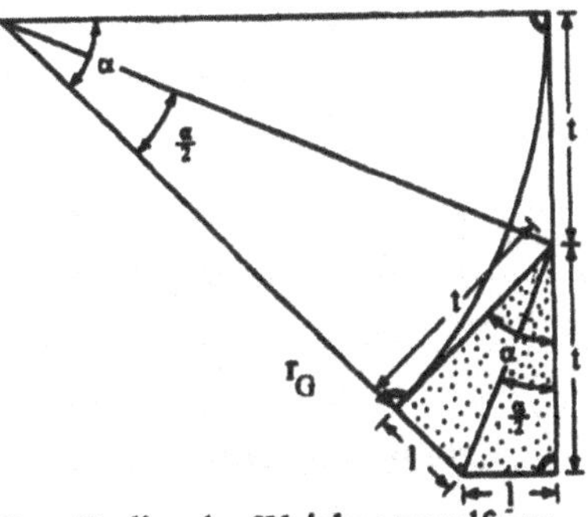

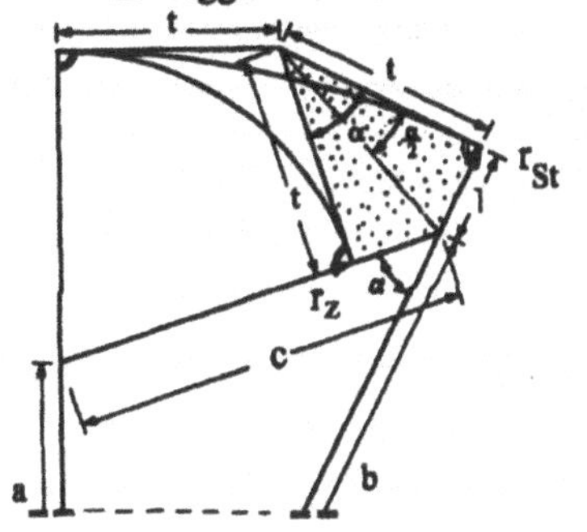

Abbildung 5.22: Anwendung des Halbwinkelsatzes

sichtigung von $l = \frac{t^2}{r_G}$ ergibt sich $\frac{t^2}{r_G^2} = \frac{t^2 \cdot (r_{St} - r_z - t^2/r_G)}{r_G \cdot r_{St} \cdot r_z}$.

Dieser Ansatz vereinfacht ergibt schließlich die Gleichung für den Bogenhalbmesser des Zweiggleises der Innenbogenweiche zu

$$r_z = \frac{r_G \cdot r_{St} - t^2}{r_G + r_{St}} \tag{5.5}$$

bzw. bei Vernachlässigung von t^2 für eine Überschlagsrechnung

$$r_z = \frac{r_G \cdot r_{St}}{r_G + r_{St}} \tag{5.6}$$

Legt man in dieser Gleichung anstelle der Radien r die zugeordneten Krümmungen $k = \frac{1000}{r}$ zugrunde und vernachlässigt den Ausdruck t^2 wegen der verhältnismäßig geringen Größe, so ergibt sich die Gleichung für den Zweiggleishalbmesser der Innenbogenweiche (Abzweig nach innen) zu

$$k_z = k_{St} + k_G > 0 \tag{5.7}$$

Daneben ergeben sich folgende Varianten:

- Abzweig nach außen

$$k_z = k_{St} - k_G > 0 \tag{5.8}$$

dabei ist

$$k_G < k_{St} \text{ oder } r_G > r_{St} \tag{5.9}$$

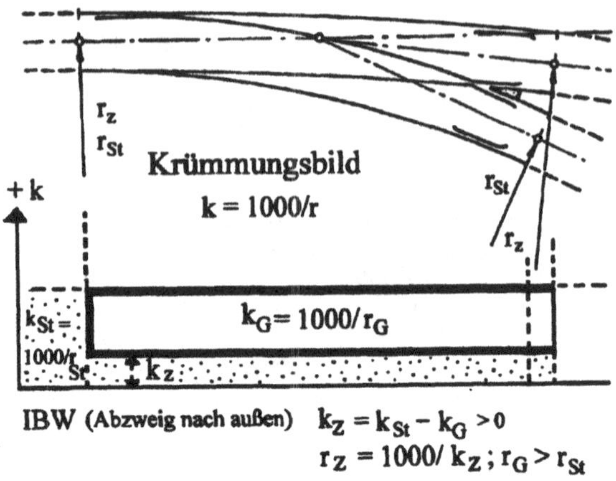

r_z r_{St} Krümmungsbild $k = 1000/r$ $+k$ r_{St} r_z

$k_{St} = 1000/r_{St}$ $k_G = 1000/r_G$ k_z

IBW (Abzweig nach außen) $k_Z = k_{St} - k_G > 0$

$r_Z = 1000/k_Z$; $r_G > r_{St}$

Abbildung 5.23: Innenbogenweiche (IBW) – Abzweig nach außen mit Krümmungsbild

- Grenzfall zwischen Innen- und Außenbogenweiche

$$k_G = k_{St} \tag{5.10}$$

oder
$r_G = r_{St}; k_z = k_{St} - k_G = 0; r_z = \infty$

- Symmetrische Innenbogenweiche

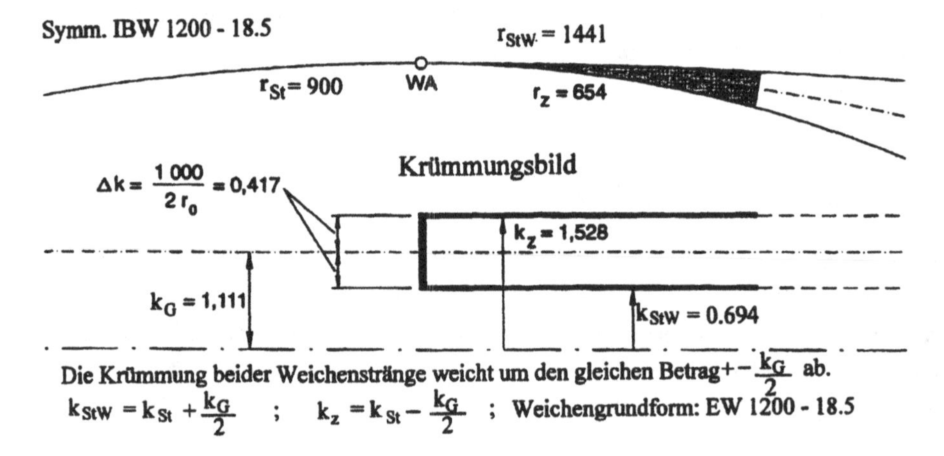

Abbildung 5.24: Symmetrische Innenbogenweiche (Symm. IBW) mit Krümmungsbild

Symmetrie bedeutet, die Krümmungen der Zweiggleishalbmesser der Grundformweichen weichen um den gleichen Betrag von der Stammgleiskrümmung ab.

$k_i = k_{St} + k_G/2; k_a = k_{St} - k_G/2$

BEISPIEL:

Innenbogenweiche

Gegeben: Stammgleis mit Radius $r_{St} = 750\ [m]$; zul. Streckengeschwindigkeit $V_{Str} = 100\ [km/h]$; gewählte Weichengrundform EW 500 – 1:12 mit $t = 20.797\ [m]$.

a) Gesucht: Zweiggleishalbmesser r_z

$r_z = \frac{500 \cdot 750 - 20.797^2}{500+750} = 299.654\ [m]$ bzw. Näherungswert aus der Beziehung der Krümmungen: $k_z = k_{St} + k_G = \frac{1000}{r_{St}} + \frac{1000}{r_G} = \frac{1000}{750} + \frac{1000}{500} = 1.33 + 2.0 = 3.33\ [1/m]$; Zweiggleishalbmesser $r_z = \frac{1000}{k_z} = \frac{1000}{3.33} = 300\ [m]$

b) Gesucht: Überhöhung des Stamm- und Zweiggleises

Regelüberhöhung $u_{reg} = \frac{r_{min} \cdot u_{minr}}{r_{reg}}$ und mit $r_{min} = \frac{11.8 \cdot V^2}{u_{r_{min}} + zul u_f}$; $u_{r_{min}} = 150\ [mm]$; $zul\ u_f = 70\ [mm]$ ergibt sich $u_{reg} = \frac{11.8 \cdot V^2}{150+70} \cdot \frac{150}{r} = 8.0 \cdot \frac{V^2}{r} = 8.0 \cdot \frac{100^2}{750} = 106.67\ [mm]$;

Gewählte Überhöhung im Stamm- und Zweiggleis: $u_{reg} = 110\ [mm]$

Zulässige Geschwindigkeit im Zweiggleis:

Ermittlung nach der „Ruckbedingung“ (Korbbogen)

$zul\ V_z = a \cdot \sqrt{\frac{r_{St} \cdot r_z}{r_{St} - r_z}} = 3.0 \cdot \sqrt{\frac{750 \cdot 300}{750-300}} = 67.0\ [km/h]$

Ermittlung nach der „Fliehkraftbedingung“

$zul\ V_z = \sqrt{\frac{r}{11.8} \cdot (u + u_f)} = \sqrt{\frac{300}{11.8} \cdot (110 + 100)} = 73\ [km/h]$

Zulässige Geschwindigkeit im Stammgleis:

$zul\ V_(St) = \sqrt{\frac{750}{11.8} \cdot (110 + 100)} = 115\ [km/h] > zulV_{Str} = 100\ [km/h]$; bei $zulu_f = 130\ [mm]$ ist $zul\ V_{Str} = 124\ [km/h]$

Zulässige Geschwindigkeiten im Stammgleis $zul\ V_{Str} = 100\ [km/h]$; im zugehörigen Zweiggleis $zul\ V_z = 65\ [km/h]$

BEISPIEL:

Symmetrische Innenbogenweiche

Im Anschluss an einen Bogen mit dem Radius $r_{St} = 600\ [m]$ ist eine symmetrische Innenbogenweiche anzuschließen.

Zulässige Streckengeschwindigkeit zul $V = 100\ [km/h]$; gewählte Weichengrundform EW 760 - 1:14.

Gesucht: Zweiggleishalbmesser der Sym IBM (überschläglich).

$k_{Innenstrang} = \frac{1000}{r_{St}} + \frac{1000}{r_G} \cdot 1/2 = \frac{1000}{600} + \frac{1000}{760} \cdot 1/2 = 2.32\ [1/m]$; daraus folgt für den inneren Zweiggleishalbmesser $r_i = \frac{1000}{k_i} = \frac{1000}{2.32} = 431\ [m]$

$k_{Außenstrang} = \frac{1000}{r_{St}} - \frac{1000}{r_G} \cdot 1/2 = \frac{1000}{600} - \frac{1000}{760} \cdot 1/2 = 1.01\ [1/m]$; daraus ergibt sich für den äußeren Zweiggleishalbmesser $r_a = \frac{1000}{k_a} = \frac{1000}{1.01} = 990\ [m]$

Zulässige Geschwindigkeit im Zweiggleis r_i:

Ermittlung nach der „Ruckbedingung" (Korbbogen)

$zul\ V_z = a \cdot \sqrt{\frac{r_{St} \cdot r_z}{r_{St} - r_z}} = 3.0 \cdot \sqrt{\frac{600 \cdot 431}{600 - 431}} = 117\ [km/h] > zul\ V_{Str.}$

5.2.8.2 Außenbogenweiche (ABW)

Bei Außenbogenweichen wird das gerade Stammgleis der Grundformweiche nach außen, d.h. gegenüber dem Zweiggleisbogen entgegengesetzt gebogen. Hierbei passt sich der Bogen dem Radius des durchgehenden Hauptgleises an; das Zweiggleis biegt sich nach außen auf, wobei der Zweiggleishalbmesser r_z größer wird als der der Grundformweiche r_G.

Bei Außenbogenweichen in überhöhten Gleisbögen hat das Zweiggleis eine falsche Querneigung in Form einer Untertiefung. Durch Verwendung von Grundformweichen mit großem Radius kann man dieses vermeiden und auch eine nach bogenaußen gerichtete Abzweigung über eine Innenbogenweiche anordnen.

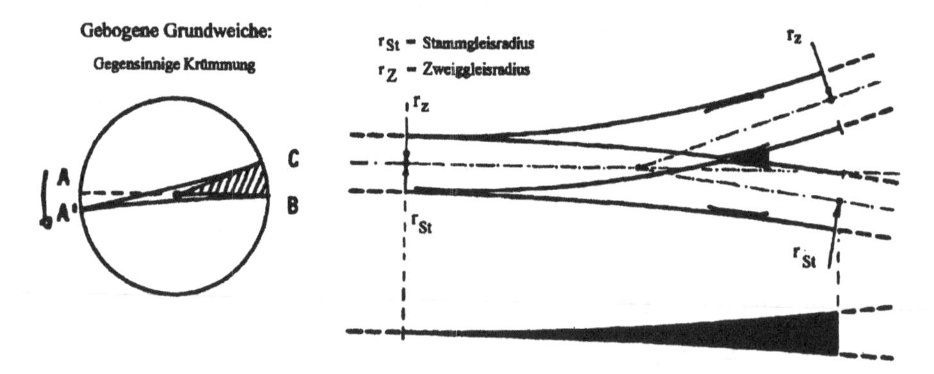

Abbildung 5.25: Außenbogenweiche (ABW)

Analog zu diesen Formeln für die Innenbogenweiche (IBW) ergeben sich für den Zweiggleishalbmesser r_z der Außenbogenweiche folgende Gleichungen:

$$r(z) = \frac{r_{St} \cdot r_g + t^2}{r_G - r_{St}}; \tag{5.11}$$

wobei $r_z < 0$ ist.

$$k_z = k_{St} - k_G \tag{5.12}$$

bzw.

$$\frac{1000}{r_z} = \frac{1000}{r_{St}} - \frac{1000}{r_G} < 0; \tag{5.13}$$

dabei ist $k_G > k_{St}$ oder $r_G < r_{St}$.

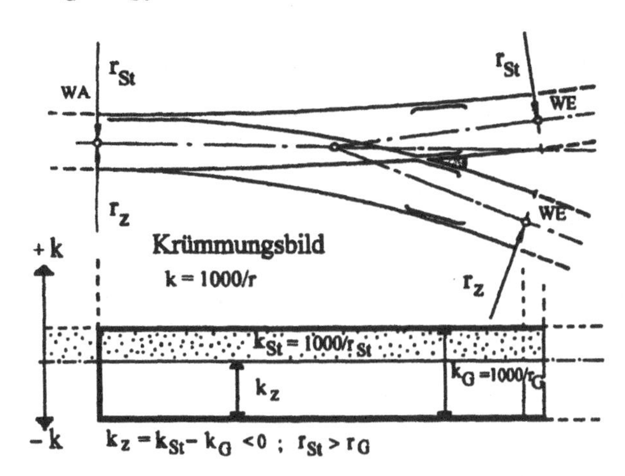

Abbildung 5.26: Außenbogenweiche (ABW) mit Krümmungsbild

Allgemein gilt:

$$r_z = \frac{r_G \cdot r_{ST} \mp t^2}{r_G \pm r_{St}} \text{bzw. } k_z = k_{St} \pm k_G \tag{5.14}$$

darin ist das obere Vorzeichen der Innenbogenweiche und das untere Vorzeichen der Außenbogenweiche zugeordnet.

Außenbogenweichen können nur soweit aufgebogen werden, bis die Form eine symmetrischen Außenbogenweiche mit gleichem Stamm- und Zweiggleisradius angenommen hat.
Das Stammgleis der Außenbogenweiche erhält im Zungenbereich die Überhöhung wie der durchgehende Bogen; dann wird diese Überhöhung nach außen auf das Zweiggleis übertragen und es entsteht hier eine Untertiefung (negativ) mit gleicher Ordinate wie im Stammgleis.
So ist seinerzeit die symmetrische Außenbogenweiche Sym ABW 215 – 1:4.8 entwickelt worden, die für steile Weichenstraßen und zur Verzweigung in Ablaufbereichen von Rangierbahnhöfen vorgesehen ist.
Beide Zweiggleisradien verlaufen vom Weichenanfang (WA) bis zum Weichenende (WE); so entsteht ein gebogenes Herzstück mit gleichen, entgegengesetzten Bögen.

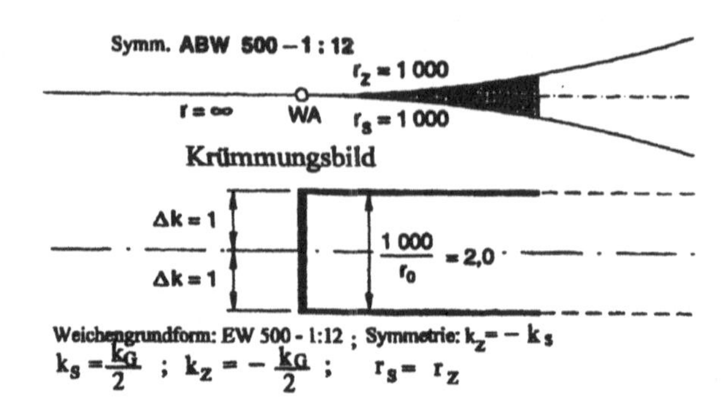

Abbildung 5.27: Symmetrische Außenbogenweiche (Symm. ABW)

BEISPIEL:

Außenbogenweiche (ABW)

Gegeben: Stammgleis mit einem Radius $r_{St} = 1200$ $[m]$; Streckengeschwindigkeit $zul\ V_{Str} = 100$ $[km/h]$; gewählte Weichengrundform EW 760 - 1:14 mit $t = 27.108$ $[m]$

a) Gesucht: Zweiggleishalbmesser r_z

Zweiggleishalbmesser $r_z = \frac{r_G \cdot r_{St} + t^2}{r_G - r_{St}} = \frac{760 \cdot 1200 + 27.108^2}{760 - 1200} = -2074.397$ $[m]$
bzw.
Näherungswert aus der Beziehung der Krümmungen: $k_z = k_{St} - k_G = \frac{1000}{r_{St}} - \frac{1000}{r_G} = \frac{1000}{1200} - \frac{1000}{760} = 0.83 - 1.32 = -0.49$ $[1/m]$; Zweiggleishalbmesser $r_z = \frac{1000}{k_z} = \frac{1000}{-0.49} = -2040.8$ $[m]$

b) Gesucht: Überhöhung im Stammgleis

Regelüberhöhung $u_{reg} = 8.0 \cdot \frac{V^2}{r} = 8.0 \cdot \frac{100^2}{1200} = 66.67$ $[mm]$; Gewählte Überhöhung im Stammgleis: $u_{reg} = 70$ $[mm]$

Regelüberhöhung im Stammgleis $u_{reg} = +70$ $[mm]$

Untertiefung im Zweiggleis $u_{ut} = -70$ $[mm]$

c) Gesucht: Zulässige Geschwindigkeit $zul\ V$ im Zweiggleis

Ermittlung nach der „Ruckbedingung“ (Gegenbogen)

$$zul\ V_z = a \cdot \sqrt{\frac{r_{St} \cdot r_z}{r_{St} + r_z}} = 3.0 \cdot \sqrt{\frac{1200 \cdot 2074.4}{1200 + 2074.4}} = 82.7\ [km/h]$$

Ermittlung nach der „Fliehkraftbedingung“

$$zul\ V_z = \sqrt{\frac{r}{11.8} \cdot (u + u_f)} = \sqrt{\frac{2074.4}{11.8} \cdot (-70 + 100)} = 72.6\ [km/h]$$

Zulässige Geschwindigkeiten im Stammgleis $zul\ V_{St} = 100$ $[km/h]$

im Zweiggleis $zul\ V_z = 70\ [km/h]$

BEISPIEL:

Symmetrische Außenbogenweiche (Sym ABW)

Im Anschluss an eine Gerade ist eine symmetrische Außenbogenweiche anzuschließen. Symmetrie bedeutet $k_z = -k_{St}$; Streckengeschwindigkeit $zul\ V_{Str} = 70\ [km/h]$; gewählte Weichengrundform EW 300 – 1:9 mit $t = 16.615\ [m]$

Bedingung: $k_z = -k_{St}$

$k_z = k_{St} - k_G$; aus Bedingungsgleichung eingesetzt ergibt $-k_{St} = k_{St} - k_G$; hieraus folgt $k_G = 2k_{St}$ und $k_{St} = k_G/2$ und $k_z = -k_G/2$. Damit wird $r_{St} = r_z$.

$k_G = \frac{1000}{300} = 3.33\ [1/m]$; $k_{St} = k_G/2 = 3.33/2 = 1.67\ [1/m] = \frac{1000}{r_{St}}$; daraus folgt der

Gleisbogenhalbmesser des Stammgleises $r_{St} = \frac{1000}{k_{St}} = \frac{1000}{1.67} = 598.8\ [m]$; gewählt $r_{St} = 600\ [m]$

Der Gleishalbmesser des Zweiggleises wird dann gewählt zu $r_z = r_{St} = 600\ [m]$

Die zulässigen Geschwindigkeiten im Stamm- bzw. Zweiggleis ergeben sich aus folgendem Ansatz:

Bei unmittelbarem Krümmungswechsel, wenn Gerade und Bogen ohne Übergangsbogen aneinander stoßen, ergeben sich aus der Ruckbedingung $r \geq \frac{V^2}{9}$ für $V < 100\ [km/h]$ die zulässigen Geschwindigkeiten im Stamm- und Zweiggleis für $r_{St} = rz$:
$zul\ V = 3 \cdot \sqrt{r} = 3 \cdot \sqrt{600} = 73.5\ [km/h]$

Die zulässige Geschwindigkeit beträgt im Stammgleis $zul\ V = 70\ [km/h]$ und wird für das Zweiggleis $zul\ V = 70\ [km]$ festgelegt.

5.2.8.3 Lage- und Höhenentwicklungen bei Bogenweichen

Bei der Anordnung von Bogenweichen ist zu berücksichtigen, dass beim Einbau von gebogenen Grundformweichen in überhöhten Stammgleisbögen überhöhte Gleisverbindungen entstehen. Durch den gleichen Schwellenhorizont der durchgehenden Schwellen erhalten die beiden Weichengleise dieselbe Querneigung und damit gleichzeitig unterschiedliche Längsneigungen und damit eine unterschiedliche Höhenlage.

Der Höhenunterschied der beiden Gleise ergibt sich aus der Überhöhung $u\ [mm]$ und dem vorhandenen Gleisabstand $l_a\ [m]$ bei einem Schienenkopfmittenabstand $s_w = 1500\ [mm]$ aus dem Ansatz: $\Delta h = \frac{u \cdot l_a}{1.5}\ [mm]$

Der Längsneigungsunterschied bei einer Weiche mit der Überhöhung $u\ [mm]$ und der Endneigung 1:n ergibt sich für beide Gleise am Weichenende aus dem Ansatz: $\Delta s = \frac{u}{1.5 \cdot n}$

Die Entwicklung der Höhen und der Längsneigungen in Bogenweichen werden üblicherweise in Weichenhöhenplänen nach DS 883/II, Anlage 8 mit zugeordneten Grundrissplänen dargestellt.

5.2.8.4 Weichen in Übergangsbögen

Bogenweichen sind nach der Richtlinie 800.0120 der DB AG nach Möglichkeit in Kreisbögen zu verlegen.
Müssen Weichen in Übergangsbögen verlegt werden, so sind diese mit gerader Krümmungslinie und gerader Rampe zu gestalten.

Zur Bogenaußenseite abzweigende Weichen in Übergangsbögen sollen so angeordnet werden, dass im abzweigenden Strang kein Gegenbogen entsteht. Gegenbögen können im nach außen abzweigenden Strang vermieden werden, wenn diese Weichen vor oder hinter der Stelle angeordnet werden, bei dem der Radius im Übergangsbogen dem Halbmesser der Weichengrundform entspricht.

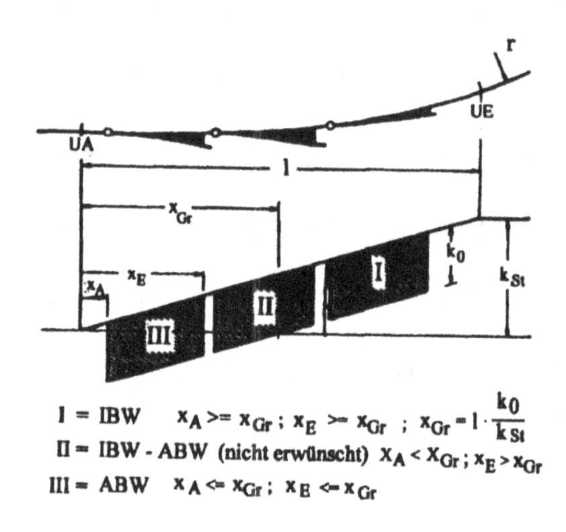

Abbildung 5.28: Mögliche Weichenanordung (IBW i.O. und ABW i.O.) im Übergangsbogen – Abzweig nach außen mit Krümmumgsbildern

BEISPIEL:

Das durchgehende Gleis einer Hauptstrecke A – B, bestehend aus einem Gleisabschnitt Gerade / Übergangsbogen / Kreisbogen mit $r = 4500$ $[m]$ wird im Betrieb von Personenzügen mit einer maximalen Geschwindigkeit $V = 160$ $[km/h]$ und von Güterzügen mit einer Geschwindigkeit von $V_G = 70$ $[km/h]$ befahren. Auf dem abzweigenden Gleis nach C sollen nur Güterzüge mit einer maximalen Geschwindigkeit $V = 70$ $[km/h]$ fahren; der Abzweig soll mit einer Innenbogenweiche, 10 $[m] = l_{WA}$ nach dem UA beginnend, realisiert werden.

Regelüberhöhung im durchgehenden Hauptgleis: $u_{reg} = 8.0 \cdot \frac{zul\ V^2}{r} = 8 \cdot \frac{160^2}{4500} = 45.51$ $[mm]$; gewählte Regelüberhöhung $u = 45$ $[mm]$.

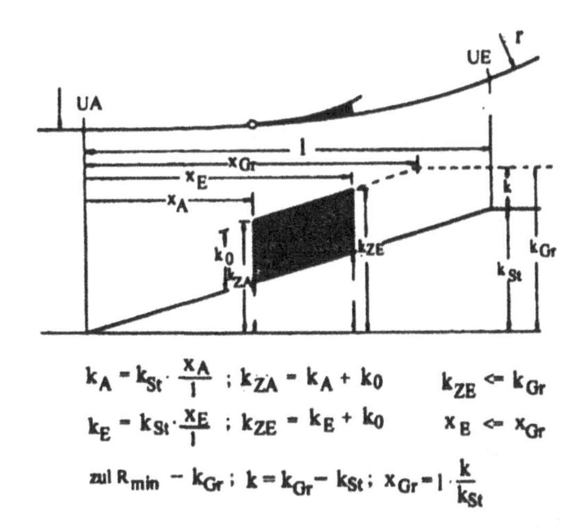

Abbildung 5.29: Innenbogenweiche (IBW i.O.) im Übergangsbogen mit Krümmungsbild

Unterschied der Überhöhungsfehlbeträge:

$\Delta u_f = u_{f2} - 0(Gerade) = u_{f2} = \frac{11.8 \cdot zul\ V^2}{r} - u_{reg} = \frac{11.8 \cdot 160^2}{4500} - 45.51 = 26.74\ [mm] < zul \Delta u_f < 68\ [mm]$

Übergangsbogenlänge für eine gerade Rampe: $minl_u = \frac{4 \cdot zul\ V \cdot u}{1000} = \frac{4 \cdot 160 \cdot 26.74}{1000} = 17.11[m]$

Länge der geraden Rampe: $l_R = \frac{10 \cdot zul\ V \cdot \Delta u_f}{1000} = \frac{10 \cdot 160 \cdot 26.74}{1000} = 42.78\ [m]$

Gewählte Übergangsbogenlänge $l_u = Rampenlängel_R = 75\ [m]$

Grundformweiche EW 760 – 1:14; $l = 2 \cdot t = 54.216\ [m]$; $k_G = \frac{1000}{760} = 1.316\ [1/m]$

Berechnung der Zweiggleisradien:

$$k_{WA} = \frac{1000 \cdot l_{WA}}{r \cdot l_u} = \frac{1000 \cdot 10}{4500 \cdot 75} = 0.03\ [1/m]$$
$$r_{WA} = \frac{1000}{k_{WA}} = \frac{1000}{0.03} = 33333.33\ [m]$$

$$k_{WE} = \frac{1000 \cdot (10 + 54.216)}{4500 \cdot 75} = 0.19\ [1/m]$$
$$r_{WE} = \frac{1000}{0.19} = 5263.16\ [m]$$

$$k_z^{WA} = k_{WA} + k_G = 0.03 + 1.361 = 1.346\ [1/m] > 0$$
$$r_z^{WA} = \frac{1000}{1.346} = 742.94\ [m]$$

$$k_z^{WE} = k_{WE} + k_G = 0.19 + 1.361 = 1.506\ [1/m]$$
$$r_z^{WE} = \frac{1000}{1.506} = 664.01\ [m]$$

Berechnung der Überhöhungen:

Gerade Rampe: $u_{WA} = \frac{u \cdot x}{l_R} = \frac{45 \cdot 10}{75} = 6.0 [mm]$
$u_{WE} = \frac{45 \cdot (10+54.216)}{75} = 38.53\ [mm]$

Berechnung der zulässigen Geschwindigkeit im Zweiggleis:

Nachweis nach der „Ruckbedingung“:

$$zul\ V_{WA} = 3.0 \cdot \sqrt{\frac{r_{WA} \cdot r_s^{WA}}{r_{WA} - r_s^{WA}}} = 3.0 \cdot \sqrt{\frac{33333.33 \cdot 742.94}{33333.33 - 742.94}} = 82.7\ [km/h]$$

$$zul\ V_{WE} = 3.0 \cdot \sqrt{\frac{5263.16 \cdot 664.01}{5263.16 - 664.01}} = 82.7\ [km/h]$$

Nachweis nach der „Fliehkraftbedingung“:

$$zul\ V_{WA} = \sqrt{\frac{r_{WA} \cdot (u_{WA} + 100)}{11.8}} = \sqrt{\frac{742.94 \cdot (6.0 + 100)}{11.8}} = 81.7\ [km/h]$$

$$zul\ V_{WE} = \sqrt{\frac{664.01 \cdot (38.53 + 100)}{11.8}} = 88.3\ [km/h]$$

Die geforderte, zulässige Geschwindigkeit $zul\ V = 70\ [km/h]$ im Zweiggleis wird eingehalten.

5.2.9 Klothoidenweichen

Klothoidenweichen, deren Zweiggleisbögen nach der geometrischen Form einer Klothoide gestaltet sind, werden in Neubaustrecken der DB AG für den Hochgeschwindigkeitsverkehr mit betriebliche Höchstgeschwindigkeiten von $V \geq 250\ [km/h]$ eingesetzt, da die heute gängigen Weichen nur Abzweiggeschwindigkeiten von $V_{max} = 130\ [km/h]$ zulassen. Nach der Richtlinie 800.0120 werden Klothoidenweichen unterschieden nach Weichen für Abzweigstellen

Klotoidenweichen für Abzweigstellen werden mit der Schienenform UIC 60, dem Kreisbogenradius am Weichenanfang r_A, dem Zweiggleisradius r_e, der Neigung am Weichenende und dem Zusatz „fb“ für federnd-bewegliche Herzstückspitze bezeichnet, z.B. 60 - 4 800 / 2 450 - 1 : 24,257 - fb.

Klotoidenweiche für Abzweigstellen

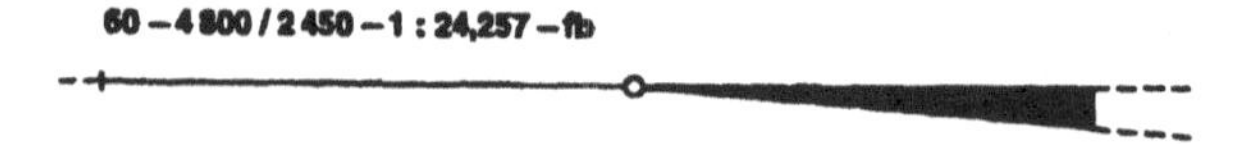

Abbildung 5.30: Klothoidenweiche für Abzweigstellen

und Weichen für Gleisverbindungen bei Gleisabständen $e \geq 4.00\ [m]$.
Die Klothoidenweichen als Hochgeschwindigkeitsweichen für zulässige Abzweiggeschwindigkeit zwischen $V = 160\ [km/h]$ und $V = 200\ [km/h]$ werden überwiegend als Abzweigen im Verlauf der freien Strecke eingesetzt. Wegen der erforderlichen, umfangreichen Trassierungslängen und der notwendigen, größeren Gleisabstände in Überleitstellen und Bahnhöfen sind sie bisher wenig

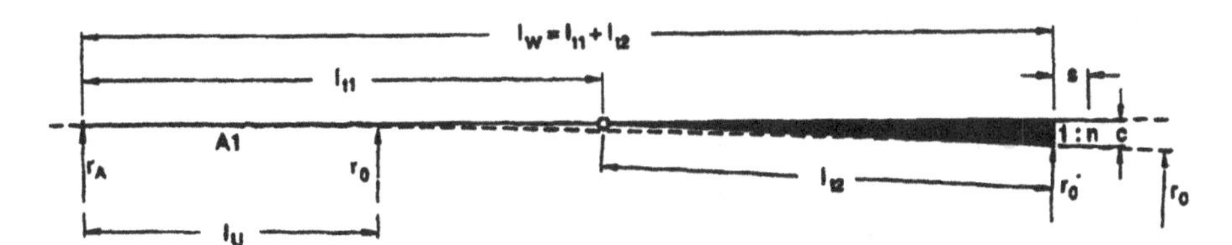

s = Abstand der letzten durchgehenden Schwelle (ldS) vom Weichenende

Weiche	l_{t1} [m]	l_{t2} [m]	l_W [m]	l_U [m]	A1 [m]	c [m]	s [m]	v [km/h]
60 – 3 000 / 1 500 – 1 : 18,132 – fb	47,624	41,792	89,416	27,000	284,605	2,302	3,300	100
60 – 4 800 / 2 450 – 1 : 24,257 – fb	59,672	51,344	111,016	41,075	453,375	2,115	8,700	130
60 – 10 000 / 4 000 – 1 : 32,050 – fb	73,018	63,008	136,026	37,500	500,000	1,965	14,713	160
60 – 16 000 / 6 100 – 1 : 40,154 – fb	92,129	77,087	169,216	58,000	743,021	1,919	21,300	200

Abbildung 5.31: Klothoidenweichen-Übersicht für Abzweigstellen

Klotoidenweichen für Gleisverbindungen werden wie die Weichen für Abzweigstellen dargestellt. Sie werden jedoch mit dem Zeichen für unendlich (∞) anstelle der Angabe der Neigung am Weichenende bezeichnet, z.B. 60 - 4 800 / 2 450 / ∞ - fb

Klotoidenweichen für Gleisverbindungen

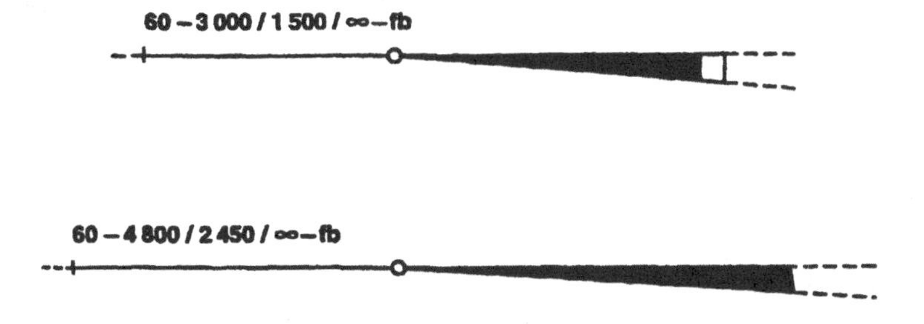

Abbildung 5.32: Klothoidenweichen für Verbindungsstellen

verwendet.

Aus den tabellierten Grundformweichen wird ersichtlich, dass in Klothoidenweichen bei dem abzweigenden Strang in der Regel die Klothoide, die geometrisch mit einem großen Radius beginnt, anschließend in den eigentlichen, kleineren Abzweigradius überführt wird.

Es sind auch Varianten von Hochgeschwindigkeitsweichen in Betrieb, bei denen die Linienführung als Korbbogenelemente ohne Übergangsbögen entwickelt worden ist.

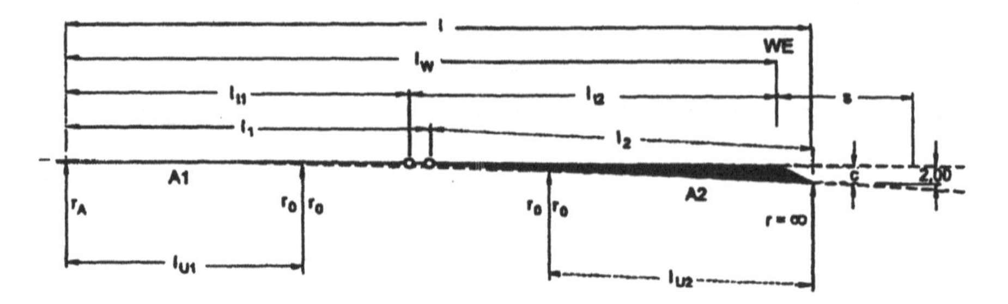

s = Abstand der letzten durchgehenden Schwelle (ldS) vom Weichenende

Weiche	l_1 [m]	l_2 [m]	l [m]	l_{t1} [m]	l_{t2} [m]	l_W [m]	l_{U1} [m]	A1 [m]	l_{U2} [m]	A2 [m]	c [m]	s [m]	v [km/h]
60 - 3 000 / 1 500 / ∞ - fb	38,410	47,469	85,879	38,410	51,075	89,485	27,000	284,605	32,000	219,089	2,150	9,221	100
60 - 4 800 / 2 450 / ∞ - fb	49,827	61,402	111,197	49,824	60,806	110,630	41,075	453,375	42,700	323,442	1,981	16,429	130
60 - 10 000 / 4 000 / ∞ - fb	62,862	78,252	141,089	62,746	74,199	136,945	37,500	500,000	55,225	470,000	1,894	24,124	160
60 - 16 000 / 6 100 / ∞ - fb	81,239	95,329	176,547	80,899	87,924	168,823	56,000	743,021	62,500	617,454	1,838	32,479	200

Abbildung 5.33: Klothoidenweichen-Übersicht für Verbindungsstellen

Sämtliche Klothoidenweichen werden mit federnd beweglichen Herzstücken ausgestattet.

5.2.10 Weichen mit vertauschter Zungenvorrichtung

Nach Maßgabe der Richtlinie 800.0120 der DB AG kann bei Weichen der Grundform die Zungenvorrichtung durch eine Zungenkonstruktion mit entgegengesetzter Krümmung vertauscht werden, so dass der ursprüngliche Zweiggleisbogen gerade wird. Die Weichenbezeichnung ist dann durch den Zusatz „m.vert.Zv“ zu erweitern; z.B. Weiche 49 - 500 1:12/1:9 m.vert.Zv.

Diese Weichen werden zur Aufrechterhaltung der Zweiggleisgeschwindigkeit bei geringen Gleisabständen und anschließenden steileren Weichenstraßen eingesetzt.

Im Grundriss wird diese Weiche als gerade Weiche dargestellt. Darüber hinaus ist eine Tangente an den Weichenanfang anzulegen.

Die Längenentwicklung des Austauschbereiches ist vom Weichenhalbmesser in folgender Größenordnung abhängig:

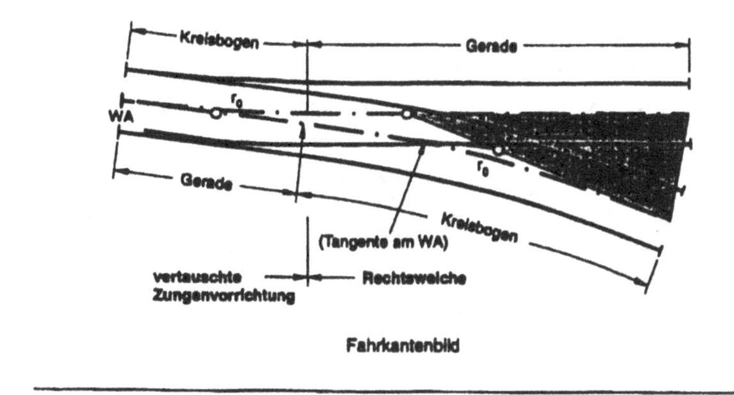

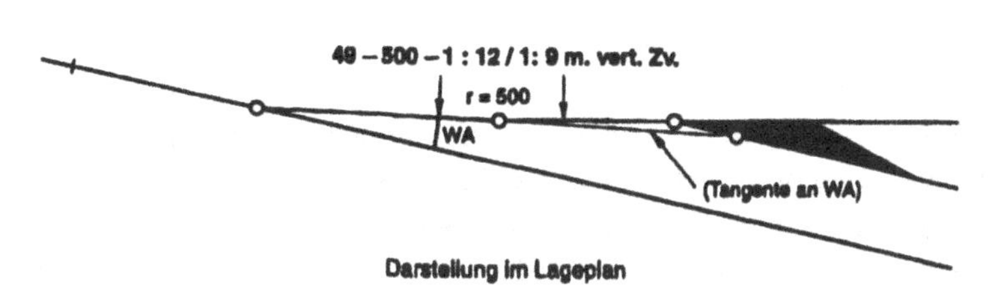

Abbildung 5.34: Weiche mit vertauschter Zungenvorrichtung

Weichenhalbmesser	Länge des Austauschbereiches ab WA
$r = 190\ [m]$	12.000 [m]
$r = 300\ [m]$	15.000 [m]
$r = 500\ [m]$	18.000 [m]
$r = 760\ [m]$	18.000 [m]
$r = 1200\ [m]$	24.000 [m]

5.3 Kreuzungen (Kr)

Eine Gleiskreuzung ist eine Durchschneidung von zwei geraden Gleisen. Ein Abbiegen nach einer Seite ist nicht möglich. Die übliche Ausführung einer Kreuzung ist die gerade Kreuzung mit festen Herzstücken.
Kreuzungen werden in Lageplänen mit der Schienenform und der Neigung bezeichnet und dargestellt.
Die wichtigsten Konstruktionselemente einer Kreuzung sind die Kreuzungsschienen, die Herzstücke, Radlenker und der Schwellensatz.

Die Doppelherzstücke
liegen in der Mitte der Kreuzung; sie sind jeweils gegeneinander gerichtet und haben nur auf der Gleisinnenseite eine Fahrkante. Die Knieschiene hat die Funktion einer Fahrschiene und einer Flügelschiene.

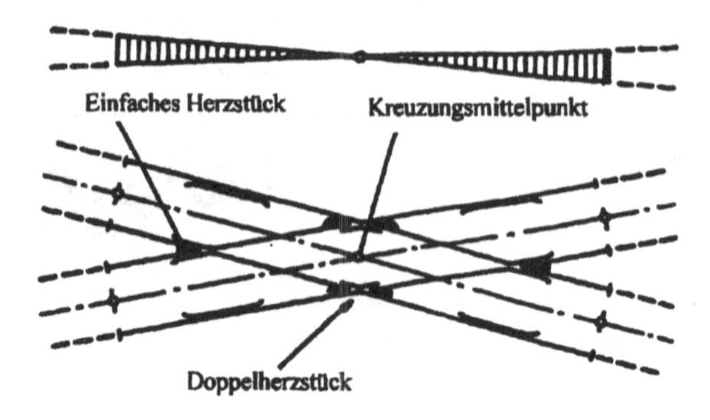

Abbildung 5.35: Gerade Kreuzung

Die Radlenker
am Doppelherzstück sind wegen der sich kreuzenden Flügelschienen abgeknickt, im Bereich der einfachen Herzstücke werden sie wie bei den Weichen ausgebildet. Die führungslosen Lücken werden um so länger, je flacher die Kreuzungsneigung und je kleiner der Raddurchmesser ist. Deshalb ist es mit dem in der EBO vorgegebenen Mindestraddurchmesser mit $D = 0.85$ $[m]$ möglich, eine rd. 6 cm lange führungslose Lücke zu befahren. Die Radlenker haben eine Erhöhung von 45 mm über Schienenoberkante (SO).

Die Kreuzungen werden unterschieden in Regelkreuzungen mit der Neigung 1:9, Steilkreuzungen (Neigung steiler als 1:9) und Flachkreuzungen mit beweglichen Doppel-Herzstückspitzen (Neigung flacher als 1:9).

Die Regelkreuzungen als die häufig eingesetzten Kreuzungselemente und die Steilkreuzungen sind mit Doppel-Herzstückspitzen ausgestattet.

Ein Besonderheit bildet die Bogen-Flachkreuzung $Kr\frac{1200}{\infty} - 1 : 11.515$ bei Gleisverzweigungen.

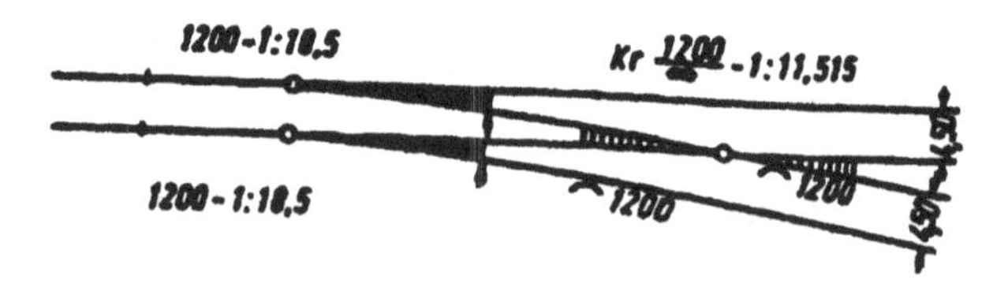

Abbildung 5.36: Gleisverzweigung

Sie hat in der Grundform einen geraden Strang und einen durchgehend gebogenen Strang mit einem Halbmesser $r = 1200$ $[m]$. Diese Bogenkreuzung wurde als Ergänzung zur Neigung 1:18.5 (EW 1200-1:18.5) entwickelt. Sie ist geometrisch so gestaltet, dass bei einem Gleisabstand von 4.50 $[m]$ in dem abzweigenden Gleis ein durchgehender Radius mit $r = 1200$ $[m]$ angeordnet werden kann. Mit dieser Kreuzung kann ein Gleisverzweigung angelegt werden, die es ermöglicht, aus einer zweigleisigen Hauptstrecke in eine andere mit einer Geschwindigkeit von $zul\ V = 100$ $[km/h]$ abzuzweigen bzw. einzumünden.

Die Flachkreuzungen
haben bewegliche Doppel-Herzstückspitzen, da bei ihnen mit einer geringeren Neigung als 1:9 zu lange führungslose Lücken entstehen, die nicht sicher zu befahren wären. Diese beweglichen Doppel-Herzstücke werden mit Weichenantrieben und Zungenverschlüssen ausgestattet.

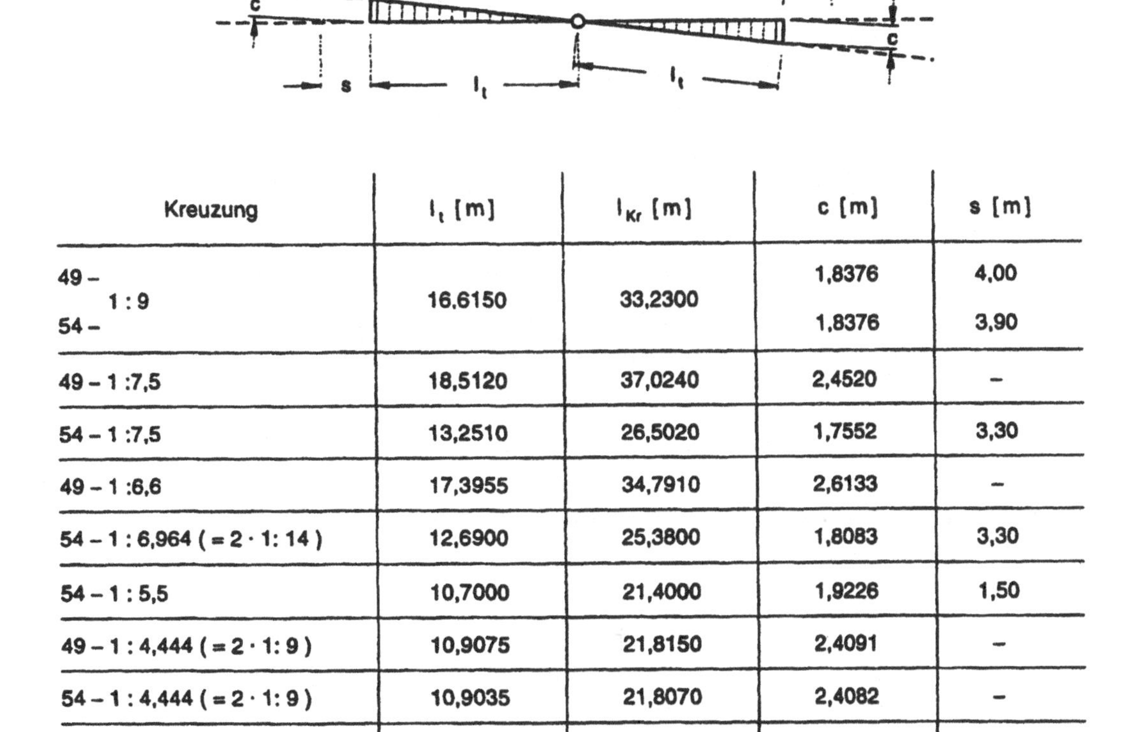

Kreuzung	l_t [m]	l_{Kr} [m]	c [m]	s [m]
49 – 1 : 9	16.6150	33,2300	1,8376	4,00
54 – 1 : 9			1,8376	3,90
49 – 1 :7,5	18,5120	37,0240	2,4520	–
54 – 1 :7,5	13,2510	26,5020	1,7552	3,30
49 – 1 :6,6	17,3955	34,7910	2,6133	–
54 – 1 : 6,964 (= 2 · 1: 14)	12,6900	25,3800	1,8083	3,30
54 – 1 : 5,5	10,7000	21,4000	1,9226	1,50
49 – 1 : 4,444 (= 2 · 1: 9)	10,9075	21,8150	2,4091	–
54 – 1 : 4,444 (= 2 · 1: 9)	10,9035	21,8070	2,4082	–
54 – 1 : 3,683 (= 2 · 1: 7,5)	9,4480	18,8960	2,4976	–
49 – 1 : 3,224 (= 2 · 1: 6,6)	7,9200	15,8400	2,3731	–
54 – 1 : 3,224 (= 2 · 1: 6,6)	7,9200	15,8400	2,3731	–
49 – 1 : 2,9 (= 3 · 1: 9)	6,9040	13,8080	2,2815	–
54 – 1 : 2,9 (= 3 · 1: 9)	6,9040	13,8080	2,2815	–

Abbildung 5.37: Grundformen der Kreuzungen – Kreuzungen mit starren Doppel-Herzstückspitzen

5.3.1 Kreuzungsweichen

Durch Kombination von Kreuzungen und Weichen entstehen einfache Kreuzungsweichen (EKW) und Doppel-Kreuzungsweichen (DKW). Dabei können die Zungen je nach Bogenhalbmesser und Neigung innerhalb oder außerhalb der Kreuzung angelegt werden.

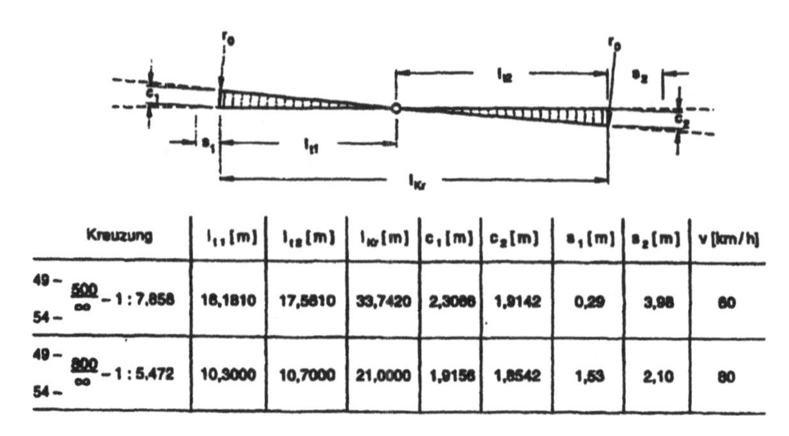

Kreuzung	l_{t1} [m]	l_{t2} [m]	l_{Kr} [m]	c_1 [m]	c_2 [m]	s_1 [m]	s_2 [m]	v [km/h]
49 – / 54 – $\frac{500}{\infty}$ – 1 : 7,858	16,1810	17,5610	33,7420	2,3066	1,9142	0,29	3,98	60
49 – / 54 – $\frac{800}{\infty}$ – 1 : 5,472	10,3000	10,7000	21,0000	1,9156	1,8542	1,53	2,10	80

Abbildung 5.38: Grundformen der Kreuzungen – Bogenkreuzungen

Kreuzung	l_t [m]	l_{Kr} [m]	c [m]	s [m]
49 – / 54 – 1 : 14 / 60 –	24,5370 27,10635 27,10635	49,0740 54,2167 54,2167	1,7493 1,9326 1,9326	6,57 5,10 5,10
49 – / 54 – 1 : 18,5 / 60 –	32,4088	64,8176	1,7499	9,19 9,90 9,90

Abbildung 5.39: Bogenkreuzungen – Flachkreuzungen mit beweglichen Doppel-Herzstückspitzen

Kreuzung	l_{t1} [m]	l_{t2} [m]	l_{Kr} [m]	c_1 [m]	c_2 [m]	s_1 [m]	s_2 [m]	v [km/h]
49 – / 54 – $\frac{1200}{\infty}$ – 1 : 11,515 / 60 –	20,2090	24,3150	44,5240	1,9197	1,8599	2,88 3,31 3,31	6,399	100

Abbildung 5.40: Bogenkreuzungen – Bogen-Flachkreuzungen

Sie werden in den Grundformen mit der Regelneigung 1:9 und den Zweiggleisradien $r_0 = 190$ $[m]$ und $r_0 = 500$ $[m]$ hergestellt. Bei den Kreuzungsweichen mit Zweiggleisradien $r_0 = 190$ $[m]$ liegen die Zungenvorrichtungen innerhalb, bei den Kreuzungsweichen mit Zweiggleisradien $r_0 = 500$ $[m]$ liegen sie außerhalb des Kreuzungsvierecks. Das Kreuzungsviereck wird begrenzt durch je zwei sich gegenüberliegende einfache und doppelte Herzstücke.

Eine Doppel-Kreuzungsweiche umfasst die gleichen Fahrbeziehungen wie zwei mit der Spitze gegeneinander verlegte einfache Weichen. Deshalb ist die Planung einer DKW besonders unter dem Gesichtspunkt der Wirtschaftlichkeit zu betrachten, wenn man davon ausgehen kann, dass die Herstellungs- und Unterhaltungskosten einer Doppel-Kreuzungsweiche etwa dreifach so hoch wie bei zwei vergleichbaren einfachen Weiche liegen. Vorteile sind bei den Kreuzungsweichen in den kürzeren Entwicklungslängen und in den geraden Gleissträngen zu sehen; allerdings wird ihre Anordnung in durchgehenden Hauptgleisen wegen des hohen Verschleißes als ungeeignet angesehen.

5.3.1.1 Einfache Kreuzungsweiche (EKW)

Eine einfache Kreuzungsweiche ermöglicht eine Durchschneidung zweier gerader Gleise und eröffnet zusätzlich durch ein einseitig angeordnetes Bogengleis auch von einem geraden in das andere gerade Gleis überzuwechseln. Dieses Bogengleis macht an den Kreuzungsweichenenden je eine Zungenvorrichtung erforderlich. Die Zungenvorrichtungen werden je nach Weichenkonstruktion und abhängig vom gewählten Gleishalbmessers innerhalb oder außerhalb des Kreuzungsvierecks angeordnet.

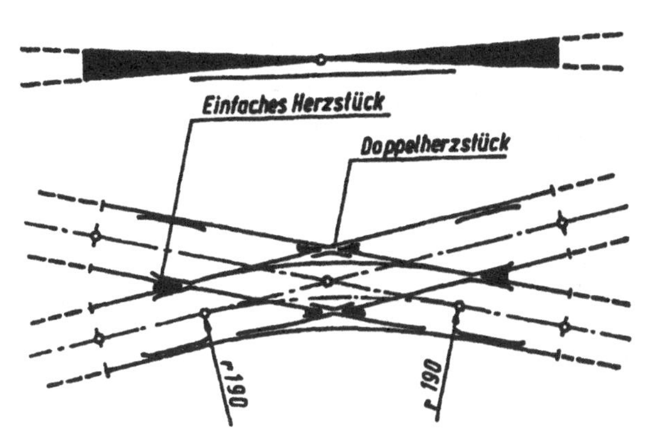

Abbildung 5.41: Einfache Kreuzungsweiche mit innenliegender Zungenvorrichtung

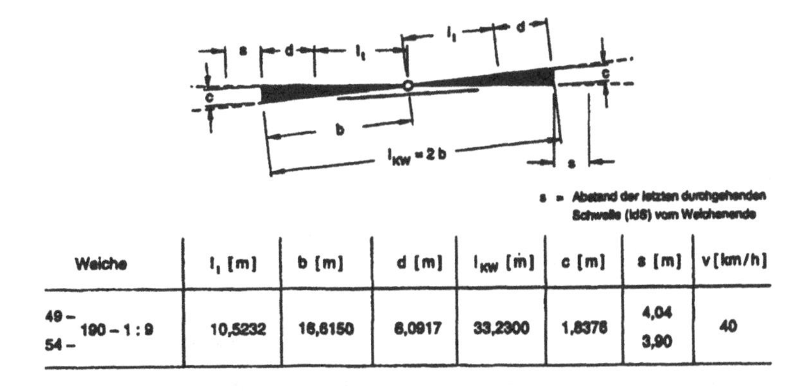

Weiche	l_t [m]	b [m]	d [m]	l_{KW} [m]	c [m]	s [m]	v [km/h]
49-/54- 190-1:9	10,5232	16,6150	6,0917	33,2300	1,8378	4,04 3,90	40

Abbildung 5.42: Kreuzungsweichen der Grundform 500 – 1:9 mit innenliegenden Zungenvorrichtungen – Einfache Kreuzungsweiche

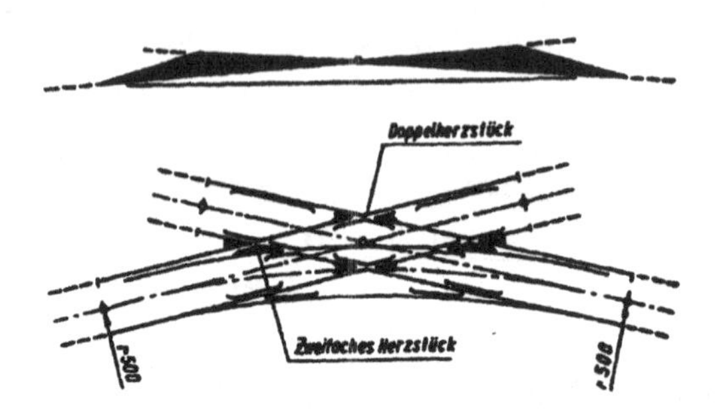

Abbildung 5.43: Einfache Kreuzungsweiche mit außenliegender Zungenvorrichtung

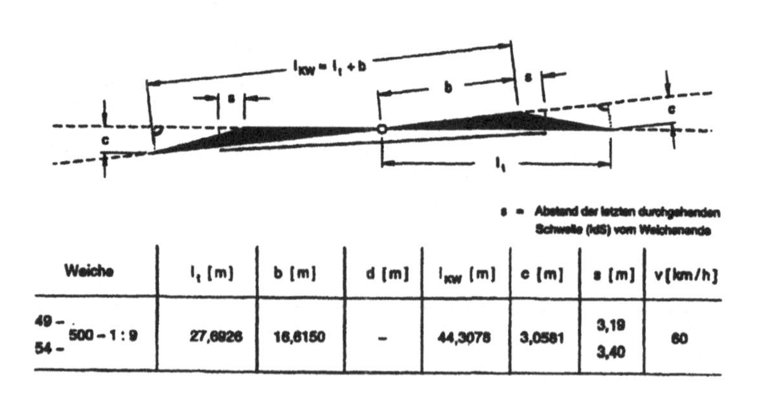

Weiche	l_t [m]	b [m]	d [m]	l_{KW} [m]	c [m]	s [m]	v[km/h]
49 – / 54 – 500 – 1 : 9	27,6926	16,6150	–	44,3078	3,0581	3,19 / 3,40	60

Abbildung 5.44: Kreuzungsweichen der Grundform 500 – 1:9 mit außenliegenden Zungenvorrichtungen – Einfache Kreuzungsweiche

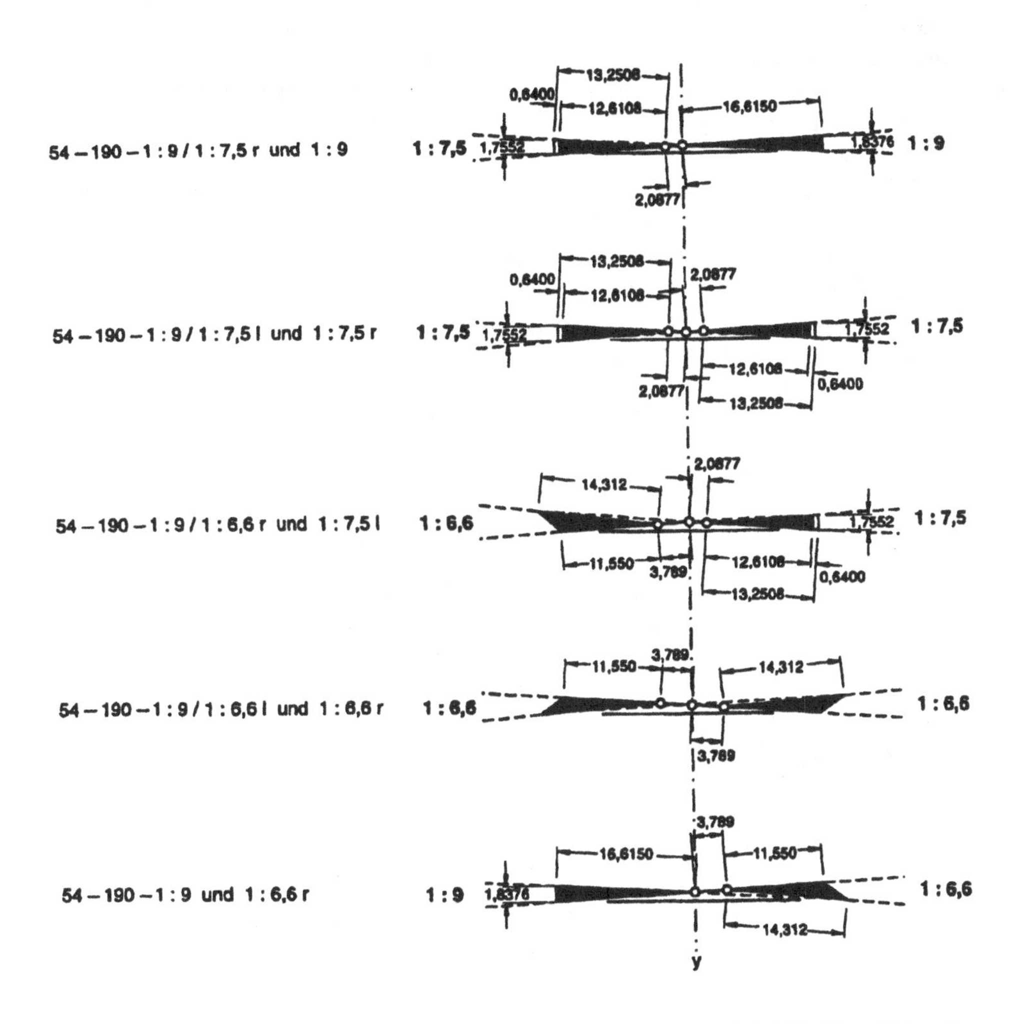

Abbildung 5.45: Einfache Kreuzungsweichen der Grundform 54-190-1:9 für $V = 40\ km/h$

Durch die Anordnung der Zungenvorrichtung außerhalb des Kreuzungsvierecks entstehen bei den einfachen Kreuzungsweichen anstelle der einfachen Herzstücke die fertigungstechnisch und unterhaltungsseitig aufwendigeren zweifachen Herzstücke.

5.3.1.2 Doppelte Kreuzungsweichen (DKW)

Eine doppelte Kreuzungsweiche ermöglicht die Durchschneidung zweier gerader Gleise und durch die Anordnung zweier entgegengerichteter Bogengleise den Abzweig in die geraden Stränge.
Diese Bogengleise erfordern an den Doppel-Kreuzungsweichenenden je zwei Zungenvorrichtungen. Die Zungenvorrichtungen können wie bei der EKW innerhalb oder außerhalb des Kreuzungsvierecks angelegt werden. Bei der Anordnung der Zungenvorrichtungen außerhalb des Kreuzungsvierecks entstehen bei den doppelten Kreuzungsweichen anstelle der einfachen Herzstücke die dreifachen Herzstücke.
Diese mehrfachen Herzstücke sind in der Fertigung aufwendig und beim Einbau aus Platzgründen schwierig dauerhaft zu gründen. Sie unterliegen wegen ihrer dicht aneinander gereihten Fahrkantenunterbrechungen auch einem besonders ausgeprägten Verschleiß.
Bei den Doppel-Kreuzungsweichen mit außenliegenden Zungenvorrichtungen verlaufen die Stränge der beiden Randgleise jeweils von einander getrennt. Die Fahrkanten der bogenäußeren Schienen liegen daher im Bereich des Kreuzungsmittelpunktes sehr nahe beieinander.

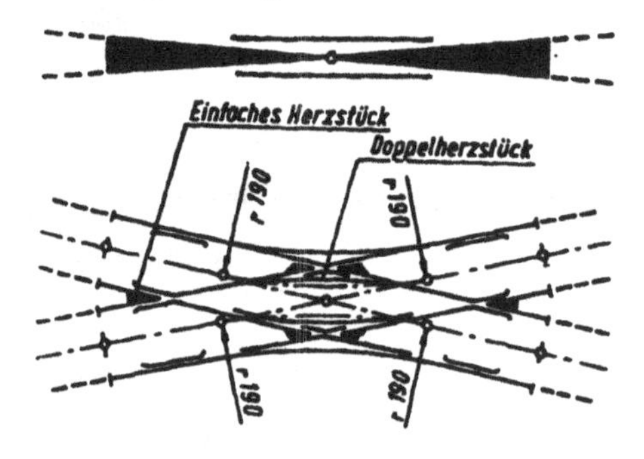

Abbildung 5.46: Doppelte Kreuzungsweiche mit innenliegender Zungenvorrichtung

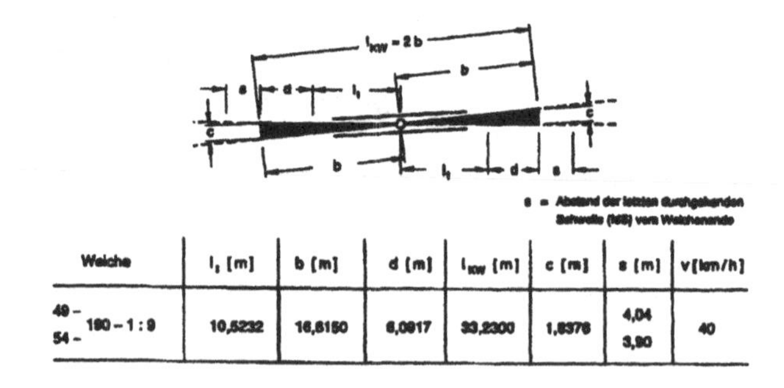

Weiche	l_1 [m]	b [m]	d [m]	l_{KW} [m]	c [m]	s [m]	v [km/h]
49- / 54- 190-1:9	10,5232	16,6150	6,0917	33,2300	1,8376	4,04 / 3,90	40

Abbildung 5.47: Doppelte Kreuzungsweiche der Grundform 190-1:9 mit innenliegenden Zungenvorrichtungen – Doppelte Kreuzungsweiche

Kreuzungsweichen werden in den Lageplänen mit der Schienenform, dem Zweiggleisradius und der Endneigung dargestellt, wobei die Zweiggleise durch waagerechte Striche angegeben werden.

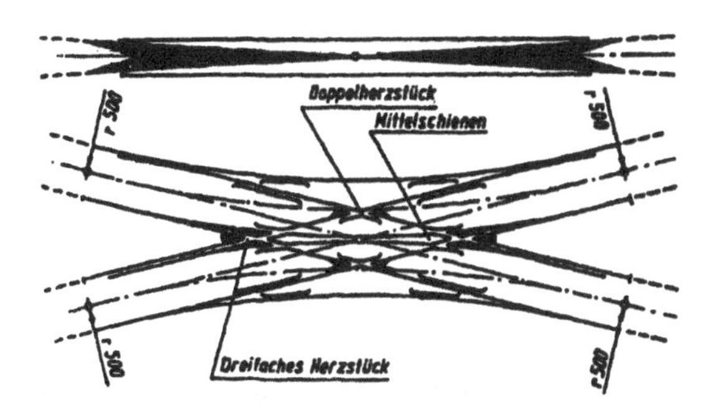

Abbildung 5.48: Doppelte Kreuzungsweiche mit außenliegender Zungenvorrichtung

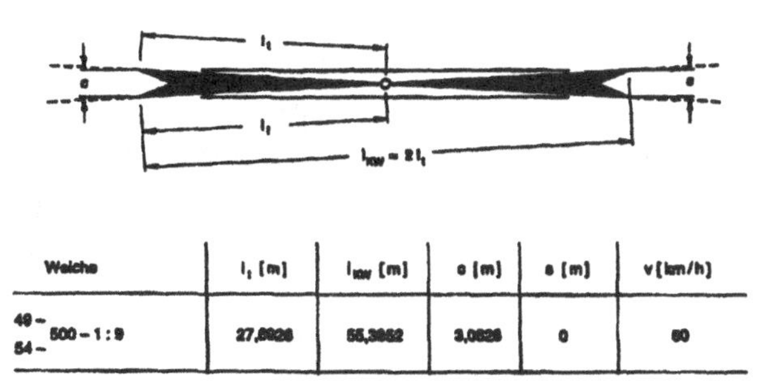

Weiche	l_1 [m]	l_{KW} [m]	e [m]	a [m]	v [km/h]
49 – / 54 – 500 – 1 : 9	27,6926	55,3852	3,0826	0	60

Abbildung 5.49: Kreuzungsweiche der Grundform 500 – 1:9 mit außenliegenden Zungenvorrichtungen – Doppelte Kreuzungsweiche

Eine Vielzahl von Kreuzungsweichenformen lassen sich aus der Grundform 190 – 1:9 durch die Verlängerung des Bogens über das Herzstück hinaus ableiten, bei denen mindestens eines der beiden kreuzenden Gleise nicht mehr gerade verläuft, sondern einen Bogen darstellt. Dabei werden eine Reihe von Abwandlungen der Weichenendneigungen von 1:9, 1:7.5 und 1:6.6 möglich.

Auch einfache und doppelte Kreuzungsweichen mit vertauschter Zungenvorrichtung sind in der Praxis üblich.

Bei den einfachen und doppelten Kreuzungsweichen der Grundform 500 – 1:9 beispielsweise kann die Zungenvorrichtung durch eine Zungenvorrichtung mit entgegengesetzter Krümmung wie bei den Bogenweichen vertauscht werden, so dass der ursprüngliche Zweiggleisbogen gerade wird.

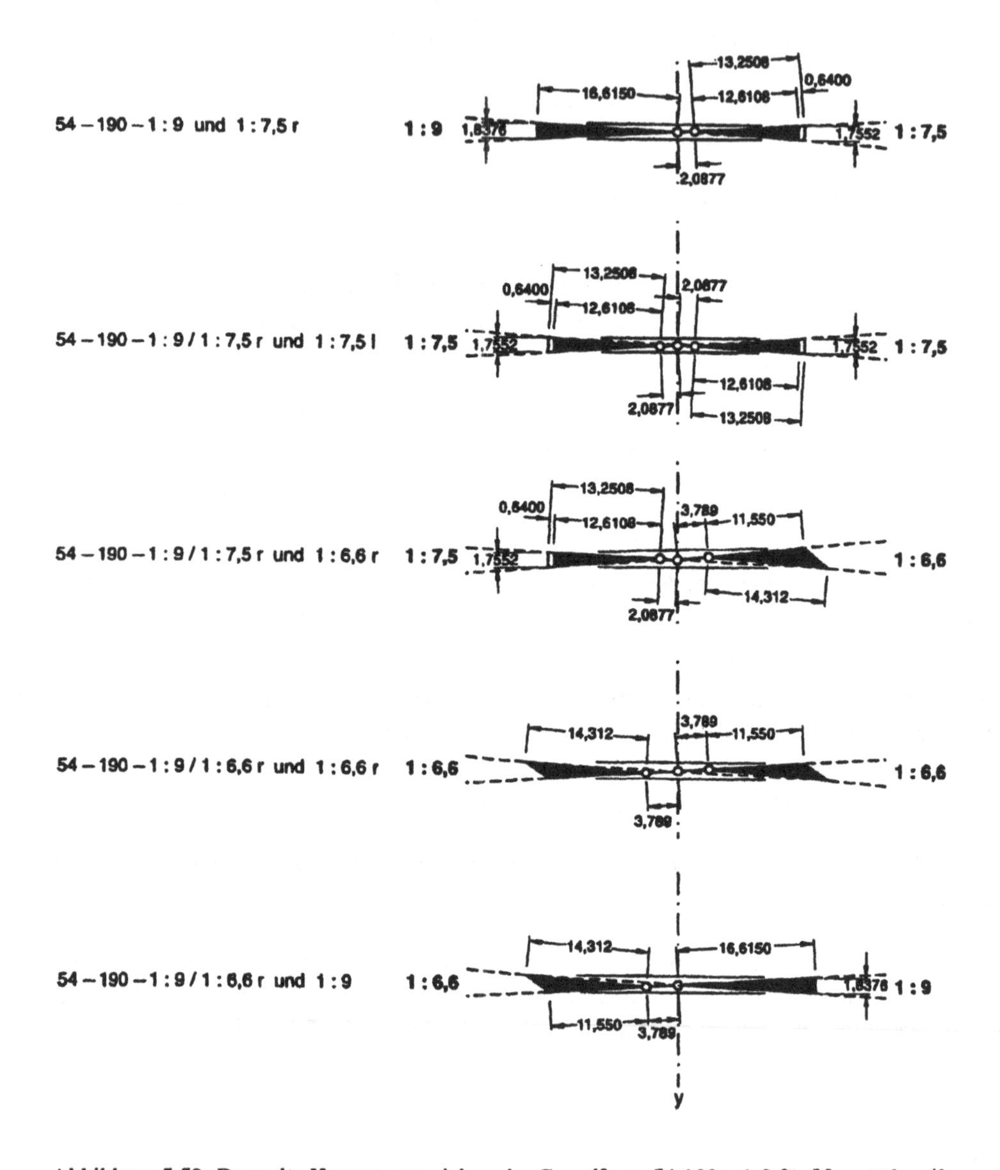

Abbildung 5.50: Doppelte Kreuzungsweichen der Grundform 54-190 – 1:9 für $V = 40 km/h$

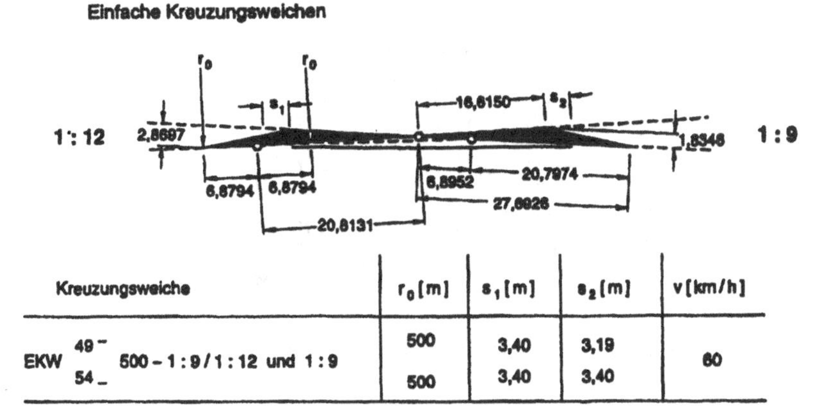

Kreuzungsweiche	r_0 [m]	s_1 [m]	s_2 [m]	v [km/h]
EKW 49 – 500 – 1 : 9 / 1 : 12 und 1 : 9	500	3,40	3,19	60
EKW 54 – 500 – 1 : 9 / 1 : 12 und 1 : 9	500	3,40	3,40	60

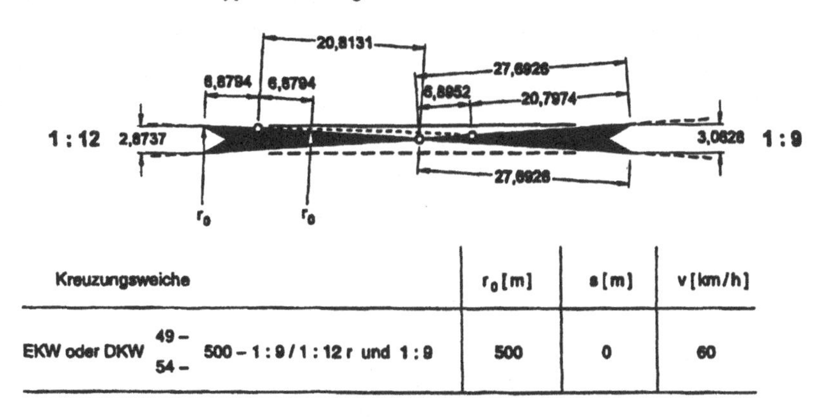

Kreuzungsweiche	r_0 [m]	s [m]	v [km/h]
EKW oder DKW 49 – / 54 – 500 – 1 : 9 / 1 : 12 r und 1 : 9	500	0	60

Abbildung 5.51: Kreuzungsweichen mit vertauschter Zungenvorrichtung

5.4 Weichen- und Kreuzungsunterschwellung

Die Weichenschwellen beginnen im allgemeinen am Weichenanfang mit einer Länge von 2.60 m und werden im Verlauf der Weichenlänge als durchlaufende Schwellen bis zu einer Länge 4.70 m am Weichenendteil bis zu einem Gleisabstand von ca. 2.20 m geführt. Im Anschluss an die durchgehenden Schwellen (ldS) werden in beiden Gleisen verkürzte Schwellenlängen von 2.20 m bis 2.50 m verwendet bis ein ausreichendes Spreizmaß für die Verlegung der Regellänge von 2.60 m erreicht ist.

Beide Gleise müssen bis zur letzten durchgehenden Schwelle stets die gleiche Querneigung haben. Zu berücksichtigen ist weiter, dass die beiden Gleise von der letzten durchgehenden Schwelle ab in ihrer Höhenlage voneinander unabhängig sind.

Vor dem Weichenanfang erfolgt zusätzlich die Anordnung weiterer Schwellen, in deren Bereich die Schrägstellung der Schienen zur Senkrechtstellung übergeleitet wird. Es gibt im allgemeinen zwei reguläre Schwellensätze; einen mit gerader Fortsetzung des Zweiggleises und einen mit der Gleisbogen-Weiterführung des Zweiggleises, um variable Fortsetzungen der Gleise hinter dem Weichenende zu ermöglichen.

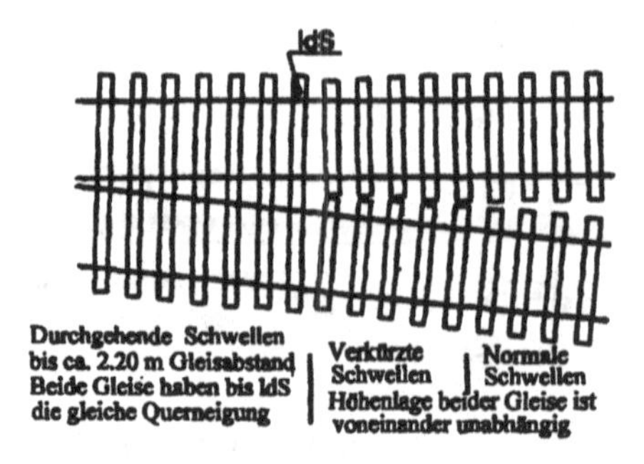

Abbildung 5.52: Standard-Schwellenlage hinter einer Weiche

In den einfachen Weichen 190 – 1:9 liegen die Schwellen bis zum Flügelschienenstoß vor dem Herzstück rechtwinklig zur Stammgleisachse. Bei diesen Schwellen muss neben der Schwellen-Nr. ein R oder L verzeichnet sein, da der Schwellensatz für diesen Bereich wegen der Spurerweiterung im Zweiggleis Rechts- oder Linksschwellen beinhaltet. Nach dem Flügelschienenstoß bis zum Weichenende liegen die Schwellen dann senkrecht zur Winkelhalbierenden der Herzstückneigung.

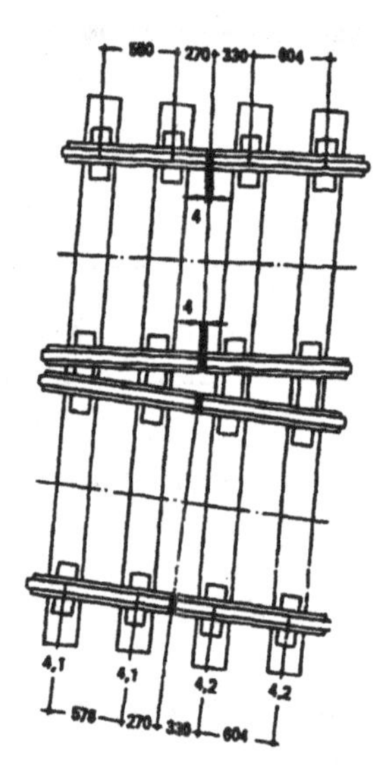

Abbildung 5.53: Lage der Weichenendstöße bei UIC-60-Schienen

Bei allen übrigen Weichen sind Schwellen im Bogenbereich fächerförmig, d.h. jeweils parallel zur Winkelhalbierenden des Zentriwinkels der betreffenden Schwelle, angeordnet.
Dabei ist der Fächerdrehpunkt der auf einer Linie rechtwinklig zum Stammgleis durch den Weichenanfang mit einem Abstand $2r$ von der Gleisachse liegenden Punkt. Bei gleicher Spurweite im Stamm- und Zweiggleis werden die Abstände in den Schienensträngen und ihrer Winkel in Schwellenmitte gleich. Daneben sind die Schwellensätze für Rechts- und Linksweichen gleich und können jeweils in beiden Weichenformen verwendet werden. Bei UIC60- und S54- Weichen beträgt der Regelschwellenabstand 600 mm.

Bei der DB AG werden Weichen und Kreuzungen überwiegend auf Hartholzschwellen (Eiche) ver-

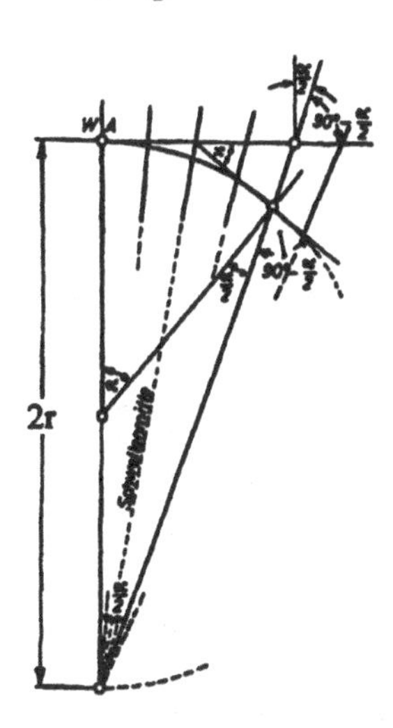

Abbildung 5.54: Fächerförmige Lage der Schwellen in Weichen 54-190 – 1:9 parallel zur Winkelhalbierenden des Zentriwinkels

legt.
Darüber hinaus sind Weichen auf Betonschwellen in der Erprobung. Hierbei handelt es sich um vorgespannte Betonschwellen, die als Endlos-Schwellen hergestellt und auf vorgegebene Längen zugeschnitten werden.

Bei Kreuzungen liegen sämtliche Schwellen, die als durchgehende Schwellen angeordnet sind, parallel und senkrecht zur Winkelhalbierenden der sich kreuzenden Schienenstränge.

Nach Maßgabe der Richtlinie 800.0120 der DB AG ist bei Weichenanschlüssen, bei denen die Weichen mit der Zungenvorrichtung an das Ende einer anderen Weiche anschließen, der Abstand so zu wählen, dass die Zungenvorrichtungen nicht auf die durchgehenden Schwellen zu liegen kommen und im Bereich der Zungenvorrichtungen möglichst ungekürzte Regelschwellen angeordnet werden können.
Die Anlage der Zungenvorrichtungen der Weiche 2 außerhalb der durchgehenden Schwellen und verkürzten Schwellen ist gemäß Darstellung möglich, wenn das Anschlussmaß a eingehalten wird. Außerdem ist bei Weichenanschlüssen, bei denen die Weichen mit den Spitzen gegeneinander verlegt sind und die Zweiggleise einen Gegenbogen bilden, gemäß Modul 800.0110 Abschn. 4, Abs. 4 eine Zwischengerade mit einer Länge von $min\ l_{wz} = 0.4 \cdot zul\ V\ [m]$ und bei Bogenweichen ein Zwischenbogen in gleicher Länge anzuordnen.
Der Abstand zwischen den Weichenanfängen soll mindestens 7 m betragen, wenn bei selbsttätigen Gleisfreimeldeanlagen elektrische Trennstöße zwischen den Weichen erforderlich werden.

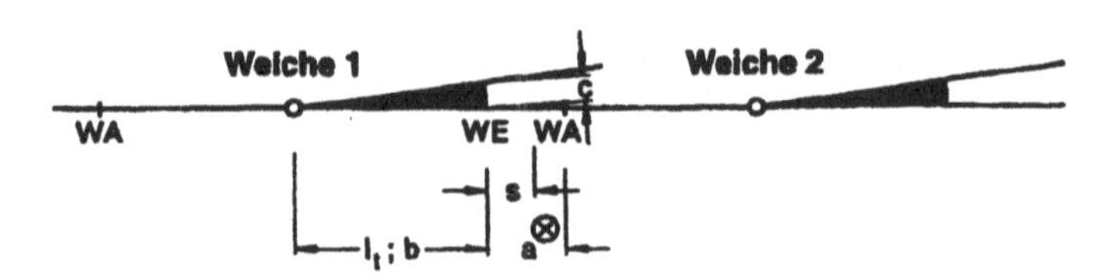

⊗ Die Anordnung der Zungenvorrichtung (W 2) außerhalb der durchgehenden Schwellen ist möglich, wenn folgende Abstände eingehalten werden:

- Regelabstand a bei Verwendung ungekürzter Regelschwellen in der Weiche 2,
- Mindestabstand min a bei Kürzung und Verschiebung einzelner Schwellen im Bereich der Weiche 2.

Kann der Mindestabstand min a nicht eingehalten werden, ist der Anfang der Weiche 2 unmittelbar an das Weichenende der Weiche 1 zu legen.

1 : n	l_t ; b [m]	c [m]	s [m]	a⊗ [m]	min a⊗ [m]
1 : 7,5	13,2509	1,7552	3,30	5,388	3,613
1 : 9	16,6149	1,8376	3,90	6,000	3,600
1 : 9 / 1 : 9,4	17,3185	1,8346	3,90	6,000	3,600
1 : 12	20,7973	1,7286	6,30	9,004	6,604
1 : 12 – fb [1])	24,5637	2,0417	2,70	5,400	3,000
1 : 14	27,1083	1,9326	5,10	7,800	4,800
1 : 14 / 1 : 15	28,9114	1,9242	5,10	8,400	5,400
1 : 18,5	32,4088	1,7499	9,90	13,200	10,200
1 : 18,5 – fb [1])	34,2065	1,8470	8,10	11,403	8,403
1 : 18,5 / 1 : 19,277	33,7133	1,7470	9,90	13,200	10,200
1 : 26,5	47,1530	1,7784	13,50	18,599	14,339

[1]) Maße für Weiche mit gelenkig-beweglichen Herzstückspitzen entsprechen den Maßen für starre Herzstückspitzen

Abbildung 5.55: Abstandsmaß *s* und und Anschlussmaß *a* für Weichen und Kreuzungen mit Schienen S 54 und UIC-60 Schienen

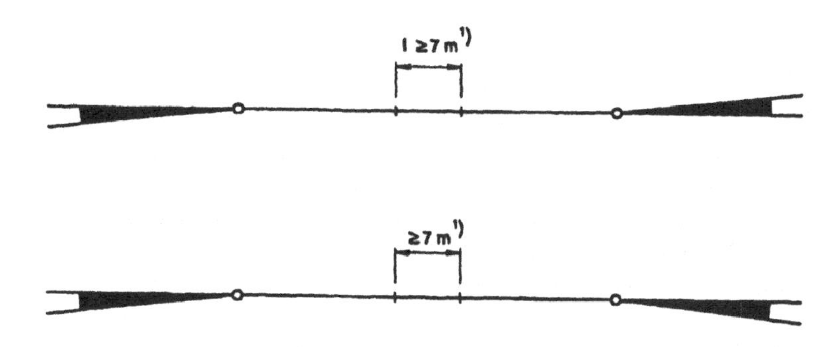

[1)] die Anordnung eines elektrischen Trennstoßes erfordert einen Abstand der Weichenanfänge von 7 m

Abbildung 5.56: Weichenanschlüsse gerader Weichen mit gegeneinander verlegten Spitzen

6 Fahrweg–Querschnitt

6.1 Allgemeine Zusammenstellung der Elemente des Querschnitts

Der Querschnitt des Fahrweges im Schienenverkehrswesen wird geprägt durch den Regellichtraum, der als einen umschlossenen Raum ein Fahrzeug-Bewegungsprofil darstellt, durch die Anzahl der Gleise mit den zugehörigen Spurweiten und Gleisabständen, durch die Oberbauelemente mit dem Erdkörper, den Rand- und Zwischenwegen, durch die Entwässerungsanlagen sowie durch die Oberleitungs-, Signal- und Fernmeldeanlagen. Schließlich können Lärmschutzanlagen die Querschnittsgestaltung wesentlich beeinflussen.
Die Festlegung der Streckenquerschnitte auf Erdkörpern erfolgt nach der Richtlinie 800.0130 der DB AG in Verbindung mit der EBO.

6.2 Regellichtraum

Nach Maßgabe des §9 der Eisenbahn-Bau- und Betriebsordnung (EBO) wird für jedes Gleis ein Regellichtraum definiert. Er setzt sich zusammen aus dem von der jeweiligen Grenzlinie umschlossenen Raum und zusätzlichen Räumen für bauliche und betriebliche Zwecke unter Berücksichtigung horizontaler und vertikaler Bewegungen während der Zugfahrt.
Dabei gilt es, einen Fahrraum mit Mindestmaßen in Breite und Höhe so ausreichend festzulegen, dass sich bewegende Schienenfahrzeuge nicht mit seitlichen Hindernissen, seien es Bauwerke oder sonstige betriebliche Einrichtungen, kollidieren.

Diese Mindestmaße für den Fahrraum ergeben sich zunächst bei einer statischen Betrachtungsweise aus den Grenzabmessungen der Schienenfahrzeuge und Ladung im Stillstand zuzüglich Bewegungs- und Sicherheitsräume für das sich in Bewegung befindliche Fahrzeug und führt zu einer Fahrzeugbegrenzungslinie für den größten zulässigen Querschnitt eines Schienenfahrzeuges.

6.2.1 Fahrzeugbegrenzungslinie

Die Fahrzeugbegrenzungslinie umreißt also die zulässige Umgrenzung des im geraden Gleis mittig stehenden Fahrzeug als Begrenzungslinie der Fahrzeugkonstruktion.
Mit horizontalen und vertikalen Abstandszuschlägen aus bauartbedingter Abmessung der Fahrzeuge, Veränderung der Fahrzeughöhe infolge Verschleiß, Spurspieländerungen infolge abgenutzter Spurkränze, Höhenänderungen bei der Fahrt durch unterschiedlich ausgerundeter Kuppen und Wannen und quasi-statische Schrägneigung beim Stand des Fahrzeuges im Gleis mit 50 mm Überhöhung oder bei der Fahrt durch einen Gleisbogen mit 50 mm Überhöhungsfehlbetrag ergeben sich definierte Bezugslinien, die die maximalen Querschnittsmaße der Fahrzeuge beschreiben.
In §22 EBO sind die Bezugslinien G1 für Fahrzeuge, die auch im grenzüberschreitenden Verkehr eingesetzt werden und die Bezugslinie G2 für Fahrzeuge, die nicht im grenzüberschreitenden Verkehr eingesetzt werden, ausgewiesen.
Für Ladeeinheiten des Kombinierten Ladungsverkehrs (KLV) wurden zusätzliche Bezugslinien für den internen Bahnbetrieb festgelegt.

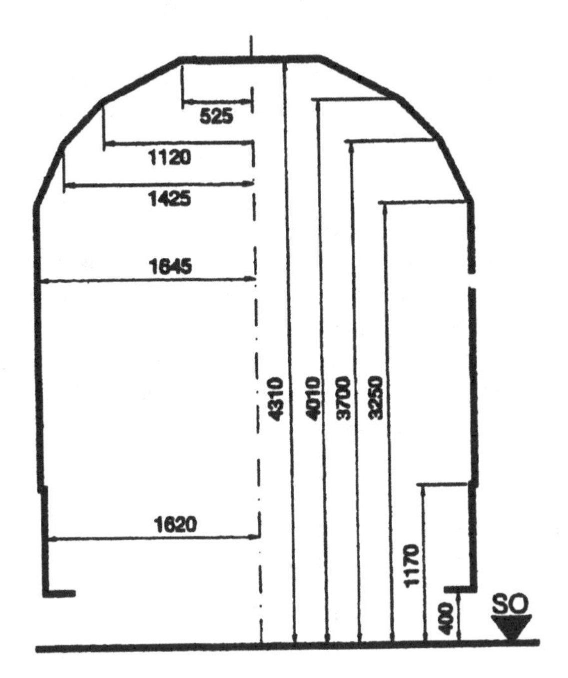

Abbildung 6.1: Bezugslinie G1 für Fahrzeuge im grenzüberschreitenden Verkehr

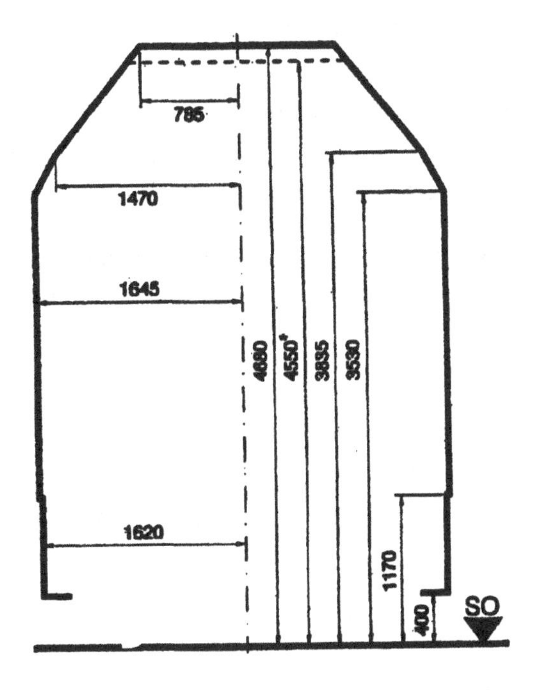

Abbildung 6.2: Bezugslinie G2 für Fahrzeuge im Bereich DB und DR

Schließlich wurde eine Umgrenzungslinie definiert, die sich für die in Bewegung befindlichen Fahrzeugen aus der Fahrzeugausladung, der Überhöhung, der Wankbewegung, den Gleislagefehlern, der Krümmung des Gleises etc. ergibt und die unter Berücksichtigung kinematischer Bewertungen als Umgrenzung des lichten Raumes mit der Bezeichnung „Grenzlinie“ ausgewiesen ist.

6.2.2 Grenzlinie

Die Grenzlinie umschließt also den Raum, den das Schienenfahrzeug während der Zugfahrt unter Berücksichtigung der horizontalen und vertikalen Bewegungen sowie der Gleistoleranzen und der Mindestabstände von der Oberleitung in Anspruch nimmt. Sie stellt den Mindestlichtraum dar und berücksichtigt außer der kinematischen Fahrzeugumgrenzung die Ausladung im Bogen, eine eventuell auftretende zusätzliche Seitenneigung eines im quergeneigten Gleis haltenden Fahrzeuges sowie zufallsbedingte Verschiebungen. Die Grenzlinien nebeneinander liegender Gleise dürfen sich nicht überschneiden. Die Umgrenzungsmaße der jeweiligen Grenzlinie sind nach Anlagen der EBO zu berechnen.

6.2.3 Kinematischer Regellichtraum

Der kinematische Regellichtraum umfasst den von der jeweiligen Grenzlinie umschlossenen Raum und die zusätzlichen Räume für bauliche und betriebliche Anforderungen bei durchgehenden Hauptgleisen und anderen Hauptgleisen für Reisezüge und bei den übrigen Gleisen.
Erläuterungen zu den eingetragenen Ziffern im Regellichtraum:

1. Verkehren auf den Gleisstrecken nur Stadtschnellbahnfahrzeuge, dürfen die Maße um 100 mm verringert werden. In Tunneln sowie unmittelbar anschließenden Einschnittsbereichen ist die Verringerung der halben Tunnelbreite auf 1900 mm zulässig, sofern Fluchtwege vorhanden sind. Die Neigung der Schrägen ändert sich nicht.

2. Bei überwiegendem Stadtschnellbahnverkehr 960 mm

3. Den Grenzlinien liegen die Bezugslinie G2, der Regelwert $s_0 = 0.4$ des Neigungskoeffizienten eines Fahrzeuges – (Verhältnis zwischen dem Winkel, um den sich ein im quergeneigten Gleis haltendes Fahrzeug zusätzlich neigt und dem Querneigungswinkel des Gleises; für diese quasi-statische Seitenneigung ist der Drehpunkt im allgemeinen 500 mm über Schienenoberkante (SO) festgelegt) – und folgende bautechnische Einflussgrößen zugrunde:

	große Grenzlinie	kleine Grenzlinie
Radius r	250 m	∞
Überhöhung u	160 m	50 mm
Überhöhungsfehlbetrag u_f	150 m	50 mm
Spurweite l_{sp}	1470 mm	1445 mm
Ausrundungsradius r_a	2000 m	2000 m
Hebungsreserve	50 mm	50 mm
Schienenabnutzung	10 mm	10 mm
Bei Gleisen mit Stromabnehmern:		
Arbeitshöhe der Stromabnehmer	5600 mm	5600 mm
Mindestabstand von der Oberleitung (15 kV Wechselstrom)	150 mm	150 mm

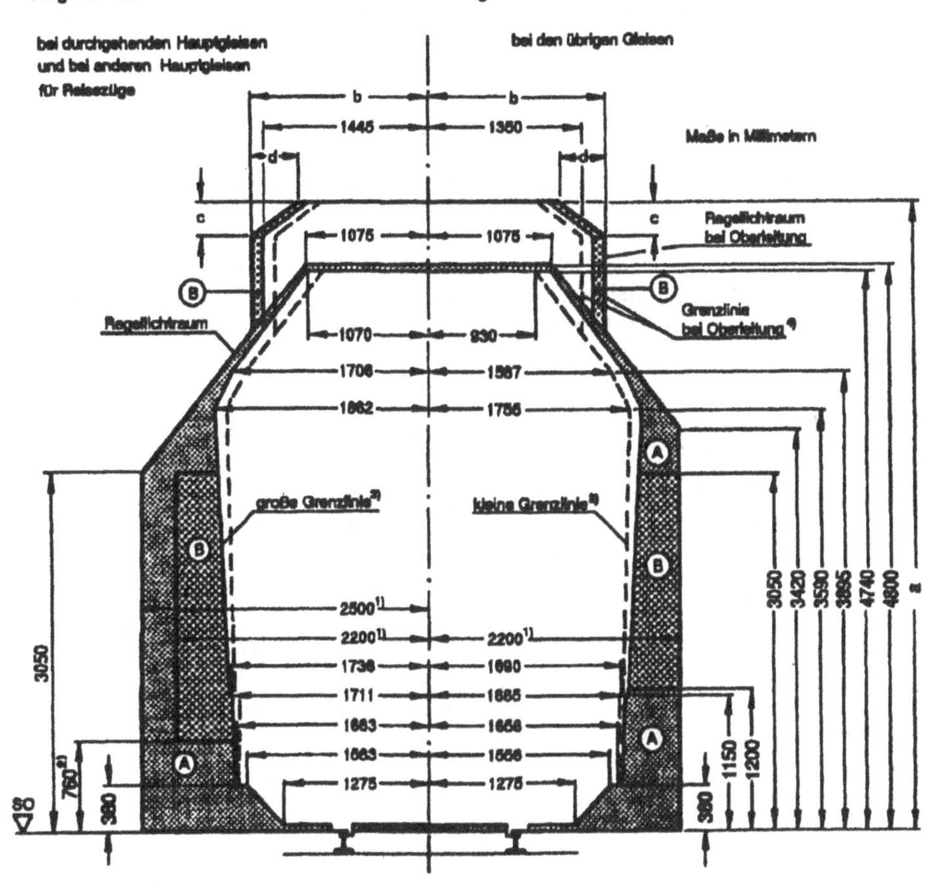

Abbildung 6.3: Regellichtraum gem. EBO

4. Den Grenzlinien bei Oberleitungen liegt das halbe Breitenmaß eines Stromabnehmers (975 mm) und $s_0 = 0.225$ zugrunde.

In den ausgewiesenen Bereichen A und B, die außerhalb der Grenzlinie liegen, sind Einragungen fester Gegenstände unter folgenden Bedingungen erlaubt:

Bereich A:

Zulässig sind Einragungen von baulichen Anlagen, wenn es der Bahnbetrieb erfordert (z.B. Bahnsteige, Rampen, Rangiereinrichtungen, Signalanlagen) sowie Einragungen bei Bauarbeiten, wenn die erforderlichen Sicherheitsmaßnahmen getroffen wurden).

Bereich B:

Zulässig sind Einragungen bei Bauarbeiten, wenn die erforderlichen Sicherungsmaßnahmen getroffen sind.

Für den Stromabnehmer frei zu haltenden Raum ist bei Bahnen mit Oberleitung vom Bahnstromsystem und der Fahrdrahthöhe abhängig. Die erforderlichen Maße sind in der folgenden Tabelle ausgewiesen:

Regellichtraum-Maße bei Oberleitungen im Gleisbogen mit $r \geq 250$ $[m]$

Stromart	Nennspannung	Mindesthöhe	Halbe Mindestbreite b im Arbeitshöhenbereich des Stromabnehmers über SO				Abschrägung der Ecken	
		a	≤ 5300	über 5300 bis 5500	über 5500 bis 5900	über 5900 bis 6500	c	d
	kV	mm						
Wechselstrom	15	5200	1430	1440	1470	1510	300	400
	25	5340	1500	1510	1540	1580	335	447
Gleichstrom	bis 1,5	5000	1315	1325	1355	1395	250	350
	3	5030	1330	1340	1370	1410	250	350

Tabelle 6.1: Maße des Regellichtraumes bei Oberleitungen in Gleisbögen mit Radien $r \geq 250$ $[m]$

In Gleisbögen mit Halbmessern $r < 250$ $[m]$ sind die halben Breitenmaße des Regellichtraumes der folgenden Tabelle zu entnehmen:
Bei Neubaustrecken

oder größeren Umbaumaßnahmen an Gleisstrecken der DB AG muss das vergrößerte Lichtraumprofil GC verwendet werden.
Dieses Lichtraumprofil GC wurde entwickelt, um größere Ladungen und Fahrzeuge, die über die üblichen Fahrzeugbegrenzungen hinausragen, ohne Sondergenehmigungen zu befördern bzw. verkehren zu lassen. Diese Lademaß überschreitenden Sendungen (Lü) dürfen in der Regel nur mit besonderer betrieblichen Anordnung nach Überprüfung des festgelegten Transportweges und der erforderlichen Sicherungsmaßnahmen verkehren. Erwähnt seien beispielsweise die Fahrzeuge des kombinierten Ladungsverkehrs (KLV), für die u.a. die unterschiedlichen kinematische Bezugslini-

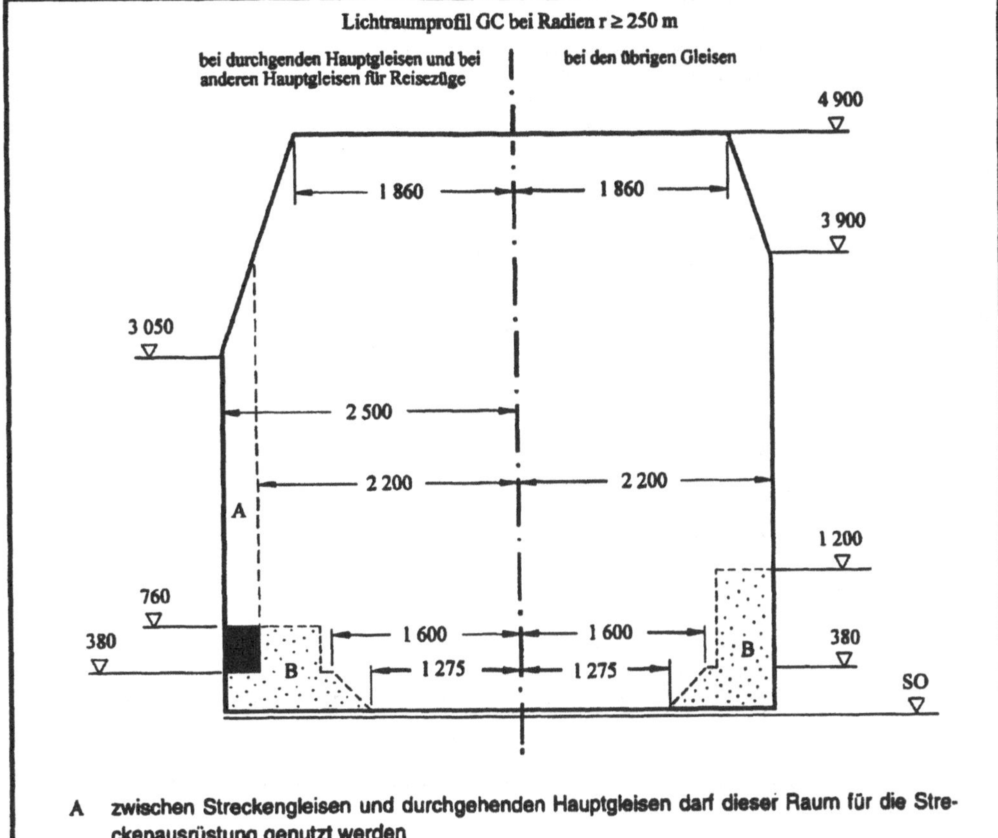

A zwischen Streckengleisen und durchgehenden Hauptgleisen darf dieser Raum für die Streckenausrüstung genutzt werden

B Raum für bauliche Anlagen, wie z.B. Bahnsteige, Rampen, Rangiereinrichtungen, Signalanlagen. Die jeweiligen Einbaumaße sind in den entsprechenden Modulen angegeben.

Bei Bauarbeiten dürfen auch andere Gegenstände hineinragen (z.B. Baugerüste, Baugeräte, Baustoffe), wenn die erforderlichen Sicherheitsmaßnahmen getroffen sind. Diese können z.B. das Vorhandensein der jeweiligen Grenzlinie für feste Anlagen (= Mindestlichtraum), der Ausschluss von Lü-Sendungen und das Herabsetzen der Geschwindigkeit sein.

Abbildung 6.4: Lichtraumprofil GC bei Radien $r > 250$ $[m]$

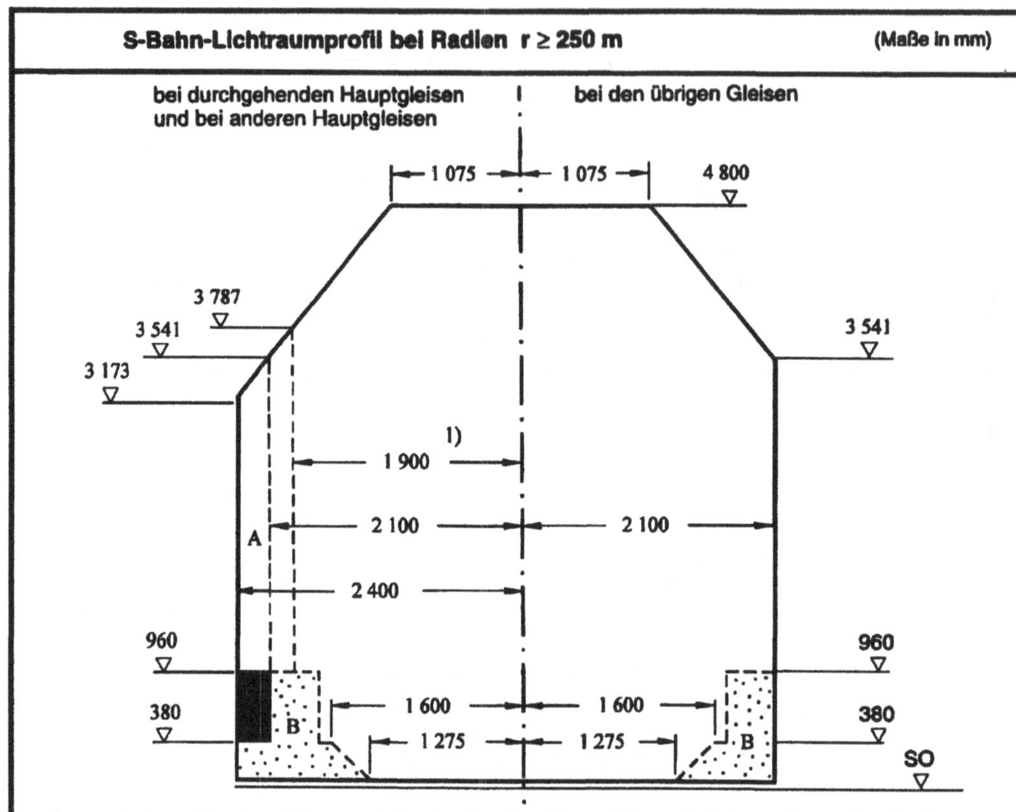

A zwischen Streckengleisen und durchgehenden Hauptgleisen darf dieser Raum für die Streckenausrüstung genutzt werden

B Raum für bauliche Anlagen, wie z.B. Bahnsteige, Rampen, Rangiereinrichtungen, Signalanlagen. Die jeweiligen Einbaumaße sind in den entsprechenden Modulen angegeben.

Bei Bauarbeiten dürfen auch andere Gegenstände hineinragen (z.B. Baugerüste, Baugeräte, Baustoffe), wenn die erforderlichen Sicherheitsmaßnahmen getroffen sind. Diese können z.B. das Vorhandensein der jeweiligen Grenzlinie für feste Anlagen (= Mindestlichtraum), der Ausschluss von Lü-Sendungen und das Herabsetzen der Geschwindigkeit sein.

1) in Tunneln und in unmittelbar angrenzenden Einschnittsbereichen, sofern besondere Fluchtwege vorhanden sind

Abbildung 6.5: S-Bahn-Lichtraumprofil bei Radien $r > 250$ $[m]$

Radius r [m]	Lichtraumprofil Bogenseite innen [mm]	Lichtraumprofil Bogenseite außen [mm]	Regellichtraum bei Oberleitung [mm]
250	0	0	0
225	25	30	10
200	50	65	20
190	65	80	25
180	80	100	30
150	135	170	50
120	335	365	80
100	530	570	110

Zwischenwerte dürfen geradlinig interpoliert werden.

Tabelle 6.2: Vergrößerung des halben Breitenmaßes der Lichtraumprofile und des Regellichtraumes bei Oberleitungen für Radien $r < 250\ [m]$

en erstellt worden sind.

Das Lichtraumprofil GC hat im oberen Bereich größere Breiten- und Höhenmaße und enthält weiterhin Zuschläge für die Verstärkung des Oberbaues bei Unterhaltungsmaßnahmen sowie für die erweiterte Ausrundung von Kuppen und Wannen.

Auf Strecken mit reinem S-Bahn Betrieb ist in der Geraden und in Bögen mit $r \geq 250\ [m]$ das folgende S-Bahn Lichtraumprofil mit Regellichtraum für Strecken mit Oberleitung freizuhalten. Bei Mischbetrieb mit S-Bahn und Fernbahn zusammen auf einer Trasse gilt das Lichtraumprofil GC.

Im unteren Teil des Regellichtraumes nach EBO gilt bei Gleisen, die von allen Fahrzeugen befahren werden dürfen und bei Gleisen, die nicht von besetzten Personenwagen befahren werden dürfen, folgende Begrenzung:

1. Unterer Teil der Grenzlinie bei Gleisen, die von allen Fahrzeugen befahren werden dürfen:

Der Regellichtraum im unteren Bereich wird begrenzt:
bei Gleisen, die von allen Fahrzeugen befahren werden

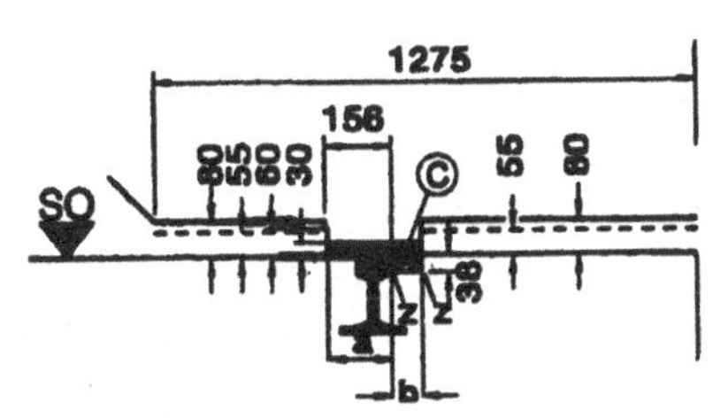

Abbildung 6.6: Regellichtraum nach EBO im unteren Bereich bei Benutzung von allen Fahrzeugen

Grenzlinie (durchgezogen) in Gleisen ohne Neigungswechsel und im Abstand von mindestens 20 m vor Neigungsausrundungen.

Grenzlinie (gestrichelt) in Gleisen mit Neigungswechseln, die mit $r_a \geq 2000$ $[m]$ ausgerundet sind.

Auf eine Länge von 20 m vor Neigungsausrundungen dürfen die Höhen zwischen $h = 80$ $[mm]$ und $h = 55$ $[mm]$ geradlinig interpoliert werden.

2. Unterer Teil der Grenzlinie bei Gleisen, die nicht von besetzten Personenwagen befahren werden dürfen:

Die Ermittlung der Höhen h1 und h2 wird nach folgender Tabelle vorgenommen:

	Höhe der Grenzlinie [mm]				
	inWannenausrundungen mit $r_a \geq 400$ m und ≥ 5 m vor Kuppenausrundungen	unmittelbar vor Kuppenausrundungen mit		in Kuppenausrundungen mit	
		$r_a \geq 2000$ m	$2000 > r_a \geq 300$	$r_a \geq 2000$ m	$2000 > r_a \geq 300$
h 1	115	105	70	100	0
h 2	125	115	80	110	0

Tabelle 6.3: Höhen der Grenzlinie im unteren Bereich bei Rangierfahrten

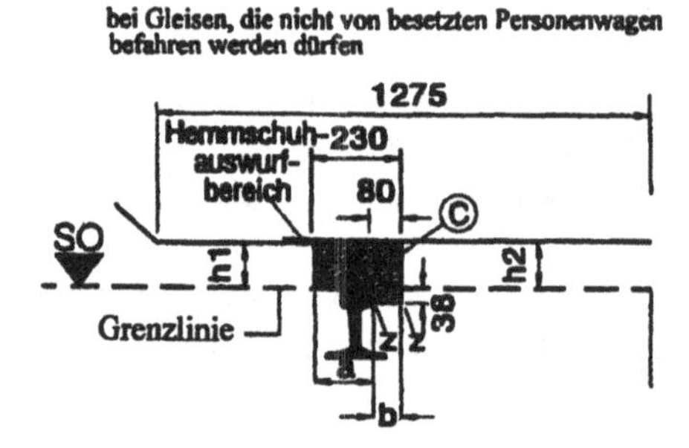

Abbildung 6.7: Regellichtraum nach EBO im unteren Bereich bei Benutzung ohne besetzte Personenwagen

Auf eine Länge von 5 m vor Kuppenausrundungen dürfen die Höhe h1 und h2 linear interpoliert werden.

Die Werte a und b sind wie folgt festgelegt:

$a \geq 150$ $[mm]$	für unbewegliche Gegenstände, die nicht fest mit der Schiene verbunden sind.
$a \geq 135$ $[mm]$	für unbewegliche Gegenstände, die fest mit der Schiene verbunden sind.
$b \geq 41$ $[mm]$	für Einrichtungen, die das Rad an der inneren Stirnflächen führen
$b \geq 45$ $[mm]$	an Bahnübergängen und Übergängen
$b \geq 70$ $[mm]$	für alle übrigen Fälle

z = Ecken, die ausgerundet werden dürfen

Die Höhenmaße der Grenzlinien beziehen sich auf die Verbindungslinie der Schienenoberkante (SO) in Istlage (Berücksichtigung der Schienenabnutzung).
Bereich C: Raum für das Durchrollen der Räder. Zulässig sind Einragungen von Einrichtungen und Geräten, wenn es deren Zweck erfordert. (z.B. Rangiereinrichtungen)

6.2.4 Berechnung der Grenzlinie

Nach §9 (2) in Verbindung mit Anlage 2 und 3 der EBO ist die Grenzlinie eines Fahrweg-Querschnittes zu berechnen. Diese Berechnung wird immer dann erforderlich, wenn beispielsweise das Profil der großen Grenzlinie des kinematischen Regellichtraumes der Anlage 1 der EBO bei durchgehenden Hauptgleisen und bei anderen Hauptgleisen für Reisezüge aufgrund eingeschränkter Platzverhältnisse vor Ort nicht freigehalten werden kann. Die Ermittlung, die örtliche Überprüfung und die Feststellung des auf die gegebene Situation abgestellten und ausreichenden Profils dieser Grenzlinie gilt dann als Prüfnachweis für die ausreichende Sicherheit des Bahnbetriebes in dem betrachteten Streckenquerschnitt. Die Berechnung der Grenzlinie umfasst die Festlegung der Breitenmaße im Bereich des Fahrzeugquerschnittes und im Bereich der Oberleitung sowie die Höhenmaße in den verschiedenen Ebenen des Lichtraumprofils einschließlich der Oberleitung mittels verschiedener Zuschlagsmaße aus vorliegenden Tabellen.

6.2.4.1 Breitenmaße

Die halben Breitenmaße der Grenzlinie für feste Anlagen ergeben sich durch die Addition folgender horizontal wirkender Einflussgrößen:

1. Halbes Breitenmaß der Bezugslinie G2

2. Überschreitung der Bezugslinie, die sich aus der Verschiebung infolge der Stellung eines Fahrzeuges im Gleisbogen (in der Mitte und an den Enden eines Fahrzeuges) und unter Berücksichtigung der Spurweite (Ausladung) gemäß Tabellen 6.4 und 6.5 ergibt:

Radius [m]	Ausladung [mm]	
	Spurweite ≤ 1445 mm	Spurweite ≤ 1470 mm
250	20	33
300	18	30
400	14	27
500	13	25
600	11	24
800	10	22
1000	9	21
2000	7	20
3000	6	19
∞	5	18

Tabelle 6.4: Ausladung bei Radien $r \geq 250$ $[m]$

Radius [m]	Ausladung [mm]	
	Bogeninnenseite	Bogenaußenseite
225	55	60
200	85	95
190	95	110
180	110	130
170	130	145
150	165	195
120	365	395
100	560	600

Für Höhen bis 400 mm über SO dürfen die Tabellenwerte um 5 mm verringert werden.

Tabelle 6.5: Ausladung bei Radien $r < 250$ $[m]$

3. Verschiebung aus quasistatischer Seitenneigung, die sich beim Stand eines Fahrzeuges in einem Gleis mit Überhöhung oder bei der Fahrt in einem Gleisbogen mit Überhöhungsfehlbetrag ergibt. Es werden nur Werte berücksichtigt, die den bereits in der Bezugslinie enthaltenen Anteil von 50 mm übersteigt gemäß Tabelle 6.6

Höhe der Bezugslinie [mm]	Verschiebung [mm] *) bei Überhöhung oder Überhöhungsfehlbetrag					
	50	75	100	130	150	160
4680	0	28	56	90	112	123
3635	0	23	45	72	89	98
3530	0	21	41	65	81	89
1170	0	5	9	15	18	20
≤ 400	0	0	0	0	0	0

Tabelle 6.6: Verschiebung aus quasistatischer Seitenneigung bei einem Neigungskoeffizienten $s_0 = 0.225$

4. Zufallsbedingte Verschiebungen aus

   - Gleislageunregelmäßigkeiten
   - Schwingungen infolge der Wechselwirkungen zwischen Fahrzeug und Gleis
   - dem Einfluss der Unsymmetrie bis zu 1°, die sich aus den Bau- und Einstellungstoleranzen der Fahrzeuge und einer ungleichmäßigen Lastverteilung ergeben gemäß Tabelle 6.7

   Hierbei darf die geringe Wahrscheinlichkeit des Zusammentreffens aller ungünstigen Einflüsse berücksichtigt werden.

   Bei Oberleitungen ergeben sich die halben Breitenmaße der Grenzlinie durch die Addition folgender horizontal wirkender Einflussgrößen:

5. Halbes Breitenmaß des Stromabnehmers

6. Mindestabstand von der Oberleitung gemäß Tabelle 6.8

7. Schwingung des Stromabnehmers gemäß Tabelle 6.9

8. Verschiebung infolge der Stellung eines Fahrzeuges im Gleisbogen und unter Berücksichtigung der Spurweite des Gleises (Ausladung) gemäß Tabelle 6.10

Höhe der Bezugslinie [mm]	zufallsbedingte Verschiebung [mm]					
	bei nicht festgelegtem Gleis		bei festgelegtem Gleis		bei festgelegtem Gleis und einem Überhöhungs- oder Querhöhenfehler ≤ 5 mm	
	a	b	a	b	a	b
4680	110	140	108	137	78	116
3835	91	114	85	110	62	93
3530	84	104	78	100	57	84
1170	37	40	21	25	14	19
≤ 400	30	31	6	6	2	3

a: Auf der Bogeninnenseite b: Auf der Bogenaußenseite und im geraden Gleis

Tabelle 6.7: Zufallsbedingte Verschiebungen

Nennspannung [kV]	WS 15		WS 25		GS 1,5		GS 3	
Abstand [mm] *)	150	(100)	220	(150)	35	(25)	50	(35)

WS : Wechselstrom
GS : Gleichstrom

*) Die Werte in Klammern dürfen nur bei vorübergehender Annäherung des Stromabnehmers an ortsfeste Bauteile angewendet werden.

Tabelle 6.8: Mindestabstand von der Oberleitung

Arbeitshöhe des Stromabnehmers [mm]	6500	5000
Verschiebung [mm] *)	170	110

* bei einem Neigungskoeffizienten $s_0 = 0.4$

Tabelle 6.9: Schwingung und Auslenkung des Stromabnehmers bei einem Neigungskoeffizienten $s_0 = 0.225$

Radius [m]	Ausladung [mm]	
	Spurweite ≤ 1445 mm	Spurweite ≤ 1470 mm
100		43
120		39
150		34
200		30
250	15	28
300	13	26
400	11	24
500	10	23
600	9	22
800	8	21
1000	8	20
2000	6	19
3000	6	18
∞	5	18

Tabelle 6.10: Ausladung bei Oberleitung und Radien $r \geq 100\ m$

9. Verschiebung aus quasistatischer Seitenneigung, die sich beim Stand eines Fahrzeuges in einem Gleis mit Überhöhung oder bei der Fahrt in einem Gleisbogen mit Überhöhungsfehlbetrag ergibt. Es werden nur Werte berücksichtigt, die den bereits oben erwähnten Anteil der Schwingungen des Stromabnehmers von 66 mm übersteigt gemäß Tabelle 6.11

Arbeitshöhe des Stromabnehmers [mm]	Verschiebung [mm] *) bei Überhöhung oder Überhöhungsfehlbetrag				
	66	100	130	150	160
6500	0	31	56	76	85
5000	0	23	44	57	64

*) Bei einem Neigungskoeffizienten $s_0 = 0{,}225$

Tabelle 6.11: Verschiebung aus quasistatischer Seitenneigung bei Oberleitung

10. Zufallsbedingte Verschiebungen aus Gleislageunregelmäßigkeiten gemäß Tabelle 6.12

Arbeitshöhe des Stromabnehmers [mm]	Verschiebung [mm] bei nicht festgelegtem Gleis	bei festgelegtem Gleis	bei festgelegtem Gleis und einem Überhöhungs- oder Querhöhenfehler ≤ 5 mm
6500	99	95	32
6000	92	87	29
5500	85	80	27
5000	79	73	25

Tabelle 6.12: Zufallsbedingte Verschiebungen des Stromabnehmers

Hierbei darf die geringe Wahrscheinlichkeit des Zusammentreffens aller ungünstigen Einflüsse berücksichtigt werden.

6.2.4.2 Höhenmaße

Die Höhenmaße der Grenzlinie sind, mit Ausnahme des Bereichs ≤ 125 $[mm]$, aus den Höhenmaßen der Bezugslinie G2 zu berechnen. Bei Oberleitungen ist die Mindestfahrdrahthöhe zu berücksichtigen gemäß Tabelle 6.13

Nennspannung [kV]	WS 15	WS 25	GS 1,5	GS 3
Abstand [mm] *)	150 (100)	220 (150)	35 (25)	50 (35)

WS : Wechselstrom
GS : Gleichstrom

*) Die Werte in Klammern dürfen nur bei vorübergehender Annäherung des Stromabnehmers an ortsfeste Bauteile angewendet werden.

Tabelle 6.13: Mindestfahrdrahthöhe über Schienenoberkante

Im Bereich ≥ 3530 $[mm]$ sind die Höhenmaße zu vergrößern um

1. den Einfluss des Wechsels der Längsneigung mit dem Ansatz $\Delta h = \frac{50000}{r_a\,[m]}$ $[mm]$
2. die Hebungsreserve für die Unterhaltung des Gleises $h = 100$ $[mm]$

Im Bereich $\leq 1170\ [mm]$ sind die Höhenmaße zu verkleinern um

1. den Einfluss des Wechsels der Längsneigung mit dem Ansatz $\Delta h = \frac{50000}{r_a\,[m]}\ [mm]$
2. die Abnutzung der Schienen und das Absinken der Gleise im Betrieb

Bei Geschwindigkeiten über 160 km/h sind zusätzlich bei den Breiten- und Höhenmaßen aerodynamische Einflüsse zu berücksichtigen.

BEISPIEL:
Bei einem durchgehenden Hauptgleis mit einer zulässigen Geschwindigkeit $zul\ V = 120\ [km/h]$ und einer Überhöhung von 105 mm kann aufgrund eingeschränkter örtlicher Platzverhältnisse im Bereich eines Gleisbogens $r = 1000\ [m]$ das Profil der großen Grenzlinie des Regellichtraumes der Anlage 1 der EBO in der Breite nicht freigehalten werden. (Spurweite $\leq 1445\ [mm]$). Als Nachweis ausreichender Sicherheit beim Bahnbetrieb wird hier die maßgebende Grenzlinie in der Breite berechnet und bewertet:

Breitenmaße:

zu a)	1645 mm	Raumprofil mit Bezugslinie G2
zu b)	9 mm	Überschreitung (Ausladung $r \geq 250\ [m]$) gem. Tabelle 6.4
zu c)	62 mm	Verschiebung aus quasistatischer Seitenneigung (interpoliert) gem. Tabelle 6.6
zu d)	137 mm	Zufallsbedingte Verschiebung gem. Tabelle 6.7

Das halbe Breitenmaß der maßgebenden Grenzlinie für feste Anlagen beträgt bogenaußen 1853 mm und bogeninnen 1822 mm.
Beide Maße des Mindestlichtraumes werden in der Breite nach örtliche Überprüfung freigehalten; damit ist eine ausreichende Sicherheit für den Bahnbetrieb gewährleistet.

6.3 Gleisabstände

Maßgebende Kriterien für die Festlegung der Gleisabstände sind das kinematische Regellichtraumprofil und die zusätzlichen Räume für die baulichen und betrieblichen Anforderungen.
Grundlage für die Bestimmung dieser Gleisabstände bilden die EBO sowie die Richtlinie 800.0130 der DB AG.

Der Gleisabstand wird horizontal zwischen den Gleismitten benachbarter Gleise gemessen.

Der horizontale Gleisabstand bei Gleisstrecken mit Überhöhung ist $e = a + a \cdot \frac{0.005 \cdot u}{150}\ [m]$; darin ist $a\ [m]$ der Gleisabstand parallel zur quergeneigten Ebene; $u\ [mm]$ die Gleisüberhöhung.
Bei Gleisverbindungen in überhöhten Gleisen mit Schienen in einer Ebene wird der tatsächliche Gleisabstand a der Gleisverbindung angewendet. Der horizontale Gleisabstand ist $e = a - a \cdot \frac{0.005 \cdot u}{150}\ [m]$.

6.3.1 Freie Strecken

Im bestehenden Streckennetz ist immer auf der freien Strecke bei zweigleisigen Bahnen mit $V_e \leq 200\ [km/h]$ in Geraden und in Bögen mit $r \geq 250\ [m]$ ein Regelgleisabstand $a = 4.00\ [m]$ einzu-

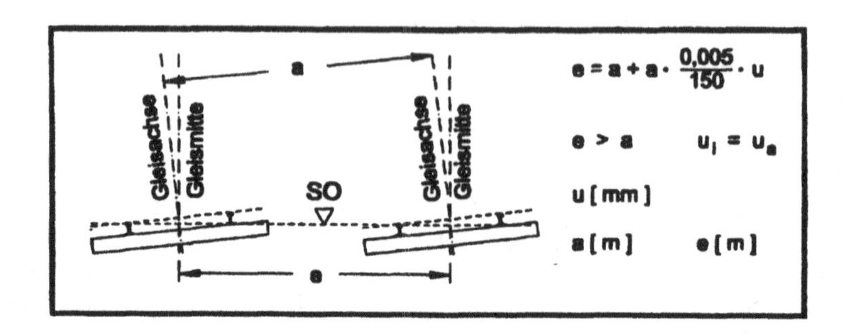

Abbildung 6.8: Ermittlung des erforderlichen horizontalen Gleisabstandes bei Gleisen mit gleicher Überhöhung

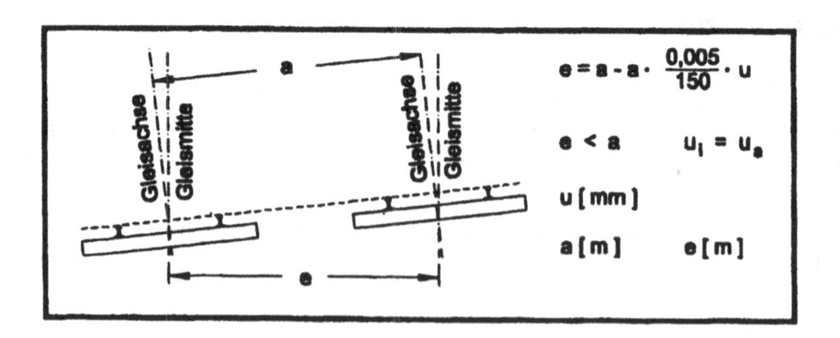

Abbildung 6.9: Horizontaler Gleisabstand bei Gleisverbindungen in überhöhten Gleisen mit Schienen in einer Ebene

halten.

Bei Neubaustrecken (NBS) ist auf der freien Strecke bei zweigleisigen Bahnen mit $V_e > 200\ [km/h]$ in Geraden und in Bögen mit $r \geq 250\ [m]$ ein Regelgleisabstand $a = 4.70\ [m]$ herzustellen. Wenn zwischen Gleisstrecken Signale aufgestellt werden müssen, ist der Gleisabstand auf 4.60 m zu erhöhen. Der Gleisabstand $a = 4.60\ [m]$ setzt sich zusammen aus der halben Breite des Lichtraumprofils $2 \cdot 2.20\ [m]$ und der Breite des Signalmastes 0.10 m zuzüglich Bautoleranz 0.10 m.

Bei mehrgleisigen Bahnen ist zwischen je zwei Gleisen ein größerer Gleisabstand einzuhalten, der von der Geschwindigkeit abhängt:

$V \leq 160\ [km/h]$ auf einem der beiden Gleise $a = 6.30\ [m]$
$V > 160\ [km/h]$ auf beiden Gleisen $a = 6.80\ [m]$

$u_a + u_f$ [1] [mm]	r [m]					
	250	350	500	650	950	2 000
0 bis 100 (250) [2]	3,56	3,51	3,50	3,50	3,50	3,50
110 (260)	3,56	3,52	3,50	3,50	3,50	3,50
120 (270)	3,57	3,53	3,50	3,50	3,50	3,50
140 (290)	3,58	3,54	3,52	3,50	3,50	3,50
160 (310)	3,59	3,55	3,53	3,51	3,50	3,50
180 (330)	3,60	3,56	3,55	3,53	3,52	3,51
200 (350)	3,60	3,56	3,56	3,54	3,53	3,52
220 (370)	3,61	3,58	3,58	3,56	3,55	3,54
240 (390)	3,62	3,59	3,59	3,58	3,57	3,56
260 (410)	3,63	3,61	3,61	3,59	3,58	3,57
280 (430)	3,64	3,63	3,63	3,61	3,60	3,59
300 (450)	3,66	3,64	3,64	3,63	3,61	3,60
320 (470)	3,67	3,66	3,65	3,64	3,63	3,62

[1] u_a = Überhöhung des Außenbogen-Gleises
u_f = Überhöhungsfehlbetrag des Innenbogen-Gleises

[2] Werte in Klammern gelten für Fahrzeuge mit Neigetechnik

Zwischenwerte dürfen geradlinig interpoliert werden.

Hat das äußere Gleis eine größere Überhöhung als das innere Gleis, so sind die Werte in Tabelle 4 um das folgende Maß zu vergrößern, im umgekehrten Fall können diese Werte bei Bedarf entsprechend verkleinert werden:

$$\Delta e = \frac{3,53}{1,50} \cdot (u_a - u_i)\ [mm]$$

Tabelle 6.14: Gleisabstand zwischen durchgehendem Hauptgleis und Überholgleis

6.3.2 S-Bahn-Strecken

Bei S-Bahn-Strecken ist auf der freien Strecke mit $V_e \leq 130\ [km/h]$ in Geraden und in Bögen mit $r \geq 250\ [m]$ ein Regelgleisabstand $a = 3.80\ [m]$ einzuhalten. Bei Signalbrücken in der Regelausbildung mit Signalen zwischen den S-Bahn-Gleisen ist ein Gleisabstand von 4.00 m notwendig;

wenn Signalmaste zwischen den Gleisen aufgestellt werden müssen, ist der Gleisabstand auf 4.40 m zu erhöhen.

6.3.3 Bahnhöfe

In Bahnhöfen muss in der Geraden und Bögen mit $r \geq 250$ $[m]$ ein Mindest-Gleisabstand von 4.50 m hergestellt werden. Nur, wenn dieses Mindestmaß wegen der hohen Herstellungskosten nicht eingehalten werden sollte, können die durchgehenden Gleise im Gleisabstand der freien Strecke durch den Bahnhof geführt werden.

Bei Gleisstrecken mit Bögen $r \leq 250$ $[m]$ sind die Gleisabstände mit den Werten der folgenden Tabelle zu vergrößern:

Radius r [m]	erforderliche Vergrößerung [mm]
250	0
225	50
200	120
180	180
250	300
120	700
100	1 100

Zwischenwerte sind geradlinig zu interpolieren.

Tabelle 6.15: Vergrößerung der Gleisabstände bei Radien $r < 250$ $[m]$

Bahnsteige sollen bei Neubauten oder umfassenden Umbauten eine Höhe von 0.76 m über Schienenoberkante (SO) erhalten.
Der Abstand der Bahnsteigkante von der Gleisachse beträgt $a = 1.70$ $[m]$.

Der Mindestabstand der Gleise bei Zwischen- bzw. Inselbahnsteigen bei zweiseitiger Benutzung mit mittiger Treppe soll $a = 11.50$ $[m]$ betragen.

Der Gleisabstand zwischen einem durchgehenden Hauptgleis und einem Überholgleis im Bahnhofsbereich beträgt $a = 5.50$ $[m]$ und wird im folgenden Bild dargestellt:

6.4 Fahrweg-Querprofil

Für Ausbau- und Neubaustrecken ergibt sich aufgrund der vorgegebenen Planungsbreiten, der Fahrbahnhöhen, der Schotterbreite vor dem Schwellenkopf, der Neigung der Schotterböschung sowie der Schwellenlänge ein ausgeprägtes Erdkörper-Profil, das den Fahrbahn-Querschnitt bestimmt.
Nach der Richtlinie 800.0130 sollen den Fahrweg-Querschnitten die in den nachfolgenden Übersichten ausgewiesenen Maße der Konstruktionselemente zu Grunde gelegt werden:

6.4.1 Planum

Das Erdplanum ist im Auftrags- und Einschnittsprofil die abschließende Ebene des Erdkörpers und muss mit entsprechender Neigung höhengerecht angelegt und verdichtet werden. Es dient

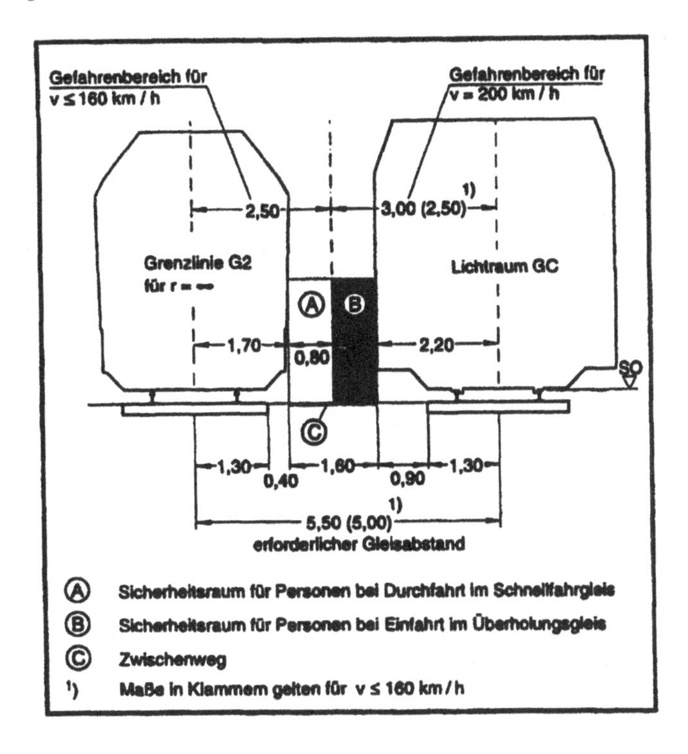

Abbildung 6.10: Gleisabstand zwischen durchgehendem Hauptgleis und Überholgleis gemäß Richtlinie 800.0130

als Gründungsunterlage für die Bettung. Die Mindest-Planumsbreiten sind beim Gleisentwurf der nachfolgenden Tabelle zu entnehmen:
Verbreiterungen des Planums sind zur Bogenaußenseite vorzunehmen und soll am Anfang des Übergangsbogens beginnen. Bei zweigleisigen Strecken ist das Erdplanum dachförmig und bei eingleisigen Strecken einseitig anzulegen. Bei einseitiger Neigung ist es in Richtung Bogeninnenseite anzulegen und wird auf einer Länge von 10 m verzogen. Die Querneigung des Erdplanums soll 5% (1:20) betragen.

Überhöhung u [mm]	eingleisige Fernbahnen $v_e \leq 200$ [m]	eingleisige Fernbahnen $v_e > 200$ [m]	eingleisige S-Bahnen $v_e \leq 120$ km/h [m]
0 und 20	6,60	7,60	6,10
25 bis 50	6,60	7,60	6,20
55 bis 100	6,60	7,60	6,30
105 bis 160	6,60	7,60	6,40

Überhöhung u [mm]	zweigleisige Fernbahnen $v_e \leq 160$ [m]	zweigleisige Fernbahnen $160 < v_e \leq 200$ [m]	zweigleisige Fernbahnen $v_e > 200$ [m]	zweigleisige S-Bahnen $v_e \leq 120$ km/h [m]
0 und 20	10,60	11,60	12,10	10,20
25 bis 50	10,70	11,70	12,20	10,30
55 bis 100	10,80	11,80	12,30	10,40
105 bis 160	10,90	11,90	12,40	10,50

Tabelle 6.16: Vorgegebene Planumsbreiten, gemessen zwischen den Planumskanten

6.4.2 Fahrbahn-Querschnitt

Die Fahrbahnquerschnitte für Ausbau- und Neubaustrecken werden nach folgenden Maßen der Richtlinie 800.0130 entwickelt:

	Werte für $V_e \leq 200\ [km/h]$:	Werte für $V_e > 200$ [km/h]:
a) Fahrbahnhöhe		
bei Schotterbettung	0.70 [m]	0.76 [m]
bei fester Fahrbahn	0.50 bis 0.70 [m]	0.50 bis 0.71 [m]
in schwach bel. Gleisen	0.60 [m]	
b) Schwellenlänge		
	2.60 [m]	2.80 [m]
c) Schotterbreite vor SK		
bei $V \leq 160[km/h]$	0.40 [m]	
bei $V > 160[km/h]$	0.50 [m]	0.45 [m]
d) Neigung der Schotterböschung		
	1:1.5	1:1.5

Folgende Erläuterungen sind erforderlich:

zu a)
Die Fahrbahnhöhe von 0.70 m umfasst die Höhe der Schiene UIC 60 mit 0.17 m, die Höhe der Schwelle B 70 mit Zwischenlage mit 0.22 m und die Dicke der Bettung mit 0.31 m (0.20 m bei schwach belasteten Strecken). Sie wird in Gleismitte gemessen.
Die Fahrbahnhöhe von 0.76 m umfasst die Höhe der Schiene UIC 60 mit 0.17 m, die Höhe der Schwelle B 75 mit Zwischenlage mit 0.24 m und die Dicke der Bettung mit 0.35 m.
Auf Brücken und in Tunneln ist die Fahrbahnhöhe mit 0.80 m festzulegen; dabei hat die Bettung eine Höhe von 0.39 m.
Beim Einbau einer festen Fahrbahn ergeben sich je nach Bauart unterschiedliche Höhen.

zu b)
Die Schwellenlänge von 2.80 m ist bisher nur planerisch ausgewiesen.

zu c)
Der Fußpunkt der Schotterbettung kann in Abhängigkeit von Schwelle und Überhöhung bei eingleisigen und zweigleisigen Gleisstrecken wie folgt ermittelt werden:
Die Werte b_a und b_i gelten für 0.40 m vor dem Schwellenkopf; für 0.50 m sind diese Maße jeweils um 0.10 m zu vergrößern.

BEISPIEL:

Schwelle B 70; Überhöhung $u = 80\ [mm]$ ergibt eine Fußpunkt-Breite (innen) $b_i = 2.65\ [m]$ und eine Fußpunkt-Breite (außen) $b_a = 2.93\ [m]$.

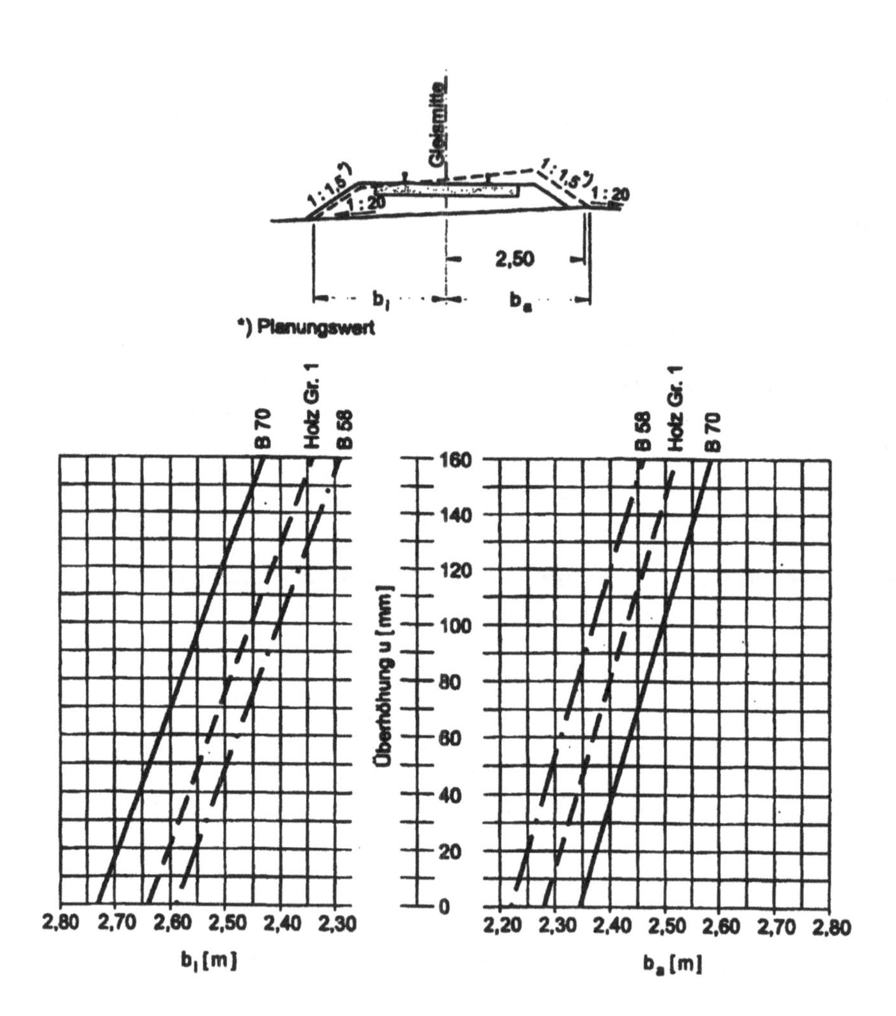

Abbildung 6.11: Ermittlung des Schotterbett- Fußpunktes bei eingleisigen Strecken

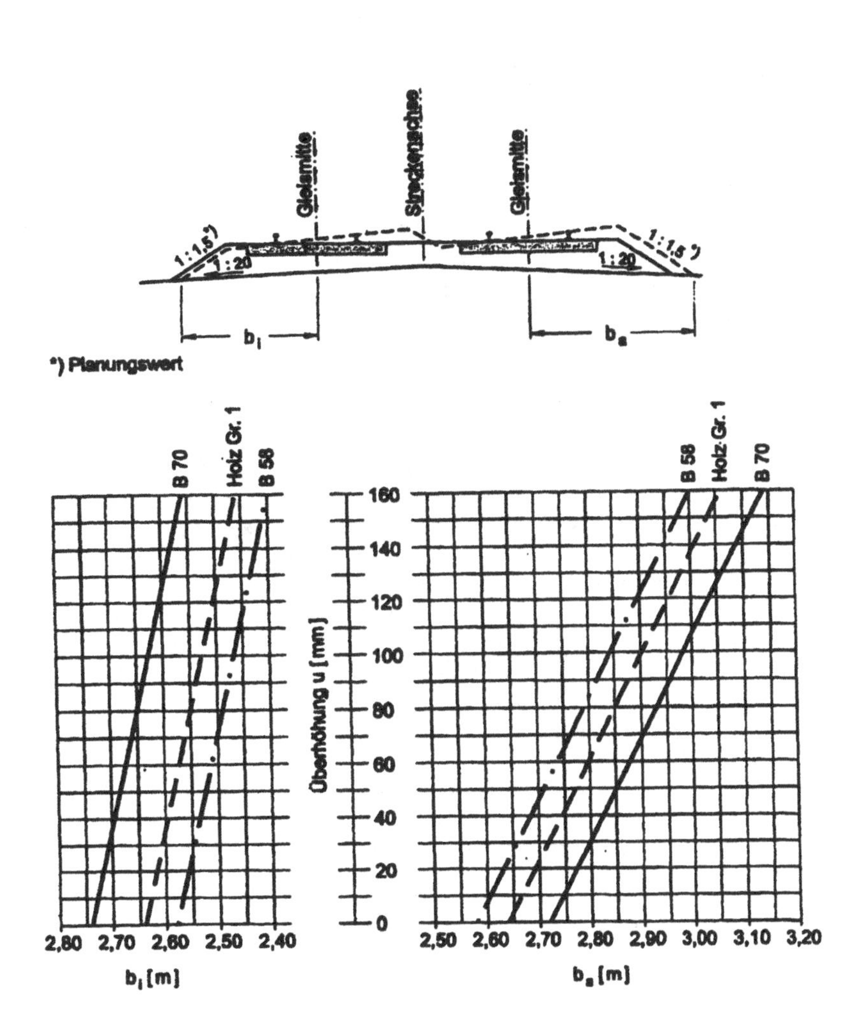

Abbildung 6.12: Ermittlung des Schotterbett- Fußpunktes bei zweigleisigen Strecken

BEISPIEL:

Einige Fahrweg-Querschnitte mit einem Schotteroberbau gemäß Richtlinie 800 0130 (Anhang 3) der DB AG werden als Beispiele (Regelzeichnungen) dargestellt:

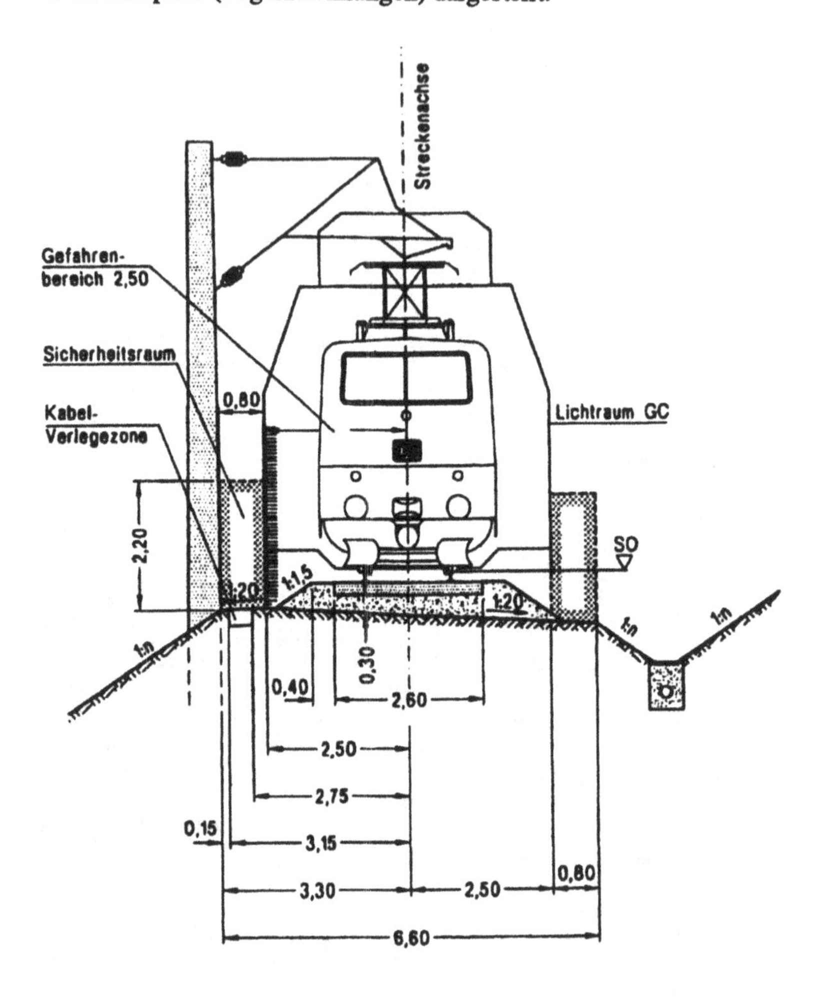

Abbildung 6.13: Eingleisiger Fahrweg-Querschnitt mit Schotteroberbau auf Erdkörper bei $Ve \leq 160$ $[km/h]$ und $u = 0$

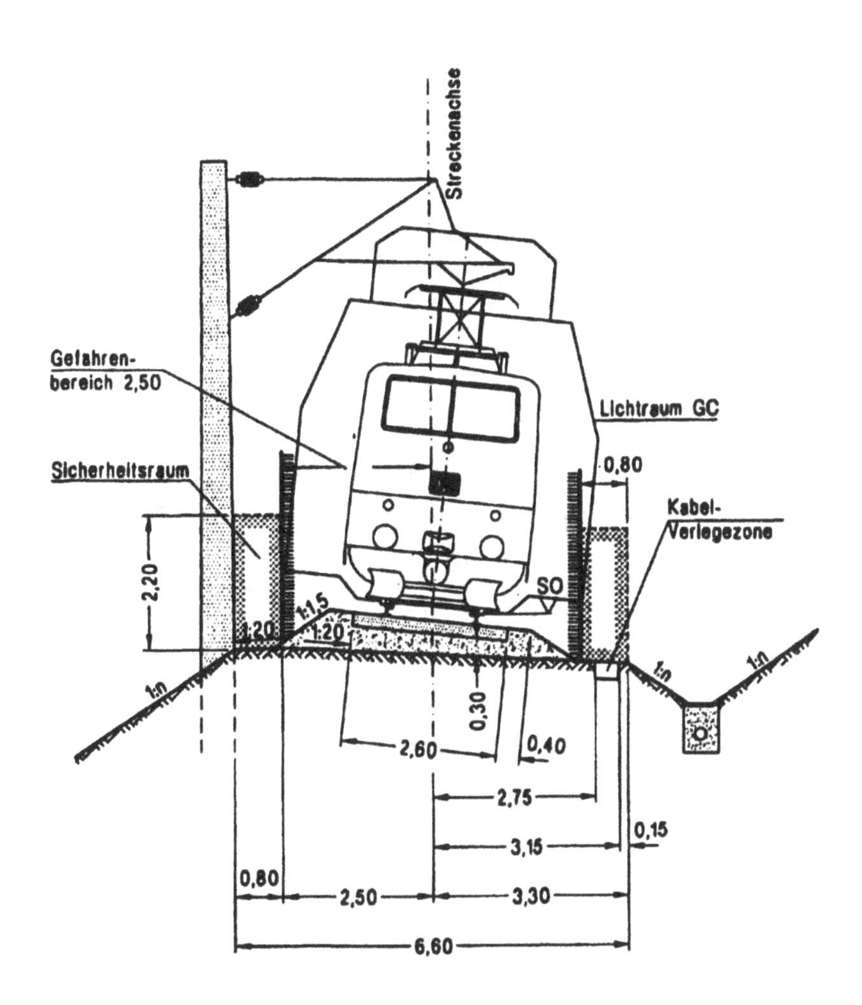

Abbildung 6.14: Eingleisiger Fahrweg-Querschnitt mit Schotteroberbau auf Erdkörper bei $Ve \leq 160\ [km/h]$ und $u = 160\ [mm]$

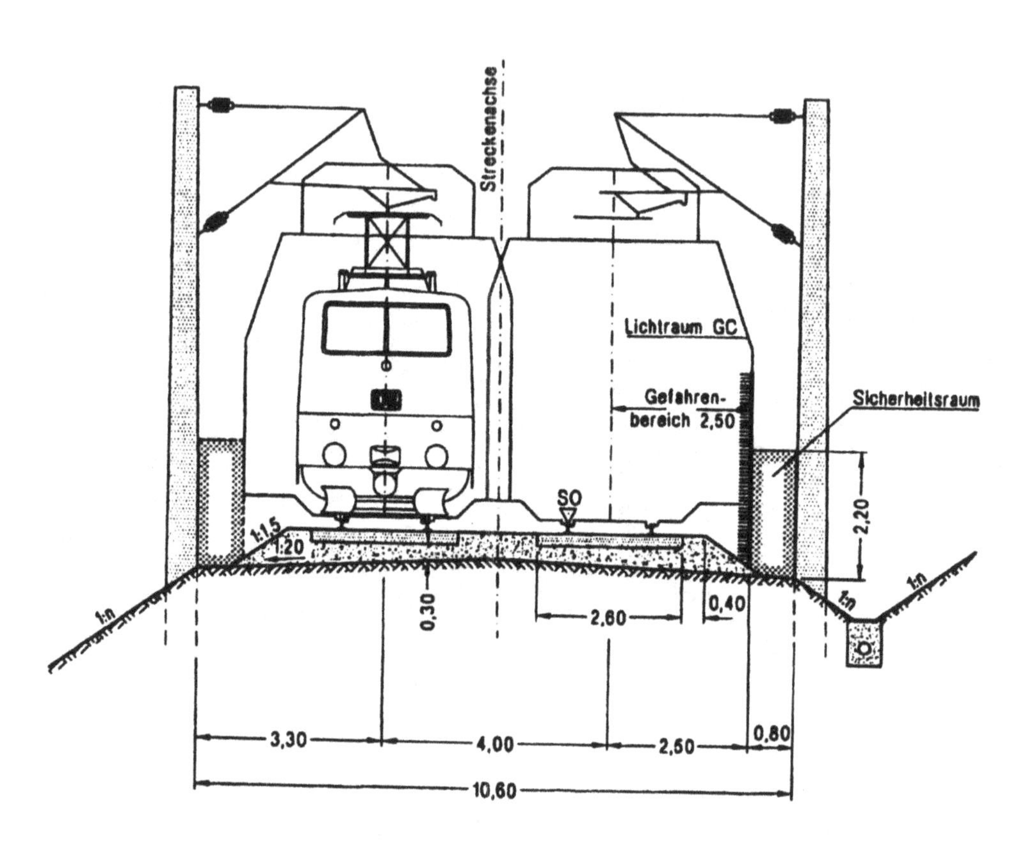

Abbildung 6.15: Zweigleisiger Fahrweg-Querschnitt mit Schotteroberbau auf Erdkörper bei $Ve \leq 160[km/h]$ und $u = 0$

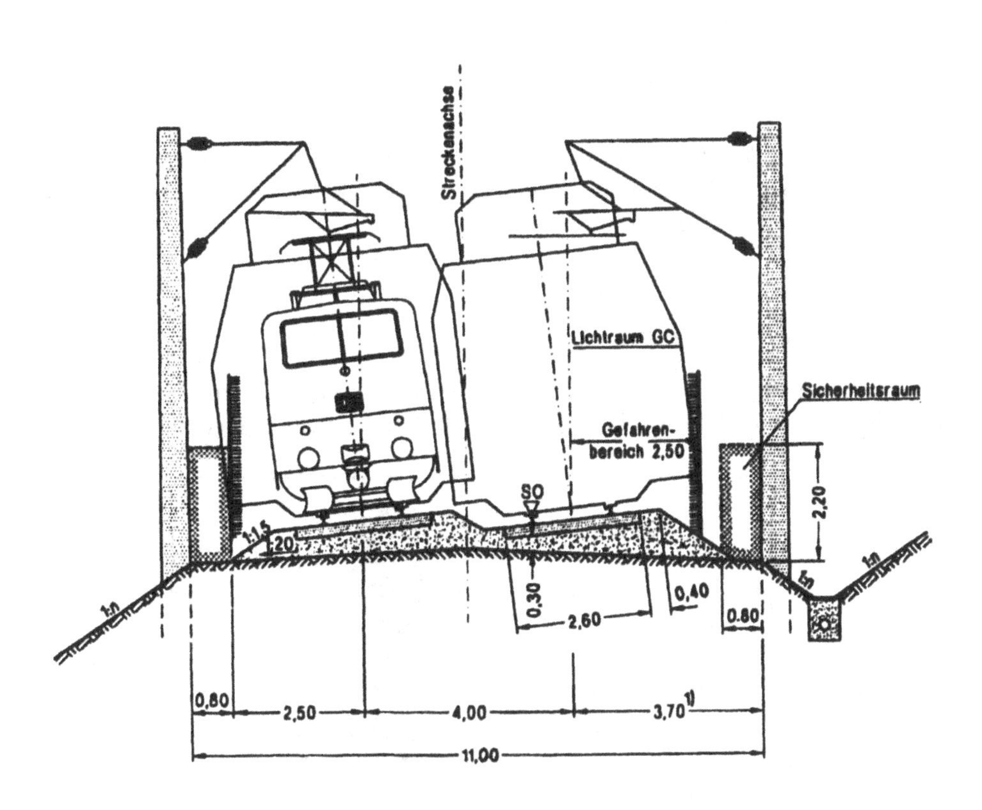

Abbildung 6.16: Zweigleisiger Fahrweg-Querschnitt mit Schotteroberbau auf Erdkörper bei $Ve \leq 160[km/h]$ und $u = 160\ [mm]$

6.4.3 Rand- und Zwischenwege

RANDWEGE
sind nach Maßgabe der Richtlinie 800.0130 der DB AG bei eingleisigen Strecken auf beiden Seiten neben der Gleisbettung in Höhe und Lage des Planums anzulegen. Bei mehrgleisigen Strecken sind sie neben der Bettung der äußeren Gleise herzustellen.
Randwege dienen als Arbeitsraum für die Unterhaltung der Gleisstrecke und sind in Höhe und Neigung des Planums anzulegen.
Die Breite der Randweges soll mindestens 0.80 m, bei Neubaustrecken mit hohen Geschwindigkeiten 1.30 m betragen. Sie wird vom Schotterbettfuß auf dem Erdplanum abgetragen. Die Planumskante ergibt sich aus dem Gefahrenbereich des Gleises (3.50 m von Gleismitte) und dem Sicherheitsraum.

ZWISCHENWEGE
dienen der Sicherheit des Personals bei Inspektions- und Instandhaltungsarbeiten und werden bei höhengleichen und parallel geführten Gleisstrecken nach jedem zweiten Gleis angeordnet. Auch sie müssen mindestens 0.80 m breit sein.

6.4.4 Kabeltrassen und Rohrzüge

Kabeltrassen und Rohrzüge werden in der Regel innerhalb des Bahnkörpers als Trog- oder Rohrzugtrassen in den Rand- und Zwischenwegen verlegt. Der Abstand beträgt von Gleismitte 3.25 m.

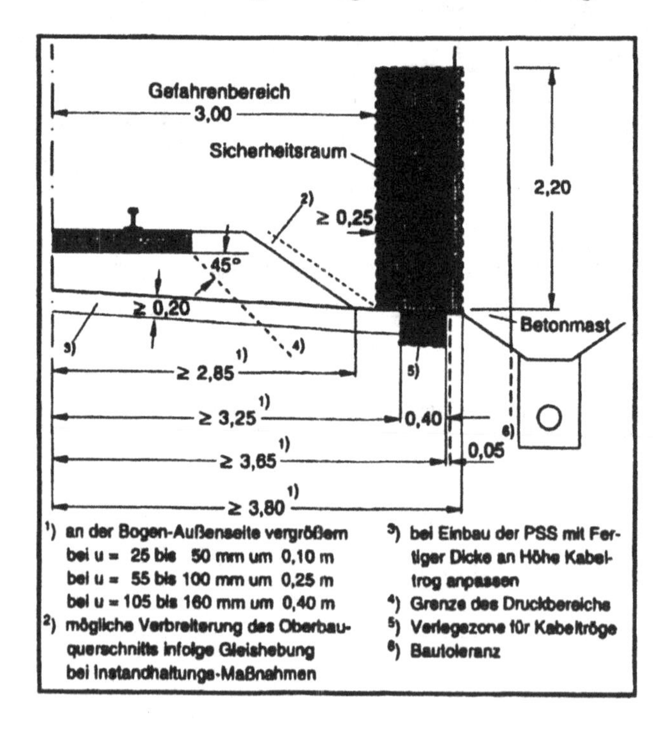

Abbildung 6.17: Anordnung der Kabeltrasse im Randweg

6.4.5 Profilierung des Böschungsraumes bei Auftrags- und Einschnittsstrecken

Die erforderlichen Abstände von Gleismitte bis zum oberen Böschungs-Knickpunkt einer Auftragsstrecke bzw. bis zum Böschungsknickpunkt für den Entwässerungsgraben einer Einschnittsstrecke sind in den zurückliegenden Passagen abgehandelt worden.
Die Ausbildung der anschließenden Auftrags- oder Einschnittsböschungsprofile erfolgt im Zuge des Erdbaues nach Maßgabe der Richtlinie 800.0130 der DB AG nach folgendem Grundmuster:

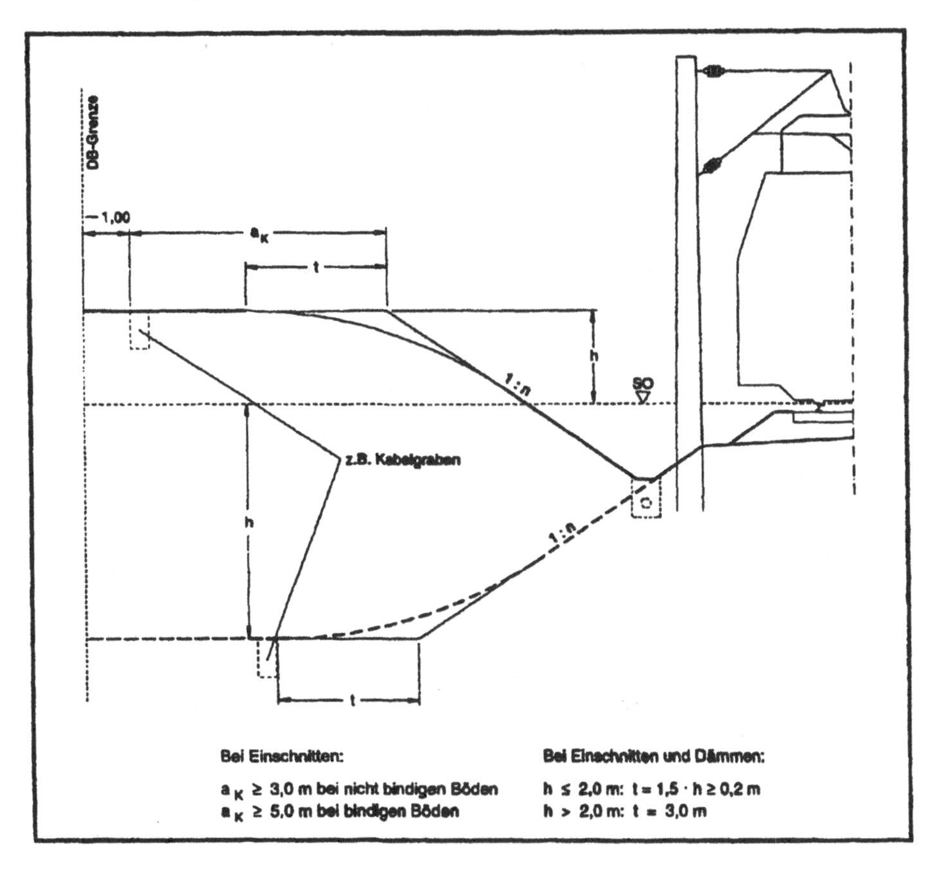

Abbildung 6.18: Profilierung des Fahrweg-Seitenraumes bei Auftrags- und Einschnittsstrecken

Die Böschungsneigungen im Auftrags- und Einschnittsbereich werden mit 1:1.5 angelegt; bei besonders schwierigen Bodenverhältnissen muss in Einzelfällen auf die Neigung 1:2 abgemindert und die Böschung flacher angelegt werden. Bei Einschnitten beträgt der Abstand $a_k \geq 3.00$ $[m]$ bei nicht bindigen Böden und $a_k \geq 5.00$ $[m]$ bei bindigen Böden.

Bei Einschnitten und Dämmen ist bei einer Geländehöhe $h \leq 2.0$ $[m]$ der Abstand $t = 1.5 \cdot h$ (≥ 0.20 $[m]$) und bei $h > 2.0$ $[m]$ ist $t = 3.0$ $[m]$ zu wählen.

Der äußere Punkt des Böschungsprofils fällt zusammen mit dem Punkt der äußeren Begrenzung des Bahnkörpers, so dass mit diesen Stationspunkten links und rechts der Streckenachse das jeweilige Querschnittsprofil des Fahrweges bestimmt ist.

7 Fahrweg – Konstruktion

7.1 Einführung

Die bei der Zugfahrt auftretenden, statischen und dynamischen Belastungen werden bei der Eisenbahn über den Bahnkörper als Tragwerk aufgenommen und in den Untergrund abgeleitet.
Dieses Tragwerk setzt sich aus verschiedenen Einzelelementen zusammen:

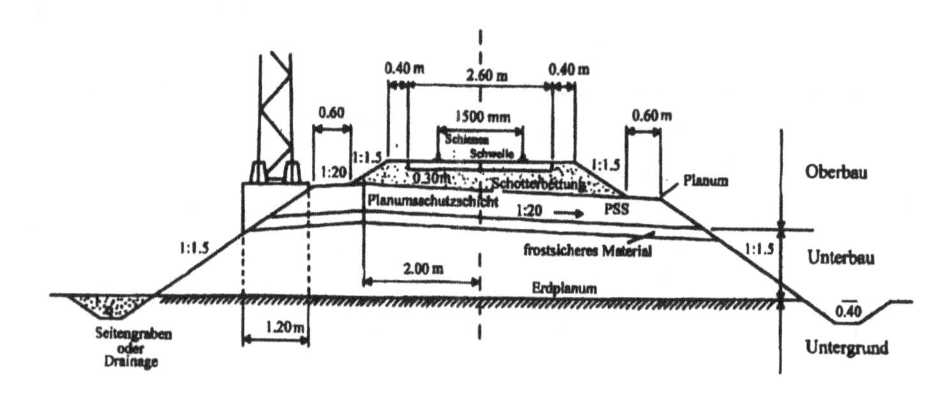

Abbildung 7.1: Fahrbahn-Querschnitt mit Schotterbettung auf einem Erdkörper

Der Oberbau umfasst das Gleis, bestehend aus zwei Schienen, die Schwellen, die Schienenbefestigungsmittel sowie die Bettungsschicht und bildet insgesamt den Fahrweg.
Der Unterbau besteht aus dem verdichteten oder verbesserten Erdkörper der Auftragsstrecken.

Der Untergrund ist schließlich der gewachsene, tragfähige Boden, der in Einschnittsbereichen als Gründungsebene für die Aufnahme der Fahrbahn verdichtet oder verbessert wird.

Heute wird als Fahrbahn der Gleistrassen der seit Jahrzehnten bewährte Querschwellenoberbau als offener Oberbau mit einer Schotterbettung und seit einigen Jahren insbesondere im Streckenneubau des Hochgeschwindigkeitsverkehrs der Tragplattenoberbau als „Feste Fahrbahn“ verwendet.
Die Wahl der Fahrbahnkonstruktion hängt im wesentlichen von betrieblichen, wirtschaftlichen und umweltschutzrelevanten Einsatzkriterien ab.

Die Schienen dienen den Fahrzeugen der Eisenbahn als Fahrbahn in Form eines Tragsystems (Lauffläche) und eines Führungssystems (Spurführung). Sie nehmen die vertikalen und horizontalen Kräfte, statische und dynamische Lasten auf und leiten sie beim Querschwellenoberbau in die Querschwellen weiter. Durch die Befestigungsmittel sind Schiene und Schwelle kraftschlüssig miteinander verbunden. Die Schienen bilden statisch Durchlaufträger auf elastischen Stützen.

Die Schwellen reduzieren durch die größere Auflagerflächen die Fächenpressung und leiten die Kräfte weiter über das Schotterbett in den Untergrund. Horizontale Kräfte werden in der Auflager-

Die Schwellen reduzieren durch die größere Auflagerflächen die Fächenpressung und leiten die Kräfte weiter über das Schotterbett in den Untergrund. Horizontale Kräfte werden in der Auflagerfläche der Schwellen durch Reibung und von den Schwellenseiten auf die Einschotterung unmittelbar übertragen.

Der verdichtete Schotter als Bettung übernimmt beim Querschwellenoberbau die Funktion der fehlenden Schrägverstrebung im statisch verschieblichen rechteckigen Gleisrahmen. Dabei wird das System Schienen/Schwellen/Schotter als Ganzes wirksam und bildet einen Trägerrost mit seiner bekannten wirksamen Stabilität.

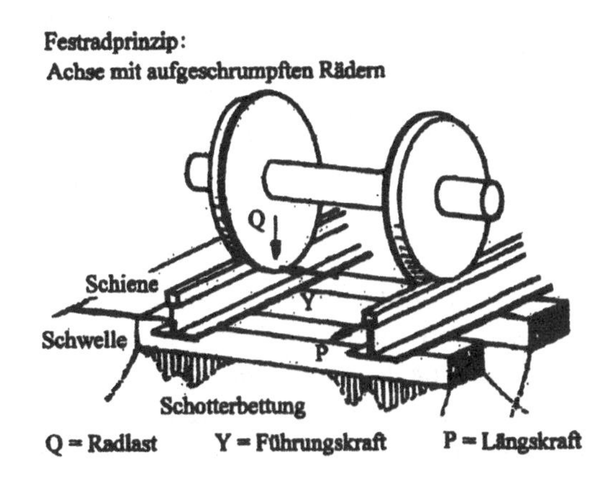

Abbildung 7.2: Querschwellen-Oberbau mit Belastungskomponenten

7.2 Querschwellenoberbau

Der Querschwellenoberbau ist als offener Oberbau mit einer Schotterbettung die Regelausführung bei den Bahnen des Nah- und Fernverkehrs sowie bei S- und U-Bahnen. Günstige elastische Eigenschaften (Abbau von Lastspitzen), bautechnisch einfache Erneuerung und Regulierbarkeit der Gleislage bei Instandhaltungs- und Unterhaltungsmaßnahmen und insgesamt eine gute Spurhaltung durch das starre Rahmensystem in horizontaler Ebene sind Vorteile dieser Bauweise.

Bei der Zugfahrt treten im Gleis vertikale und horizontale Kräfte sowie Längskräfte im Schienenquerschnitt auf.
Auftretende Kräfte bei der Fahrt durch einen Linksbogen:

Q_a - senkrechte Radkraft des bogenäußeren, führenden Rades
Q_i - Senkrechte Radkraft des bogeninneren Rades
Y_a - Querkraft am bogenäußeren Rad
Y_i - Querkraft am bogeninneren Rad
F_y - Gesamte Radsatzlagerquerkraft
$m\ddot{y}$ - Trägheitskraft des Radsatzes aus einer Querbeschleunigung
S - Schwellenkraft

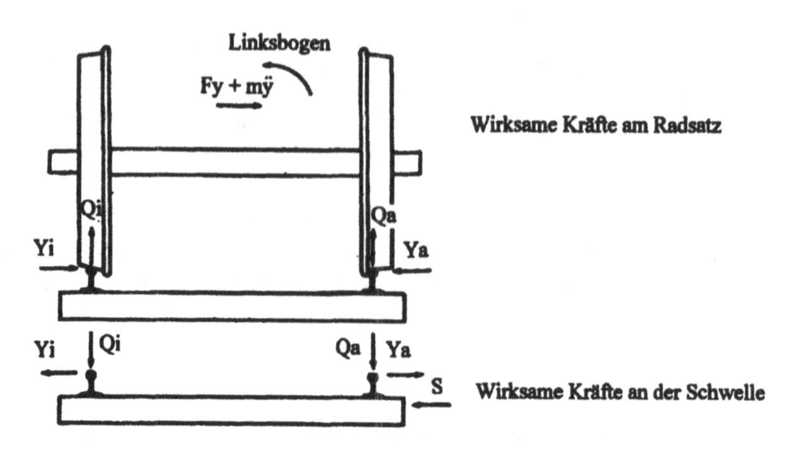

Abbildung 7.3: Wirksame Kräfte im Gleis bei der Bogenfahrt

7.2.1 Schienen

Die Schienen übernehmen sowohl die Aufgabe der Abtragung von hohen vertikalen und horizontalen Fahrzeuglasten als auch die Spurführung der Fahrzeuge und müssen deshalb besonders hohe Anforderungen hinsichtlich der Stabilität und der Materialgüte erfüllen.
Hohe Standfestigkeit und Steifigkeit, ausreichende Tragfähigkeit, hoher Widerstand gegen Verschleiß, ebene Lauffläche und günstige Wirtschaftlichkeit bei Herstellung, Einbau und Unterhaltung sind die wichtigsten Anforderungsmerkmale.
Bei der Festlegung des Schienenmaterials werden Schienenprofil und Schienenwerkstoff auf der Grundlage von Oberbauberechnungen und umfangreichen Materialgüteversuchen in der Regel als Kompromiss zwischen Theorie, Erfahrung und Wirtschaftlichkeitsüberlegungen bestimmt.

7.2.1.1 Schienenformen

Die Schienenformen entwickelten sich von Flachprofilen über Trag- und Schwellenschienen zur heutigen Form der Breitfußschiene. Die Abmessungen der Breitfußschiene (Vignolschiene) wurden den statischen und betrieblichen Anforderungen angepasst. So wurde zur Erzielung ausreichender Standfestigkeit die Schienenfußbreite in einem optimalen Verhältnis ($b/h = 0.87$ bei UIC 60) zur Schienenhöhe entwickelt. Der Schienenkopf ist für die Aufnahme der rollenden Radlasten optimal geformt und durch Eckausrundungen zwischen Lauffläche und Fahrkante dem Rad-Laufprofil angepasst.
Aus der zugeordneten Höhe des Schienenprofils ergibt sich das für die Tragfähigkeit wichtige Widerstandsmoment um die horizontale Biegeachse; außerdem spielt für die ausreichende Tragfähigkeit der Schienenquerschnitte die Materialgüte des Stahls mit einer hohen zulässigen Stahlspannung eine wesentliche Rolle. Heute werden die Schienenprofile aus im Schmelzverfahren hergestelltem, hochwertigem Flußstahl gewalzt. (Siemens-Martinverfahren, Elektroverfahren, Sauerstoff-Blasverfahren).

Die heute in Deutschland gebräuchlichen Schienenprofile sind die Form S 49 (nur noch in Gleisstrecken mit geringer Belastung), S 54 und die UIC 60. Dabei ist das Profil S 49 aus den zwanziger Jahren im Gleisnetz der DB AG noch in großem Umfang vorhanden; dieses Profil wird aber nicht mehr beschafft. Mit der Erhöhung der Achslasten und der Geschwindigkeiten wurden stärkere

Schienenprofile entwickelt und sie werden nur noch als S 54 und UIC-60 Profile in den durchgehenden Hauptgleisen des Streckennetzes verlegt.
Gelegentlich sind auch noch Schienen der Form S 64 in Gebrauch, die früher in Tunneln und auf Brücken verlegt wurden.

Die Profil-Bezeichnung gibt das Metergewicht in kg/m wieder.

Bei der DB AG werden Schienen mit Stahlgüten nach dem UIC-Kodex 860-V verwendet. Kennzeichnend für diese Schienenstahlgüten sind ihre Kohlenstoff- und Mangangehalte.

So ist in den Profilen S 49 mit einer Mindestzugfestigkeit von 680 N/mm^2 ein Anteil Kohlenstoff 0.40 bis 0.60 % und Mangan 0.80 bis 1.25 %. Die Regelgüte ist in den Schienenprofilen S 49, S 54 und UIC-60 mit einer Mindestzugfestigkeit von 880 N/mm^2 mit Anteilen Kohlenstoff von 0.60 bis 0.80 % und Mangan von 0.80 bis 1.30 % eingeführt. Diese Profile werden für stark belastete Strecken und mittleren Radien verwendet.
Chrom-Manganstahl-Sondergüten sind in den Profilen S 54 und UIC-60 mit einer Mindestzugfestigkeit von 1080 N/mm^2 und Anteilen Kohlenstoff 0.65 bis 0.80 % und Mangan 0.80 bis 1.35 % für sehr stark belastete Strecken realisiert.

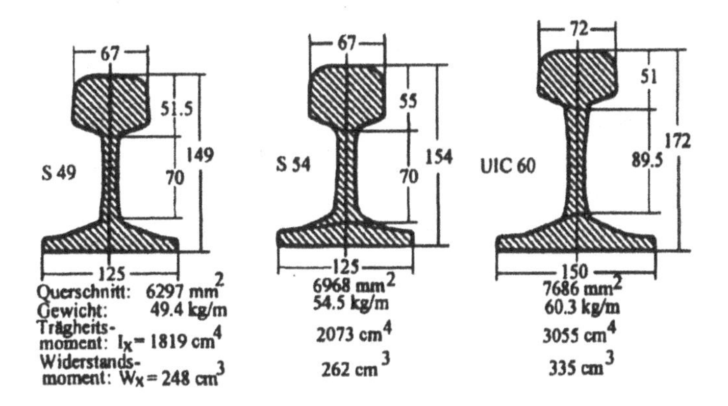

Abbildung 7.4: Schienenquerschnitte mit Tragfähigkeits-Parametern

Im Hinblick auf das Schweißen wirken sich die höhere Festigkeit und damit das trägere Umwandlungsverhalten bei der Abkühlung der verschleißfesten Schienen aus. Zur Vermeidung von die Sprödigkeit begünstigenden Gefügebestandteilen strebt man beim Schweißen durch Vor-, Zwischen- und Nachwärmen eine gesteuerte Abkühlung an.

7.2.1.2 Schienenbelastung

Die Schienen werden unter der Beanspruchung der wirksamen Radlasten der Fahrzeuge auf Druck, Zug und Biegung beansprucht.
Die äußere Krafteinwirkung erfolgt durch vertikale und horizontale Kräfte sowie durch innere Beanspruchungen infolge Längskräfte aus Temperaturänderung.

1. Vertikale Beanspruchung

   Die wirksamen Radlasten (die Hälfte der Radsatzlast) setzen sich zusammen aus

   (a) dem statischen Anteil Q_{stat}
   und einem Zuschlag für Radkraftverlagerung aus den bei Bogenfahrten, beim Anfahren und Bremsen und bei ungleichmäßiger Beladung der Fahrzeuge entstehenden Zusatzlasten.
   Die Radkraftverlagerung beträgt je nach Geschwindigkeit, Bogenhalbmesser, Überhöhung und Schwerpunktshöhe der Fahrzeuge 10 bis 25 % der statischen Radkraft.

   Beispielsweise ergibt sich für die statische Radlast Q_{Stat}:

Wirksame Radlast	$Q = 100\ [kN]$
Achslastverlagerung aus Fliehkraft und Schrägstellung (10 bis 20 %)	$Q_z = 20\ [kN]$
	$Q_{stat} = 120\ [kN]$

   (b) dem dynamischen Anteil Q_{dyn}
   aus der Unebenheit des Gleises und der Federwirkung der Fahrzeuge in der maximalen zulässigen Größenordnung $zul\ Q_{dyn} \leq 80\ [kN]$.

2. Horizontale Beanspruchung

   Die horizontalen Kräfte äußern sich in Form von Querkräften in Schienenkopfebene und ergeben einen

   (a) quasistatischen Anteil Y_{stat}
   aus der Bogenfahrt mit einem maximal zulässigen Wert von $Y_{stat} \leq 70\ [kN]$.

   Im Bogen ist das Fahrzeug bestrebt, in Richtung der Längsachse geradeaus fortzurollen. Der Spurkranz am Rad verhindert dies und die Schiene übt auf das führende Rad der Lok einen seitlichen Führungsdruck aus, der ein Quergleiten des führenden Rades auf die Schiene bewirkt und dadurch das Fahrzeug zum Bogenlauf zwingt.
   Die Bogenfahrt ist stets zusammengesetzt aus reiner Rollbewegung und gleitender Drehbewegung um eine senkrechte Achse; das bedeutet, dass das Quergleiten durchaus mehrere Zentimeter auf den laufenden Meter Rolllänge erreichen kann und dadurch eine wirksame Reibungskraft entsteht.

   Der quasistatische Anteil umfasst die Seitenkräfte aus der Fliehbeschleunigung, die Windkräfte und Hangabtriebskräfte auf dem überhöhten Gleis. Diese horizontalen Belastungen versuchen, die Schienen zu kippen, die Schienen auf den Schwellen seitlich zu verschieben und das gesamte Gleis seitlich zu verändern.
   Die Summe der Seitenkräfte ergeben die Führungskraft Y_{stat}, die bei der Bogenfahrt im ungünstigsten Fall die senkrechte Radlast erreichen kann. Die größten Führungskräfte

treten unter der Lokomotive auf. Bei Radien unter 700 m nehmen die Kräfte stark zu. Der maximal zulässige Wert ergibt sich zu

$zul\ Y_{stat} = (0.5 \text{ bis } 0.7) \cdot Q_{stat} = 70\ [kN]$

(b) einen dynamischen Anteil Y_{dyn}
aus Schlingerbewegungen durch den Sinuslauf in der Geraden und durch Gleislagefehler mit einem maximal zulässigen Wert von $Y_{dyn} \leq 60\ [kN]$.
Der dynamische Anteil der Führungskraft hat sich durch Messungen aus dem fünffachen Wert der zulässigen freien Seitenbeschleunigung $zul\ \Delta b = 0.85\ [m/sec^2]$mit $5 \cdot 0.85 = 4.2\ [m/sec^2]$ maximal ergeben.
Diese große Seitenbeschleunigungen würden vom Schienenkopf noch aufgenommen werden. Die Gefahr entsteht hierbei aber dadurch, dass ein Aufklettern des Rades und die Gefahr einer Entgleisung zu befürchten ist; zum Beispiel bei Innenbogenweichen. Deshalb ist die Begrenzung von Y_{dyn} wichtig.

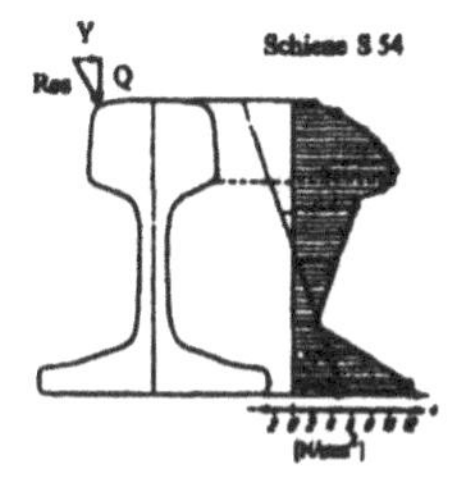

Abbildung 7.5: Biegezugspannungen im Schienenquerschnitt bei schräger Belastung (qualitativ)

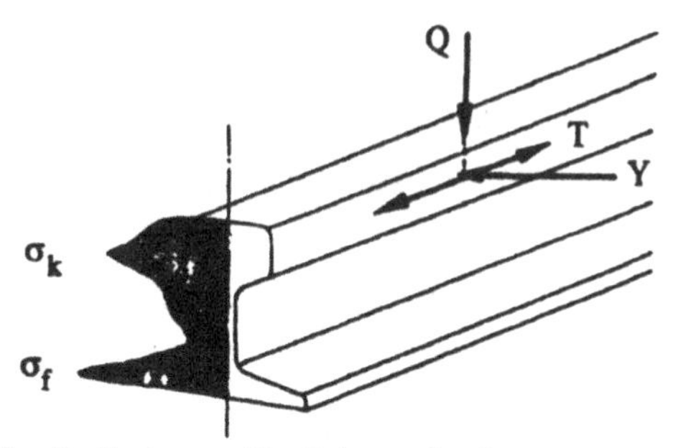

Q = Radlast Y = Führungskraft
T = Temperaturlängskraft + Anfahr- bzw. Bremskraft
σ_k = Spannung am Schienenkopfrand
σ_f = Spannung am Schienenfußrand

Abbildung 7.6: Biegespannungen im Schienenkopf- und Schienenfußrand bei Q,Y und T-Belastung

3. Längskräfte

Längskräfte treten im durchgehend geschweißten Gleis in ausgeprägtem Maße auf und können folgende Ursachen habe:

(a) Kräfte aus Eigenspannung

die beim Herstellungsprozess (Unterschiedliches Erkalten des glühenden Schienenquerschnitts) entstanden sind. Sie sind exakt nicht zu erfassen; man geht bei der Berücksichtigung von einem Mittelwert von 8 kN/cm^2 aus.

Diese Belastungsgröße hat eine untergeordnete Bedeutung.

(b) Kräfte durch das Beschleunigen von Zügen beim Anfahren und Bremsen

Diese Kräfte liegen aufgrund von Messungen in der Größenordnung 35 bis 55 kN.

Auch diese Belastungsgröße ist verhältnismäßig gering.

(c) Kräfte aus Temperaturänderung

im durchgehend geschweißten Gleis bei behinderter Längenänderung. Die Längskraft, die sich im Schienenquerschnitt aufbaut, lässt sich aus folgendem Ansatz ermitteln:

$$P = \alpha_t \cdot E \cdot F_s \cdot \Delta t \; [N] \tag{7.1}$$

Darin sind: Ausdehnungskoeffizient für Stahl $\alpha_t = 0.000012$ $[1/° \, C]$; E-Modul für Stahl $E_{St} = 210000$ $[N/mm^2]$; F_s Querschnitt der Schiene $[mm^2]$; Δt Temperaturdifferenz zwischen Verspanntemperatur (Solltemperatur) und Außentemperatur.

Diese Längskräfte in den Schienen müssen durch die Rahmensteifigkeit und den Querverschiebewiderstand des Gleises kompensiert werden.

Der Zusammenhang zwischen Kraft und Verschiebung sowie zwischen Temperatur und Verschiebung wird durch das Hookesche Gesetz beschrieben:

Als Gesetz zur Elastizitätstheorie wird durch das Hookesche Gesetz die Kraftdehnung wie folgt beschrieben:

Die Dehnung ist $\epsilon = \frac{\Delta l}{l} = \frac{\sigma}{E}$; hieraus ergibt sich $\sigma = \epsilon \cdot E$ und $\frac{S}{F} = \epsilon \cdot E$ und für eine Stabkraft (Längskraft) infolge Kraftdehnung in einem Bauteilquerschnitt $S = \epsilon \cdot E \cdot F$ $[N]$; darin sind: ϵ Dehnung $[-]$; E Elastizitätsmodul $[N/mm^2]$; F Stabquerschnitt $[mm^2]$.

Analog ergibt sich für die Temperaturdehnung $\epsilon_t = \frac{\Delta l}{l} = \alpha_t \cdot \Delta t$ und für eine

(a) Stabkraft P als Längskraft in einem Schienenquerschnitt infolge Temperaturdehnung

$$P = \alpha_t \cdot \Delta t \cdot E \cdot F \; [N] \tag{7.2}$$

darin sind: α_t Ausdehnungskoeffizient $[1/° \, C]$; Δ_t Temperaturdifferenz; E Elastizitätsmodul $[N/mm^2]$; F Schienenquerschnitt $[mm^2]$.

(b) Die Längenänderung der Schiene infolge Temperaturänderung beträgt

$$\Delta l = \alpha_t \cdot \Delta t \cdot l \; [m] \tag{7.3}$$

Entscheidend für die Größe der auftretenden Längskräfte ist die Verspanntemperatur (Solltemperatur). Das ist die Temperatur, bei der die Verspannung und die Schlussschweißung ausgeführt werden und bei der die Schiene theoretisch spannungslos ist.

Ein ausgewogener Temperaturrahmen ist in den hiesigen Gebieten eine maximale Temperatur von +60° C und eine minimale Temperatur von -30° C. Um die Druck- und Zugkräfte in den Schienen beherrschbar zu halten, hat man die Solltemperatur zwischen diesen Bereich auf +15° C gelegt; mit einem Sicherheitszuschlag im Hinblick auf die gefährlichen Druckkräfte von +5° C ergibt sich für den Nullpunkt des temperaturabhängigen Kräftespiels: +20° C.

Mit einem Toleranzbereich von ±3° C reicht somit die Solltemperatur von 17° C bis 23° C. Daraus ergeben sich die größten Temperaturunterschiede zu

$\Delta t = 43° \, C$ von +17° C bis +60° C und
$\Delta t = 53° \, C$ von +23° C bis -30° C.

BEISPIEL:
Ermittlung der Längskraft im Schienenquerschnitt infolge Temperaturerhöhung

Ein durchgehend geschweißtes Gleis soll mit UIC 60-Schienen hergestellt werden.
Die Schienen-Querschnittsfläche hat $F_s = 7686 \, [mm^2]$. Für eine Temperatur-Differenz von $\Delta t = 43° \, C$ (+17° C bis +60° C) beträgt die größtmögliche Längskraft als Druckkraft je Schiene $P = \alpha_t \cdot \Delta t \cdot E \cdot F_s = 0.000012 \cdot 43 \cdot 210000 \cdot 7686 = 833 \, [kN]; imGleis mathrmalso 1666 \, [kN]$

Diese Kraft wird im Verlauf der bezeichneten „Atmungslänge" im Gleisendbereich durch die vorhandenen Schwellen aufgenommen.

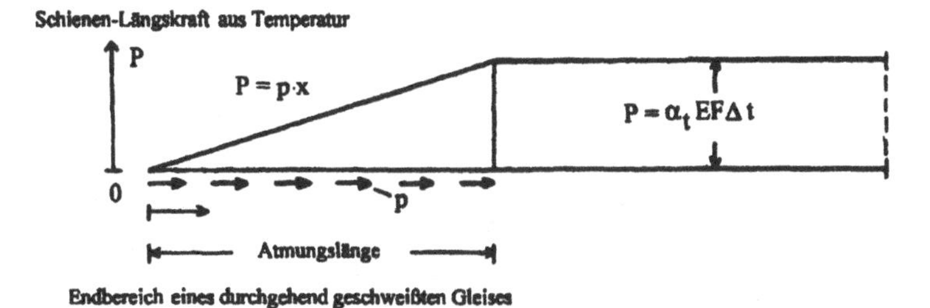

Abbildung 7.7: Aufnahme der Längskraft aus Temperaturerhöhung im Gleisendbereich durch die Schwellen

7.2.2 Schwellen

Die Schwellen sind Träger und Spurhalter der Schienen und sichern die Lage der Schienen nach Richtung und Höhe. Sie müssen zur Ableitung der vertikalen Lasten von der Schiene in die Bettung eine möglichst große Auflagerfläche besitzen, damit der Unterbau nicht überlastet wird. Darüber hinaus ist zu gewährleisten, dass die horizontalen Kräfte aus den Schlingerbewegungen der Fahrzeuge quer zum Gleis, die Führungskräfte im Bogen, die Längskräfte aus Anfahren und Bremsen und die Knickkräfte aus der durchgehenden Verschweißung des Gleises schadlos auf die Bettung übertragen wird.
Durch die Formgebung und über die Schotterverzahnung (Oberflächenreibung) überträgt die Schwelle die horizontalen Kräfte auf den sie umgebenden Schotter. Der den Schwellen entgegenwirkende Widerstand wird durch das verdichtete Schottergerüst in der Art eines Querverschiebewiderstandes

aufgebaut. Dadurch werden Gegenkräfte aktiviert, die horizontal in Querrichtung Gleisverwerfungen, besonders bei der Bogenfahrt, entgegen wirken. Die Schwelle kann als Träger auf zwei Stützen mit überkragenden Enden berechnet werden, wobei die Schienenauflager als Stützen und der Bettungsdruck als Belastung wirkt.

Hohl liegende Schwellen erzeugen Biegespannungen in den Schienenquerschnitten; in solchen Fällen muss die noch zulässige Biegespannung ermittelt und erforderlichenfalls entsprechende Instandsetzungsmaßnahmen angeordnet werden.

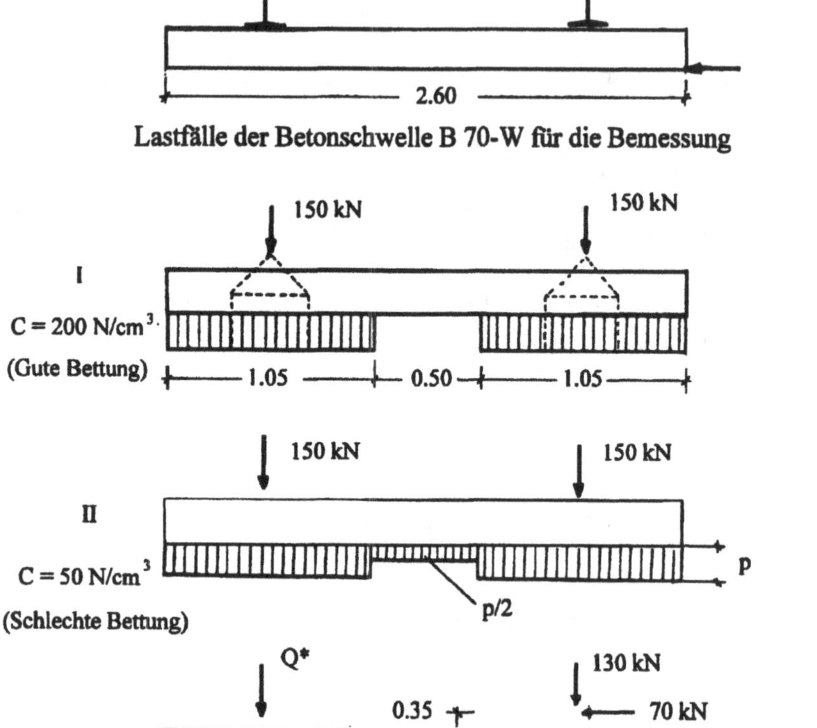

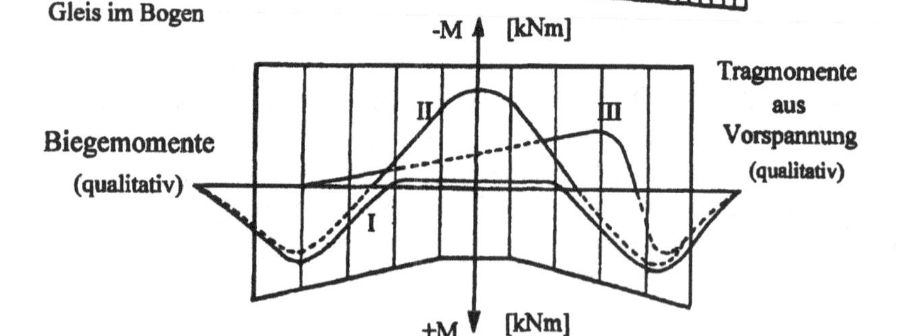

Abbildung 7.8: Schwellenbeanspruchung

Die vertikale Radlast wird im Bereich der Schienenauflager auf die Schwelle übertragen; deshalb ist die Schwelle im Mittelteil nicht exakt unterstopft, damit das „Reiten“ und ein kritischer Biegespannungsbereich verhindert werden.

Als Schwellenmaterialien werden Stahl, Holz und Beton verwendet. Die Wahl der Schwellenart wird in erster Linie nach wirtschaftlichen Gesichtspunkten getroffen.

7.2.2.1 Stahlschwellen

Stahlschwellen in Trogform werden heute nur noch in Ausnahmefällen eingebaut, da sie wegen der hohen Beschaffungskosten unwirtschaftlich sind. Nur noch dort ist ein Bedarf, wo man auf engem Raum unbedingt die lichte Höhe einhalten muss. Obwohl sie heute keine Bedeutung mehr im Bahnbau haben, werden ihre bautechnischen Vorteile wegen des großen Widerstandes gegen Längs- und Querverschiebungen durch ihre gewölbte Form immer wieder besonders hervorgehoben. In Nebenstrecken sind Stahlschwellen noch häufig anzutreffen.

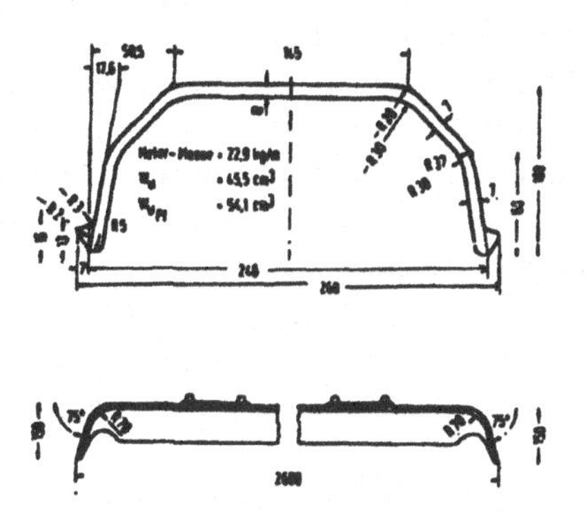

Abbildung 7.9: Stahlschwellenprofil

Weiterentwicklungen von Stahlschwellen mit besonderer Querschnittsform und im Verbund mit neuen Fahrweg-Konstruktionselementen finden zunehmend Anwendung.
Im Erprobungsstadium befinden sich Stahlschwellen als Y-Schwellen für Strecken mit besonders schweren Lasten. Auch die Verwendung von Y-Schwellen in Tragplatten-Oberbauten (Feste Fahrbahn) zum Beispiel nach der Bauart FFYS sind in Probestrecken eingebaut.

7.2.2.2 Holzschwellen

Hartholzschwellen (Eiche und Buche) werden seit Jahrzehnten als Standardschwellen, die zum Schutz gegen Fäulnis nach dem Rüping-Verfahren imprägniert sind, in den Gleisstrecken eingebaut. Die Lebensdauer einer getränkten Hartholzschwelle beträgt etwa 30 bis 50 Jahre.
Das geringe Gewicht begünstigt den Einbau von Hand sowie die Einzelauswechselung. Sie ermöglichen eine einfache Befestigung der Schienen und gewährleisten eine gute Isolierfähigkeit.
Die Übertragung von Horizontalkräften erfolgt durch enge Verzahnung mit dem Schottergerüst. Die Auflagerfläche beträgt ca. 5460 cm^2.

7.2.2.3 Spannbetonschwellen

Spannbetonschwellen als Einblock-Betonschwellen ohne Ausnehmung mit Trapezquerschnitt und vier Spannstäben haben sich, nachdem in den letzten Jahren die Herstellungsverfahren optimiert

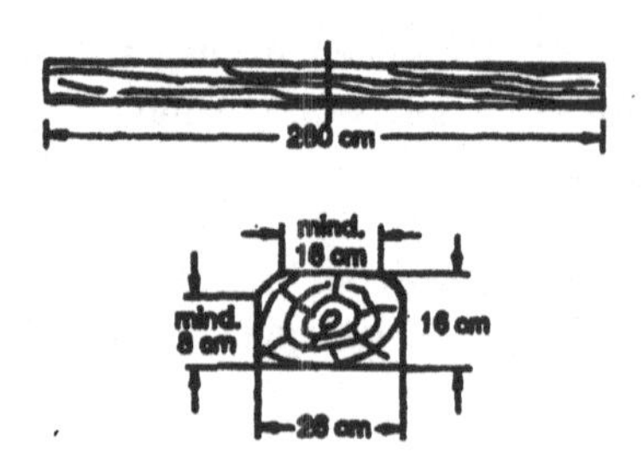

Abbildung 7.10: Abmessungen einer Holzschwelle

wurden, durchgesetzt und werden vorrangig eingebaut.
Sie haben ein hohes Gewicht, übertragen die Horizontalkräfte im Schotterbett über Reibungswiderstände und mobilisieren damit einen hohen Widerstand gegen dynamische Querkräfte bei hohen Geschwindigkeiten; ihr Einbau ist nur in mechanisierten Arbeitsverfahren möglich. Sie sind allerdings gegen Überbeanspruchung sehr empfindlich; ihre Isolierfähigkeit ist ausreichend. Eingeführt bei der DB AG sind die Spannbetonschwelle B 58 (Gewicht: ca. 235 kg) auf vorhandenen Strecken. Die neuen Entwicklungen sind die Spannbetonschwelle B 70-W60 (Gewicht: ca. 300 kg; Auflagefläche 5930 cm^2) für Schienenprofile UIC-60 und B 70W-54 für das Schienenprofil S 49 und S 54. Sie werden in Neubaustrecken ausschließlich eingesetzt.
Eine zusätzliche Variante ist die B 75 a mit einem Gewicht ca. 380 kg und einer Auflagefläche 7526 cm^2. Die Benennung gibt das Entwicklungs- und Einbaujahr an; der Zusatz W weist auf die besonders erforderliche Winkelführungsplatte als W-Befestigung für die Schienenbefestigung der unterschiedlichen Schienenprofile hin.
Der Regelabstand für Schwellen in durchgehenden Hauptgleisen mit starkem Betrieb beträgt 60 cm und 63 cm je nach Belastung des Gleises und den anstehenden Untergrundverhältnissen. Die Auflagerfläche für die Schienenbefestigung wird im Beton mit einer Neigung 1:40 angelegt. Für die Aufnahme der Schienenbefestigung dienen Schraubdübel aus Kunststoff, die beim Betonieren eingebracht werden.
Im Ausland ist eine Betonschwelle entwickelt worden, bei der das Mittelteil mit Profileisen ausgefüllt und dort als Zweiblock-Betonschwelle verbreitet ist. Diese Schwellen besitzen zwar einen höheren Querverschiebewiderstand, haben aber Mängel in der korrekten Spurhaltung.

7.2.3 Schienenbefestigung

Zur Gewährleistung einer stabilen Gleislage muss zwischen Schiene und Schwelle eine verdreh- und durchschubsichere Verbindung geschaffen werden, dh. es darf kein Verdrehen und kein Verschieben des Schienenprofils in Längsrichtung erfolgen.
Diese kraftschlüssige Verbindung wird mit Hilfe der Schienen-Befestigungsmittel erreicht, bei denen der Schienenfuß auf jeder Seite mit einer Anzugkraft von mindestens 10 kN auf die Schwelle gepresst wird.
An jedem Unterstützungspunkt sind also zwei Schienenbefestigungen mit einer Niederhaltekraft von 20 kN wirksam, die den Knotenpunkt biegesteif gestalten und so dem Gleisrost eine gute Rahmensteifigkeit und eine hohe Lagesicherheit, insbesondere bei Gleisen mit durchgehend geschweißten Schienen, verleihen.

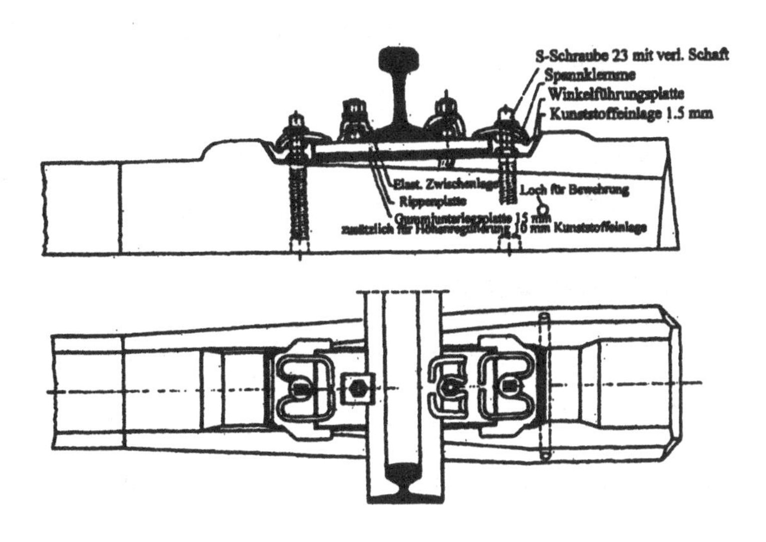

Abbildung 7.11: Betonschwelle B 70/S Rheda mit Schienenbefestigung

Diese Knotenpunkte sind neben der statischen Belastung besonders dynamischen Beanspruchungen ausgesetzt. Um zu verhindern, dass die Niederhaltekraft durch die dynamische Belastung verringert wird (Vermeidung von Federverlusten), steht ein spezielles Federelement zwischen dem Schraubenkopf und der Klemmplatte, die den Schienenfuß fest auf die Schwellendecke drückt, in dem Befestigungssystem zur Verfügung.

Die Vertikalkräfte werden bei den verschiedenen Befestigungsarten über eine großflächige Rippenplatte in die Schwelle eingeleitet, so dass die Flächenpressung auf der Schwelle gering bleibt.

Die Horizontalkräfte werden durch Reibung auf die Schwellendecke bzw. durch eine spezielle Winkelführungsplatte auf die Betonschwelle übertragen, so dass die Schwellenschrauben nur mäßig in horizontaler Richtung beansprucht werden.

Die Kunststoff-Zwischenlage auf der Rippenplatte soll– die Schienenunterseite wird gegen Verschleiß (Reibung Stahl auf Stahl) geschützt – einen erhöhten Verdreh- und Durchschubwiderstand erzeugen sowie zur Dämpfung von Luft- und Körperschall beitragen.

Unter der Vielzahl früherer Befestigungsarten, wie Hf = Schienenbefestigung mit Spannnagel, Hs = Schienenbefestigung mit Schwellenschraube und Sr = Schienenbefestigung mit Rippenplatte und Spannbügel, haben sich heute im Gleisbau zwei dominierende Standard-Schienenbefestigungssysteme herauskristallisiert: Der K-Oberbau auf Holzschwellen und der W-Oberbau auf Betonschwellen.

7.2.3.1 Oberbauart K

Der Klemmplatten-Oberbau ist eine hochwertige Befestigungskonstruktion mit mittelbarer Schienenbefestigung und wird auf neuen Holzschwellen für Gleise 1. Ordnung und zum Teil auch für

Gleise 2. Ordnung verwendet. Die Befestigung der Schiene auf der Schwelle erfolgt indirekt über Zwischenglieder „Rippe, Klemmplatte und Hakenschraube“.

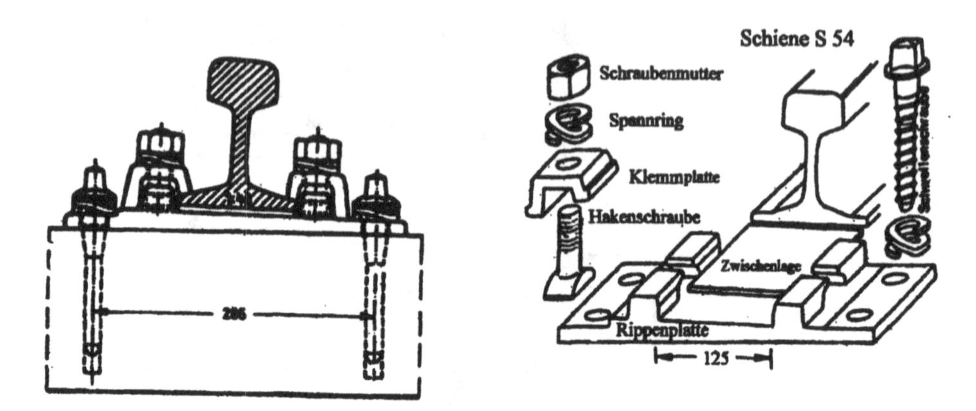

Abbildung 7.12: Oberbau K auf Holzschwellen

Die Schienen werden auf der Rippenplatte durch Klemmplatten und Hakenschrauben fest verspannt. Bei der Verlegung von Schienen UIC-60 wird eine Rippenplatte mit den Abmessungen 370 x 160 mm benutzt, die im Schienenauflager 1:40 geneigt ist.

Für das Verlegen auf Betonschwellen hat sich diese Bauart bei der DB nicht bewährt, da die Rippenplatten mit nur zwei Schwellenschrauben befestigt sind und deshalb einer zu großen Beanspruchung unterliegen.

Für untergeordnete und wenig belastete Gleisstrecken werden einfache Schienenbefestigungen, wie Befestigungsarten mit Schwellenschrauben, mit Schrägfedernägeln und mit Federklammern eingesetzt.

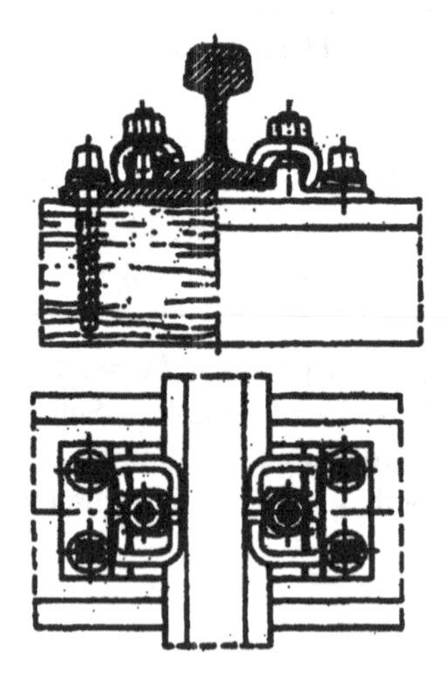

Abbildung 7.13: Oberbau K mit Spannklemmen

7.2.3.2 Oberbauart W

Der W-Oberbau wird bei der DB AG auf Betonschwellen für Schienenprofile UIC-60 verwendet und ist eine Bauform ohne Unterlagsplatte. Die Bauart hat zur seitlichen Führung der Schiene entsprechende Winkelführungsplatten, die winklig im Betonkörper liegen und ihre Lage nicht verändern können. Zwischen Winkelführungsplatte und Betonschwelle ist eine 2 mm dicke Kunststoffplatte angeordnet, die der elektrischen Isolierung und dem Ausgleich des Anpressdruckes zwischen Stahl und Beton dient.

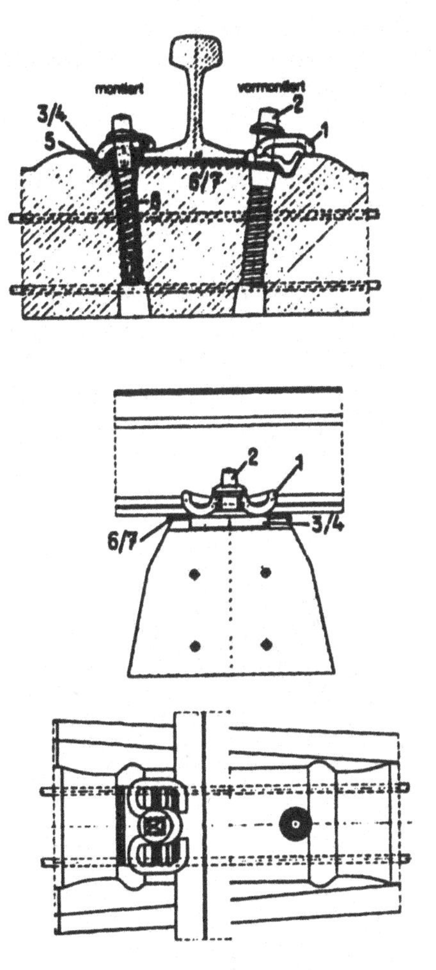

Abbildung 7.14: Schienenbefestigung W auf Betonschwellen

Die Ziffern haben folgende Bedeutung:
1: EPSILON-Spannklemme; 2: Schwellenschraube; 3/4: Winkelführungsplatte (Stahl); 5: Isoliereinlage (2 mm dick); 6/7: Elastische Zwischenlage (5 mm dick, Kunststoff, Pappelholz, o.ä.); 8: Kunststoffschraubdübel.

Die Schiene steht auf der Betonschwelle unter Einschaltung einer 5 mm starken Kunststoffplatte. Die kraftschlüssige Verspannung der Schiene geschieht mit Hilfe von Epsilon-Spannklemmen und in Kunststoffdübel eingedrehten Schwellenschrauben. Der Mittelteil der Epsilon-Spannklemme umgibt dabei die Schraubenschäfte, während die Wendebogen in den Rillen der Führungsplatten sitzen und die Außenschenkel den Schienenfuß niederhalten.

Infolge des dauerhaft hohen Anpressdruckes der Klemmenden auf dem Schienenfuß und der großen Reibung über die gesamte Breite der Schwelle wird ein wirkungsvoller Durchschubwiderstand erreicht. Durch die doppelt elastische Verspannung (Kunststoffplatte, Spannklemme) werden auftretende Schläge durch Laufflächenfehler im Rad oder in der Schiene durch die elastische Lagerung erheblich abgemindert. Die Spannklemme hat einen großen Federweg und und behält auch bei Abnutzung der Zwischenlage eine hohe Verspannkraft. Einbau und Instandhaltung der Gleisstrecken sind einfach. Der Aufwand an Gleispflege wird infolge der elastischen Verspannung wesentlich geringer als bei anderen Befestigungsarten.

Bei entsprechender Abwandlung der Schienenauflagerung ist die W-Befestigung auch für die Verlegung von Profilen der Form S 49 und S 54 möglich.

Bei Schienenbefestigungen in schotterlosem Oberbau auf Brücken und in Tunneln wurden Kombinationen von Bauteilen des K-Oberbaues und des Spannbügel-Oberbaues als Konstruktionen entwickelt, bei denen die Rippenplatte auf einer gelochten Gummizwischenlage liegt, um die Elastizität des Schotters zu bewirken. Gegen Verschieben in Längs- und Querrichtung wird die Rippenplatte durch zwei Rippenspurplatten gehalten.

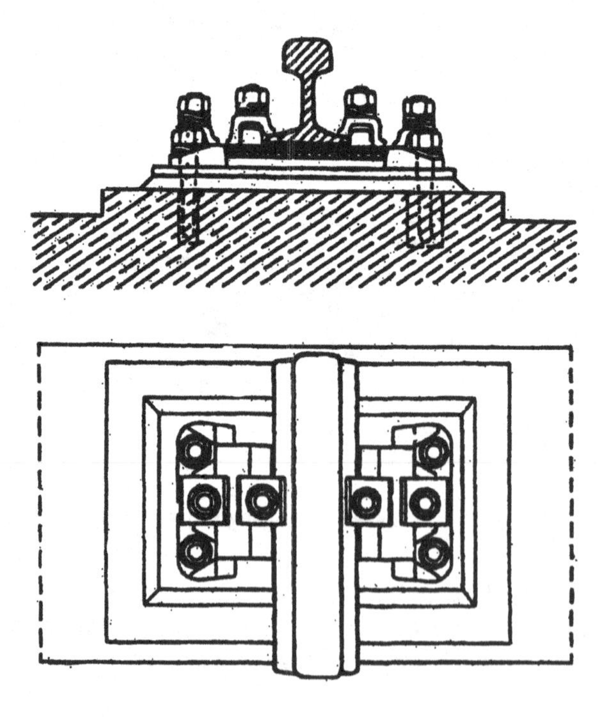

Abbildung 7.15: Schienenbefestigung bei schotterlosem Oberbau

7.2.3.3 Schienenstöße

Mit Hilfe von Schienenstößen werden zwei Schienen miteinander verbunden. Da mit den durchgehend verschweißten Schienen diese Schienenstöße in den Hauptgleisen entfallen, sind nur noch bei Bauzuständen entsprechende geschraubte Stöße und Isolierstöße aus signaltechnischen Gründen erforderlich.

1. Geschraubte Schienenstöße

   Bei der Oberbauart K auf Holzschwellen werden zwei Schwellen zu einer Doppelschwelle verschraubt und mit einer durchgehenden Rippenplatte versehen. Die Schienen werden mittels Laschen verschraubt.

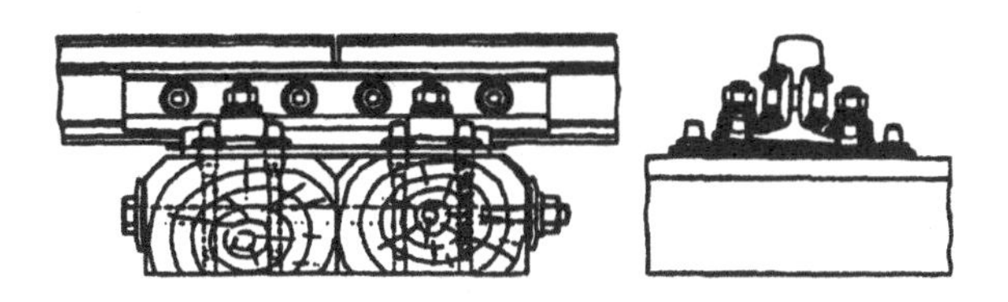

Abbildung 7.16: Geschraubter Schienenstoß

2. Isolier-Schienenstöße

   Beim Isolierstoß sind die Schienen so miteinander verbunden, dass kein elektrischer Strom überfließen kann. So werden zum Beispiel Gleisstromkreise für Signaleinrichtungen oder Weichenprüf-Stromkreise in der Zugsicherung abgegrenzt.

   Isolierstöße werden als Klebeverbindung montiert und zusätzlich verschraubt. Dazu werden werksseitig vorgefertigte Isolierklebstoßverbindungen mit gehärteten Schienenenden hergestellt und örtlich eingeschweißt. Die Isolierung besteht aus glasfaserummantelten Flachlaschen und Kunststoff-Futterstücken.

Es haben sich bei der DB zwei Ausführungsformen entwickelt:

1. Isolierstoß MT

   Bei diesem Isolierstoß werden die Kräfte überwiegend über die Keilwirkung der verspannten Isolierlaschen abgetragen. Dazu kommt die weitere Wirkung des ausgehärteten Klebematerials. Daher kann diese Isolierform auch auf der Baustelle hergestellt werden und ist sofort belastbar.

2. Isolierstoß S

   Bei diesem Isolierstoß wird die Festigkeit allein durch die Klebeverbindung zwischen Laschen und Schienen hergestellt. Deshalb muss das Klebematerial abbinden; der Stoß darf nicht belastet werden. Diese Herstellungsart eignet sich daher nur für Herstellungsformen in den Werkstätten; zum Beispiel für die Anordnung von Isolierstößen in Weichen oder Weichenverbindungen.

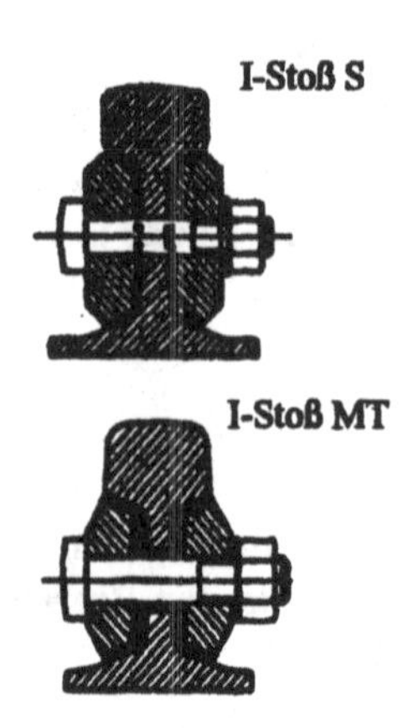

Abbildung 7.17: Isolierstöße S und MT

7.2.3.4 Behelfsstöße

Bevor Schienen bei Gleisumbauten endgültig verschweißt werden, darf der Zugbetrieb oft nicht unterbrochen werden. In diesem Fall müssen die Schienenenden mit Laschen und Schraubzwingen miteinander verbunden werden.
Diese Behelfsstöße werden auch zur vorübergehenden Sicherung von Schadenstellen bei Schienenbrüchen eingesetzt.

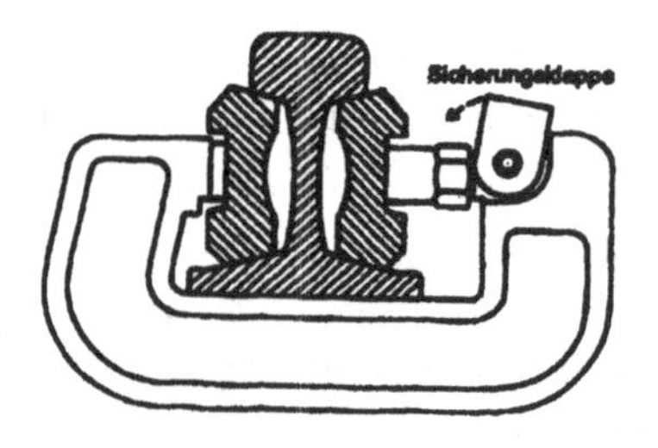

Abbildung 7.18: Behelfsstoß

7.2.3.5 Schienenschweißung

Heute werden Schienen auf durchgehende Länge im Gleis verschweißt. Dabei werden die in 30 m Längen im Walzwerk hergestellte Schienen werksseitig zu Längen von 120 m zusammengefügt, auf der Baustelle verlegt und dort nach bauseitig durchgeführten Schlussschweißungen als durchgehend geschweißter Schienenstrang eingebaut. Als Schweißverfahren in den Schweißwerken wird vornehmlich die Abbrennstumpfschweißung verwendet.

Bei der DB AB kommen als Verbindungsschweißungen auf der Baustelle im allgemeinen das Thermit-Schweißverfahren zur Verschweißung von Breitfußschienen zur Anwendung.
Dabei wird besonders das Thermit-Schweißverfahren mit Kurzvorwärmung (SkV-F) bevorzugt.

Weiterhin wird bei kleineren Zugpausen zur Ausbesserung, z.B. bei Fahrkantenausbrüchen, die elektrische Lichtbogenschweißung eingesetzt werden.

THERMIT - SKV-F SCHWEISSVERFAHREN

Für Schweißungen in Betriebsgleisen mit hoher Verkehrsdichte stellt dieses Verfahren aufgrund der kürzeren Ausführungszeit die wirtschaftlich günstigere Variante dar. In der Kurzvorwärmungszeit von nur 1 bis 2 Minuten werden die Schienenenden auf 600° erwärmt; dies garantiert das Austreiben der Feuchtigkeit an den Schienenenden und in der Gießform.

Dieses Verfahren benutzt als einziges der bekannten Schmelzschweißverfahren eine chemischen Reaktion zur Erzeugung des heißflüssigen Stahlmaterials. Die Reaktion nutzt die große Affinität des Aluminiums zum Sauerstoff, um Schwermetalloxyde, bevorzugt Eisenoxyd, zu reduzieren.
Der stark exotherm verlaufende Thermit-Prozess lässt sich beschreiben als Schwermetalloxyd + Aluminium = Schwermetall + Aluminiumoxyd + Wärme. Die Eisen-Thermit-Reaktion kann wie folgt dargestellt werden: $Fe_2O_3 + 2Al = 2Fe + Al_2O_3 + 849\ [kJ]$.

Die Thermit-Reaktion läuft nach punktförmiger Entzündung mit einem Anzündstäbchen in einem Tiegel in wenigen Sekunden unter starker Wärmeentwicklung ab. Die etwa 2500° C heißen Reaktionsprodukte trennen sich, wobei die spezifisch leichtere Schlacke Al_2O_3 auf dem Eisen schwimmt. Die Schienenenden werden mit einer Gussform umgeben, auf rd. 1000 ° C erhitzt und durch den Zwischenguss von Thermit-Stahl mit einer Temperatur von rd. 2000° C verschweißt. Der Thermit-Stahl wird durch die chemische Reaktion oberhalb der Gussform in einem Schmelztiegel erzeugt.

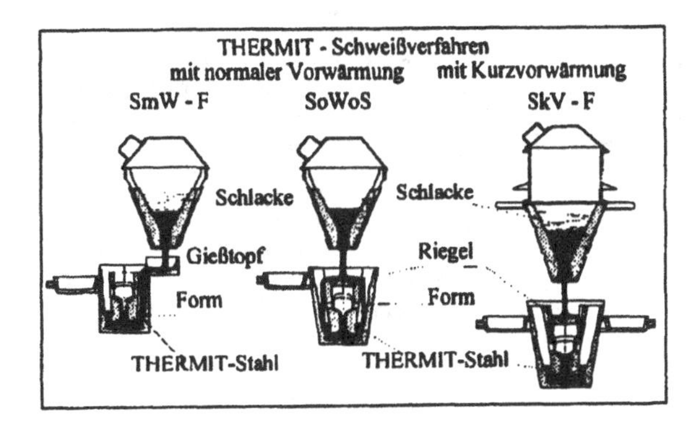

Abbildung 7.19: Schienen-Schweißverfahren: Gießschemata

Die Arbeitsschritte auf der Baustelle können wie folgt beschrieben werden:

1. Erwärmen der erforderlichen Schienenlänge und der Schienenenden auf die Solltemperatur (Verspanntemperatur) mit Hilfe von Spezialbrennern (Gasbrenner oder Widerstandsheizung), um einen spannungslosen Zustand für die Schlussschweißung (Verschweißen der 120 m Schienenlängen) zu erreichen.

   Abtrennen der aus der Erwärmung resultierenden Schienenverlängerung (Dieser Arbeitsschritt ist nur erforderlich in einer Jahreszeit, in der die Solltemperaturspanne von 17 ° C bis 23 ° C nicht erreichbar ist.)

2. Ausrichten der 20 bis 26 mm breiten Schienenlücke und Einformen der Schweißstelle mit einer feuerfesten Form.

3. Vorwärmen der Schienenenden mit Spezialbrennern

4. Einguss des heißflüssigen Thermitstahls in die Form und Verschweißen der Werkstückenden.

5. Nach der Erstarrung des Thermitstahls nach etwa 3 bis 4 Minuten und Ausschalen der angelegten Schweißstelle werden besonders die Schienenkopf-Fahrfläche und die Schienenkopfflanken glatt geschliffen.

Das SkV-F Verfahren kann mit Kurzvorwärmung in Zugpausen von 12 bis 15 Minuten ausgeführt werden.

Die Güte der Thermit-Schienenschweißung wird anhand folgender Untersuchungen nachgewiesen:

Biegebruchprüfung

Die Prüfung erfolgt auf einer Biegepresse mit einem Auflagerabstand von 1 m und mittig angreifendem Stempel. Der Schienenfuß liegt dabei in der Zugzone. Es werden die Bruchlasten und Durchbiegungen zum Beispiel bei 80 Biegebruchversuchen gemessen und ausgewertet.

Die erreichten Bruchlasten müssen über den geforderten Mindestbruchlasten liegen.

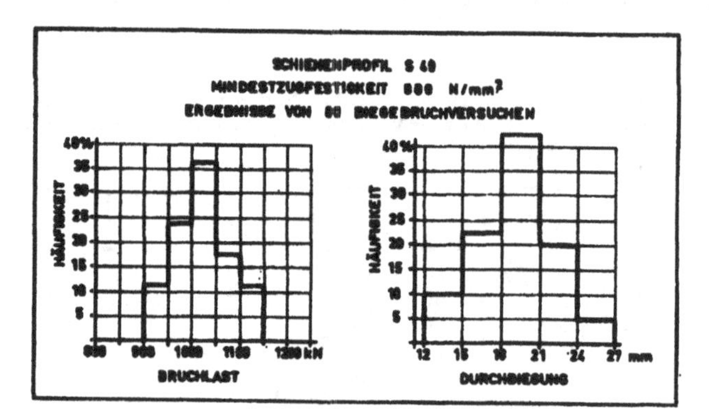

Abbildung 7.20: Ergebnisse der Biegebruchversuchen an SkV-F-Schweißungen mit Kurzvorwärmung

Dauerschwingprüfung (Biegeschwellversuch)

Dauerschwingprüfungen an Thermit-Schienenschweißungen werden als Gestaltfestigkeitsprüfungen ausgeführt, wobei die nur am Schienenkopf beschliffenen Schweißungen auf einem Pulsator einer schwingenden Beanspruchungen unterliegen, die den Belastungen im Gleis angenähert sind. Dabei müssen die Schweißungen $2x10^6$ Lastwechsel ohne Bruch ertragen.
Härteprüfung

Die Härte des thermitisch erzeugten Stahls muss die Härte der Schiene angepasst sein, um Ausfahrungen im Schweißgut zu vermeiden. Die Thermit-Schweißportionen sind so eingestellt, dass die Härte des Schweißgutes etwa 20 HB höher liegt als die des Schienenstahls. Das folgende Bild

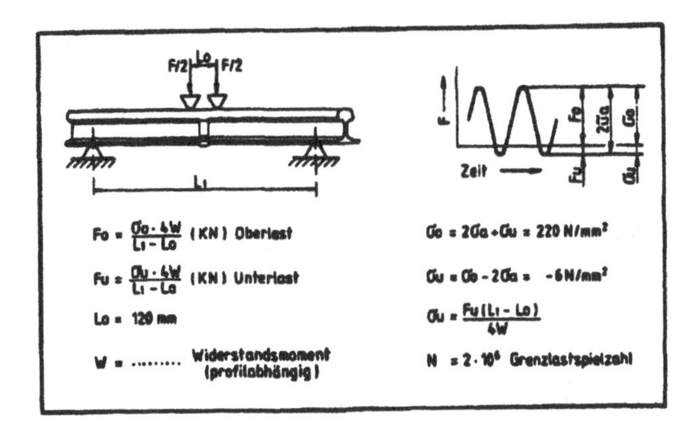

Abbildung 7.21: Schienenschweißverfahren: Dauerschwingprüfung

zeigt einen Härteverlauf auf der Fahrfläche einer Schiene des Profils S 49 (Mindestzugfestigkeit 880 N/mm^2) mit einer mittig angeordneten Schweißung. Danach beträgt die Härte der wärmebeeinflussten Schiene etwa 275 HB und steigt im Schweißgut auf etwa 285 HB an. (Brinell-Härte)

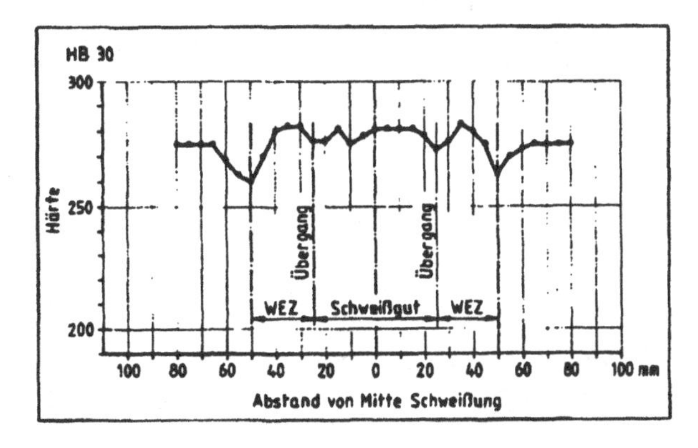

Abbildung 7.22: Schienenschweißverfahren: Härteverlauf auf der Fahrfläche

7.2.4 Bettung

Über die Bettung werden die in den Gleisrost übertragenen Radlasten der Fahrzeuge der Eisenbahn flächenförmig auf den Unterbau bzw. Untergrund verteilt und abgeleitet.

Die Bettung besteht beim offenen Oberbau aus Schottermaterial bestehend aus schlagfestem und frostbeständigem Hartgestein (Basalt, Grauwacke, Diabas) der Körnung 30/65 mm.

Das erforderliche Verdichtungsmaß ist festgelegt mit einem erdstatischen Verformungsmodul von $E_{v2} = 180\ [MN/m^2]$. In Verbindung mit einem tragfähigen Unterbau bzw. Untergrund wird erreicht, dass unterschiedliche Setzungen und daraus resultierende Änderungen in der Gleislage verhindert werden.

Die Gleislagegenauigkeit und -beständigkeit muss bei der Schotterbettung häufig kontrolliert und in bestimmten Unterhaltungsintervallen korrigiert werden. Im Vergleich zur Oberbauart „Feste Fahrbahn“ liegen hier die Investitionskosten für die Herstellung der Schotteroberbau wesentlich niedriger, bei den Unterhaltungskosten allerdings dafür höher.

Der Querschwellenoberbau mit einer Schotterbettung ist eine bis zu einer Geschwindigkeit von $zul\ V = 300\ [km/h]$ bewährte Bauweise, bei der der Bahnkörper im hochmechanisierten Bauverfahren kostengünstig hergestellt werden kann.

Fahrbahn- Bettungsquerschnitte der DB AG

I) für eingleisige Strecken ohne Überhöhung

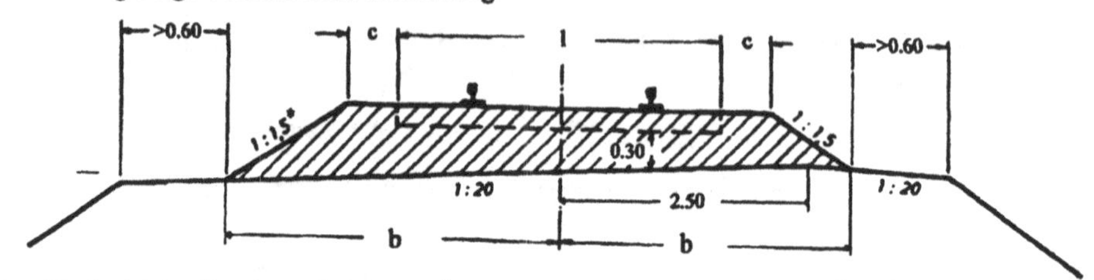

II) für eingleisige Strecken mit 150 mm Überhöhung

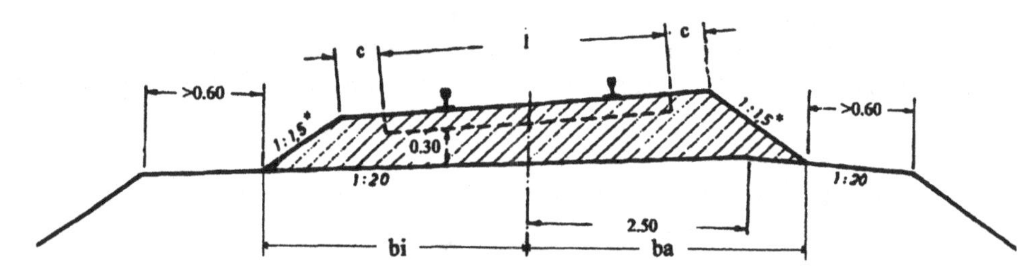

III) für zweigleisige Strecken ohne Überhöhung

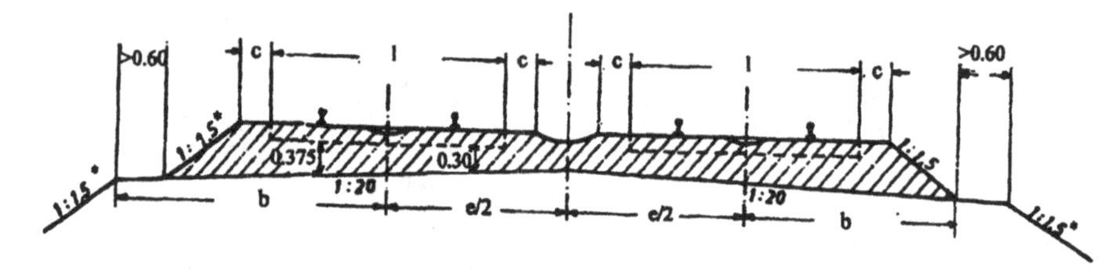

IV) für zweigleisige Strecken mit 150 mm Überhöhung

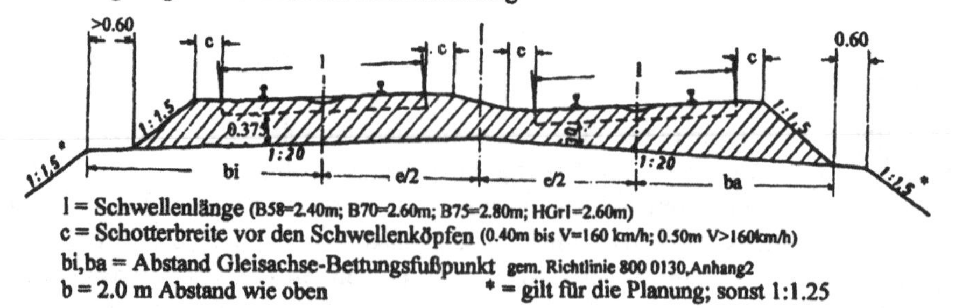

Abbildung 7.23: Fahrbahn-Bettungsquerschnitte der DB AG

Im Hinblick auf eine günstige Spannungsverteilung im Bahnkörper ist der Schwellenabstand und die Dicke der Schotterbettung aufeinander ausgewogen abgestimmt.

Die Schotterbettung wird in Hauptgleisen (Achslast: 225 kN) mit einer Mindestdicke von 30 cm, gemessen unter den Schwellen am Schienenauflager, eingebaut und verdichtet; in schwach belasteten Gleisen beträgt die Dicke 20 cm. In der verdichteten Bettung sind die Schwellen in der oberen Ebene fest eingeschottert, so dass ein hoher Querverschiebewiderstand gewährleistet wird. Gleichzeitig besitzt die Schotterbettung eine gewisse Elastizität, um die hohen Lastspitzen aus etwaigen Gleisfehlern zu dämpfen. Das Oberflächenwasser kann über das wasserdurchlässige Schotterbett schadlos abgeführt werden.

Der Bettungsquerschnitt ist gekennzeichnet durch die Schwellenhöhe zuzüglich einer Mindestbettungsstärke, die Schwellenlänge zuzüglich Schwellenvorschotterungsbreite, der Neigung der Bettungsflanke und das Bettungsprofil in Abhängigkeit von der Gleisanzahl sowie Überhöhung.

Die Breite der Schwellenkopf-Einschotterung beträgt bei durchgehend geschweißten Gleisen mit $zul\ V \geq 160\ [km/h]\ b = 0.50\ [m]$ und mit $zul\ V < 160\ [km/h]\ b = 0.40\ [m]$.
Die Bettungsflanke wird mit einer Neigung 1:1.5 angelegt. Eingeschottert wird bis zur Schwellen-Oberkante; ausgenommen ist belastungsfreie Bereich in Schwellenmitte in einer Breite von 50 cm, gleichzeitig benutzbar zur Streckenbegehung.

Zur optimalen Lastverteilung unter der Bettung wird auf dem Planum des Unterbaues bzw. des Untergrundes eine in Gleisachse gemessene, mindestens 20 cm dicke Schutzschicht aus filterstabilem, frostsicherem Kiessand oder Brechsand/Splitt-Gemisch als Planumsschutzschicht (PSS) eingebaut, die als Teil der Frostschutzschicht dient, das Eindringen von Feinkorn aus den unteren Bodenbereichen in den Schotter verhindert und den schadlosen Abfluss des Oberflächenwassers gewährleistet. Unter der Planumsschutzschicht ist eine weitere frostsichere Schicht aus abgestuftem Gestein einzubauen, so dass sich je nach Gleisart eine Gesamtdicke der frostsicheren Unterlage von 0.50 bis 0.70 m ergibt. Für Bahnkörper des Schnellverkehrs wird auch als Frostsicherung ein 15 bis 20 cm starker Styropor-Leichtbeton vorgeschlagen.
Bei Neubauten sollen die tragenden Bodenschichten des Bahnkörpers auf dem Planum mit einem Verformungsmodul $E_{v2} = 120\ [MN/m^2]$; 0.20 bis 0.30 m unter Planum mit $E_{v2} = 80\ [MN/m^2]$ und 0.70 m unter Planum mit $E_{v2} = 60\ [MN/m^2]$ verdichtet sein.
Das Planum muss auf beiden Seiten der Bettung entsprechend dem zugeordneten Lichtraumprofil breiter angelegt werden, um die Rand- und Zwischenwege in einer Breite von 0.80 m anordnen zu können.

7.3 Tragplattenoberbau; Feste Fahrbahn

In den letzten Jahren wurde mit Nachdruck versucht, alternative Oberbau-Konstruktionen zu dem bewährten Querschwellenoberbau mit Schotterbettung zu entwickeln. Entstanden sind inzwischen eine Vielzahl von Oberbauarten, bei denen auf die Schotterbettung verzichtet wurde und dafür elastische Bauelemente in Verbindung mit Tragplattenkonstruktionen eine direkte Schienenauflagerung als sogenannte „Feste Fahrbahn“ aus Fertigteilen, Ortbeton oder auch aus Asphalttragschichten verwendet worden sind.
Bei den überwiegend in der Erprobung befindlichen Varianten wurde die tragende Funktion des Schotters von einer bewehrten Beton-Tragplatte übernommen.
Hierauf sind die Schienen direkt oder auf ein elastisch gelagertes Schwellensystem montiert.

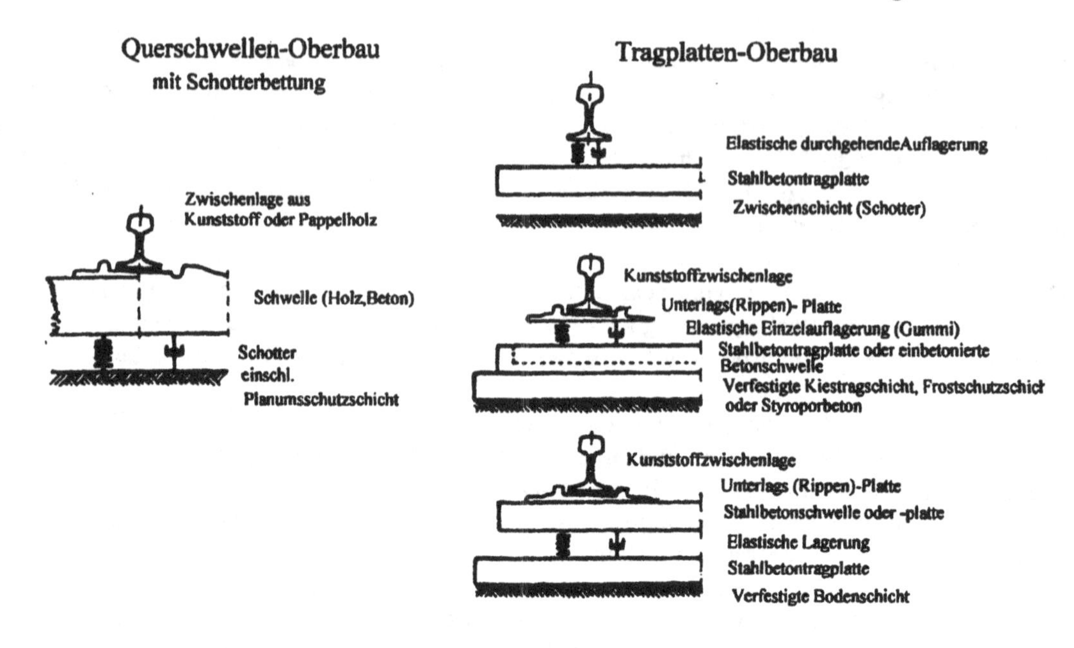

Abbildung 7.24: Vergleich der Fahrbahnsysteme

Es werden in der konstruktiven Ausbildung zwei Grund-Varianten unterschieden:

1. Die monolytische Bauform mit einbetonierten Schwellen oder Stützblöcken; z.B. Bauart Rheda.

2. Die aufgelöste Bauform als Schichtenverbund von Beton- und Asphaltschichten mit direkt aufgelagertem Gleisrost.

7.3.1 Monolytische Bauform

Bei dem System „Rheda" wird ein vorgefertigter Gleisrost aus Schienen UIC 60 auf Spannbetonschwellen mit Montagespindeln auf einer Ortbetontragplatte justiert, mit einer Längsbewährung versehen und einbetoniert. Unter der Ortbetonplatte ist eine hydraulisch gebundene Kiestragschicht bzw. eine 20 cm starke Tragschicht aus Styropor-Beton in einer Breite von 360 cm auf dem verfestigten Untergrund angelegt.

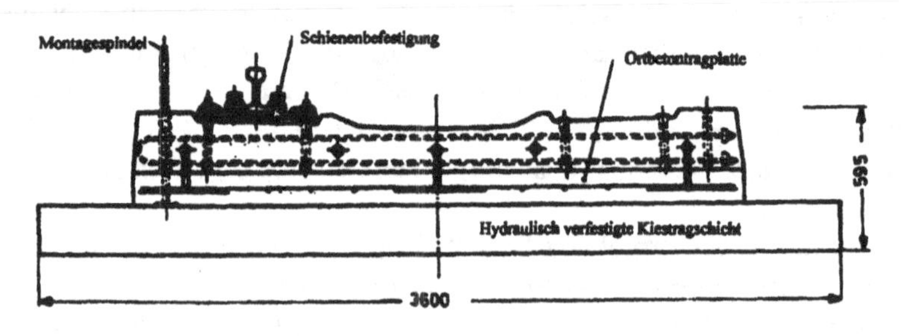

Abbildung 7.25: Feste Fahrbahn: Modifizierte Ortbetonplatte

7.3.2 Aufgelöste Bauform

Bei den aufgelösten Bauformen werden unterschiedliche Tragelemente aus Fertigteilen oder Ortbeton miteinander kombiniert.

Hier einige BEISPIELE:

* Schienentragplatte

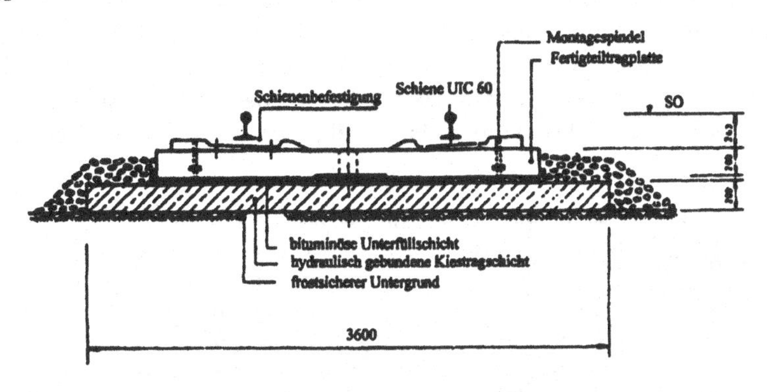

Abbildung 7.26: Feste Fahrbahn: Schienentragplatte (Fertigteil)

* Schienentragrost

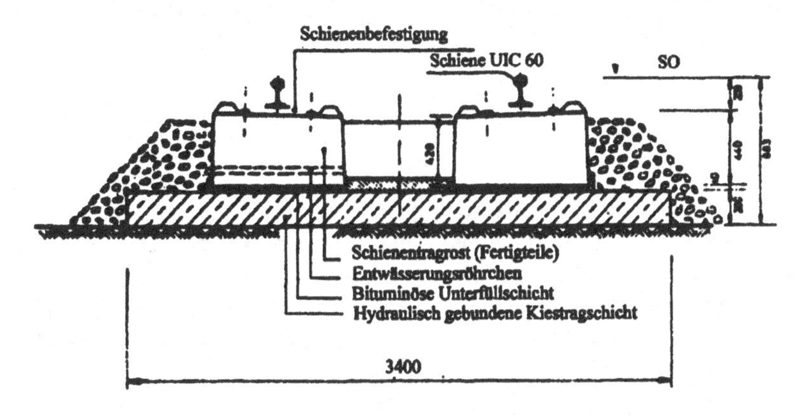

Abbildung 7.27: Feste Fahrbahn: Schienentragrost

* Y-Schwelle auf Asphalttragschicht

Das System „SATO“ (Asphalt-Oberbau mit Y-Schwelle) ist Mitte der 80er Jahre für eine Gleisstrecke mit schwerster Belastung entwickelt worden und seit dieser Zeit in einer Versuchsstrecke unter Verkehr.
Die Besonderheit ist hier die Entwicklung eines neuen Schwellensystem als Y-Schwelle, die mit den Schienen verbunden, auf einer Asphalttragschicht gelagert und mit ihr verankert ist.

Der Aufbau der Konstruktion ist wie folgt gegliedert:

Auf der stabilisierten und mit 1:20 geneigten Planumsebene des Untergrundes ist eine Frostschutzschicht (FSS) in einer Dicke von rd. 45 cm in Gleisachse eingebaut. Zur besseren Entwässerung der Frostschutzschicht und der Verminderung des Aufsteigens von bindigem Boden wurde auf das Planum ein Kunststoffvlies als Filterschicht angeordnet.

Eine bindemittelreiche und hohlraumarme Asphalttragschicht in einer Dicke von 30 cm ist auf der Frostschutzschicht eingebaut. Bei maschinellen Herstellung der Asphalttragschicht mittels Fertiger werden in den Randbereichen in die obere 15 cm Lage Ankerbleche verlegt. Die Verankerung der Schwellen in Form von Ankerstäben dient als Sicherung gegen Abhebkräfte der Vor- und Nachlaufwelle der Schiene bei der Überrollung; gleichzeitig wird damit der Querverschiebewiderstand erhöht.

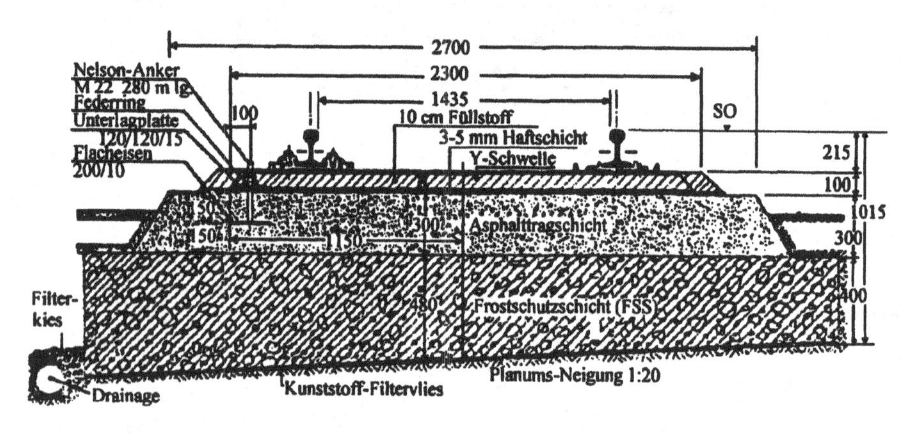

Abbildung 7.28: Querschnitt der festen Fahrbahn in Asphaltbauweise mit Y-Schwelle

Die Y-Stahlschwelle besteht aus zwei s-förmig gebogenen Breitflanschträgern und zwei damit verbundene gerade Trägerstücke im Bereich der Auflager. Sie besitzt drei Doppelauflager gegenüber zwei Einzelauflager bei der Stabschwelle im Abstand von 176 mm und bildet mit den Schienen einen Fachwerk-(Dreieck) Verband. Hierdurch wird die Steifigkeit des Gleisrostes wesentlich erhöht. Die Stützpunkt-Doppelauflager erhöhen die Abstützpunktzahl um 50 % und reduzieren die Schienendurchbiegung.
Die Y-Schwellen werden mittels eines Spezial-Haftklebers mit der Asphalttragschicht verklebt und gleichzeitig wird jeder Auflagerpunkt verankert.
Die Schwellenfelder werden zum Schutz der Asphaltschicht und zur Reduzierung der Schallabstrahlung abschließend mit Schotter aufgefüllt.
Eine Gleisregulierung oder Schwellenauswechselung ist durch die Reguliereinrichtung an der Schienenbefestigung (Höhenausgleichsplatten unter dem Schienenfuß) und durch das Anheben und Verschiebung des Gleisrostes ohne hohen Aufwand möglich.

Der Tragplattenoberbau ist für hohe Geschwindigkeiten und hohe Radlasten entwickelt worden. Er besitzt einen höheren Quer- und Längsverschiebewiderstand als der Querschwellenoberbau mit Schotterbettung; dh. es ist eine hohe Lagesicherheit und damit eine sehr gute Spurhaltung über eine lange Liegezeit gewährleistet. Gleisverwerfungen sind nahezu ausgeschlossen. Der Unterhaltungsaufwand ist dadurch wesentlich reduziert.

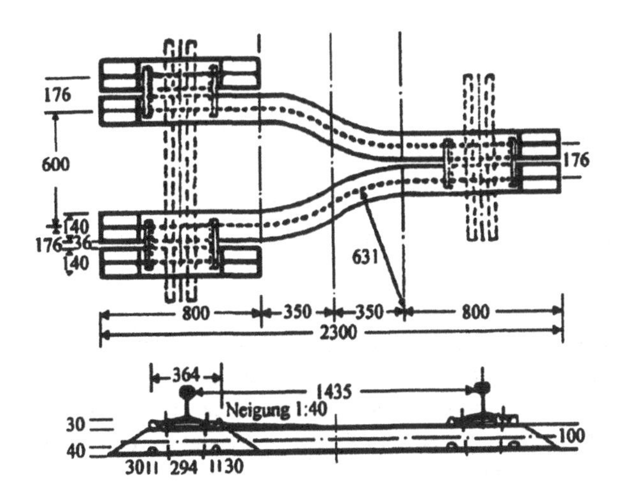

Abbildung 7.29: System der Y-Schwelle

Nachteilig sind die hohen Herstellungskosten. Bei den reinen Tragplatten-Bauweisen ist die Regulierbarkeit der Gleise schwieriger; bisher fehlen weiterhin Einbaumöglichkeiten für Bauweichen.

Sämtlich entwickelte Bauarten befinden sich in eingerichteten Versuchsabschnitten, teilweise schon seit Jahrzehnten in verschiedenen Bereichen, und heute vornehmlich von Neubaustrecken des Hochgeschwindigkeitsverkehrs in Tunnelstrecken und auf Brücken.

Anmerkung:
In den Hochgeschwindigkeitsabschnitten der Neubaustrecke Köln - Rhein/Main, die Ende 2002 in Betrieb genommen werden sollen, wird erstmalig durchgehend auch außerhalb der Tunnelstrecken ein Tragplattenoberbau als „Feste Fahrbahn"hergestellt.

8 Beanspruchungen des Fahrweges

8.1 Einführung

Das Gleis als Fahrweg der Eisenbahn wird im Fahrbetrieb durch horizontale und vertikale Kräfte beansprucht. Dabei sind die einzelnen Systemelemente des Fahrweges, Schiene, Schwelle und Schotter beim Querschwellenoberbau sowie bei der Tragplattenkonstruktion mit verschiedenen Fertigteilen bei der „Festen Fahrbahn" unterschiedlich hohen Beanspruchungen ausgesetzt. Das System Schiene, Schwelle, Bettung wird als eine Einheit bei der Lastaufnahme und bei der Kompensation der Lastzustände wirksam und muss jederzeit eine sichere Betriebsabwicklung gewährleisten. Dabei stehen die Qualität der Einzelelement und die Beanspruchung des Systems in gegenseitiger Abhängigkeit, so dass es notwendig ist, durch Programme der Qualitätssicherung die mögliche Belastbarkeit der Systemkomponenten auf der Grundlage von Versuchsdurchführungen und rechnergestützten Simulationsprogrammen zu untersuchen. Gerade die Forderungen nach größeren Achslasten und höheren Fahrgeschwindigkeiten eröffnen neue Anforderungen an die bisher bewährten Fahrweg-Bestandteile.
Die Schiene, dem stärkst belasteten Bauglied der Fahrbahn, wird durch die Fahrzeugbelastungen und Temperaturwechsel auf Druck, Zug, Biegung und durch Längskräfte beansprucht, deren Auswirkungen sich in Biege- und Schubspannungen in der Schwelle, der Bettung und dem Untergrund widerspiegeln. Der Nachweis, dass die zulässigen Spannungen in den Einzelelementen nicht überschritten werden, gewährleistet die erforderliche Betriebssicherheit.

Schließlich ist die Untersuchung der Verwerfungsgefahr beim lückenlos verschweißten Gleis sowohl in der Geraden als auch im Gleisbogen eine oft notwendige, prophylaktische Maßnahme, um die Gleisstabilität in bestimmten Gleisbereichen zu gewährleisten.

8.2 Ermittlung der Spannungen in Schienenfußmitte

Der Nachweis der Schienenbeanspruchung (Spannungsnachweis im Schienenfuß und Schienenkopf) erfolgt nach Rechenverfahren von Prof. Dr.-Ing. Eisenmann, die beim Schienenfuß auf dem Rechenmodell einer durchgehend elastisch gelagerten Schiene nach Zimmermann und beim Schienenkopf auf der Halbraumtheorie und den Hertzschen Formeln für die Flächenpressung beruhen.
Dem Berechnungsverfahren zur Ermittlung der Schienenbeanspruchung im Schienenfuß liegt das Rechenmodell einer durchgehend elastisch gelagerten Schiene nach Zimmermann zu grunde, wobei die Nachgiebigkeit der Bettung und des Untergrundes durch die Bettungszahl C $[N/cm^3]$ oder Unterlagsziffer ausgedrückt und das Querschwellengleis in ein Langschwellengleis rechnerisch umgewandelt wird.
Aufgrund der Einwirkung hoher statischer und dynamischer Belastung der Fahrzeuge auf den Oberbau ist abzuleiten, dass die Auflagerung der Schiene Unregelmäßigkeiten aufweist, die einerseits aus unterschiedlichen Größen der Federkostanten der Schienenauflager und andererseits aus den nicht überall festen Auflagerungen der Schiene mit der Schwellen bestehen. Dieser Zustand beschreibt

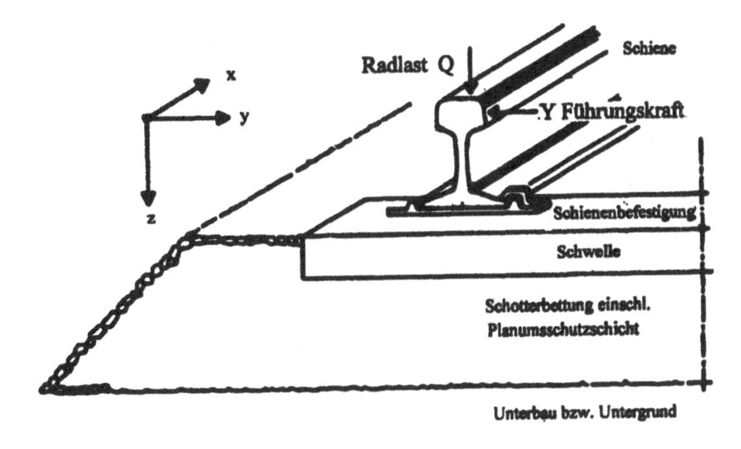

Abbildung 8.1: Elemente des Fahrweges

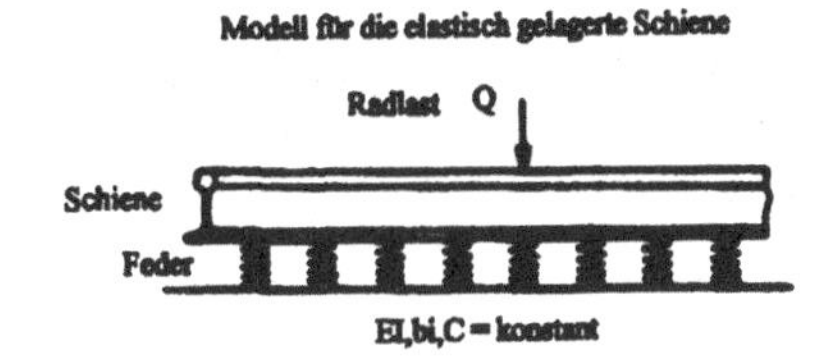

Abbildung 8.2: Idealisiertes Rechenmodell für den Nachweis der Fahrweg-Beanspruchung

die Hohllage der Schwellen, die beim Querschwellenbau mit zunehmender Betriebsbelastung und Betriebsdauer anwächst.

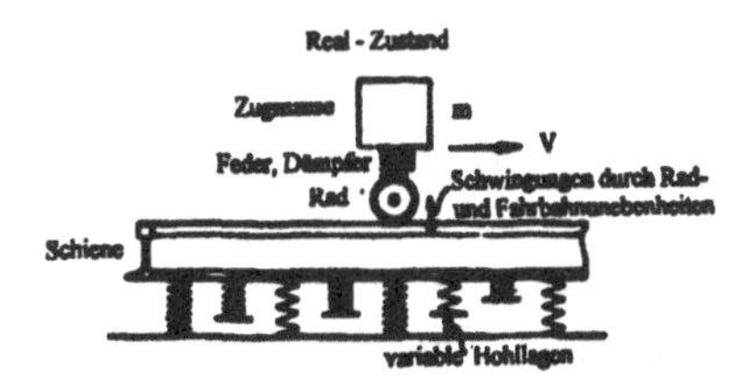

Abbildung 8.3: Real-Zustand: Streuung der Federkonstanten bei der Schienenauflagerung

Das Fahrzeug lässt sich als Masse-Feder-System beschreiben. Von Bedeutung für die Oberbaubeanspruchung sind dabei die Unregelmäßigkeiten, die durch die Unebenheit der Schienenoberfläche und des Rades hervorgerufen werden. Der Einfluss der Nachbarachsen, der zu einer Verminderung bzw. Erhöhung der Spannungen führen kann, wird durch die Einflusszahlen nach Zimmermann berücksichtigt.

Neben der Radlast Q ist eine Radkraftverlagerung in Ansatz zu bringen, die den Bogenlauf, den Bogenhalbmesser und die Fahrzeugschwerpunktshöhe berücksichtigt. Die Streuung der Schienenbeanspruchung und die Schienenabnutzung werden durch einen Zuschlag erfasst.

Daneben geht die Bettungszahl C oder Unterlagsziffer, das Trägheitsmoment I, der Elastizitätsmodul des Schienenstahls E_{St}, der Schwellenabstand a, die Breite der Querschwelle b_Q, der seitliche Schwellenüberstand $s\ddot{u}$ und die Schienenfußbreite b_{sf} in die Berechnung ein.

Mit diesen Werten errechnet man nach der Umwandlung des Querschwellengleises in ein Langschwellengleis die ideelle Breite b_i des elastisch gelagerte Längsträgers und den Grundwert L_i als ideelle, elastische Länge. Der Grundwert ist ein Maß für jene Auflagerlänge der Schiene, auf die die Radkraft Q abgetragen wird.

Die Auflagerlänge ist der Abstand zwischen den Abhebepunkten der Biegelinie $= 1.5 \cdot \pi \cdot L_i = 4.72 \cdot L_i$.

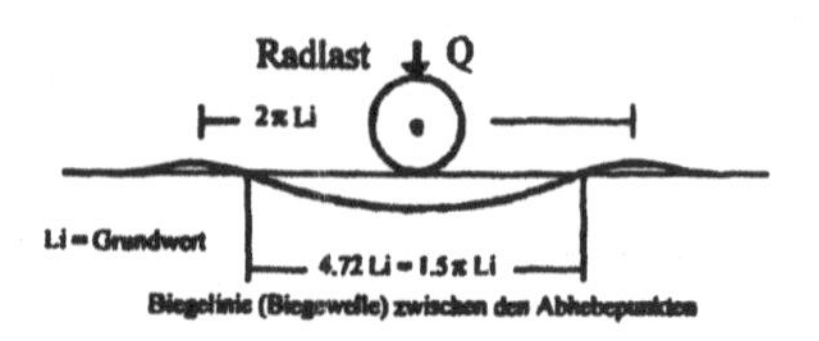

Abbildung 8.4: Grundwert L_i des Langschwellenoberbaues

Mit Hilfe der Einflussgrößen werden die Biegezugspannungen in der Mitte der Schienenfußunterseite berechnet. Sie müssen gleich oder kleiner als die zulässige Dauerbiegezugspannung $\sigma_d = 282\ [N/mm^2]$ des Schienenstahls sein.

8.2.1 Wirksame Radkraft Q

Die wirksame Radkraft $Q\ [kN]$ setzt sich aus der statischen Radkraft (halbe Achslast) und einem Zuschlag aus senkrechten Zusatzkräften für die Radkraftverlagerung infolge Schrägstellung des Fahrzeuges sowie der Fliehkraft, jedoch ohne dynamischen Zuschlag. Er beträgt je nach Gleisbogenradius, Überhöhung, Fahrgeschwindigkeit und Schwerpunktshöhe des Fahrzeuges 10 bis 20 % der statischen Radkraft.

8.2.2 Bettungsmodul C

Die Bettungszahl oder auch Unterlagsziffer C stellt die Beziehung zwischen der Flächenpressung p des Schotters unter der Schwelle und der Einsenkung y dar. Die Bettungszahl C beschreibt einen sehr schlechten, weichen (bindiger, weicher bis steifer Boden) Untergrund mit $C = 50\ [N/cm^3]$ und einen sehr guten, harten (Felsboden) Untergrund mit $C = 300\ [N/cm^3]$; dazwischen liegen die übrigen Untergrundzustände.

Für die Untersuchung der Beanspruchung der Schiene ist ein weicher Bettungszustand mit $C = 50\ [N/cm^3]$ maßgebend; für die Belastung von Schwellen und Schotter ist ein möglichst hoher Wert $C = 250$ bis $300\ [N/cm^3]$ für einen harten Untergrund maßgebend.

Für den Bettungsmodul gilt folgender Ansatz: $C = p/y\ [N/cm^3]$.
Darin sind: $p\ [N/cm^2]$ Flächenpressung des Schotters unter der Schwelle; $y\ [cm]$ Einsenkung der Schiene mit der Schwelle.

8.2.3 Oberbauzustand und Fahrgeschwindigkeit

Der Einfluss des Oberbauzustandes (Abnutzung, Verspannung, Gleislage) und der Fahrgeschwindigkeit wird durch einen Beiwert $s*$, der der Standardabweichung entspricht, ausgedrückt.

Es wird beschrieben:

$s* = 0.1 \cdot \phi$ sehr guter Oberbauzustand
$s* = 0.2 \cdot \phi$ guter Oberbauzustand
$s* = 0.3 \cdot \phi$ schlechter Oberbauzustand

Die Geschwindigkeit wird mit dem Faktor ϕ wie folgt erfasst:

$\phi = 1.0$ $V \leq 60\ [km/h]$
$\phi = 1.0 + \frac{V-60}{140}$ $60 < V \leq 200\ [km/h]$

8.2.4 Breite des Langschwellenoberbaues

Für die Umwandlung des Querschwellengleises in ein Langschwellengleis mit stetiger Längsunterstützung wird die Breite b_i des idealisierten, elastisch gelagerten Ersatzträgers bestimmt.

Es ergibt den Ausdruck:

$$b_i = \frac{2 \cdot b_Q \cdot s\ddot{u}}{a}\ [cm] \tag{8.1}$$

Darin sind: b_Q Breite der Querschwelle (rd. 25 cm); $s\ddot{u}$ seitlicher Schwellenüberstand (55 cm); a $(= b(s))$ Schwellenabstand (63 cm).

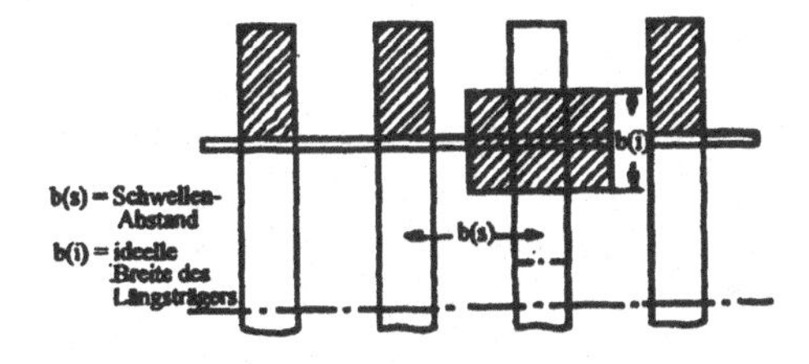

Abbildung 8.5: Ideelle Breite des Ersatzträgers nach Umwandlung des Querschwellenoberbaues

8.2.5 Trägheitsmomente und Widerstandsmomente der Schiene

Schienenform	Trägheitsmoment I_x [mm^4]	Widerstandsmoment W_u [mm^3]
S 49	18190000	248000
S 54	20730000	276000
UIC 60	30550000	377000

8.2.6 Elastische, ideelle Länge L_i (Grundwert)

Bei dieser Berechnung ist das statische System der Schiene ein Durchlaufträger auf elastischen Stützen. Das Biegemoment unter einer Last ist gleich dem Moment eines Balkens auf zwei Stützen mit mittiger Belastung und der ideellen Länge L_i.

Es ergibt den Ausdruck:

$$L_i = 4\sqrt{\frac{4 \cdot E_{St} \cdot I_x}{C \cdot b_{sf}}}\ [mm] \tag{8.2}$$

Darin sind: $E_{St} = 2.1 \cdot 10^5\ [N/mm^2]$ Elastizitätsmodul des Schienenstahls; $I_x\ [mm^4]$ Trägheitsmoment der Schiene; C Bettungsmodul $[N/cm^3]$; b_{sf} Schienenfußbreite.

8.2.7 Einfluss der benachbarten Achsen

Der Einfluss der benachbarten Achsen wird mit Hilfe der Einflusslinien für das Biegemoment erfasst. Die Ordinaten μ der Einflusslinie werden in Abhängigkeit von $\xi = x/L_i$ durch die Zahlen von Zimmermann ermittelt.

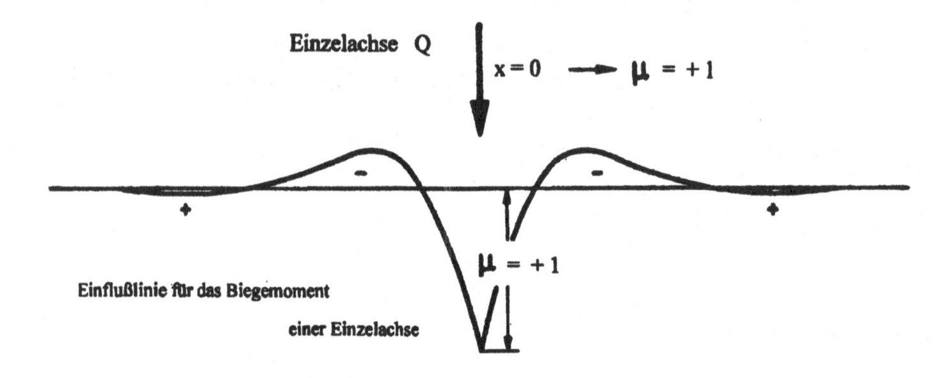

Abbildung 8.6: Momenten-Einflusslinie für Träger auf elastischer Bettung

Es wird angenommen, dass die Radlasten Q gleiche Größe haben. Dann gilt $M = \sum_Q \cdot\mu = Q\cdot\sum_\mu$. Es kann dann durch die Veränderung der Laststellung der maximale Wert von $\sum_\mu$ ermittelt werden. Die Radlasten verteilen sich auf die benachbarten Achsen nach dem Verteilungsschlüssel μ.
Die Berechnung der Einflusszahlen μ für die Momentenverteilung erfolgt nach der Gleichung

$$\mu = \frac{-(\sin\xi - \cos\xi)}{e^\xi} = \frac{\cos\xi - \sin\xi)}{e^\xi} \tag{8.3}$$

8.2.8 Biegezugspannung in der Mitte des Schienenfußes

Die maximalen Biegezugspannungen ergeben sich aus dem Biegemoment

$$\sigma_{Fuß} = \frac{Q \cdot L_i}{4 \cdot W_u} \cdot (1 + 3 \cdot s * \cdot\phi) \cdot \sum_\mu [N/mm^2] \tag{8.4}$$

Im Spannungsnachweis gilt $\sigma_{Fuß} \leq \sigma_d Fuß$.

Die zulässige Dauerbiegezugspannung in Schienenfußmitte $\sigma_d Fuß$ beträgt bei der Schiene S 54 und UIC 60 für eine Zugfestigkeit des Schienenstahls von $\sigma_{Bruch} = 880$ bzw. $1080\ [N/mm^2]$) entsprechend $\sigma_d Fuß = 282\ [N/mm^2]$.
In diesem Wert sind die Eigenspannung und Temperaturspannungen berücksichtigt.

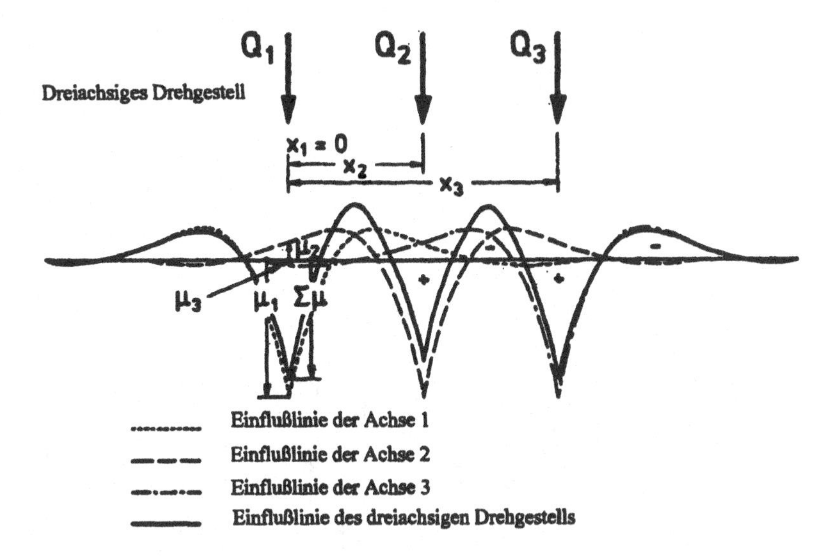

Abbildung 8.7: Einflusslinie für das Biegemoment eines dreiachsigen Drehgestells

8.3 Ermittlung der Schwellenkraft S und der Schotterpressung p

Zur Ermittlung der mittleren und maximalen Schwellenkraft ist die Einflusslinie der Durchbiegung mit der ungünstigsten Laststellung zu überlagern.
Die Berechnung der Einflusszahlen η für die Durchbiegung erfolgt nach der Gleichung

$$\eta = \frac{\cos\xi + \sin\xi}{e^{\xi}} \tag{8.5}$$

Für diese Berechnung wird die Bettungszahl $C = 250\ [N/cm^3]$ angesetzt.

Aus dem Bettungsmodul $C = p/y\ [N/cm^3]$ elliminiert man

die Einsenkung $y = p/C$; mit $p = P/F = \frac{Q/2}{b_i \cdot L_i}$ und erhält dann

die Einsenkung zu

$$y_{mittel} = \frac{Q}{2 \cdot b_i \cdot L_i \cdot C} \cdot \sum_{\eta} [cm] \tag{8.6}$$

Die Schwellenkraft S ergibt sich unter Berücksichtigung der Streuung

$$S_{mittel} = b_i \cdot a \cdot p\,[N] \tag{8.7}$$

und mit

$$p = C \cdot y \tag{8.8}$$

$$S_{mittel} = \frac{Q \cdot a}{2 \cdot L_i} \cdot \sum_{\eta} \tag{8.9}$$

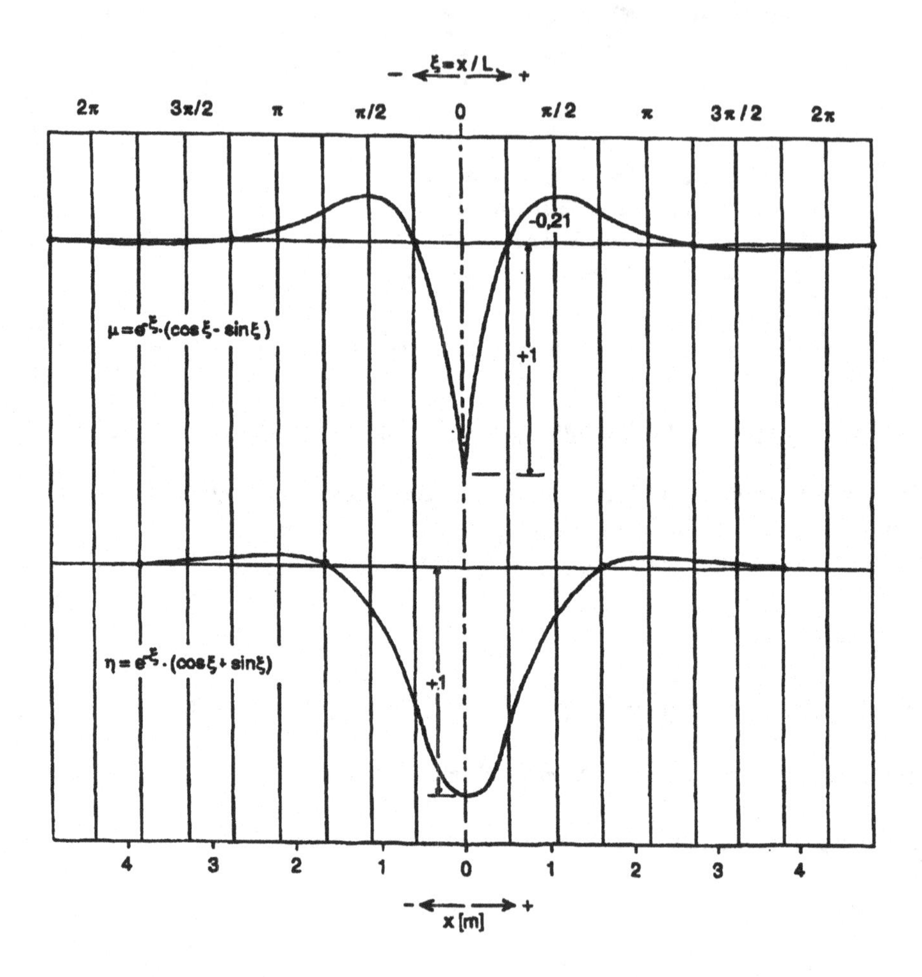

Abbildung 8.8: Einflusslinie des Biegemomentes für die Berechnung der Biegezugspannungen im Schienenquerschnitt und Einflusslinie der Durchbiegung (Einsenkung) für die Ermittlung der Schwellenkraft und der Schotterpressung unter den Schwellen

und

$$S_{max} = S_{mittel} \cdot (1 + 3 \cdot s * \cdot \phi) \; [N] \tag{8.10}$$

Zur Ermittlung der mittleren und maximalen Schotterpressung (Bettungsdruck) wird die berechnete Einsenkung y für eine Radlast von $Q = 118.2 \; [kN]$ herangezogen.
Die Schotterpressung unter den Schwellen berechnen sich über die Einflusszahlen η für die Biegelinie aus

$$\eta = \frac{\cos \xi + \sin \xi}{e^{\xi}} \tag{8.11}$$

Für die mittlere Schotterpressung unter der belasteten Schwelle ergibt sich dann

$$p_{mittel} = \frac{P}{F} = \frac{Q}{2 \cdot b_i \cdot L_i} \; [N/cm^2] \tag{8.12}$$

und die
maximale Schotterpressung

$$p_{max} = p_{mittel} \cdot (1 + 3 \cdot s*) \; [N/cm^2] \tag{8.13}$$

8.3.1 Beispiel: Ermittlung der Biegezugspannung, Schwellenkraft und Schotterpressung

Die Beanspruchung einer Querschwellenoberbaues durch eine E-Lok BR 103 soll analysiert werden.

Folgende Strecken- und Betriebsdaten liegen der Berechnung zugrunde:

Lok BR 103

Wirksame Radlast $Q = 98.5 \; [kN] + 0.2 \cdot 98.5 = 118.2 \; [kN]$

Schienenprofil UIC 60

$I_x = 3055 \; [cm^4]$; $W_u = 377 \; [cm^3]$ Schienenfußbreite der UIC 60: $b_{sf} = 15 \; [cm]$; E-Modul des Schienenstahls: $E_{St} = 2.1 \cdot 10^5 \; [N/mm^2] : Querschnittsfläche :$ $F_s = 7686 \; [mm^2]$

Schwellen B 70W-60

Schwellenabstand $a = 63 \; [cm]$; seitlicher Schwellenüberstand $sü =$ rd. $55 \; [cm]$; Breite der Querschwelle $b_Q =$ rd. $25 \; [cm]$

Bettungszahl $C = 50 \; [N/cm^3]$

Für die Beanspruchung der Schiene ist ein weicher Untergrund maßgebend;

Bettungszahl $C = 250 \; [N/cm^3]$

Für die Untersuchung der maximalen Belastung der Schwelle und des Schotters ist ein harter Untergrund bis $C = 300 \; [N/cm^3]$ maßgebend.

Geschwindigkeit $V = 200[km/h]$

Standardabweichung

$s* = 0.1$ Sehr guter Oberbauzustand; $s* = 0.3$ Schlechter Oberbauzustand

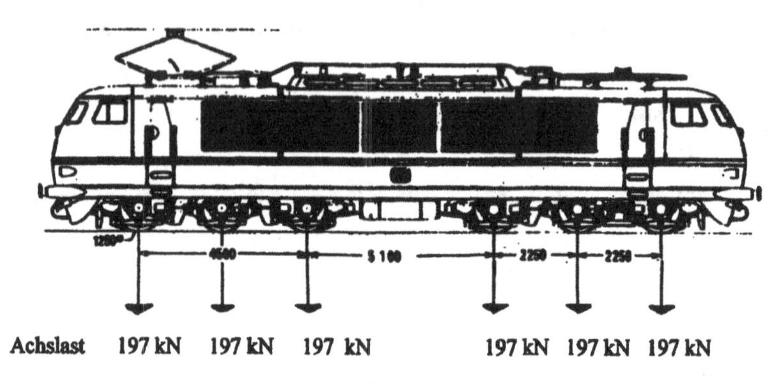

Lok BR 103

Abbildung 8.9: Schienenbelastung durch Lok BR 103

Für die Untersuchung sind folgende Einzelwerte zu ermitteln:

1. Breite des gedachten, ideellen Ersatzträgers (Längsträger)

$$b_i = \frac{2 \cdot b_Q \cdot s\ddot{u}}{a} = \frac{2 \cdot 25 \cdot 55}{63} = 43.65\ [cm] \tag{8.14}$$

2. Ideelle Länge des Ersatzträgers (Grundwert des Langschwellenoberbaues)

$$L_i = 4\sqrt{\frac{4 \cdot E_{St} \cdot I_x}{C \cdot b_{sf}}} = 4\sqrt{\frac{4 \cdot 21 \cdot 10^6 \cdot 3055}{50 \cdot 15}} = 136\ [cm] \tag{8.15}$$

3. Berechnung der Einflusszahlen für die Momentenverteilung

Formelansatz:

$$\mu = \frac{-(\sin\xi - \cos\xi)}{e^{\xi}} \tag{8.16}$$

Das größte Moment M tritt in der Mitte der Auflagerlänge auf. Man stellt die Achse über die dort angenommene Schnittstelle, damit wird $x = 0$ und $\xi = x/L_i = 0/L_i = 0$; daraus folgt $\mu = 1$. Man betrachtet nacheinander, jeweils von einer Achse, die auf der angenommenen Schnittstelle steht, ausgehend, die benachbarten Achsen und ermittelt je nach Entfernung x die zugehörigen ξ-Werte sowie die μ-Werte nach dem obigen Formelansatz. Die μ-Werte der auf der Schnittstelle stehenden Achse und der Nachbarachsen sind unter Beachtung der jeweiligen Vorzeichen zu addieren und ergeben einen $\sum_{\mu}$-Wert. Dieser ergibt sich durch die Überlagerung der Einflusslinien der Einzelachsen.

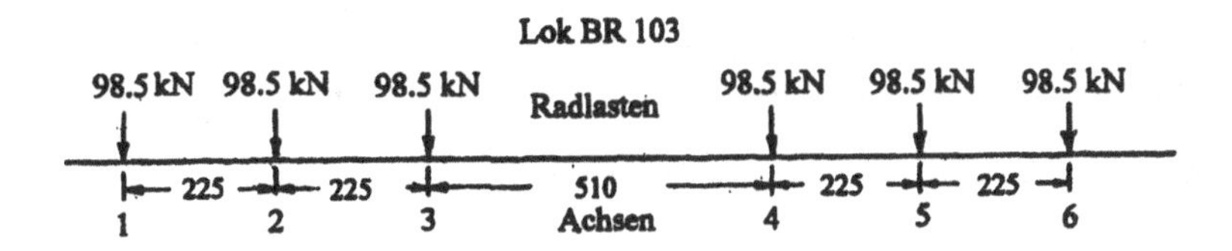

Abbildung 8.10: Achsabstände und Radlasten

Durch Veränderung der Laststellung über der angenommenen Schnittstelle wird der maximale μ-Wert ermittelt. Dieser geht dann in die weitere Rechnung zur Bestimmung der Biegezugspannung in Schienenfußmitte ein.

* Ermittlung der Einflusszahlen μ für die Momentenverteilung nach Zimmermann

Achse 1

x	$\xi = x/L_i$	μ
0	0	1
225	1.65	-0.206643
450	3.31	-0.029879
960	7.06	-0.000010
1185	8.71	+0.000233
1410	10.37	+0.000344
		$\sum_\mu = 0.760455$

Achse 2

x	$\xi = x/l_i$	μ
-225	1.65	-0.206643
0	0	1
225	1.65	-0.206643
735	5.40	-0.006357
960	7.06	-0.000010
1185	8.71	+0.000233
		$\sum_\mu = 0.580582$

Achse 3

x	$\xi = x/L_i$	μ
-450	3.31	-0.029879
-225	1.65	-0.206643
0	0	1
510	3.75	+0.005856
735	5.30	+ 0.006357
960	7.06	-0.000010
		$\sum_\mu = 0.77568$

Im vorliegenden Fall ergibt ein Vergleich der Werte $\sum_{\mu}$, dass das größte Moment unter der 3. und, da Symmetrie besteht, unter der 4. Achse auftritt. Hier ist $\sum_{\mu} = 0.77568$.

4. Ermittlung der maximalen Biegezugspannung in Schienenfußmitte

Das Biegemoment wird dann unter Zuhilfenahme der Zimmermannschen Einflusszahlen $\sum_{\mu}$ berechnet zu

$$M_{mittel} = \frac{Q \cdot L_i}{4} \cdot \sum_{\mu} [N \cdot cm] \tag{8.17}$$

Die mittlere Biegezugspannung in Schienenfußmitte ergibt sich dann zu

$$\sigma_{mittel} = \frac{M}{W_u} = \frac{Q \cdot L_i}{4 \cdot W_u} \cdot \sum_{\mu} = \frac{118200 \cdot 1360}{4 \cdot 377000} \cdot 0.77568 = 82.69 \; [N/mm^2] \tag{8.18}$$

Die tatsächliche Schienenbeanspruchung streut um den berechneten Mittelwert und ergibt die maximale Biegezugspannung in Schienenfußmitte zu

$$\sigma_{max} = \sigma_{mittel} \cdot (1 + 3 \cdot s * \cdot \phi) \; [N/mm^2] \tag{8.19}$$

darin ist der Geschwindigkeitsbeiwert $\phi = 1 + \frac{V-60}{140} = 1 + \frac{200-60}{140} = 2$ und die Standardabweichung $s* = 0.3$.

Damit erhält man die maximale Biegezugspannung zu

$$\sigma_{max} = \sigma_{mittel} \cdot 2.8 = 82.69 \cdot 2.8 = 231.53 \; [N/mm^2] \tag{8.20}$$

Nachweis:

$$\sigma_{max} = 231.53 \; [N/mm^2] \leq \sigma_d Fuß = 282 \; [N/mm^2] \tag{8.21}$$

Die zulässige Dauerbiegezugspannung $\sigma_d Fuß$ wird nicht überschritten.

Zusatz:

Die Profilierung des Schienenquerschnittes führt bei Belastung durch die Radlast Q auch zu geringfügigen Zugspannungen an der Schienenkopf-Unterseite. Es gilt hier nicht mehr die Naviersche Hypothese von der geradlinigen Spannungsverteilung. Der Schienensteg drückt sich bei Belastung in kurzem Abschnitt elastisch zusammen, so dass im Schienenkopf eine zusätzliche Biegung auftritt.

Unter der Belastung einer Schiene UIC 60 durch eine Lok BR 103 bei einem Bettungsmodul $C = 100 \; [N/cm^3]$ des Oberbaues ergibt sich eine Biegelinie nach Abb. 8.12.

Im Falle extrem hoher Außentemperaturen im Winter ergeben sich hohe Zugspannungen bzw. im Sommer entstehen hohe Druckspannungen aus Temperaturänderung im Schienenqerschnitt, die sich im Schienenfuß mit den Biegezugspannungen überlagern.

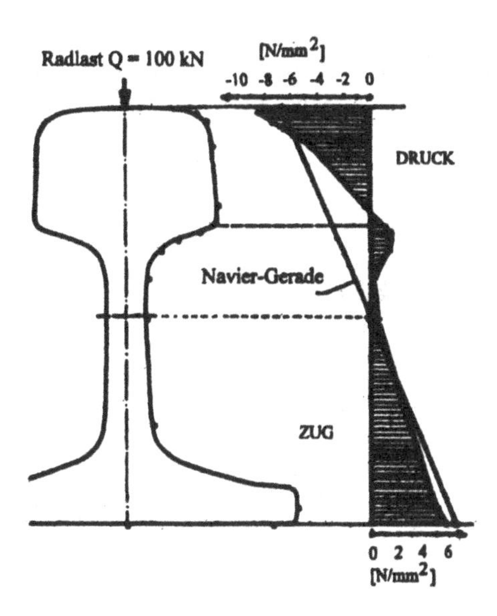

Abbildung 8.11: Biegespannungsverteilung im Schienenquerschnitt bei einer zentrischen Radlast $Q = 100\,[kN]$

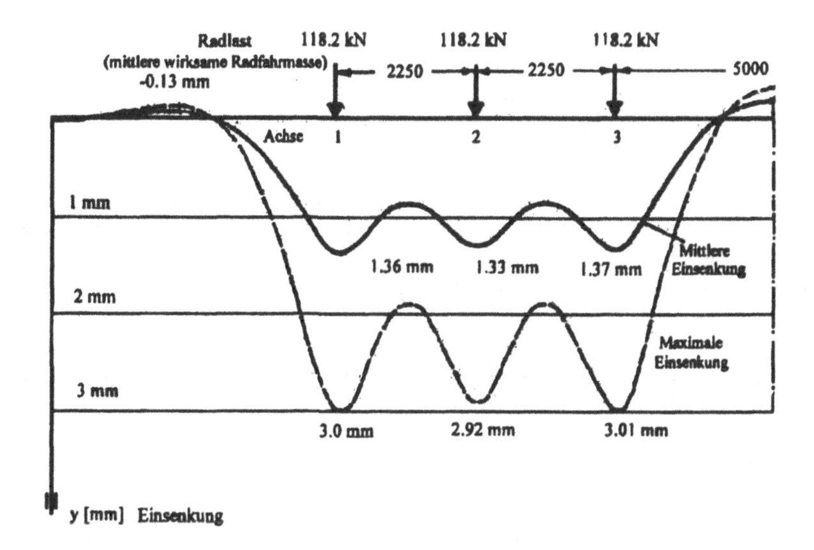

Abbildung 8.12: Biegelinie der Schiene UIC 60 durch die Belastung der Lok BR 103

Berücksichtigung der Temperaturbelastung:

Bei dem maximalen Temperaturunterschied im Winter von $\Delta t = 53^{\circ}\ C$ zwischen der Solltemperatur (Verspanntemperatur) von +23° C und einer Außentemperatur von -30° C ergibt sich im Querschnitt einer UIC 60 - Schiene eine Zugspannung von

$$\sigma_{T;zug} = \frac{P}{F} = \frac{\alpha_t \cdot E_{st} \cdot F_s \cdot \Delta t}{F_s} = \frac{0.000012 \cdot 210000 \cdot 7686 \cdot 53}{7686} \tag{8.22}$$

$$= \frac{1027}{7686} = 133.56\ [N/mm^2] \tag{8.23}$$

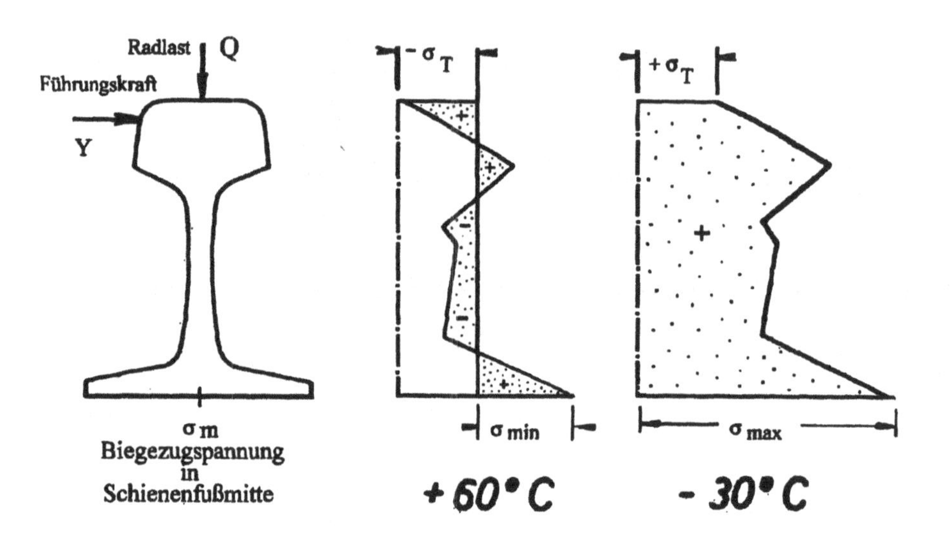

Abbildung 8.13: Spannungsüberlagerung: Biegezugspannungen in Schienenfußmitte σ_μ und Temperaturspannungen σ_T

Bei der Überlagerung dieser Zugspannung aus Temperaturänderung mit der Zugspannung aus Biegung würde die zulässige Dauerbiegezugspannung im Schienenfuß überschritten; das bedeutet, dass der Bettungszustand mit einem Bettungsmodul von $C = 50\ [kN/cm^3]$ (weicher Untergrund) nicht ausreichend ist und verbessert werden müsste.

Fazit: Die Spannungen im Schienenfuß sind im starken Maße abhängig vom Schienenprofil und von der Bettungszahl.

5. Ermittlung der maximalen Schwellenkraft

Zur Ermittlung der mittleren Schwellenkraft S ist die Einflusslinie der Durchbiegung (Biegelinie) mit der ungünstigsten Laststellung zu überlagern:

$$\eta = \frac{\cos\xi + \sin\xi}{e^{\xi}} \tag{8.24}$$

Für die maximale Belastung für Schwellen und Schotter wird ein harter Untergrund mit einem Bettungsmodul $C = 250\ [N|cm^3]$ in der folgenden Berechnung angesetzt.

Es ergibt sich für die ideelle Länge des Ersatzträgers $L_i = \sqrt{\frac{4 \cdot 21 \cdot 10^6 \cdot 3055}{250 \cdot 15}} = 90.95\ [cm]$.

Die Einflusszahlen η für die Ordinaten der Durchbiegung ergeben unter der 2. und 3. Achse analog zur Berechnung des maximalen Biegemomentes folgende Werte:

Achse 2

x	$\xi = x/L_i$	μ
-225	2.47	-0.013584
0	0	1
225	2.47	-0.013584
735	8.08	+0.000233
960	10.56	-0.000034
1185	13.03	+0.000003
		$\sum_\eta = 0.973065$

Achse 3

x	$\xi = x/L_i$	μ
-450	4.95	-0.005217
-225	2.47	-0.013584
0	0	1
510	5.61	+0.000580
735	8.08	+0.000232
960	10.56	-0.000034
		$\sum_\eta = 0.981976$

Die größten Einsenkungen ergeben sich unter der 3. Achse und, da das System symmetrisch ist, unter der 4. Achse.

Die mittlere Einsenkung unter der 3. Achse errechnet sich aus folgendem Ansatz:

$$y_{mittel} = \frac{p}{C} = \frac{Q}{2 \cdot b_i \cdot C \cdot L_i} \cdot \sum_{\eta} = \frac{118200}{2 \cdot 43.65 \cdot 250 \cdot 90.95} \cdot 0.982 = 0.0585\ [cm] \tag{8.25}$$

Hieraus ergibt sich die Schwellenkraft S als Schienendruck auf die Schwelle und damit die Biegebeanspruchung der Schwelle.

$$S_{mittel} = b_i \cdot a \cdot p = b_i \cdot a \cdot C \cdot y_{mittel} = \frac{Q \cdot a}{2 \cdot L_i} \cdot \sum_{\eta} \tag{8.26}$$

$$= \frac{118200 \cdot 63}{2 \cdot 90.95} \cdot 0.982 = 40201\ [N] = 40.20\ [kN] \tag{8.27}$$

(8.28)

Die maximale Schwellenkraft beträgt

$$S_{max} = S_{mittel} \cdot (1 + 3 \cdot s*) = 40.20 \cdot (1 + 3 \cdot 0.1 \cdot 2) = 40.20 \cdot 1.6 = 64.32\ [kN] \tag{8.29}$$

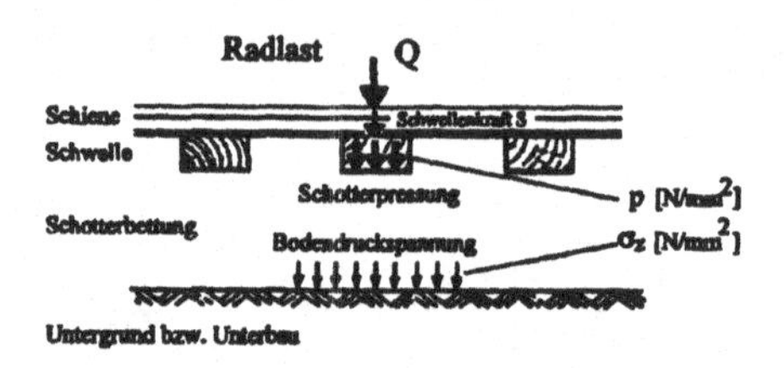

Abbildung 8.14: Schwellenkraft; Schotterpressung

6. Ermittlung der maximalen Schotterpressung

Nach der Berechnung der Einsenkungen wird für eine Radfahrmasse $Q = 118.2\ [kN]$ die mittlere Schotterpressung p als Bettungsdruck mit folgendem Ansatz zu ermitteln:

$$p = \frac{Q}{2 \cdot b_i \cdot L_i} = \frac{118200}{2 \cdot 43.65 \cdot 90.95} = 14.89\ [N/cm^2] \tag{8.30}$$

oder über die Einsenkung

$$p = y \cdot C = 0.0585 \cdot 250 = 14.63\ [N/cm^2] \tag{8.31}$$

Die maximale Schotterpressung ergibt sich dann zu

$$p_{max} = p_{mittel} \cdot 1.6 = 14.89 \cdot 1.6 = 23.82\ [N/cm^2] \tag{8.32}$$

Die zulässige Flächenpressung auf dem Schotter beträgt $p_{Schotter} = 20$ bis $30\ [N/cm^2]$

Nachweis: $p_{max} = 23.82\ [N/cm^2] \leq zul\ p_{Schotter} = 20$ bis $30\ [N/cm^2]$

Fazit: Die Flächenpressung zwischen Schwelle und Schotter wird nicht so sehr vom Schienenprofil, sondern vom Schwellenabstand beeinflusst. Die Beanspruchung der Schotterbettung und des Untergrundes wird günstig durch eine Verkleinerung des Schwellenabstandes und durch eine Vergrößerung der Schwellenauflagerfläche beeinflusst.

8.4 Beanspruchung des Schienenkopfes

Die Beanspruchung des Schienenkopfes an der Berührungsstelle Rad/Schiene kann bei Betrachtung unterschiedlicher Wirkungsparameter interpretiert werden. Einerseits lässt sich die größte Schubspannung in einer Tiefe von 4 bis 6 mm unter der Schienenoberkante bei Betrachtung der zulässigen Zugfestigkeit des Schienenstahls über die zulässig wirksame Radlast bzw. den kleinsten zulässigen Radradius bewerten. Andererseits können die Flächenpressungen als Druckspannungen in der Berührstelle Rad/ Schiene unter vereinfachenden Annahmen direkt abgeschätzt werden.

8.4.1 Belastungsnachweis für den Schienenkopf

Durch theoretische Untersuchungen unter Zugrundelegung der Hertz-Formeln und der Halbraumtheorie nach Boussinesq wurde nachgewiesen, dass bei Schienenbrüchen aufgrund erhöhter Achslasten und zunehmender Geschwindigkeiten die zulässigen Schubspannungen unter bestimmten Voraussetzungen überschritten werden.
In den Rechen-Verfahren wurden insoweit vereinfachende Annahmen getroffen, als dass nicht die zulässige Schubspannung, sondern die bekannte Zugfestigkeit des Schienenstahls der Rechnung zu Grunde gelegt worden ist.
Für diese Abschätzung sind dann die Radlast Q, der Radradius r und die Zugfestigkeit des Schienenstahls σ maßgebende Einflussfaktoren. Für die Berechnung wird die wirksame Radlast, bestehend aus der statischen Radlast Q und einem Zuschlag für die Radkraftverlagerung bei Bogenfahrt von 10 bis 20 % angesetzt.

Die dynamische Beanspruchung im Schienenkopf wird vernachlässigt, da sie sich auf eine relativ kleine Fläche erstreckt und nicht unter jedem Rad an der gleichen Stelle auftritt. Das Verfahren gilt für Laufkreisdurchmesser r von 300 bis 625 mm.

Als Schienenfestigkeit σ_{Bruch} $[N/mm^2]$ wird die Zugfestigkeit des Schienenstahls (hier: Schiene UIC 60; $\sigma_{Bruch} = 1080$ $[N/mm^2]$ angesetzt. Mit dem Sicherheitswert $\nu = 1.1$ werden die Materialfehler und die Streuung der Schienenqualität berücksichtigt.

Die zulässige wirksame Radlast $zul\ Q$ bzw. der kleinste zulässige Radradius r bestimmt sich nach folgendem Ansatz:

$$zul\ Q = 5.26 \cdot 10^{-7} \cdot r \cdot \left(\frac{\sigma_{Bruch}}{\nu}\right)^2 \ [kN] \qquad (8.33)$$

$$zul\ r = 1.9 \cdot 10^{6} \cdot Q \cdot \left(\frac{\nu}{\sigma_{Bruch}}\right)^2 \ [mm] \qquad (8.34)$$

Die Überschreitung der errechneten zulässigen Radkraft Q bzw. die Unterschreitung des zulässigen Radradius r führt bei ungünstigen Randbedingungen zur Überschreitung der Dauerfestigkeit des Schienenstahls.
Für nur gelegentlich auftretende, sehr hohe wirksame Radlasten oder nur selten eingesetzte Fahrzeuge mit kleinen Rädern gelten folgende Formelansätze:

$$zul\ Q = 8.02 \cdot 10^{-7} \cdot r \cdot \left(\frac{\sigma_{Bruch}}{\nu}\right)^2 \ [kN] \qquad (8.35)$$

$$zul\ r = 1.24 \cdot 10^{6} \cdot Q \cdot \left(\frac{\nu}{\sigma_{Bruch}}\right)^2 \ [mm] \qquad (8.36)$$

Bei kleinen Rädern ist die Berührungsellipse entsprechend klein und deshalb treten hier besonders hohe Schienenkopfbeanspruchungen auf.

Die ermittelten zulässigen Radlasten oder Radradien sind den tatsächlich vorhandenen Werten gegenüber zu stellen.

Es gilt die Forderung

$$vorh\, Q \leq zul\, Q \tag{8.37}$$

$$vorh\, r \geq zul\, r \tag{8.38}$$

BEISPIEL:

Ermittlung von $zul\, Q$ und $zul\, r$

Wie beansprucht die Lok BR 103 die Schiene UIC 60 am Schienenkopf?

Annahmen:

Vorhandene Radlast	$Q = 118.5\ [kN]$
Vorhandener Radradius	$r = 625\ [mm]$
Zugfestigkeit des UIC 60 - Schienenstahls	$\sigma_{Bruch} = 1080\ [N/mm^2]$

$$zul\, Q = 5.26 \cdot 10^{-7} \cdot 625 \cdot (\frac{1080}{1.1})^2\ [kN] \tag{8.39}$$

$$zul\, Q = 316.9\ [kN] \tag{8.40}$$

Nachweis: $vorh\, Q = 118.2\ [kN] \leq zul\, Q = 316.9\ [kN]$; Forderung erfüllt!

$$zul\, r = 1.9 \cdot 10^6 \cdot 118.2 \cdot (\frac{1.1}{1080})^2\ [mm] \tag{8.41}$$

$$zul\, r = 234.0\ [mm] \tag{8.42}$$

Nachweis: $vorh\, r = 625\ [mm] \geq zul\, r = 234.0\ [mm]$; Forderung erfüllt!

Parallel-BEISPIEL: (Güterwagen)

Annahme:

Vorhandene Radlast: $Q = 120\ [kN]$ Vorhandener Radradius:$r = 500\ [mm]$ Bruchfestigkeit des UIC 60 - Schienenstahls: $\sigma_{Bruch} = 1080\ [N/mm^2]$

$vorh\, Q = 100 \cdot 1.2 = 120\ [kN]$; $zul\, Q = 253.5\ [kN] < vorh\, Q$; $vorh\, r = 500\ [mm]$ (Güterwagen); $zul\, r = 236.5\ [mm] < vorh\, r$.
Die Schiene UIC 60 mit einer Zugfestigkeit $\sigma_{Bruch} = 1080\ [N/mm^2]$ hält beliebig vielen Lastwechseln dieser Radbelastung stand.

8.4.2 Ermittlung der Flächenpressung in der Berührstelle Rad/Schiene

Unmittelbar in der Berührstelle Rad/Schiene treten, abhängig von der Radlast und vom Radradius, sehr hohe Flächenpressungen auf, die sich unter der vereinfachenden Annahme, rechteckige Druckfläche zweier achsenparalleler zylindrischer Druckkörper, für die Rad/Schiene - Berührung abschätzen lassen.

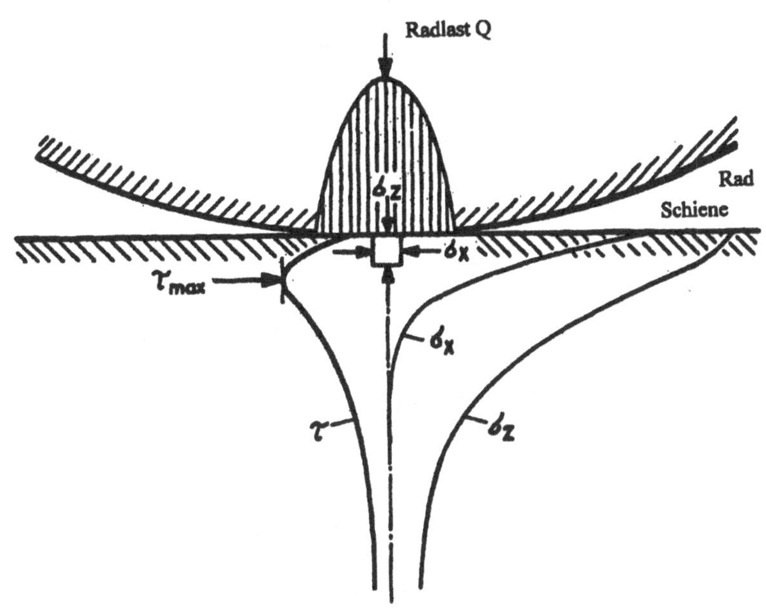

Abbildung 8.15: Spannungsverteilung im Schienenkopf bei Einwirkung der Radlast Q

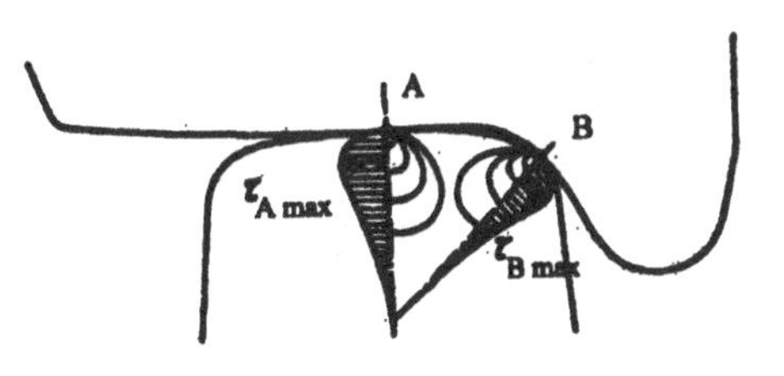

Abbildung 8.16: Schubspannungsverteilung im Schienenkopf bei Zweipunktberührung

BEISPIEL:

Flächenpressung in der Kontaktfläche Rad/Schiene

E-Lok BR 103; wirksame Radlast $Q = 118.2\ [kN]$; Radhalbmesser $r = 62.5\ [cm]$; $E_{St} = 2.1 \cdot 10^5\ [N/mm^2]$; Schienenprofil UIC 60 mit der Schienenfestigkeit $\sigma_{Bruch} = 1080\ [N/mm^2]$.
Für die halbe Aufstandslänge a der Radaufstandsfläche ergibt sich nach der Theorie von Hertz

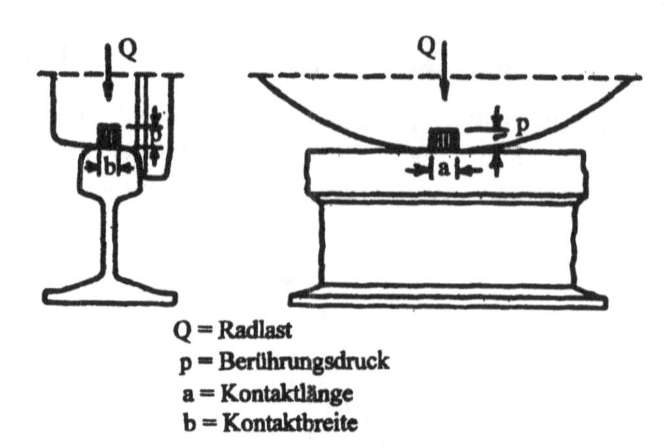

Abbildung 8.17: Rechteckig angenommene Kontaktfläche zwischen Rad und Schiene

folgender Ansatz:

$$a = 1.13 \cdot \sqrt{\frac{Q}{b} \frac{r}{E_{St}} \cdot (1 - \frac{1}{m^2})} \; [mm] \quad (8.43)$$

mit $E_{St} = 2.1 \cdot 10^5 \; [N/mm^2]$, $1/m = 0.3$ (m = Poisson-Zahl) und $2b = 12 \; [mm]$ erhält man

$$a = 0.955 \cdot 10^{-3} \cdot \sqrt{Q \cdot r} = 0.955 \cdot 10^{-3} \sqrt{1182002 \cdot 625} = 9.0 \; [mm] \quad (8.44)$$

Aufstandslängen: $2a = 18 \; [mm]$, $2b = 12 \; [mm]$.
Aufstandsfläche $F = 18 \cdot 12 = 216 \; [mm^2] = 2.16 \; [cm^2]$.
Die mittlere Flächenpressung in der Berührstelle Rad/Schiene ergibt sich überschläglich bei Annahme einer rechteckigen Berührfläche

$$mittl. \; \sigma_p = \frac{Q}{F} = \frac{118200}{216} = 547{,}2 \; [N/mm^2] \quad (8.45)$$

Bei Berücksichtigung des Oberbauzustandes und der Fahrgeschwindigkeit (V = 200 [km/h]) beträgt die maximale Flächenpressung dann $\max \sigma_p = 547.2 \cdot 2.2$ (Mittlerer Oberbauzustand) $= 1203.84 \; [N/mm^2]$.

Prüfnachweis: $\max \sigma_p = 1203.84 \; [N/mm^2] > \sigma_{Bruch} = 1080 \; [N/mm^2]$ (Festigkeit des Schienenstahls).

Dieser Spannungswert liegt über der Bruchfestigkeit des Schienenstahls einer Schiene UIC 60 mit $\sigma_{Bruch} = 1080 \; [N/mm^2]$.

Diese Druckspannungsspitzen an der Berührstelle sind oft wesentlich größer als die Bruchfestigkeit σ_{Bruch} des Schienenstahls. Da die Hauptspannungen aber annähernd gleich groß sind ($\sigma_x = \sigma_y = \sigma_z$; es liegt allseitiger Druck vor) sind die Schubspannungen sehr gering und es kommt zu keiner Zerstörung des Materialgefüges. Vielmehr entstehen Aufhärtungsbereiche in den oberen Zonen des Schienenkopfes, die sich günstig auswirken. Allerdings treten bleibende Schienenkopfverformungen bei stark abgenutzten Schienen auf, da die AufstandsflLchen dann bis an den Rand des Schienenkopfes heranreichen.

ALTERNATIV-BEISPIEL
E-Lok BR 103 Radlast $Q = 118.2\ [kN]$; Radhalbmesser $r_{BR103} = 62.5\ [cm]$; Schienenkopfausrundungshalbmesser der UIC 60-Schiene $r_{SkUIC60} = 30\ [cm]$.

Der Beiwert k, der vom Verhältnis der beiden Ausrundungshalbmesser abhängig ist, geht mit $k = 184$ in die Rechnung ein. Die k- Beiwerte werden bei den verwendeten Radhalbmessern und Schienenprofilen zwischen 181 und 185 angesetzt.

Als Grundlage der Berechnung bilden zwei Zylinder mit senkrecht zueinander stehenden Achsen die Berührstelle zwischen Rad und Schiene, bei der die Aufstandsfläche eine elliptische Form aufweist.

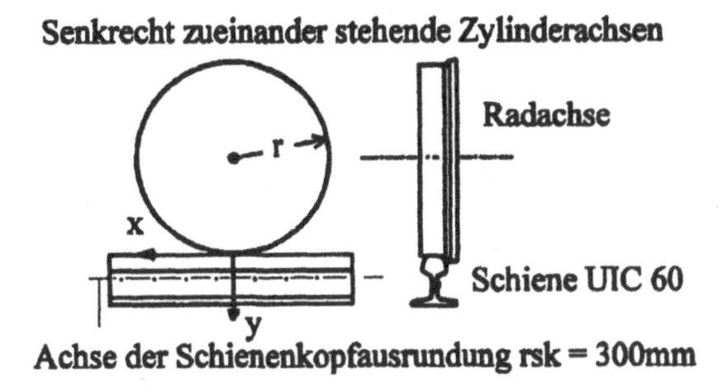

Abbildung 8.18: Rad und Schiene als zwei Zylinder mit elliptischer Aufstandsfläche

Die Flächenpressung lässt sich nach folgendem Ansatz abschätzen:

$$\max\sigma = k \cdot \sqrt[3]{(1/r_{L103} + 1/r_{SkUIC60})^2 \cdot Q} \tag{8.46}$$

$$= 184 \cdot \sqrt[3]{(1/62.5 + 1/30)^2 \cdot 118.2} \tag{8.47}$$

$$= 120.89\ [kN/cm^2] = 1208.9\ [N/mm^2] \tag{8.48}$$

Darin ist Q in [kN] und r in [cm] einzusetzen.

Dieser Spannungswert liegt ebenfalls über der Druckfestigkeit des Schienenstahls einer Schiene UIC 60 mit $\sigma_{Bruch} = 1080\ [N/mm^2]$.

Auch in diesem Fall liegt allseitiger Druck vor und die Schubspannungen sind sehr gering. Es kommt zu keiner Zerstörung des Materialgefüges im Schienenkopf.

8.5 Gleisstabilität; Querverschiebewiderstand

Die Untersuchung der Gleisstabilität beim lückenlos verschweißten Gleis ist eine der wichtigsten Prüfmaßnahmen sowohl in der Geraden als auch für Gleisbereiche mit kleinen Radien.
Bei der Erwärmung und damit der Druckkrafterhöhung in der Schiene wirkt der Widerstand der Schwellen im Schotterbett einer möglichen, horizontalen Verschiebung des Gleisrostes entgegen. Diese Gegenkraft wird im wesentlichen durch Reibung der Schottermaterials an der Unterseite, den Seitenflächen und am Schwellenkopf der Schwellen hervorgerufen.

Deshalb ist das Gewicht und die Form der Schwelle, die Einbauhöhe des Schotterbettung sowie der Verformungsmodul des verdichteten Schotters von wesentlicher Bedeutung für den Querverschiebewiderstand eines Gleises.

Ausgangsuntersuchungen waren die Rechenverfahren zur Untersuchung der Verwerfungsgefahr bei lückenlos geschweißten Gleisen von Prof. Meier, der einen Formelansatz für die kritische Temperaturerhöhung in der Geraden und im Gleisbogen formulierte:

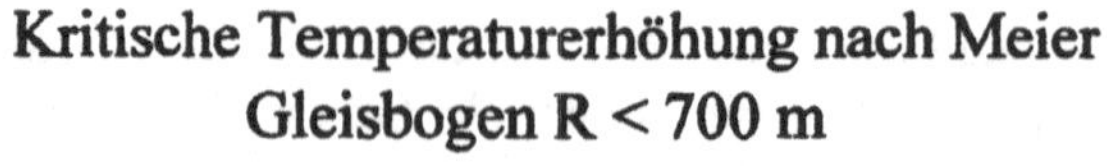

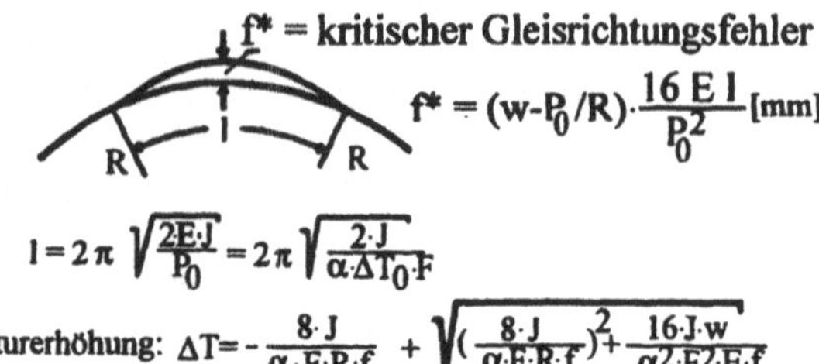

Krit. Temperaturerhöhung: $\Delta T = -\frac{8 \cdot J}{\alpha \cdot F \cdot R \cdot f} + \sqrt{\left(\frac{8 \cdot J}{\alpha \cdot F \cdot R \cdot f}\right)^2 + \frac{16 \cdot J \cdot w}{\alpha^2 \cdot F^2 \cdot E \cdot f}}$

Darin sind:
P_0 = krit. Gleisdruckkraft = $\alpha \cdot \Delta T_0 \cdot E \cdot F$ [N]
E = Elastizitätsmodul = $2.1 \cdot 10^5$ [N/mm2]
α = Temperaturdehnzahl = $1.2 \cdot 10^{-5}$ [1/k]
F = Querschnittsfläche beider Schienen [mm^2]
J = Ersatzträgheitsmoment Gleisrost [mm^4]
R = Gleishalbmesser [mm]
w = Querverschiebewiderstand [N/mm]
f = Angenommener fiktiver Gleisrichtungsfehler [mm]
(~Tatsächlicher Gleisrichtungsf.: f_0+ 7 mm)

Zusatz: Das Ersatzträgheitsmoment ist abhängig vom Widerlagerabstand und der Größe der Belastung

Abbildung 8.19: Kritische Temperaturerhöhung für das Gleis im Bogen nach Prof. Meier

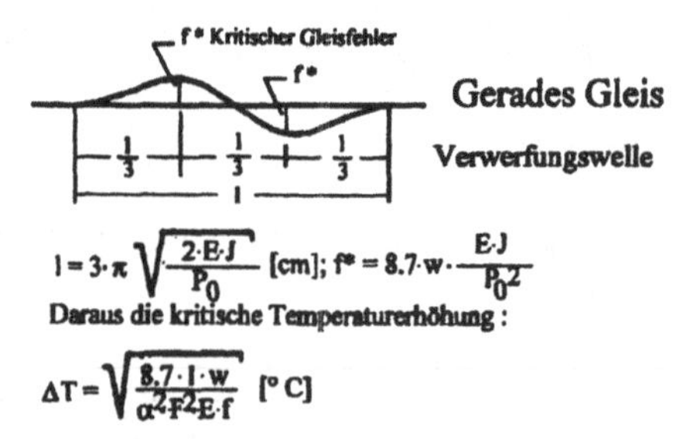

Abbildung 8.20: Kritische Temperaturerhöhung für das Gleis in der Geraden nach Prof. Meier

Der Querverschiebewiderstand ist definiert als

$$w_a = \frac{F}{l} \; [N/mm] \tag{8.49}$$

darin sind F $[N]$ die seitlich auf den Gleisrost wirkende Horizontalkraft bei Verwerfungsversuchen; l $[mm]$ der Querverschiebeweg.

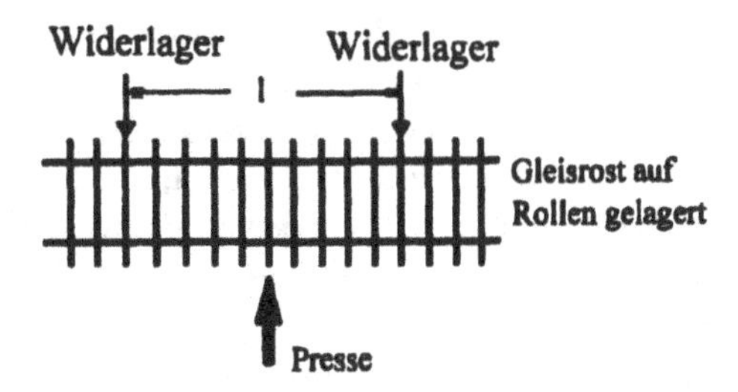

$$f = \frac{P \cdot l^3}{48 \cdot E \cdot J}$$

f = gemessene Durchbiegung
P = wirkende Kraft
l = Abstand der Widerlager
E = E-Modul des Schienenstahls
J = Ersatzträgheitsmoment

Abbildung 8.21: Gleisstabilität: Bestimmung des Ersatzträgheitsmomentes

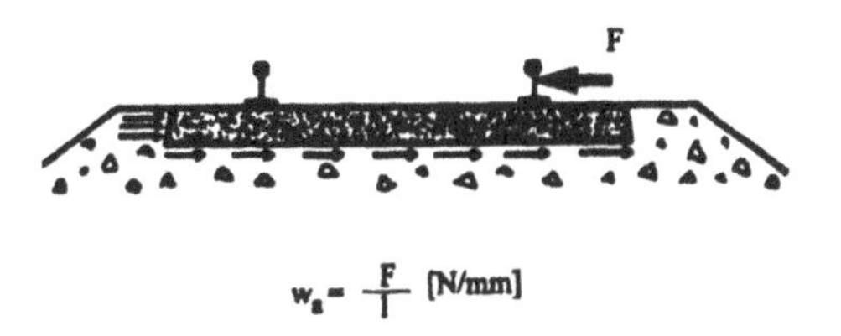

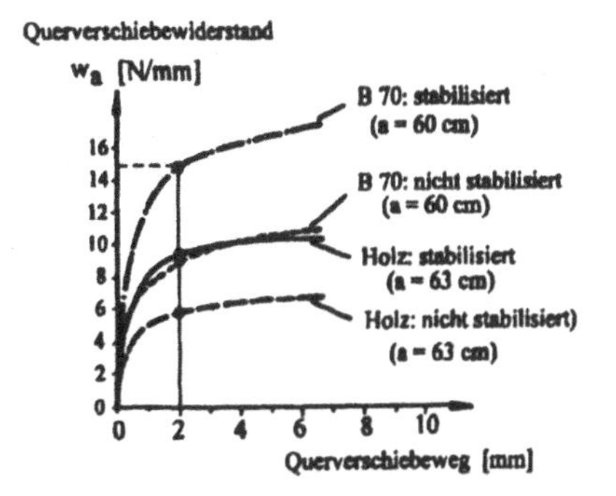

Abbildung 8.22: Querverschiebewiderstand im Gleis mit Holz- und Betonschwellen

Die Größe des Querverschiebewiderstandes wird auf die Gleislänge bezogen.
Bei den Verwerfungsversuchen im Prüfamt für Bau von Landverkehrswegen der TU München hat sich an den Messergebnissen gezeigt, dass ein Gleisrost mit Betonschwellen B 70 einen wesentlich größeren Querverschiebewiderstand aufweist als ein Gleisrost aus Holzschwellen. Weiter wurde ein starker Abfall des Querverschiebewiderstandes im nicht stabilisierten Bettungszustand festgestellt, was als Konsequenz für den Baubetrieb gewertet worden ist, aus Sicherheitsgründen unmittelbar nach Fertigstellung eines Oberbaues und Abschluss der Stopf-Richtarbeiten in Abhängigkeit von der zu erwarteten Schienentemperatur die örtlich zulässigen Geschwindigkeiten zu reduzieren bzw. durch Einsatz eines Gleisstabilisators bei Neubaustrecken einen stabilisierten Bettungszustand zu erreichen. Der Fahrbetrieb kann dann unmittelbar nach einer Fahrweg-Erneuerung aufgenommen werden.

9 Literaturverzeichnis

Fachbücher

Fiedler, Joachim: Bahnwesen, Planung, Bau und Betrieb von Eisenbahnen, S-,U-,Stadt- und Straßenbahnen; 4. Auflage 1999

Freise, Rainer: Taschenbuch der Eisenbahngesetze

Hohnecker, E.: Zukunftsichere Trassierung von Eisenbahnen – Hochgeschwindigkeitsstrecken, 1993

Matthews, Volker: Bahnbau, 3. erweiterte Auflage, 1996

Matthöfer, Hans: Technologie für Bahnsysteme, Umschau-Verlag, Ffm. 1995

Fachzeitschriften

Deutsche Verkehrswissenschaftliche Gesellschaft (DVWG): Internationales Verkehrswesen; Ausgaben 1990 bis heute

Verband deutscher Eisenbahningenieure e.V. (VDEI): EI – Der Eisenbahningenieur; Ausgaben 1984 bis heute

Heinisch u.a.: ETR – Der Eisenbahntechnische Rundschau; Ausgaben 1985 bis heute

Beiträge aus Fachzeitschriften

Bitterberg, Ulrich: Wissensbasierte Neigetechnik – mehr Komfort trotz weniger Aufwand?; EI – Der Eisenbahningenieur 9/2000

Ferchland, Christian: Aktive NeiTech-Systeme bei der Deutschen Bahn; EI – Der Eisenbahningenieur 1/1996

Frederich, Fritz: Beurteilung von Hochleistungs-Lokomotiven; ETR 39

Harprecht, Wolfgang: Innovation der Antriebstechnik bei Schienenfahrzeugen durch Asynchronantriebe; EI – Der Eisenbahningenieur 40

Kaess, G./Peters, Fr.: Schneller Fahren im Gleisbogen durch Vergrößerung der Überhöhung und des Überhöhungsfehlbetrages; EI – Der Eisenbahningenieur 41

Kaluza, Ulrich: Versuchseinbau einer Betonschwellenweiche auf Fester Fahrbahn; EI – Der Eisenbahningenieur 38

Leykauf, Günther: Moderne Mess- und Versuchsmethoden im Gleisbau – Optimierung des Oberbaues; EI – Der Eisenbahningenieur 42

Müller, M.: Das sichere Schienenfahrzeug; EI – Der Eisenbahningenieur 14

Sonstige Veröffentlichungen

Geschäftsbericht der DB AG 1999/2000

Elektro-Thermit GmbH: Firmenschrift Thermitschweißverfahren für Breitfußschienen 1985

Fendrich, Lothar: Oberbau- und Gleiserhaltung; Universität Hannover, Institut für Verkehrswesen, Eisenbahnbau und -betrieb; 1985

Kaess/Gottwald: Fahrweg der Bahn – Die neue Oberbauberechnung

Unterlagen von Planungs- und Entwurfsbüros

Artur Günther; AKG Software Consulting GmbH, 79282 Ballrechten-Dottingen: Systemteil Bahnbau aus dem Entwurfsprogramm VESTRA; VESTRA-Schulungsprogramm: Wegweiser und Planen mit VESTRA (Version Berlin)

Schönhofen Ingenieure – Ingenieurbüro Schönhofen, 67621 Kaiserslautern: Gleisentwurf aus der Praxis

Verweise auf online - Dokumente

www.bahn.de : DB Konzern Holding und Gesellschaften – 2001/2002

www.bahn-net.de : Allgemeine Informationen 2002

Regelwerke

Veraltete Vorschriften der DB sind durch die DB AG nur teilweise durch neue Richtlinien ersetzt:

DS 800 – Bahnanlagen entwerfen; München 1993

DS 800 01 – Allgemeine Entwurfsrichtlinien

DS 800 02 – Neubaustrecken

DS 800 03 – S-Bahnen

DS 800 04 – Rangierbahnhöfe

DS 800 05 – Personenverkehrsanlagen

DS 800 06 – Güterverkehrsanlagen

DS 800 07 – Anlagen für den Bereich Werke

DS 800 08 – Gleisanschlüsse

DS 800 09 – Bahnhofsvorplätze und P+R-Anlagen

DS 820 01 – Bauarten des Oberbaues für Gleise und Weichen

DS 820 01 04 – Schienen

DS 820 01 05 – Schwellen

DS 820 01 06 – Bettung

DS 820 03 – Richtlinien für den Oberbau

DS 820 06 – Anweisungen für das Herstellen lückenloser Gleise und Weichen, für das Schweißen und für die Ultraschallprüfung im Oberbau

DS 836 – Vorschriften für Erdbauwerke

DS 883 – Gleis- und Bauvermessung

Oberbauvorschriften (ObV) und Anhang zur Oberbauvorschrift (AzObV)

Neue Richtlinien der DB AG:

DS 800 0110 – Netzinfrastruktur Technik entwerfen; Linienführung

DS 800 0120 – Netzinfrastruktur Technik entwerfen; Weichen und Kreuzungen

DS 800 0130 – Netzinfrastruktur Technik entwerfen; Streckenquerschnitte auf Erdkörpern

Abbildungsverzeichnis

1.1 Transport- und Verkehrssysteme sind Teil des Gesellschaftssystems 1
1.2 Funktionsbereiche im Verkehrswesen 2
1.3 Einteilung der Schienenbahnen 5
1.4 Organisationsstruktur der Deutschen Bahn AG 10
2.1 Räumliche Zuordnung zwischen Rad und Schiene 34
2.2 Umriss von Radreifen und Schienenkopf 35
2.3 Sinuslauf 37
2.4 Fahrtablauf im Weg-Zeit-Diagramm (s-t-Diagramm) 39
2.5 Fahrtablauf im v-s/v-t-Diagramm 39
2.6 Fahrschaubild (Schematische Fahrschaulinie) 40
2.7 Bewegungsgleichungen für Fall 1 43
2.8 Bewegungsgleichung für Fall 2 44
2.9 Gleichförmige Bewegung 45
2.10 Fahrtablauf in einem Weg-/Zeit-Diagramm (Bildfahrplan) 46
2.11 Geschw.-Profil/ Geschw.- Ganglinie für ein Schienenfahrzeug 47
2.12 s-t-Diagramm 49
2.13 Gradiente 49
2.14 v-s und v-t Diagramm 52
2.15 v-s und v-t Diagramm 54
2.16 Lageplanskizze und Gradientenverlauf 55
2.17 s-t und v-s Diagramm 61
2.18 Absoluter Bremsweg/Relativer Bremsweg 63
2.19 Relativer Bremswegabstand (RBA); Fall 1 64
2.20 Relativer Bremswegabstand (RBA); Fall b_2, Variante 1 66
2.21 Relativer Bremswegabstand (RBA); Fall b_2, Variante 2 67
2.22 Messwerte für Haftreibungskoeffizienten 70
2.23 Rollendes Rad auf der Schiene 71
2.24 Bewegungszustand „Rollen" 72
2.25 Bewegungszustand „Gleiten" 73
2.26 Bewegungszustand „Schlüpfen" 74
2.27 Kraftschluss in Abhängigkeit des Schlupfes 74
2.28 Widerstände beim Rad-Schiene-System 75
2.29 Widerstand aus Lagerreibung 76
2.30 Rollwiderstand 77
2.31 Vergößerung des Luftwiderstandes im Tunnel 78
2.32 Längs- und Quergleitung bei der Bogenfahrt 81
2.33 Vergleich der Ansätze von Röckl und Protopapadakis 81
2.34 Steigungswiderstand 82
2.35 $Z_e - V$ – Diagramme verschiedener DB AG Lokomotiven 86
2.36 Z/W-V – Diagramm 88
2.37 $Z_{ü} - V$ – Diagramm 89
2.38 Z/W-V Diagramm und $Z_{ü}^{*}$-V – Diagramm 92
2.39 $Z_{ü}^{*}$/w-s-V – Diagramm für die Lok BR 110 mit verschiedenen Anhängelasten . . . 94
2.40 $Z_{ü}^{*}/w - s - V$ – Diagramm 95
2.41 $Z_{ü}^{*} - w - V$ – Diagramm 96

2.42 $Z_{\ddot{u}}^{*}$-w-V – Diagramm (Fall 3.1) . . . 98
2.43 $Z_{\ddot{u}}^{*} - w - V$ – Diagramm (Fall 3.2) . . . 99
2.44 $Z_{\ddot{u}}^{*}$-V – Diagramm mit ΔV-Intervall . . . 100
2.45 Streckenwiderstände . . . 102
2.46 $Z_t - V$ – Diagramm der Lok BR 151 . . . 103
2.47 Wirkungsweise der selbsttätigen Druckluftbremse . . . 109
2.48 Diagramm: Zugkraft/Bremskraft – Diagramm des ICE . . . 110
2.49 Gliedermagnet . . . 110
2.50 Bremssysteme des ICE . . . 111
2.51 Mechanik des Bremsvorgangs bei Klotzbremsen . . . 112
2.52 Ausgefülltes Formblatt: Wagenliste . . . 113
2.53 Ausschnitt aus der Bremstafel für 1000 m Bremsweg . . . 115
2.54 Korrektur-Tabelle . . . 117
3.1 Wahl der Parameter für den Gleisentwurf nach Richtlinie 800.0110 der DB AG . . . 120
3.2 Gleistrassenfindung mittels Zirkelschlagmethode . . . 122
3.3 Zirkelschlagmethode . . . 122
3.4 Tabelle für die Berechnung der Neigung 1:n . . . 123
3.5 Gleisbogenradien in Abh. von Ve und u_0 nach der Richtlinie 800 0110 der DB AG 124
3.6 Bild 2 der Planungsrichtlinie 800 0110 der DB AG . . . 125
3.7 Wirkende Kräfte bei der Bogenfahrt . . . 125
3.8 Überhöhung (Drehpunkt; Anheben der äußeren Schiene) . . . 126
3.9 Wirksame Beschleunigungsanteile bei der Bogenfahrt . . . 126
3.10 Darstellung von u_f . . . 127
3.11 Planungsrahmen für u_f nach der Richtlinie 800.0110 der DB AG . . . 128
3.12 Darstellung von u_u . . . 128
3.13 Fliehkraftausgleich bei der Überhöhung u_0 . . . 129
3.14 Proportionalteilung u/k - Diagramm . . . 131
3.15 Planungsrahmen für die Überhöhungsfehlbeträge $zul\ u_f$ . . . 133
3.16 Fahrzeugstellung im Gleisbogen . . . 135
3.17 Bogenfahrt eines Fahrzeug-Drehgestells – Spießgangstellung . . . 135
3.18 Wirksame Kräfte am Spurkranz-Druckpunkt . . . 135
3.19 Wirksame Kräfte am Radsatz bei der Bogenfahrt – Rechtsbogen . . . 136
3.20 Wirksame Kräfte an Schiene und Schwelle bei der Bogenfahrt . . . 137
3.21 Wirksame Kräfte bei der Zweipunkt-Berührung des führenden Rades im Rechtsbogen 138
3.22 Kräftegleichgewicht bei der Zweipunkt-Berührung . . . 138
3.23 Beginn des Aufkletterns . . . 139
3.24 Wirksame Kräfte während des Aufkletterns . . . 139
3.25 Kräfteplan bei dem VT610 . . . 143
3.26 Spitzen der Seitenbeschleunigung im Gegenbogen ohne Übergangsbogen . . . 146
3.27 Erhöhung der Seitenbeschleunigungswerte durch die Federung des Wagens . . . 146
3.28 Verlauf der Seitenbeschleunigung im Kreisbogen ohne Übergangsbogen . . . 147
3.29 Krümmungsbild bei der Elementenfolge Gerade/Kreisbogen ohne und mit Übergangsbogen . . . 148
3.30 Krümmungsbild für einen Korbbogen ohne Übergangsbogen . . . 148
3.31 Krümmungsbild für einen Gegenbogen ohne Übergangsbogen . . . 149
3.32 Klothoide als Übergangsbogen . . . 151
3.33 Symmetrische Übergangsbögen als Klothoiden . . . 151
3.34 Kubische Parabel als Übergangsbogen . . . 153

3.35 Kubische Parabel mit Krümmungsbild 154
3.36 Unterschied von Δu_f bei Gerade/Kreisbogen 155
3.37 Unterschied Δu_f bei Korbbogen 155
3.38 Unterschied von Δu_f bei Gegenbogen 156
3.39 Gerade und getrennt geschwungene Überhöhungsrampe bei Gegenbögen mit Übergangsbögen ohne Zwischengerade gemäß Richtlinie 800 0110 der DB AG 157
3.40 Unterschied der Überhöhungsfehlbeträge Δu_f 157
3.41 Grenzwerte für Δu_f gemäß Richtlinie 800 0110 158
3.42 Übergangsbogen als Parabel 4. Grades mit s-förmig geschwungener Krümmungslinie 159
3.43 Übergangsbogen mit Krümmungsbild und Rampenbild nach Klein 161
3.44 Übergangsbogen mit Krümmungslinie nach Schramm 162
3.45 Gerade Überhöhungsrampe gemäß Richtlinie 800.0110 162
3.46 S-förmig (parabolisch) geschw. Überhöhungsrampe gemäß Richtlinie 800.0110 . . 163
3.47 Überhöhungsrampe nach Bloss 164
3.48 Zulässige Höchstgeschwindigkeiten nach der Richtlinie 800.0110 165
3.49 Gleisplan-Übersichtsskizze 167
3.50 Lageplanausschnitt 177
3.51 Bildausschnitt: Überhöhungs- und Rampenbild-Ausschnitt 178
3.52 Lageplanausschnitt 180
3.53 Verziehung mit Zwischengerade 181
3.54 Länge der Gleisverziehung mit Zwischengerade 181
3.55 Gleisverziehung mit großem Verziehungsmaß 182
3.56 Gleisverziehung zwischen konzentrischen Gleisbögen 183
3.57 Absteckdaten für eine Gleisverziehung 185
3.58 Achsberechnung (VESTRA-Bildschirmkopie) 187
3.59 Achsberechnung (VESTRA-Bildschirmkopie) 188
3.60 Abzweigende Weiche (VESTRA-Bildschirmkopie) 189
3.61 Gleisverbindung (VESTRA-Bildschirmkopie) 189
3.62 Gleisverbindung (VESTRA-Bildschirmkopie) 189
3.63 Berechnung eines Grenzzeichens (VESTRA-Bildschirmkopie) 190
4.1 Gradientenausrundung-Prinzipskizze 192
4.2 Geometrie der Ausrundungen 193
4.3 Scheitelpunkts-Koordinaten 194
4.4 Tangentenlängen 194
4.5 Darstellung der Neigungswechsel im Lage- und Höhenplan 195
4.6 Höhenplan 195
4.7 Gradiente der Gleisstrecke 196
5.1 Bauteile einer Weiche 200
5.2 Darstellung einer einfachen Weiche 201
5.3 Weichentypen 203
5.4 Grundformen einfacher Weichen 204
5.5 Konstruktionselemente einer einfachen Weiche 205
5.6 Anschluss der Weichenzunge an die Backenschiene 205
5.7 Querschnitt durch eine einfache Weiche an der Zungenspitze 206
5.8 Zungenvorrichtung mit Auftreffwinkel 206
5.9 Zungenvorrichtungen mit Anfallwinkel 206
5.10 Schnitte durch Federschienenzungenvorrichtung 207
5.11 Querschnitt durch Backenschiene und Zunge 207

5.12 Klammerspitzenverschluss . . . 208
5.13 Wirkungsweise eines Klammerspitzenverschlusses . . . 209
5.14 Herzstück und Herzstücklücke . . . 210
5.15 Querschnitt durch eine einfache Weiche am Herzstück . . . 211
5.16 Einseitige Doppelweiche . . . 212
5.17 Zweiseitige Doppelweiche . . . 212
5.18 Bestimmungsstücke der Weiche . . . 213
5.19 Symmetrische Gleisverbindung mit einfachen Weichen . . . 214
5.20 Innenbogenweiche (IBW) . . . 215
5.21 Innenbogenweiche (IBW) – Abzweig nach innen mit Krümmungsbild . . . 216
5.22 Anwendung des Halbwinkelsatzes . . . 217
5.23 Innenbogenweiche (IBW) – Abzweig nach außen mit Krümmungsbild . . . 218
5.24 Symmetrische Innenbogenweiche (Symm. IBW) mit Krümmungsbild . . . 218
5.25 Außenbogenweiche (ABW) . . . 220
5.26 Außenbogenweiche (ABW) mit Krümmungsbild . . . 221
5.27 Symmetrische Außenbogenweiche (Symm. ABW) . . . 222
5.28 Mögliche Weichenanordung (IBW i.O. und ABW i.O.) im Übergangsbogen – Abzweig nach außen mit Krümmumgsbildern . . . 224
5.29 Innenbogenweiche (IBW i.O.) im Übergangsbogen mit Krümmungsbild . . . 225
5.30 Klothoidenweiche für Abzweigstellen . . . 226
5.31 Klothoidenweichen-Übersicht für Abzweigstellen . . . 227
5.32 Klothoidenweichen für Verbindungsstellen . . . 227
5.33 Klothoidenweichen-Übersicht für Verbindungsstellen . . . 228
5.34 Weiche mit vertauschter Zungenvorrichtung . . . 229
5.35 Gerade Kreuzung . . . 230
5.36 Gleisverzweigung . . . 230
5.37 Grundformen der Kreuzungen – Kreuzungen mit starren Doppel-Herzstückspitzen 231
5.38 Grundformen der Kreuzungen – Bogenkreuzungen . . . 232
5.39 Bogenkreuzungen – Flachkreuzungen mit beweglichen Doppel-Herzstückspitzen . 232
5.40 Bogenkreuzungen – Bogen-Flachkreuzungen . . . 232
5.41 Einfache Kreuzungsweiche mit innenliegender Zungenvorrichtung . . . 233
5.42 Kreuzungsweichen der Grundform 500 – 1:9 mit innenliegenden Zungenvorrichtungen – Einfache Kreuzungsweiche . . . 233
5.43 Einfache Kreuzungsweiche mit außenliegender Zungenvorrichtung . . . 234
5.44 Kreuzungsweichen der Grundform 500 – 1:9 mit außenliegenden Zungenvorrichtungen – Einfache Kreuzungsweiche . . . 234
5.45 Einfache Kreuzungsweichen der Grundform 54-190-1:9 für $V = 40\ km/h$ . . . 235
5.46 Doppelte Kreuzungsweiche mit innenliegender Zungenvorrichtung . . . 236
5.47 Doppelte Kreuzungsweiche der Grundform 190-1:9 mit innenliegenden Zungenvorrichtungen – Doppelte Kreuzungsweiche . . . 236
5.48 Doppelte Kreuzungsweiche mit außenliegender Zungenvorrichtung . . . 237
5.49 Kreuzungsweiche der Grundform 500 – 1:9 mit außenliegenden Zungenvorrichtungen – Doppelte Kreuzungsweiche . . . 237
5.50 Doppelte Kreuzungsweichen der Grundform 54-190 – 1:9 für $V = 40km/h$ . . . 238
5.51 Kreuzungsweichen mit vertauschter Zungenvorrichtung . . . 239
5.52 Standard-Schwellenlage hinter einer Weiche . . . 240
5.53 Lage der Weichenendstöße bei UIC-60-Schienen . . . 240

5.54 Fächerförmige Lage der Schwellen in Weichen 54-190 – 1:9 parallel zur Winkelhalbierenden des Zentriwinkels . . . 241
5.55 Abstandsmaß s und und Anschlussmaß a für Weichen und Kreuzungen mit Schienen S 54 und UIC-60 Schienen . . . 242
5.56 Weichenanschlüsse gerader Weichen mit gegeneinander verlegten Spitzen . . . 243
6.1 Bezugslinie G1 für Fahrzeuge im grenzüberschreitenden Verkehr . . . 245
6.2 Bezugslinie G2 für Fahrzeuge im Bereich DB und DR . . . 245
6.3 Regellichtraum gem. EBO . . . 247
6.4 Lichtraumprofil GC bei Radien $r > 250$ $[m]$ . . . 249
6.5 S-Bahn-Lichtraumprofil bei Radien $r > 250$ $[m]$ . . . 250
6.6 Regellichtraum nach EBO im unteren Bereich bei Benutzung von allen Fahrzeugen 251
6.7 Regellichtraum nach EBO im unteren Bereich bei Benutzung ohne besetzte Personenwagen . . . 252
6.8 Ermittlung des erforderlichen horizontalen Gleisabstandes bei Gleisen mit gleicher Überhöhung . . . 258
6.9 Horizontaler Gleisabstand bei Gleisverbindungen in überhöhten Gleisen mit Schienen in einer Ebene . . . 258
6.10 Gleisabstand zwischen durchgehendem Hauptgleis und Überholgleis gemäß Richtlinie 800.0130 . . . 261
6.11 Ermittlung des Schotterbett- Fußpunktes bei eingleisigen Strecken . . . 264
6.12 Ermittlung des Schotterbett- Fußpunktes bei zweigleisigen Strecken . . . 265
6.13 Eingleisiger Fahrweg-Querschnitt mit Schotteroberbau auf Erdkörper bei $Ve \leq 160$ $[km/h]$ und $u = 0$ . . . 266
6.14 Eingleisiger Fahrweg-Querschnitt mit Schotteroberbau auf Erdkörper bei $Ve \leq 160$ $[km/h]$ und $u = 160$ $[mm]$ . . . 267
6.15 Zweigleisiger Fahrweg-Querschnitt mit Schotteroberbau auf Erdkörper bei $Ve \leq 160[km/h]$ und $u = 0$ . . . 268
6.16 Zweigleisiger Fahrweg-Querschnitt mit Schotteroberbau auf Erdkörper bei $Ve \leq 160[km/h]$ und $u = 160$ $[mm]$ . . . 269
6.17 Anordnung der Kabeltrasse im Randweg . . . 270
6.18 Profilierung des Fahrweg-Seitenraumes bei Auftrags- und Einschnittsstrecken . . . 271
7.1 Fahrbahn-Querschnitt mit Schotterbettung auf einem Erdkörper . . . 272
7.2 Querschwellen-Oberbau mit Belastungskomponenten . . . 273
7.3 Wirksame Kräfte im Gleis bei der Bogenfahrt . . . 274
7.4 Schienenquerschnitte mit Tragfähigkeits-Parametern . . . 275
7.5 Biegezugspannungen im Schienenquerschnitt bei schräger Belastung (qualitativ) . 277
7.6 Biegespannungen im Schienenkopf- und Schienenfußrand bei Q,Y und T-Belastung 277
7.7 Aufnahme der Längskraft aus Temperaturerhöhung im Gleisendbereich durch die Schwellen . . . 279
7.8 Schwellenbeanspruchung . . . 280
7.9 Stahlschwellenprofil . . . 281
7.10 Abmessungen einer Holzschwelle . . . 282
7.11 Betonschwelle B 70/S Rheda mit Schienenbefestigung . . . 283
7.12 Oberbau K auf Holzschwellen . . . 284
7.13 Oberbau K mit Spannklemmen . . . 284
7.14 Schienenbefestigung W auf Betonschwellen . . . 285
7.15 Schienenbefestigung bei schotterlosem Oberbau . . . 286
7.16 Geschraubter Schienenstoß . . . 287

7.17 Isolierstöße S und MT 288
7.18 Behelfsstoß 288
7.19 Schienen-Schweißverfahren: Gießschemata 289
7.20 Ergebnisse der Biegebruchversuchen an SkV-F-Schweißungen mit Kurzvorwärmung 290
7.21 Schienenschweißverfahren: Dauerschwingprüfung 291
7.22 Schienenschweißverfahren: Härteverlauf auf der Fahrfläche 291
7.23 Fahrbahn-Bettungsquerschnitte der DB AG 292
7.24 Vergleich der Fahrbahnsysteme 294
7.25 Feste Fahrbahn: Modifizierte Ortbetonplatte 294
7.26 Feste Fahrbahn: Schienentragplatte (Fertigteil) 295
7.27 Feste Fahrbahn: Schienentragrost 295
7.28 Querschnitt der festen Fahrbahn in Asphaltbauweise mit Y-Schwelle 296
7.29 System der Y-Schwelle 297
8.1 Elemente des Fahrweges 299
8.2 Idealisiertes Rechenmodell für den Nachweis der Fahrweg-Beanspruchung 299
8.3 Real-Zustand: Streuung der Federkonstanten bei der Schienenauflagerung 299
8.4 Grundwert L_i des Langschwellenoberbaues 300
8.5 Ideelle Breite des Ersatzträgers nach Umwandlung des Querschwellenoberbaues . . 301
8.6 Momenten-Einflusslinie für Träger auf elastischer Bettung 302
8.7 Einflusslinie für das Biegemoment eines dreiachsigen Drehgestells 303
8.8 Einflusslinie des Biegemomentes für die Berechnung der Biegezugspannungen im Schienenquerschnitt und Einflusslinie der Durchbiegung (Einsenkung) für die Ermittlung der Schwellenkraft und der Schotterpressung unter den Schwellen 304
8.9 Schienenbelastung durch Lok BR 103 306
8.10 Achsabstände und Radlasten 307
8.11 Biegespannungsverteilung im Schienenquerschnitt bei einer zentrischen Radlast $Q = 100$ $[kN]$ 309
8.12 Biegelinie der Schiene UIC 60 durch die Belastung der Lok BR 103 309
8.13 Spannungsüberlagerung: Biegezugspannungen in Schienenfußmitte σ_μ und Temperaturspannungen σ_T 310
8.14 Schwellenkraft; Schotterpressung 312
8.15 Spannungsverteilung im Schienenkopf bei Einwirkung der Radlast Q 315
8.16 Schubspannungsverteilung im Schienenkopf bei Zweipunktberührung 315
8.17 Rechteckig angenommene Kontaktfläche zwischen Rad und Schiene 316
8.18 Rad und Schiene als zwei Zylinder mit elliptischer Aufstandsfläche 317
8.19 Kritische Temperaturerhöhung für das Gleis im Bogen nach Prof. Meier 318
8.20 Kritische Temperaturerhöhung für das Gleis in der Geraden nach Prof. Meier . . . 318
8.21 Gleisstabilität: Bestimmung des Ersatzträgheitsmomentes 319
8.22 Querverschiebewiderstand im Gleis mit Holz- und Betonschwellen 319

Tabellenverzeichnis

6.1 Maße des Regellichtraumes bei Oberleitungen in Gleisbögen mit Radien $r \geq 250$ $[m]$ 248
6.2 Vergrößerung des halben Breitenmaßes der Lichtraumprofile und des Regellichtraumes bei Oberleitungen für Radien $r < 250$ $[m]$ 251
6.3 Höhen der Grenzlinie im unteren Bereich bei Rangierfahrten 252
6.4 Ausladung bei Radien $r \geq 250$ $[m]$ 253
6.5 Ausladung bei Radien $r < 250$ $[m]$ 254
6.6 Verschiebung aus quasistatischer Seitenneigung bei einem Neigungskoeffizienten $s_0 = 0.225$ 254
6.7 Zufallsbedingte Verschiebungen 255
6.8 Mindestabstand von der Oberleitung 255
6.9 Schwingung und Auslenkung des Stromabnehmers bei einem Neigungskoeffizienten $s_0 = 0.225$ 255
6.10 Ausladung bei Oberleitung und Radien $r \geq 100$ m 255
6.11 Verschiebung aus quasistatischer Seitenneigung bei Oberleitung 256
6.12 Zufallsbedingte Verschiebungen des Stromabnehmers 256
6.13 Mindestfahrdrahthöhe über Schienenoberkante 256
6.14 Gleisabstand zwischen durchgehendem Hauptgleis und Überholgleis 259
6.15 Vergrößerung der Gleisabstände bei Radien $r < 250$ $[m]$ 260
6.16 Vorgegebene Planumsbreiten, gemessen zwischen den Planumskanten 262

Index

ΔV - Verfahren, 100
Δt - Verfahren, 104

Anfahrphase, 71
Anfahrweg, 100
Anfahrzeit, 100
Anrampung, 175
Ausweichstelle, 54

Bahnanlagen, 34
Bahnreform, 7
  DB Holding, 9
  DB Netz AG, 12
  Dienstleistungszentrum, 11
  Führungsgesellschaften, 9
  Kompetenzzentrum, 11
  Konzept Netz 21, 12
  Stufe 1, 7, 8
  Stufe 2, 9
  Unternehmensbereich Fahrweg, 12
Bahnsystem, 4
Bautechnische Regelwerke der DB AG, 32
Beharrungsgeschwindigkeit, 86
Beschleunigung, 40
Beschleunigungsspitze, 146
Beschleunigungswiderstand, 83
Besetzungsgrad, 143
Bewegungsablauf, 39
Bewegungsgleichungen, 41
Bewegungswiderstand, 75
Bewegungszustände, 71
Bewegungszustand
  Rollen, 71
  Schlüpfen, 73
Bogenfahrt, 134
Bogengeometrie, 176
Bogenwiderstand, 81
Bremsart, 114
Bremsen
  ICE-Bremsen, 111
Bremsgewicht, 113
Bremshundertstel, 113
Bremskraft, 109
Bremssystem, 108
Bremstafel, 114
Bremsverzögerung, 55, 111
Bremsvorgang, 108
Bremsweg, 67, 108, 114, 115
  Münchener Formel, 118
  Mindener Formel, 116
Bremswegabstand, 62
Bremszeit, 67
Bewegungszustand
  Gleiten, 73

Deutsche Bahn AG, 6
Doppelkegel, 36
Drehgestell, 36
Druckluftbremse, 109
Durchschlagzeit, 109
Durchschnittssteigung, 91
DV-Programme
  Ausgleichsgerade, 190
  Ausgleichsradius, 190
  Datenbank, 185
  Digitalisierung, 185
  Festelement, 187
  Kopplungselement, 186
  Kopplungspunkt, 186
  Pufferelement, 186

Einpunkt-Berührung, 134
Eisenbahn, 4
Eisenbahn-Bundesamt, 7
Entgleisungsgefahr, 138, 140
Entwurf
  Nulllinienverfahren, 121
  Trassierungselement, 123
  Zirkelschlagmethode, 122
Entwurfsgeschwindigkeit, 121
Ermessensgrenzwert, 120

Führungskraft, 135, 139
Führungssystem, 36
  Grundprinzip, 36
Fahrdynamik, 34
Fahrspiel, 40
Fahrweg, 34
  Beanspruchung, 298

Bettungsmodul, 300
Bettungszahl, 298
Druckspannungsspitzen, 316
Gleisroststabilität, 317
Gleistabilität, 317
Kritische Temperaturerhöhung, 318
Querverschiebewiderstand, 318
Schienenfußspannungen, 298
Schienenkopfspannungen, 313
Schotterpressung, 305
Schwellenkraft, 303
Berechnung
Langschwellenoberbau, 300
Bettung, 291
Bettungsflanke, 293
Fahrzeugbegrenzungslinie, 244
Gleisabstände, 257
Gleisstabilität, 298
Grenzlinie, 246
Berechnung, 253
Breitenmaße, 257
Höhenmaße, 256
Kinematischer Regellichtraum, 246
Konstruktion, 272
Oberbau
Schotterbett, 273
Planum, 293
Querprofil, 260
Querschnitt, 244
Böschungsneigung, 271
Kabeltrassen, 270
Planum, 261
Profilgestaltung, 271
Randwege, 270
Zwischenwege, 270
Querschwellenoberbau, 272
Regellichtraum, 244
Schotteroberbau, 291
Tragplattenoberbau, 272, 293
Umgrenzungslinie, 246
Y-Stahlschwelle, 296
Fahrzeiten, 48
Fahrzeitermittlung, 48
Fliehkraft, 144
Fliehkraftausgleich, 129

Gegenbogen, 155
Geschwindigkeit, 40
Geschwindigkeitsganglinie, 46
Geschwindigkeitsprofil, 46
Geschwindigkeitssteigerung, 142
Gesetzesgrundlagen
Eisenbahnkreuzungsgesetz, 23
Internationale Institutionen
Internationaler Eisenbahnverband (UIC), 32
Landeseisenbahngesetze, 23
Personenbeförderungsgesetz, 23
Rechtsverordnungen
Eisenbahn-Signalordnung, 30
Eisenbahnbau-Bau und Betriebsordnung, 27
Internationale Institutionen, 32
Gleislagefehler, 137
Gleisverbindungen, 198
Weichen, 199
Gleisverziehung, 180
Ohne Zwischengerade, 180
Gleisverziehung mit Zwischengerade, 181
Gradiente
Ausrundung, 192
Höhenausgleiche, 191
Hochpunkt, 193
Kuppenausrundung, 192
Neigungswechsel, 191
Stichmaß, 197
Tangentenschnittpunkt, 196
Tiefpunkt, 197
Wannenausrundung, 196
Gradientenausrundung, 192

Haftreibungsbeiwert, 69
Hangabtriebskraft, 50, 129
Hauptluftleitung, 108
Hochleistungsbremsen, 109

Kegelneigung, 38
Kinematik, 38
Klothoide, 152
Korbbogen, 132, 155
Krümmung, 147
Krümmungsänderung, 156
Krümmungssprung, 147, 152
Krümmungswechsel, 156
Krümmungszunahme, 150
Kreuzung, 229

Flachkreuzung, 230
Kreuzungsunterschwellung, 239
Kreuzungsweiche, 231
Doppelte Kreuzungsweiche, 236
Einfache Kreuzungsweiche, 233
Steilkreuzung, 230

Längsneigungen, 191
Lagerreibungswiderstand, 76
Laufkranz, 35
Laufwiderstand, 76
Linienführung, 119
Lokwiderstand, 76
Luftwiderstand, 78

Magnetschienenbremsen, 110
Massenfaktor, 47
Mindestüberhöhung, 130

Neigemechanismus, 143
Neigetechnik, 142
Neigewinkeleinstellung, 145
NeigTech-System, 144
Neigungsänderung, 191
Neigungswechsel, 191
Netzbremse, 111
Normalkraft, 138

Querbeschleunigung, 40, 126, 136
Querfederung, 137
Querfederungseigenschaften, 136
Quergleitvorgang, 135
Quergleitwiderstand, 136

Rad-Schiene-Sytem, 34
Radsatz, 34, 134
Radsatzlagerquerkraft, 135
Raumblock, 62
Regelüberhöhung, 130
Regelwert, 120
Reibungsbremsen
Klotzbremsen, 110
Scheibenbremsen, 110
Reibungsmittelpunkt, 134
Reibungszugkraft, 70
Reisezeiten, 48
Rollwiderstand, 77
Ruck, 40, 147

Schienen, 274
Schienenbeanspruchung, 275
Horizontalkräfte, 276
Längskräfte, 278
Vertikalkräfte, 276
Schienenbefestigungen, 282
Oberbauart K, 284
Oberbauart W, 285
Schienenschweißung
Prüfverfahren, 290
SkV-F Schweißverfahren, 289
Schienenstöße, 287
Behelfsstöße, 288
Isolierstöße, 287
Schweißung, 288
Schienenbahn, 4
Schienendeckenbuch, 190
Schienenprofile, 274
Schienenverkehrswesen, 2
Schlupf, 74
Schnellbremsung, 111
Schwellen, 279
Betonschwellen, 282
Holzschwellen, 281
Stahlschwellen, 281
Seitenbeschleunigung, 143
Seitenbeschleunigungsüberschuss, 126
Sinuslauf, 37
Spießgang, 134
Spueweite, 35
Spurführung, 36
Spurführungselemente, 36
Spurkranz, 36, 124
Spurkranzführung, 134
Spurkranzflankenwinkel, 36
Spurkranzneigung, 139
Spurspiel, 36
Spurweite, 36
Steigungswiderstand, 82
Stosswiderstand, 77
Streckenwiderstand, 80

Trägheitswiderstand, 83
Tragsystem, 36
Transportanlagen, 3
Transportmittel, 3
Transportsystem, 3
Transportweg, 4

- Trassierungselement
  - Gerade, 123
  - Kreisbogen, 123
- Trassierungselemente, 120
  - Übergangsbogen, 146

- Übergangsbogen
  - Bloss, 160
  - Klein, 160
  - Klothoide, 150
  - Kubische Parabel, 152
  - Parabel 4. Grades, 158
  - Schramm, 160
- Übergangsbogenanfang, 154
- Übergangsbogenende, 154
- Überhöhung, 124
- Überhöhungsüberschuss, 128
- Überhöhungsfehlbetrag, 127
- Überhöhungsrampe, 161
  - Schramm, 164
  - Bloss, 164
  - gerade, 161
  - Klein, 164
  - parabolisch, 163
- Überhöhungszunahme, 150

- Verkehrswesen, 2
- Verstellbewegung, 144

- Wagenkastensteuerung, 142, 143
- Wagenzugwiderstand, 76
- Weiche
  - Übergangsbogenweiche, 224
  - Überhöhung, 215
  - Anfang, 200
  - Backenschiene, 202
  - Beanspruchung, 199
  - Berechnung
    - Halbwinkelsatz, 216
  - Bezeichnung, 202
  - Bogenweiche, 214
    - Außenbogenweiche, 220
    - Innenbogenweiche, 215
    - Symmetrische Innenbogenweiche, 219
  - Bogenweichen
    - Symmetrische Außenbogenweiche, 223
  - einseitige Doppelweiche, 213
  - Ende, 200
  - Endteil, 200
  - Federstelle, 211
  - Flügelschienen, 211
  - Formen, 201
  - Grundform, 200
  - Herzstück, 210
    - bewegliches Herzstück, 211
    - Herzstückspitze, 211
  - Herzstücklücke, 211
  - Herzstückteil, 200
  - Klothoidenweiche, 226
  - Mittelpunkt, 200
  - Neigung, 200
  - Verschlussstück, 208
  - Weiche mit vertauschter Zungenvorrichtung, 228
  - Weichen-Katalog, 202
  - Weichenhauptteil, 200
  - Weichenunterschwellung, 239
  - Zunge, 202
    - Auftreffwinkel, 206
    - Gelenkstelle, 207
  - Zungenvorrichtung, 205
  - zweiseitige Doppelweiche, 213
  - Zwischenteil, 200
- Weichen
  - Doppelweichen, 212
  - einfache Weiche, 200
  - Flügelschiene, 202
  - Radlenker, 202
  - Verschlusseinrichtunge
    - Schieberstange, 210
  - Verschlusseinrichtungen, 208
    - Klammerverschluss, 208
  - Weichenberechnung, 214
- Weichenwiderstand, 83
- Wirbelstrombremsen, 110

- Zielbremsung, 51
- Zugfolgeabschnitt, 62
- Zugkraft, 85
- Zugkraftüberschuss, 88
- Zugsicherungssystem, 62
- Zweipunkt-Berührung, 134